"十二五"国家重点图书出版规划项目

"十二五"国家重大科学研究计划项目

综合风险防范关键技术研究与示范丛书

综合风险防范

全球变化人口与经济系统
风险形成机制及评估研究

史培军　王爱慧　孙福宝　　等　著
李　宁　徐　伟　叶　涛

科学出版社

北京

内 容 简 介

本书紧紧围绕全球变化人口与经济系统风险研究中的三大关键科学问题，从气候要素均值、波动和极端值变化角度，阐明了气候变化对人口与经济系统的危险机理和成害过程，建立了基于情景模拟的人口与经济系统风险定量评估模型与模式，揭示了全球尺度全球变化风险的空间分异规律，量化了气候变化和人口与经济系统变化对全球变化风险的相对贡献率。

本书可供全球变化科学、灾害风险科学、地理学、大气科学、生态学、经济学、管理学和资源与环境领域的管理工作者、科研和工程技术人员等参考，也可作为高等院校相关专业本科生和研究生的参考教材。

审图号：GS（2021）5876 号

图书在版编目（CIP）数据

综合风险防范：全球变化人口与经济系统风险形成机制及评估研究/ 史培军等著. —北京：科学出版社，2022.5

（综合风险防范关键技术研究与示范丛书）

ISBN 978-7-03-072142-6

Ⅰ．①综… Ⅱ．①史… Ⅲ．①人口–关系–经济系统–风险管理–研究 Ⅳ．①X4②C924.1③F014.9

中国版本图书馆 CIP 数据核字（2022）第 071029 号

责任编辑：彭胜潮　赵　晶 / 责任校对：杜子昂
责任印制：肖　兴 / 封面设计：图阅社

科 学 出 版 社 出版

北京东黄城根北街 16 号
邮政编码：100717
http://www.sciencep.com

中国科学院印刷厂 印刷

科学出版社发行　各地新华书店经销
*

2022 年 5 月第　一　版　　开本：787×1092　1/16
2022 年 5 月第一次印刷　　印张：26 1/4　插页：2
字数：622 000

定价：338.00 元

（如有印装质量问题，我社负责调换）

"全球变化人口与经济系统风险形成机制及评估研究"项目专家组

国家重点研发计划"全球变化及应对"专项办公室指定项目跟踪专家

刘世荣　　中国林业科学研究院　研究员

宫　鹏　　清华大学地球系统科学研究中心　教授

项目专家组

组　长：秦大河　　中国气象局　研究员、中国科学院院士

成　员：丑纪范　　中国气象局　教授、中国科学院院士

葛全胜　　中国科学院地理科学与资源研究所　研究员

丁永建　　中国科学院西北生态环境资源研究院　研究员

齐　晔　　清华大学公共管理学院　教授

姜大膀　　中国科学院大气物理研究所　研究员

孙建奇　　中国科学院大气物理研究所　研究员

汤秋鸿　　中国科学院地理科学与资源研究所　研究员

王爱慧　　中国科学院大气物理研究所　研究员

孙福宝　　中国科学院地理科学与资源研究所　研究员

李　宁　　北京师范大学　教授

史培军　　北京师范大学　教授

前　　言

以增暖为主要特征的全球气候变化，已经对世界可持续发展和人类安全提出严峻挑战。在全球尺度上评估全球变化风险，开展有针对性的防范与适应，已经成为当前国际社会的重要共识。联合国政府间气候变化专门委员会(Intergovernmental Panel on Climate Change, IPCC)从气候变化的预估、影响与风险评估以及减缓和适应等角度系统地研究了全球气候变化的风险，并专门针对全球温升 2 ℃可能带来的风险和影响，以及控制温升在 1.5 ℃以内的潜在收益与机遇进行了估计。未来地球计划(Future Earth)从动态星球、全球可持续发展和面向可持续发展转型三个相关联的主题，广泛关注防范全球变化引起的系统风险，以促进世界可持续发展。《2015～2030 年仙台减轻灾害风险框架》把减轻灾害风险与应对气候变化紧密联系在一起，以期达到双赢的效果。

中国政府高度重视全球变化带来的挑战。2005 年制定的《国家中长期科学和技术发展规划纲要(2006～2020 年)》就已将"全球变化与区域响应"列为未来 15 年面向国家重大战略需求的基础研究 10 个方向之一。2010 年启动的全球变化研究国家重大科学研究计划，也将该方向列为重点。2016 起，国家重点研发计划设立了"全球变化及应对"专项，下设专门方向研究全球变化影响与风险的评估与防范。与这一研究方向相关项目的实施，将显著提升中国全球变化风险研究的能力和国际地位，有力支撑大数据集成分析技术体系研发，以及具有自主知识产权的地球系统模式研制工作，并最终服务于全球、国家、区域应对全球变化和可持续发展战略的制定。

北京师范大学灾害风险科学研究团队依托地表过程与资源生态国家重点实验室、环境演变与自然灾害教育部重点实验室，联合中国科学院大气物理研究所、中国科学院地理科学与资源研究所、原中国科学院寒区旱区环境与工程研究所(现中国科学院西北生态环境资源研究院)、原民政部国家减灾中心(现应急管理部国家减灾中心)等国内灾害风险研究优势团队，在"十二五"期间得到了国家"全球变化"科学研究计划重大项目"全球变化与环境风险关系及其适应性范式研究"(执行期限：2012～2016 年，批准号：2012CB955400)的资助，开展了一系列相关研究工作，在全球变化引起的环境风险形成机理、评估模型研发与防范模式上取得了重要的进展。

"十三五"伊始，国家重点研发计划"全球变化及应对"专项专门设立了"全球变化风险的形成机制及评估"，要求研究全球增暖致灾成害过程及机理、全球变化风险评估模式，开展不同情景下全球尺度上全球变化风险评估，从而揭示全球变化致灾成害机制，建立具有自主知识产权的全球变化风险评估模式，评估近、中期全球尺度上的全球变化风险。上述研究团队继续努力，在该领域下获得了"全球变化人口与经济系统风险形成机制及评估研究"项目(执行期限：2016～2021 年；批准号：2016YFA0602400)的资助。研究团队在上一期项目基础上，经过努力，定量预估了未来气候变化和人口与经济系统暴露度和脆弱性变化,构建了基于复杂系统动力学的全球变化人口与经济系统风险定量评估模型,集成了具有自主知识产权的全球变化人口与经济系统风险评估模式,并在全球尺度上定量评估了近期(2016~2035 年,2030s)、中期(2046~2065 年,2050s)全球变化人口与经济系统风险,编制了全球变化人口与经济系统风险地图集。研究成果为中国参与全球气候治理及国际气候谈判,以及国际减轻灾害风险战略框架的实施提供了科技支撑。

　　本书作为"十二五"国家重点图书出版规划项目,系统总结了"全球变化人口与经济系统风险形成机制及评估研究"项目取得的成果,并就进一步开展全球变化风险研究提出了有重要价值的建议。本书的部分相关研究成果已在国内外刊物上先行发表,在撰写本书时做了系统的组织与总结,并增加了大量未发表的最新研究成果。

　　本书各章牵头作者依次为:第 1 章史培军、叶涛;第 2 章王爱慧、杨静、陈活泼、毛睿;第 3 章孙福宝、王静爱、刘玉洁、吴文祥、朱会义、岳耀杰;第 4 章李宁、杨赛霓、吴吉东、王瑛、周洪建;第 5 章史培军、徐伟、叶涛、杨建平、陈波。各章具体撰写人名单均列在各章开始页下方。全书由"全球变化人口与经济系统风险形成机制及评估研究"项目负责人史培军审定,项目办公室主任叶涛负责全书的组织撰写和出版工作。

　　在此,我们对给予"全球变化人口与经济系统风险形成机制及评估研究"项目大力支持和指导的科技部国家重点研发计划"全球变化及应对"重点专项总体专家组全体专家,科技部高技术研究发展中心"全球变化及应对"专项办公室、教育部科技司基础处、中国科学院大气物理研究所、中国科学院地理科学与资源研究所、中国科学院西北生态环境资源研究院、应急管理部国家减灾中心、北京师范大学地表过程与资源生态国家重点实验室、环境演变与自然灾害教育部重点实验室领导及负责科技项目管理的领导、青海省人民政府-北京师范大学高原科学与可持续发展研究院(青海师范大学)表示衷心感谢!对在该项目实施过程中提出中肯建议和宝贵意见的秦大河院士、丑纪范院士、葛全胜研究员、翟盘茂研究员、刘世荣研究员、宫鹏教授、丁永建研究员、齐晔教授、姜大膀研究员、孙建奇研究员、汤秋鸿研究员,对组织该项目申报过程中提出建设性意见的徐冠华院士、傅伯杰院士、宋长青研究员等专家和学者表示诚挚的感谢!

　　由于作者水平所限,书中难免存在不妥之处,欢迎广大读者批评指正。

北京师范大学地表过程与资源生态国家重点实验室
北京师范大学环境演变与自然灾害教育部重点实验室
应急管理部-教育部减灾与应急管理研究院
青海省人民政府-北京师范大学高原科学与可持续发展研究院(青海师范大学)
2021 年 6 月 5 日

目 录

第1章 全球变化人口与经济系统风险研究[*]

本章对全球变化人口与经济系统风险研究的新进展进行了简要评述，并对相关研究的要点加以概括。在此基础上，针对国家重点研发计划项目"全球变化人口与经济系统风险形成机制及评估研究"，对全球变化人口与经济系统风险研究关键问题的认识进行了重点阐述。最后，就该项目取得的主要成果和进展做了概要性的介绍，以作为本书第2~5章相关内容的总结与凝练。

1.1 全球变化风险研究新进展

"全球变化"是指由自然和人文因素引起的、地表环境及地球系统功能全球尺度的变化，其中包含两方面的驱动，在自然因素方面主要考虑以全球变暖为代表的全球气候变化，在人文因素方面主要考虑人口与经济系统的变化，包括人口和经济数量/价值的增长以及空间分布的变化。"全球变化风险"则是指在上述全球气候和人文因素的共同驱动和影响下，对人类的生命与健康、经济与社会活动以及生存所依赖的生态环境所造成影响的不确定性。自2010年以来，众多国际组织、研究机构以及国家和地区政府组织开展了全球或区域尺度的全球变化或与之密切相关的风险评价工作。

1.1.1 IPCC对全球气候变化风险的关注与评估

IPCC发布的《管理极端事件和灾害风险，推进气候变化适应》特别报告(SREX)(IPCC，2012)评估了可导致自然灾害的气候、环境和人类因素之间的相互作用，为全球决策者应对极端事件、管理灾害风险、提高气候变化适应能力提供了指南(秦大河，2015)。

2014年，IPCC发布了第五次评估报告(AR5)。在决策者摘要中，将气候变化、风险和影响列为四大主题之一。报告认为，气候相关影响的风险来自于气候相关危害(包括危害性事件和趋势)与人类和自然系统暴露度与脆弱性的相互作用。报告中重点关注的代表性风险包括自然系统的冰冻圈(冰川、雪、冰和/或多年冻土)、水圈(河流、湖泊、洪水和干旱)以及海岸带(侵蚀或海平面上升)，生态系统的陆地、海洋生态系统以及野火，人类系统和经济系统中的粮食生产以及生计、健康和/或经济。报告进一步阐述了关注气候变化风险的五条核心关切理由，即：①独特并受到威胁的系统，如独特或脆弱的生态系统和文化系统；②极端天气事件；③进一步影响风险在不同人群和地区之间的不均衡分配；④全球总体性影响；⑤大规模的单个事件。

---

* 本章作者：史培军、叶涛、王爱慧、孙福宝、李宁、徐伟。

IPCC AR5 同前期评估一样，利用实验、类比和模型测算了未来与气候相关的风险、脆弱性及影响。其中，实验指在保持其他要素不变情况下，刻意改变一个或多个并可能产生重要影响的气候系统要素，以预测未来可能的情况。类比利用现有变量；在受控实验受道德限制、需要大量空间或时间或系统高度复杂而不可实行时，可使用类比。模型一般为真实世界系统的数字模拟，利用实验或类比中的观测结果进行调整和验证，然后利用数据输入表示未来气候。对风险的评估需要考虑地球系统中的预估变化和社会与生态系统脆弱性的多个维度之间的互动。由于数据往往不足以进行某一给定结果的直接概率计算，专家判断需使用特定标准(影响的大量级、高概率或不可逆性；影响的时机；持续脆弱性或造成风险的暴露度；或通过适应或减排来降低风险的有限潜势)，以此将与后果严重性和发生可能性相关的多样化信息源整合到风险评估当中，并考虑发生特定危害情况下的暴露度和脆弱性。

IPCC AR5 使用了典型浓度路径(representative concentration pathways, RCPs)对未来可能的气候变化进行描述。典型浓度路径描述了 21 世纪四种不同路径下温室气体(greenhouse gas, GHG)排放、大气浓度、空气污染物排放和土地利用的情况，其中包括一个严格减排情景(RCP 2.6)、两个中级排放情景(RCP 4.5 和 RCP 6.0)以及一个很高排放情景(RCP 8.5)。RCPs 比前期评估使用的《IPCC 排放情景特别报告》(SRES)中的情景覆盖范围更广，因为 RCPs 还代表了气候政策情景。在整体强迫方面，RCP 8.5 大致可与 SRES A2/A1FI 情景相当，RCP 6.0 与 B2 相当，RCP 4.5 与 B1 相当。RCP 2.6 没有 SRES 的对应情景。因此，IPCC 第四次评估报告(AR4)和 IPCC AR5 气候预估存在的量级区别主要是 IPCC AR5 包含了更广范围的排放情景。

2015 年 12 月，联合国气候变化大会通过了《巴黎协定》，为 2020 年后全球应对气候变化行动作出安排。《巴黎协定》的长期目标是将全球平均气温较前工业化时期上升幅度控制在 2 ℃以内，并努力将温度上升幅度限制在 1.5 ℃以内。2016 年 4 月，IPCC 决定起草"强化全球应对气候变化威胁、强化可持续发展、努力消除贫困背景下全球升温 1.5 ℃的影响及温室气体排放路径"的特别报告(以下简称"1.5 ℃特别报告")。这份报告的重点是主要回答了温升 1.5 ℃的含义、预估气候变化及其潜在的影响和风险，特别是控制温升到 1.5 ℃以内能够避免的影响和风险，并给出在可持续发展和努力消除贫困的前提下加强全球响应的建议。

"1.5 ℃特别报告"对评估温升 1.5 ℃和 2 ℃情况下的影响与风险的方法进行了规定，也对方法上的挑战进行了探讨。总体上，该报告认为，最简单的方法是对额外温升的 0.5 ℃造成的影响进行线性外插；但更复杂而准确的方法需要依赖于实验室或田间试验，以确定气候、温室气体、管理措施、生物与生态因素对特定的自然系统造成影响的因果关系。对于人类或自然系统的风险评估可使用不同 RCPs 情景下的气候预估数据驱动综合评估模型(integrated assessment model)进行实现。多数情况下，将影响模型与偏差校正后的气候模式进行离线耦合，其中也包含若干方法上的挑战：一是针对局地的气候变化风险评估必然包含尺度的转换；二是在评估环节中不确定性的层层传递，包括从全球强迫到全球气候，再到区域气候，再到最后的影响评估的各个环节中的传递与累加。对误差传递的研究是耦合模式中的重要议题。

"1.5 ℃特别报告"特别关注与气候变化相关的致灾因子，主要包括：全球平均气温距平、极端气温、强降水、干旱与干燥、径流与河流洪水、热带与温带气旋、海温与洋流、海冰、海平面以及海洋化学的变化。影响的对象/部门则考虑了淡水系统、陆地生态系统、海洋系统、海岸带、粮食安全与生产系统、人类健康以及关键经济部门。

"1.5 ℃特别报告"认为，全球温升 2 ℃的真实影响将比预测中的更为严重，将温升控制在 2 ℃以内的目标并不能有效避免气候变化带来的最坏影响。与温升 2 ℃目标相比，将温升控制在 1.5 ℃将能避免大量因气候变化带来的损失与风险。例如，珊瑚礁退化的比例减小到 70%～90%，而不是 99%；北极夏天完全无冰的情况将是百年一遇，而不是十年一遇；避免 150 万～250 万 km^2 的永久冻土解冻(接近墨西哥的国土面积)；全球多个区域的极端降水发生概率将略低；森林火灾的影响也将有所减弱。对于人类社会而言，与 2 ℃目标相比，将温升控制在 1.5 ℃将能在 2050 年前避免几百万人暴露于气候风险及其导致的贫困中；受气候变化造成的水资源紧张影响的全球人口比例减少一半；全球海洋渔业捕捞量的缩减量能降低到 150 万 t 而不是 300 万 t。

1.1.2 联合国减灾办公室对气候变化驱动灾害风险的关注与评估

2015 年 3 月 14～18 日，联合国在日本宫城县仙台市召开了第三次联合国世界减轻灾害风险大会，并通过了《2015～2030 年仙台减轻灾害风险框架》(以下简称《仙台框架》)。《仙台框架》包含 13 条基本原则、7 个预期目标，特别强调了理解灾害风险，加强灾害风险防范以管理灾害风险，投资于减轻灾害风险以提高抗灾能力(灾害韧性)，加强备灾以作出有效响应，并在恢复、安置和重建中让灾区"建设得更好"等优先领域，还强调了加强国际合作，建立全球减少灾害风险的伙伴关系，提高应对全球气候变化的水平，并促进全球的可持续发展。

2017 年，亚洲科技减灾大会在北京举办。会议主题为"联合国仙台减灾框架实施的科学与政策对话"，围绕"如何推动减灾领域科技创新发展"和"如何促进科技在减灾中更好应用"两个问题，交流分享亚洲和世界各国的经验做法，进一步加强亚洲各国政府和专家学者在科技减灾方面的合作，推进《仙台框架》在亚洲的实施。

2019 年是联合国减灾十年计划实施 30 周年，联合国减灾署在其《减少灾害风险全球评估报告 2019》(*Global Assessment Report*, 2019)中系统回顾了风险科学的变化，介绍了《仙台框架》的实施情况，并讨论了如何创造管理风险的国家和地方条件。该报告指出，气候变化已经显著地改变了自然致灾因子的频率与强度，可能引致更高的灾害风险。国际社会必须面向可持续发展目标，将减轻灾害风险与应对气候变化、《新城市议程》等紧密联系在一起，以获得多赢的效果。

1.1.3 英国气候变化风险评估报告

2012 年英国发布了《英国气候变化风险评估报告》(*UK-Climate Change Risk Assessment Report*)。该报告在三种不同气候变化情景下,从气候均值变化和极端事件变化两个层次,评估了气候变化造成的影响程度及其相应的信度水平,依据部门测算直接和间接损失,最终折算成货币价值。2017 年,英国再次发布新一轮《气候变化风险评估报告》。该报告试图在理解当前和未来气候变化风险与机遇以及脆弱性与适应性的基础上,为英国的国家适应战略确定优先行动计划。为了该目标,报告编写委员会开展了三个层次的工作:①理解当前的脆弱性并评估当前的气候相关风险、机遇以及适应的水平;②理解未来的脆弱性与适应,并评估气候与社会经济变化将如何改变 2030s、2050s 和 2080s 时期气候相关的风险与机遇;③为了管理风险和抓住机遇,标定未来五年的优先行动。

该报告有两个重要特点:一是关注气候变化和社会经济变化的共同驱动;二是从中性的角度看待气候变化可能带来的不确定影响,既包括可能的损失(风险),也包括可能的收益(机遇)。该报告的结果显示,气候变化给英国带来最直接的压力是过多或过少的水资源、持续上升的平均气温和极端气温,以及海平面上升。这些压力引起的最紧急的风险以及可能获得的机遇包括:

(1)社区、企业和基础设施面临的洪水和海岸带变化风险。

(2)健康、福祉和生产力面临的高温风险。

(3)公共供水和农业、能源发电和工业用水短缺的风险,以及对淡水生态系统产生的影响。

(4)自然资本,包括陆地、沿海、海洋和淡水生态系统、土壤和生物多样性面临的风险。

(5)国内和国际粮食生产和贸易面临的风险。

(6)新出现的病虫害和入侵性非本地物种的风险,其影响人、植物和动物。

(7)如果管理好水供应和土壤肥力等限制因素,英国农业和林业或许能够随着天气变暖和生长季节延长而增加产量。

(8)全球对适应相关产品和服务(如工程和保险)的需求增加,可能为英国企业提供经济机会。

1.1.4 "综合风险防范"国际科学计划

为响应全球变化的影响,中国科学家于 2006 年提出了"综合风险防范(integrated risk governance,IRG)科学计划"。该计划强调全球变化与环境风险关系的研究,重点关注社会-生态系统脆弱性评价、综合风险评估模型的建立,以及综合风险防御范式的研究。2010 年 9 月,在德国波恩召开的"国际全球环境变化人文因素计划(IHDP)科学委员会大会"上,该科学计划被正式列为 IHDP 的核心科学项目,并进入了为期 10 年的实施阶段(2009～2019年)，这标志着中国综合风险研究水平得到了国际学术界的认可，迈进了一个新的阶段。开展全球变化与环境风险的关系研究，不仅对防范环境风险有重要的实践价值，而且对发展地球系统科学，促进国家、区域和全世界可持续发展有着极为重要的理论和实践价值(史培军等，2009)。由于国际全球变化研究做了战略性调整，IRG科学计划从2015年起，正式成为未来地球计划第一批入选的核心科学计划。

IRG科学计划于2017年与达沃斯全球风险论坛合作，正式组织成立了"达沃斯全球风险论坛"(深圳前海)，并在中国深圳前海召开了"巨灾与经济综合风险防范国际研讨会"，会议形成了《巨灾与经济风险综合防范前海共识》。该共识认为，区域乃至全球对巨灾与经济风险的应对能力往往无法有效地保障其社会和经济系统的稳定性。巨灾与经济危机的复杂性将加剧未来地球的系统性风险。若不及时提高此类系统的刚韧性，由此造成的人类生命与财产损失仍将持续增加。因此应系统地推进社会各界从理论到技术、从政策到实践的广泛交流、学习和合作创新，应鼓励并支持相关国际科学计划的发起和实施，注重数据收集和监测，提倡实证案例研究，并密切关注关键的、具有全球性影响的战略和规划，如"一带一路"建设，以及《仙台框架》和联合国可持续发展目标的整体进程。在可持续发展背景下，通过适当的会议和研究等形式，在深圳前海和达沃斯讨论与倡导全面提升区域综合减灾凝聚力、绿色发展推动力以及综合风险防范刚韧能力。

2019年，IRG科学计划再次于深圳召开了"绿色发展与综合灾害风险防范暨联合国减灾三十年回顾国际研讨会"，探讨了全球变化下的减灾、防灾与绿色发展。会议认为，在全球气候变化日趋显著的背景下，气候变化已经成为灾害风险的一个放大器，增加了一些自然极端事件的强度，也增加了其发生的频率，同时还改变了它们的空间分布格局。因此，灾害风险管理部门和气候部门必须加强合作，共同探索双赢的措施、机制和政策，包括早期预警系统、气候信息数据在灾害风险和脆弱性评估中的应用，洪水和干旱的管理，沿海地区的治理，城市风险的管控等。

1.1.5　主要发展趋势

全球气候变化风险表现形式的多样性、多尺度性和复杂性，对其风险评估的研究理论和方法都提出了新的挑战，全球气候变化风险评估研究进入了新的研究阶段，主要发展趋势如下。

(1)从认识气候系统变化的特征与过程引发的极端气候风险评价，转向探求由气候平均值、波动变化和极端值变化共同引起的气候变化风险的识别与评价研究；

(2)从基于历史观测资料的"后果-不确定性"的风险评估研究，转向基于气候变化情景的、真正面向未来的风险评估研究；

(3)从基于指标体系的半定量风险评估方法，转向多学科交叉集成的定量模型与模拟研究，强调对系统内部和系统间相互作用的建模与模拟；

(4)从局地、区域等中小尺度对变化机理的探索，转向全球尺度多要素、多对象的风险评估研究。

因此，从动态变化角度科学理解未来气候变化对人口与经济系统影响的不确定性，以及基于情景与可能性定量评估全球变化人口与经济系统风险，已成为该领域的核心科学前沿问题。

1.2 全球变化人口与经济系统风险研究

1.2.1 总 体 思 路

针对现有国内外进展对全球变化风险的理解，明确本书中所指的"全球变化"是指由自然和人文因素引起的、地表环境及地球系统功能全球尺度的变化，其中包含以全球变暖为代表的全球气候变化，以及人口与经济系统的变化。本书暂时假定两种驱动力共同作用形成的风险，且不考虑两者之间的影响和反馈作用。

为此，本书研究的总体思路是，在由全球气候变化和人口与经济系统变化的共同驱动下，在不同的气候变化 RCPs 和共享社会经济路径(shared socioeconomic pathways, SSPs)情景下，近期(2016~2035 年，2030s)和中期(2046~2065 年，2050s)全球尺度上的人口风险(伤亡、受灾)和经济系统风险[主要农作物减产、交通基础设施损坏以及国内生产总值(GDP)减少]将如何变化？为此，需要分别从以下四个核心方面开展研究：一是围绕气候变化的预估与诊断阐明危险机理；二是围绕人口与经济系统的脆弱性和暴露度预估阐明成害过程；三是研制能够整合前述两个子系统动态变化的风险评估模型并集成模式；四是集成大量预估数据，利用模型和模式开展全球尺度的风险评估，识别热点区域并量化气候和人口与经济子系统的相对贡献率(图 1.1)。

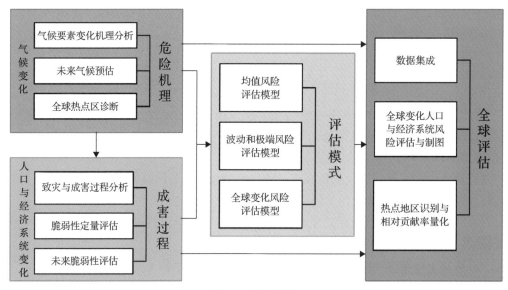

图 1.1 学术思路

1.2.2　关键科学问题

在上述总体学术思路的框架下，本书研究集中考虑以下三个关键科学问题。

(1) 如何从气候要素平均值、波动和极端值变化角度，揭示气候变化对人口与经济系统的危险机理和成害过程？IPCC SERX 报告将气候变化分解为气候要素平均值变化，或由气候要素分布特征变化而引起的极端值变化，以揭示气候变化对人口与经济系统的危害机理。必须从气候要素平均值、波动和极端值变化的角度，系统理解气候变化的危险性；并相应地从人-地复合系统角度，分析人口与经济系统针对全球变化的响应过程，这样才能全面理解全球变化的危险机理和成害过程。

(2) 如何基于气候变化危险机理与成害过程的定量评估模型与模式，动态评估人口与经济系统风险？现有风险评估模型采用"剂量-响应"评估方法和"事件概率-后果"评估结果的表达形式，难以反映包含着"渐变—累积—突变"过程在内的全球变化风险形成机理。因此，必须在理解全球变化危险机理与成害过程的基础上，进一步发展对气候要素平均值、波动和极端值变化能够表达的风险评估模型。利用复杂的系统动力学建模方法，构建能够满足动态定量评估全球变化人口与经济系统风险的模型系统，系统集成全球多区域评估模型和多尺度评估模型，形成具有自主知识产权的全球变化人口与经济系统风险评估模式。

(3) 如何提高全球尺度上全球变化风险评估的空间分辨率，量化气候变化和人口与经济系统变化对全球变化风险的相对贡献率？现有全球变化风险评估数据大多分散在全球不同研究机构，空间分辨率普遍偏低，一般在 100 km×100 km 以上，而且所使用的量纲很不统一，难以供公众使用。利用大数据采集与云数据管理技术，通过统计降尺度和动力降尺度方法，建立具有全球尺度中分辨率(50 km×50 km)、热点区高分辨率(30 km×30 km)的全球变化风险量化评估数据库，完善在线数据交互共享服务技术平台。在多要素贡献分解的统计方法基础上，发展基于复杂系统模拟和仿真的相对贡献分解方法，并通过多方法集成，量化气候变化和人口与经济系统变化对全球变化人口与经济系统风险的相对贡献率。

1.2.3　研　究　内　容

本书依据总体学术思路，主要研究内容包括以下四个方面。

1. 全球气候变化人口与经济系统危险机理研究

分析过去几十年全球尺度气候要素(气温、降水、风等)的平均值、波动和极端值变化的基本特征，综合历史观测和数值模式模拟，系统揭示气候要素变化机理(主要物理过程和影响因子)，并识别全球气候要素变化和气候灾害发生的热点地区；考察、评估 IPCC 耦合气候模式的模拟能力，发展多模式集合预估方法；量化预估不同 RCPs 情景下，全球中高分辨率，近期、中期全球气候变化主要参数；揭示全球气候变化对人口与经济系统的危险机理。具体包括以下研究内容。

1) 全球尺度关键气候要素的变化特征及热点区识别

利用气象台站观测数据和国际上基于台站资料重建的格点化气象资料,分析过去几十年气候关键要素(气温、降水、风)的均值、波动和极端值的时空变化特征;着重研究主要气候灾害(台风、干旱、洪涝、热浪、沙尘暴等)发生的频率、强度和持续时间等特征;分析不同地区、不同气候灾害对全球及区域气候变化的响应,结合数值模式模拟试验和多种统计方法研究全球气候灾害变化与全球气候系统的关系;在全球尺度上,辨识过去几十年以来,气候关键要素变化和上述气候灾害发生的热点区。

2) 气候要素和气候灾害变化的成因诊断

基于多源资料,系统分析中高纬气候系统对各个主要气候灾害的影响,诊断造成不同气候灾害发生变化的主要气候因子;利用耦合气候模式,设计数值试验,通过对海-气和陆-气等相互作用的综合研究,揭示影响气候要素变化和气候灾害的主要物理过程和机理;综合上述观测分析和数值模拟结果,归纳总结全球气候变化对主要气候要素和气候灾害变化的影响及机理。

3) 气候要素未来演变趋势预估

系统分析评估 IPCC 多个耦合气候模式对当今气候的模拟能力,尤其是对极端气候事件的模拟性能;在上述基础上,优选效能较好的模式结果,发展多模式集合的预估方法,进一步改善耦合气候模式的模拟性能;通过动力-统计相结合的降尺度方法,定量预估不同排放情景下,近期、中期气候要素变化趋势;为项目其他课题和项目集成数据平台提供预估的全球尺度中分辨率、热点区高分辨率气候要素数据。

2. 全球变化人口与经济系统成害过程研究

从人-地复合系统角度分析全球变化人口与经济系统对气候变化危险因子的响应过程,揭示全球变化人口与经济系统暴露度的动态特征,建立全球变化人口脆弱性(伤亡、受灾)和经济系统脆弱性(主要农作物减产、交通基础设施损害、国内生产总值减少等)的指标体系;发展具有自主知识产权的全球变化人口与经济系统脆弱性定量评估模型;量化预估不同 SSPs 情景下,全球中高分辨率,近、中期的人口与经济系统暴露度和脆弱性;揭示全球变化人口与经济系统成害过程。具体包括以下研究内容。

1) 全球变化人口与经济系统暴露度和脆弱性指标体系

基于全球变化人口和经济系统历史与观测数据,遴选影响全球变化人口与经济系统暴露度和脆弱性的影响因子;综合考虑人口系统统计学特征和区域分布特征,经济系统的地理空间布局、区位环境、结构性、承载力、孕灾环境,对气候变化的敏感性等,优选全球变化人口与经济系统暴露度和脆弱性指标,构建相应的评估指标体系;评价全球变化人口与经济系统的暴露度和脆弱性变化的动态演变特征。

2)全球变化人口与经济系统脆弱性定量评估模型

从人-地复合系统角度,定量分析台风、干旱、洪涝、高温热浪等灾害发生频次及强度与人口和经济分布密度及结构的时空格局;揭示全球变化人口与经济系统对气候变化危险因子的响应过程;提取全球变化人口和经济系统(主要农作物、工业生产、基础设施和国内生产总值等)脆弱性关键参数,确定脆弱性参数阈值,构建具有自主知识产权的全球变化人口与经济系统脆弱性评估模型。

3)全球和热点地区人口与经济系统暴露度和脆弱性预估

基于不同温室气体排放情景的全球气候模式(GCM)和热点地区气候模式(RCM),结合人口、农业、工业生产、基础设施等2030年和2050年发展情景预估资料,利用具有自主知识产权的全球变化人口与经济系统脆弱性定量评估模型,合理预估不同SSPs下,全球尺度中分辨率、热点区高分辨率,近期、中期人口与经济系统的暴露度和脆弱性的时空格局。

3. 全球变化人口与经济系统风险评估模型与模式研究

从复杂系统动力学角度提出全球变化风险评估的理论和方法,构建集气候要素(气温、降水、风等)平均值、波动和极端值变化于一体的全球变化人口风险(伤亡、受灾)与经济系统风险(主要农作物减产、交通基础设施损坏、GDP减少等)定量评估模型,满足不同RCPs和SSPs情景下,全球中高分辨率,近期、中期全球变化人口与经济系统风险定量评估的要求;系统集成全球多区域评估模型和多尺度评估模型,形成具有自主知识产权的全球变化人口与经济系统风险评估模式;提高和完善全球变化人口与经济系统风险评估模型与模式的研究能力。具体包括以下研究内容。

1)气候平均状态变化和极端值变化对人口影响的风险评估模型

模拟研究人口迁移特征,对比降水、温度平均状态的变化规律,构建气候变化人口迁移驱动因素的概念模型,揭示全球气候要素平均变化与人口迁移之间的关系,研究台风、水灾、旱灾、热浪等灾害对人口伤亡的影响,研究全球气候要素极端值变化背景下人口迁移、伤亡的风险评估方法与模型。

2)气候平均状态变化和极端值变化对经济影响的风险评估模型

建立一套全球、国家、地区不同尺度下典型基础设施风险模型,研究全球变暖所导致的海平面上升以及台风、暴雨、大风等灾害对典型基础设施和多个基础设施系统的破坏和影响方式,量化评估基础设施的动态风险与系统风险,构建资本存量作为经济暴露度表征指标的直接损失评估模型,构建气候变化对主要农作物产量影响评估模型,从而建立气候变化对经济影响评估模型,揭示灾害的经济影响在未来不同情景下的变化特征,评估未来全球变化可能造成的经济影响。

3)全球变化对人口与经济影响的风险评估模式集成

利用软件系统集成技术等对风险评估模型进行集成,构建统一入口管理、统一系统框架、可扩充并具高兼容性、以评估全过程成果数据集聚与服务为核心内容的集成方式，集成全球多区域风险评估模型与多尺度风险评估模型，形成全球变化人口与经济系统风险评估模式，为动态评估全球变化人口与经济系统风险提供工具。

4. 全球变化人口与经济系统风险全球定量评估研究

改进和完善全球变化人口风险(伤亡、受灾)与经济系统风险(主要农作物减产、交通基础设施损坏、GDP 减少等)评估数据的空间分辨率，并集成其数据库平台，定量评估不同 RCPs 和 SSPs 情景下，全球中高分辨率，近、中期全球变化人口与经济系统风险，编制全球和区域尺度全球变化人口与经济系统风险地图集；通过多方法集成、量化气候变化和人口与经济系统变化对全球变化人口与经济系统风险的相对贡献率；提高全球变化人口与经济系统风险全球定量评估能力与水平。具体包括以下研究内容。

1) 全球变化人口与经济系统风险评估数据库

建立全球变化人口与经济系统风险评估数据平台，集成全球尺度中分辨率、热点区高分辨率全球变化人口与经济系统风险定量评估数据库系统，利用云数据管理技术，实现数据的在线交互和自由交换共享服务。具体数据类型包括：全球地形、地貌、水系等环境数据，温度、降水和风等气候要素数据，人口、经济、农业、城市化、土地利用、道路等承灾体数据，历史台风、水灾、干旱和热害等气象灾害的灾情数据，国家单元、可比地理单元和网格单元等区域的基础地理信息数据；未来近、中期不同情景，全球尺度的温度、降水和风等气候变化要素数据，人口与经济系统等气候变化影响对象数据等。

2) 全球变化人口与经济系统风险定量评估与制图

定量评估不同情景(RCPs 及 SSPs)下，全球尺度中分辨率、热点区高分辨率，近、中期气候平均值、波动和极端值变化引起的人口风险(伤亡、受灾)与经济系统风险(主要农作物减产、交通基础设施损坏、GDP 减少等)，编制全球和区域变化人口与经济系统风险地图集。在大数据采集与云数据管理技术的支持下，设计满足动态交互需求的数字地图展示平台，图解全球变化人口与经济系统风险评估结果。

3) 量化气候变化和人口与经济系统变化对全球变化风险的相对贡献水平

基于统计、机器学习与模拟仿真等相对贡献率分析方法，从网络化风险的视角发展全新的、基于复杂网络理论的相对贡献率分析方法。利用统计、仿真等多种方法量化气候变化和人口与经济变化的相对贡献率。

1.2.4 技 术 途 径

依据本书的主要内容与研究思路，利用大数据集成、气候系统诊断与模拟、人-地复合系统动力学模拟、人-地系统风险模型集成、热点区域综合定量分析，以及全球尺度风险数字制图等技术完成研究任务。

具体研究方法如图 1.2 所示。

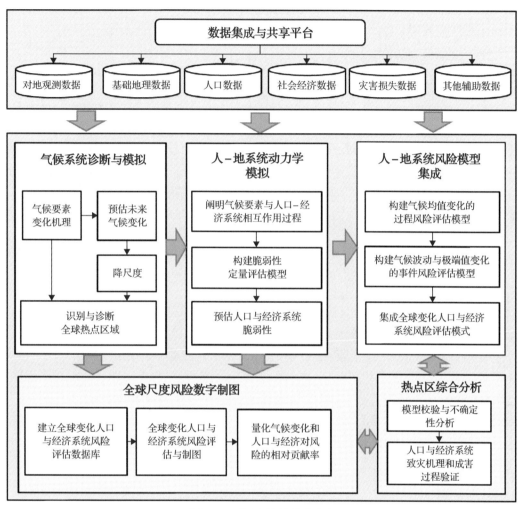

图 1.2　项目实施的技术途径

1）数据集成与共享平台建设

依托全球变化领域已积累和发布的大量的全球气象、水文、地形、人口、经济、农业、城市化、自然灾害、自然资源、土地利用等数据资料，搭建联合研究数据共享平台。在此基础上，利用大数据采集与云数据管理技术，完善在线数据的交互共享服务技术系统，实现对数据的自由交换和高效整合，以利于多个子系统的综合模拟。

2）气候系统诊断与模拟

综合历史观测和数值模式模拟，分析全球尺度关键气候要素(气温、降水、风等)的平均值、波动和极端值的变化特征，通过研究海-气和陆-气相互作用与气候要素变化之间的关系，系统分析引起气候要素变化的主要物理过程和影响因子、揭示气候要素变化机理；考察和评估 IPCC 耦合气候模式的模拟能力，发展多模式集合预估方法，通过动力-统计相结合的降尺度方法，定量预估不同情景（RCP 2.6、RCP 4.5 和 RCP 8.5）下，全球尺度中分辨率（50 km×50 km）、热点区高分辨率（30 km×30 km）、近期（2030s）、中期（2050s）期气候要素（气温、降水、风等）变化。

3) 人-地系统动力学模拟

在加深对社会-生态系统动态过程理解的基础上，从人-地复合系统角度分析人口与经济系统承灾体对气候变化（包括气温、降水、风等要素平均值、波动和极端值变化）危险因子的响应过程，揭示主要气候要素平均值、波动和极端值变化对承灾体产生影响的可能触发机制和物理过程，揭示全球变化人口与经济系统暴露度的动态特征；构建全球变化人口与经济系统暴露度指标体系和脆弱性评估指标体系，构建全球变化人口与经济系统脆弱性评估模型；利用人口动力降尺度模型、农业多图层约束自动综合模型、空间显性计量经济模型等方法，预估不同共享社会经济路径（SSP1、SSP2 和 SSP3）下，全球尺度中分辨率（50 km×50 km）、热点区高分辨率（30 km×30 km），近期（2030s）、中期（2050s）人口与经济系统暴露度与脆弱性。

4) 人-地系统风险模型集成

基于灾害系统理论、系统科学原理、多变量联合概率理论，应用复杂网络方法和非线性动力学方法，资产盘存和地理信息系统空间化技术相结合的方法，经济系统"存量"和"流量"影响评估方法，构建全球气候要素平均值、波动和极端值变化引起的人口风险（伤亡、受灾）与经济系统风险（主要农作物减产、交通基础设施损坏、GDP 减少等）的定量评估模型；基于全球变化人口、基础设施、经济风险评估多模型的适用范围、数据与参数精度要求，系统集成全球多区域评估模型和多尺度评估模型；基于统筹优化理论确定全球变化人口与经济系统风险评估最优模式，形成具有自主知识产权的全球变化人口与经济系统风险评估模式。

5) 热点区综合分析

依据气候系统诊断与模拟对全球气候变化热点地区的识别结果，选取数据质量较好、分辨率较高的高风险区域，进行全球变化人口与经济系统风险综合案例分析。深化对全球变化人口与经济系统致灾和成害过程的认识，特别是对全球变化人口与经济系统风险的致灾机理分析和成害过程模拟的验证；对全球变化人口与经济系统脆弱性评估模型和风险评估模型进行模型校验和不确定性分析，为模式集成和风险评估提供依据；对多方法量化得到的气候变化和人口与经济系统变化相对贡献率进行比较分析，为全球尺度的相对贡献率量化分析提供依据。

6) 全球尺度风险数字制图

在传统纸质地图的基础上，选择合适的全球地图投影系统，确定全球变化风险的全球和区域尺度数字制图的比例尺、符号系统、色彩与色阶系统，在大数据采集与云数据管理技术的支持下，设计满足动态交互需求的数字地图展示平台；在全球气候变化定量预估结果、全球变化人口与经济系统脆弱性定量预估结果的基础上，利用全球变化风险评估模式，定量评估全球变化人口风险（伤亡、受灾）与经济系统风险（主要农作物减产、交通基础设施损坏、GDP 减少等）；利用数字地图展示平台图解全球变化人口与经济系统风险评估结果；利用统计、仿真等多种方法量化气候变化和人口与经济变化的相对贡献率。

1.3　全球变化人口与经济系统风险研究取得的标志性进展

1.3.1　全球气候变化人口与经济系统危险机理

1. 构建了全球 30 km 气候要素及极端气候指标数据集

全球气候模式的空间分辨率通常较粗，不同模式模拟结果不确定性较大，不足以准确地、精细地描述区域尺度气候和极端气候要素的变化特征。因此，对全球气候模式模拟的气候要素进行降尺度，是开展人口与经济风险研究所需高分辨率基础数据的重要来源。利用误差矫正和空间降尺度方法（bias correction and spatial disaggregation，BCSD），基于 IPCC 第五次耦合气候模式比较计划（coupled model intercomparison project phase5，CMIP5）多模式，在未来气候变化情景 RCP 2.6 下构建了全球陆地水平分辨率为 30 km（0.25°×0.25°）的逐日最高气温、最低气温和降水数据集（Xu and Wang，2019）。结合国际上已有的统计降尺度数据集，构建了基准期（1986～2005 年）和未来不同气候变化情景（RCP 2.6、RCP 4.5、RCP 8.5）下，近期（2016～2035 年）、中期（2046～2065 年）气温与降水的平均值、波动以及极端值的数据集。

构建的数据集已被用于全书开展相关研究。例如，研究极端降水对全球农业产量的影响预估、气候变化不同情景下全球洪水变化预估及其对道路交通设施影响等、气候变化对未来不同区域极端气候事件变化影响预估等。此外，基于 CMIP5 多模式模拟的逐日近地面风速数据构建了风速的平均值、波动和极端值数据集，并用于沙尘未来变化预估研究。上述数据集为本书气候与极端气候变化及机理研究提供了高精度气候要素数据基础，也为其他相关研究提供了数据支撑。

2. 辨识了全球极端气候变化热点地区

在全球变暖背景下，极端气候事件频发、强度增强、持续时间增加，引发了洪涝、干旱、沙尘暴等诸多自然灾害，严重威胁人类生命和财产安全。不同区域极端气候对全球气候变暖的响应存在显著差异，辨识极端气候变化响应最剧烈的区域，即热点地区，并阐明其时空演变特征，是全球气候变化研究及防灾减灾工作的重点。

相比单个极端要素（如高温热浪、暴雨或大风），多极端气候要素引起的复合灾害（如大风暴雨、高温干旱）往往会产生更严重的影响，造成的破坏也会更加严重。以往关于极端气候要素变化大多是基于降水和温度的研究，而缺乏对极端风的研究，且多关注的是气候要素强度和年际变率的变化，对其频率较少考虑。因此，本书综合考虑极端气温、极端降水和极端风及其构建的极端指数的强度、频率以及年际变化，发展了一个多要素极端气候变化的复合指数(regional extreme climatic change index, RECCI)用以研究区域极端气候变化特征。该指数充分考虑了全球不同气候区极端气候要素量值和时间变率的差异，通过归一化、无量纲化等方法，不同地区之间的 RECCI 可以直接进行比较，以此来确定极端气候变化的热点地区。利用 CMIP5 多模式模拟结果，通过计算 RECCI 发现，在 RCP 8.5 情景下，极端气候变化的热点地区会随着季节和时段而变化，而亚马孙区域是 21 世纪唯一稳定的热点地区；对比极端气候要素强度、频率和年际变率，其中强度变化对 RECCI 贡献相对较大；对比不同季节发现，极端气候要素对 RECCI 的贡献不同。例如，在东亚地区夏季，与极端高温相关的指数对该地区 RECCI 的贡献较大，而在冬季，与极端低温相关的指数较为重要(Xu et al., 2019)。

此外，利用全球高精度逐日最高温度数据，综合分析研究了北半球夏季极端高温频次和强度，通过比较其低频分量方差占总方差的比值，发现极端高温低频变化的五个热点地区，即北美西部-墨西哥、东西伯利亚、欧洲、中亚和蒙古高原，并发现不同热点地区存在长期协同变化，其原因与北大西洋年代际振荡(Atlantic multidecadal oscillation, AMO)密切相关(Gao et al., 2019)。

3. 预估了全球不同升温背景下极端气候的变化趋势

随着全球变暖，极端气候发生显著变化，科学预估未来全球极端气候演变趋势并合理评估极端气候变化的影响，对于应对极端气候变化政策措施的制定至关重要。基于全球气候模式模拟数据，从信噪比(气候变化信号与气候系统噪声的比值)角度预估了中国和全球相对于工业革命前不同升温背景下的极端气候变化，指出在升温 1.5 ℃、2 ℃和 4 ℃时，温度和极端暖事件增加，均超过其自然内部变率；降水和极端强降水事件主要在副热带减少，在高纬增幅较大并超过其自然内部变率；不同升温背景下的变化幅度和空间分布均有所差异(Sui et al., 2018; Wang W et al., 2019)。对于全球三大超级城市群(即美国东部、欧洲西部和中国京津冀环渤海地区)，在未来增温情况下，极端高温发生频率变化不显著(50%至1.3倍)，但极端高温强度变化显著(2～4倍)(Luo et al., 2020)。进一步研究发现，极端事件与全球温度变化之间存在显著关联，其中冷昼和冷夜频率均随全球变暖加剧而呈非线性减少，而全球陆地平均的暖夜和暖昼变化与全球变暖强度呈现非线性和线性关系，暖夜在全球变暖早期快速增加，在升温后期增加缓慢，暖昼随着全球变暖增加缓慢(Wang et al., 2017)。本书在此方面的研究成果获得了 *Science Bulletin* 2019 年的"最佳论文奖"(2019 Best Paper Award)。

未来全球极端降水发生危险将明显增加(Chen et al., 2020)，亚洲地区(包括中国在内)极端降水发生危险也将显著增加；但是，对于中国，尤其是北方地区(包括东北、华北、西北和青藏高原)，未来干旱发生概率有明显增加的趋势，其中华北地区增加幅度最大；相比全球升温 1.5 ℃，当升温 2.0 ℃时，中国区域不同等级干旱强度也显著增加，尤其是极端干旱强度增加最为明显，且 0.5 ℃的升温使得中国区域干旱人口暴露度相对增加 17%(Chen and Sun, 2019)。因此，在我国"碳达峰、碳中和"目标及节能减排政策下，未来有效控温在一定程度上可以降低我国极端降水、干旱等的发生。

1.3.2 全球变化人口与经济系统成害过程

本书全球变化人口与经济系统成害过程研究中,经济系统主要包括农业系统(主要农作物小麦、水稻和玉米)、工业生产、交通基础设施(道路系统)和 GDP 四个方面。人口与经济系统未来情景的准确预估,是全球变化下人口和经济系统暴露度和脆弱性预估的关键。

1. 构建了全球人口与经济系统空间化数据集

基于人口与经济系统相关理论和方法,发展了融合军事气象卫星计划/线性扫描业务系统(DMSP/OLS)夜间灯光数据、植被分布、全球高精度人口分布、县级尺度官方统计数据等,对国别尺度人口、道路、工业增加值和 GDP 预估数据进行降尺度,构建了包含基准期和未来 SSP1、SSP2、SSP3 情景下 2030 年和 2050 年的全球人口和经济系统预估空间分布数据集,有效提高了全球人口和 GDP 预估数据的空间分辨率,弥补了全球尺度第二产业和道路系统空间化数据集产品(图 1.3、图 1.4)的空白,为全球变化人口与经济系统成害过程研究、风险评估提供了数据支撑。基于大数据挖掘、侵蚀生产率影响计算器(erosion productivity impact calculator,EPIC)模型、研发最大熵(MaxEnt)模型和多气候模式的全球变化主要农作物成害研究方法体系,研发了全球变化农业生产成害过程研究软件系统;在此基础上,构建了 RCP 2.6、RCP 4.5、RCP 8.5 情景下 2030 年和 2050 年空间分辨率 0.25°×0.25° 的全球小麦、水稻、玉米种植分布数据,有力支撑了全球变化小麦、玉米、水稻暴露度和脆弱性与风险预估(图 1.5)。

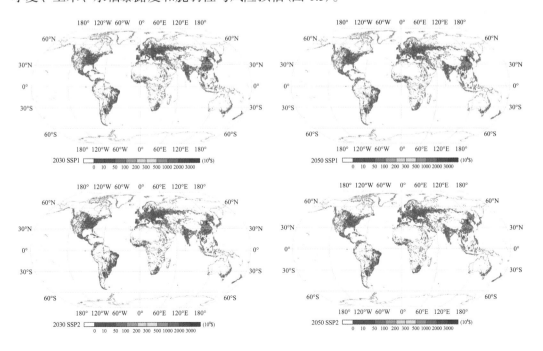

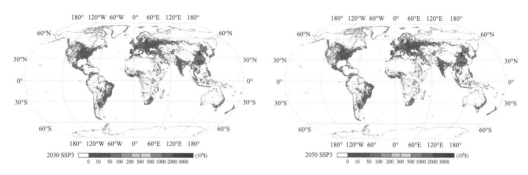

图 1.3　未来不同气候变化情景下全球工业增加值分布

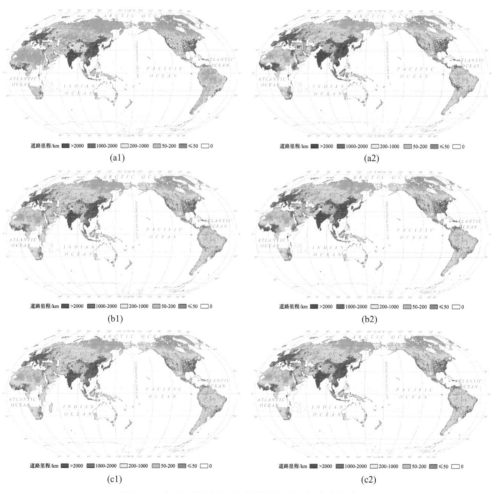

图 1.4　未来不同气候变化情景下全球道路分布图

(a) SSP1；(b) SSP2；(c) SSP3；(1) 2030 年；(2)2050 年

2. 评估了 1.5 ℃升温下全球人口和 GDP 干旱风险暴露度与脆弱性

温室气体排放增加进一步加剧全球变暖，导致地表水循环加速、全球旱涝灾害频发、水资源时空分布不均加剧，给世界各国的社会经济发展带来巨大风险。2015 年 12 月

《巴黎协定》签署，其致力于将 21 世纪全球平均气温上升幅度控制在 2.0 ℃以内，并为温升控制在 1.5 ℃以内而努力。因此，本书开展了 1.5 ℃升温情景下全球人口和 GDP 干旱暴露度与脆弱性等研究。

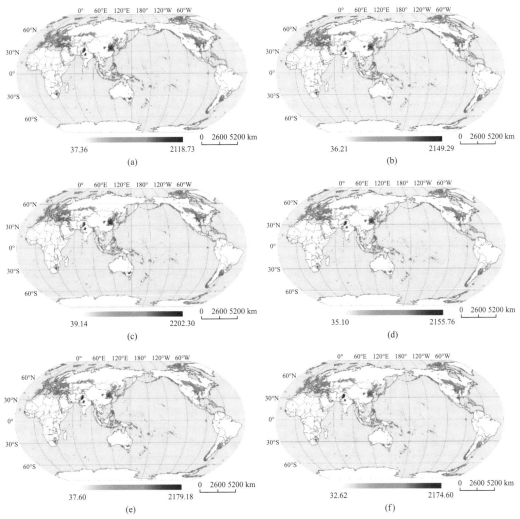

图 1.5　未来各 RCP 情景下不同时期小麦种植适宜性相对于基准期差异

(a)、(c)、(e) 分别为全球近期 RCP 2.6-SSP1、RCP 4.5-SSP2、RCP 8.5-SSP3 下的小麦高温暴露度；

(b)、(d)、(f) 分别为全球中期 RCP 2.6-SSP1、RCP 4.5-SSP2、RCP 8.5-SSP3 下的小麦高温暴露度

基于大气环流模式气候变化预估试验数据，估算与分析 1.5 ℃升温情景下全球干旱人口和 GDP 暴露度与脆弱性。研究表明，在全球多个地区，如亚马孙区域、欧洲中部、非洲南部、巴西东北部等地区，多数气候模型模拟的干旱风险均增大，包括干旱强度、范围和历时等，其中非洲南部的旱情最为严峻。定量评估了 1.5 ℃升温情景下重旱和特旱(以下简称重度干旱)对全球人口、GDP 的影响。全球变暖引发的干旱加剧和人口、GDP 增长的双重影响，使暴露于重度干旱的总人口将增加 1.94 亿人，特别是在东非、西非和南亚等地区(图 1.6)；其中，城市人口重度干旱暴露度将增加 4.10 亿人，而受到城镇化

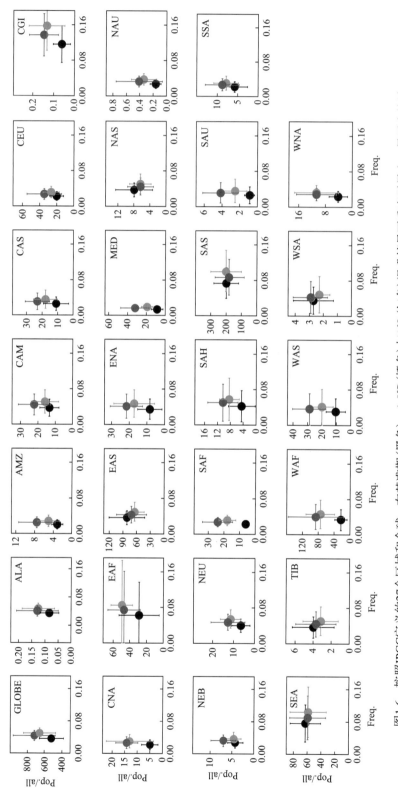

图1.6　按照IPCC定义的27个区域和全球，在基准期(黑色)，1.5℃(橙色)与2℃(红色)温升情景下重度干旱人口暴露度统计；区域预估值的不确定性以箱形图显示 (Liu et al., 2018)

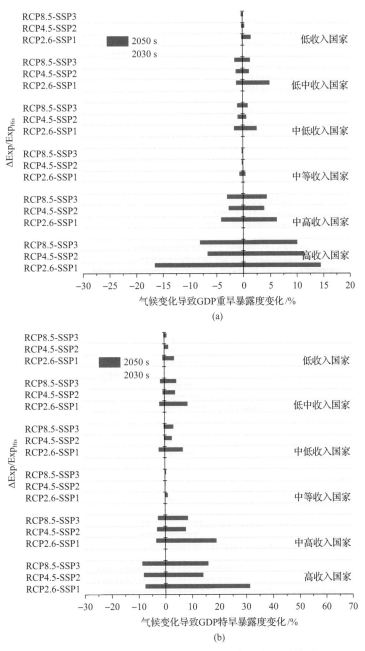

图 1.7　气候变化对不同收入类型国家重度干旱暴露

进程的影响，农村人口的暴露度将减少约 2.16 亿人。GDP 重度干旱暴露度约达 16.4 万亿美元（RCP 2.6-SSP1，2030s），主要位于全球经济发达国家和地区。对 GDP 干旱暴露度变化归因分析，结果显示，气候变化因子对高收入国家 GDP 干旱暴露度影响最大，具体表现为在部分高收入国家表现出正效应（加剧 GDP 干旱暴露度），其中对重旱贡献约占 17%，对特旱贡献达 65%；而在其他高收入国家表现为负效应（抑制 GDP 干旱暴露度），气候变化导致 GDP 重旱暴露度减少 27%，特旱暴露度减少 23%。

未来不同情景下全球干旱人口脆弱性空间分布显示(图 1.8)，印度和中国北方地区是全球范围内脆弱性最高的地区，此外，西亚、东欧和中美洲的脆弱性也高于其他地区。对比不同情景和不同时期的干旱人口脆弱性，与基准期相比，RCP 2.6-SSP1 和 RCP 8.5-SSP3 情景下的全球干旱人口脆弱性降低，而 RCP 4.5-SSP2 情景下的全球干旱人口脆弱性增加。在所有时段中，在 RCP 4.5-SSP2 情景下，2030s 全球平均人口脆弱性最高，相对于基准期，脆弱性增加了 6.28%。

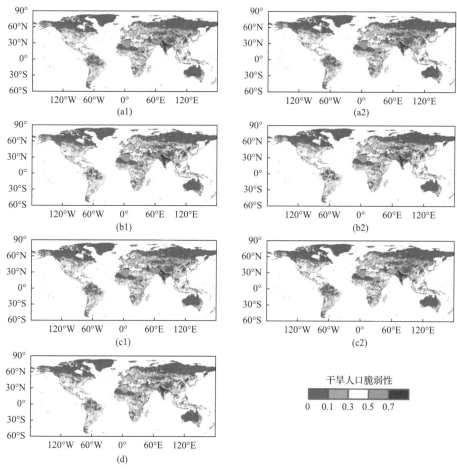

图 1.8　全球干旱人口脆弱性空间分布(Liu et al., 2020)

(a) RCP 2.6；(b) RCP 4.5；(c) RCP 8.5；(d) 基准期；(1) 2030s；(2) 2050s

3. 揭示了降水随机特性可能掩盖的气候变化信号

近年来，全球多次发生对社会经济产生重大影响的旱灾，如美国加利福尼亚州与澳大利亚 Murray Darling 流域等特大旱灾。"气候变化背景下世界各地洪涝和干旱灾害事件将如何变化"一直是受国际社会和学术界广泛关注的焦点问题。基于全球陆地降水观测资料，建立降水年际变异性和长期变化间解析关系，识别出占全球陆地 76% 的区域，降水年际波动呈现随机性和平稳性，致使降水自然波动较大程度地掩盖了气候变化对降水的可能影响(图 1.9)。相关研究结果以研究论文的形式发表在《美国科学院院刊》第 110 卷第 10 期上(Sun et al., 2018)。

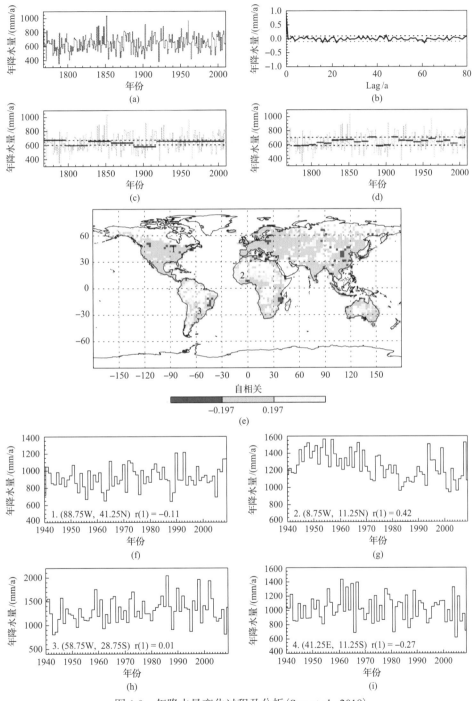

图 1.9　年降水量变化过程及分析(Sun et al., 2018)

(a)、(c)、(d)为英国牛津 Radciffe 观测站 1767~2010 年降水序列, (c)为 30 年滑动平均, (d)为 10 年滑动平均; (b)为 90% CI 的降水自相关性; (e) 1940~2009 年 GPCC 降水产品在滞后为 1 的自相关性空间分布; (f)~(i)为 4 个地区的案例分析

1.3.3 全球变化人口与经济系统风险评估模型与模式

1. 气候变化对交通基础设施经济影响的风险评估模型

气候变化会加剧自然灾害对交通基础设施的影响。交通基础设施的管理不善、养护缺失增加了对交通基础设施的损坏，造成系统的服务能力显著下降甚至中断，影响社会生产生活和国家安全。因此，评估自然灾害对交通基础设施网络系统风险，对于提高综合立体交通设施系统的正常服务率，保障经济、社会系统正常运行及国家的长治久安具有重要而深远的意义。当前大多数研究都是集中于历史灾害事件对交通系统的影响，较少针对交通系统功能损失进行风险评估，也缺乏综合考虑气候变化因素下未来灾害导致的交通系统的大范围破坏和服务中断。本书研究运用系统科学、交通工程学和灾害学等多方面的理论，采用数学建模、仿真模拟等主要技术手段，构建气候变化对交通基础设施经济影响的风险评估模型(Wang et al., 2019；Wang et al., 2020)。

具体的模型框架与结果如图 1.10 所示。首先，构建一个多主体仿真模型来表示系统中的流量。根据交通需求场景生成一定数量的主体，包括始发地、目的地和路网中的路径。主体使用安全速度和道路车辆数量来更新速度，实时重新规划路径并最终离开系统。其次，使用五个全球气候模式和三个不同的 RCPs 来产生未来的径流情景。在这些未来径流情景的驱动下，可以使用基于流域的大尺度洪水淹没(catchment-based macro-scale floodplain, CaMa-Flood)模型来模拟未来的洪水。洪水淹没深度将降低道路通行能力，如安全速度。最后，基于交通延误的旅行时间指标来估算未来洪水对道路运输系统造成的影响。

上述综合模型可以通过以下两种方式来改进洪水对公路系统影响的先前研究：在路段脆弱性分析中，使用安全道路速度与淹没深度之间的经验关系。该函数代替了洪水下道路的二进制状态变化，并通过构建一个多主体交通仿真模型，以更真实地反映交通流量。该模型考虑了用户需求和路线选择，以反映系统层面的变化(如出行时间)。这样模型能够根据淹没深度改变安全速度来动态模拟洪水条件下交通状况的时空变化。该模型可用于整个高速公路系统和区域之间定向交通的洪水的定性影响评估。

该模型可以定量地评估洪水对整个公路系统和重点区域的交通影响(Wang et al., 2019; Wang et al., 2020)，还可以用于优化公路系统的设计，并扩展到由气旋、飓风、龙卷风和泥石流等自然致灾因子引起的真实空间破坏的影响研究中。该研究框架也可适用于其他具有网络属性的基础设施系统。

2. 直接经济损失风险评估模型

已有风险评估模型多采用指数风险评估，且未能考虑风险要素驱动力未来变化的刻画；同时，在暴露度表征指标方面选取固定资产存量指标替代 GDP 的不足，本书改进了灾害直接经济损失评估模型：一方面提出中国 1 km 分辨率固定资产存量价值分布数据生成技术(Wu et al., 2018)，以行政统计单元的固定资产存量价值评估为起点，采用自上而下(或降尺度)的方法，根据人口分布、经济活动强度和道路网密度等空间分布信息来表征房屋、基础设施和其他固定资产价值类型资产的空间分布，将中国县级固定资产存量

综合评估模型

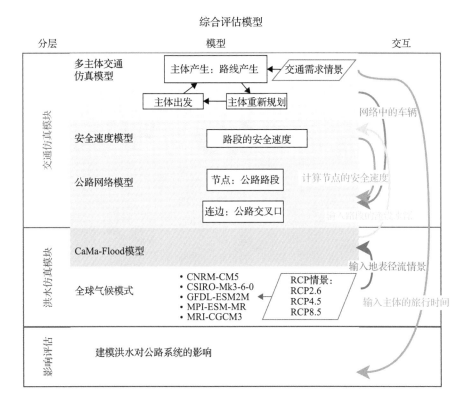

气候变化情景下的洪水模拟

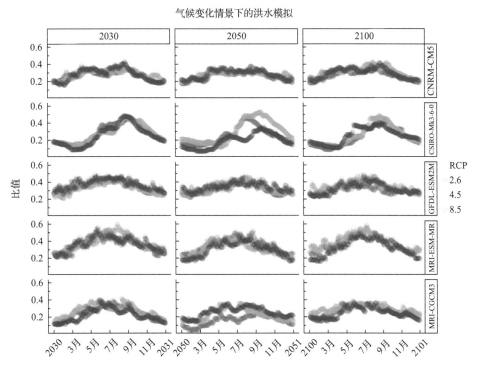

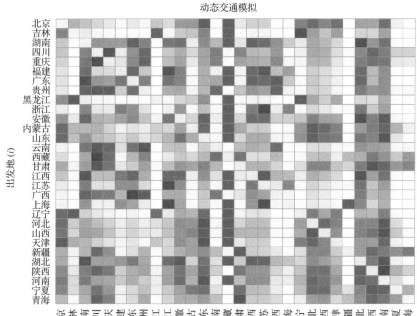

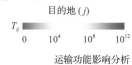

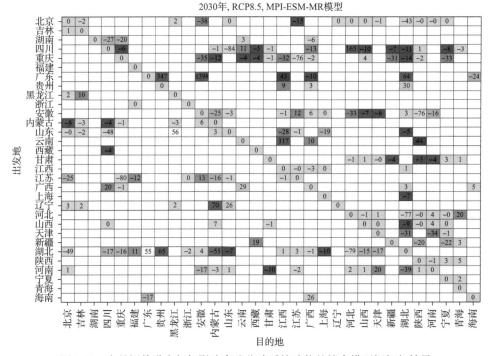

图 1.10　定量评估洪水如何影响高速公路系统功能的综合模型框架与结果

（Wang et al., 2019；Wang et al.，2020）

价值展布到 1 km×1 km 栅格单元上,使资产价值空间分布模拟更合理,最终生成中国 1 km 分辨率固定资产存量分布图,从而解决了致灾因子栅格数据与基于行政单元的经济统计数据之间的空间不匹配问题,减少了灾害风险分析中暴露度数据在空间上分布情况的不确定性(图 1.11)。

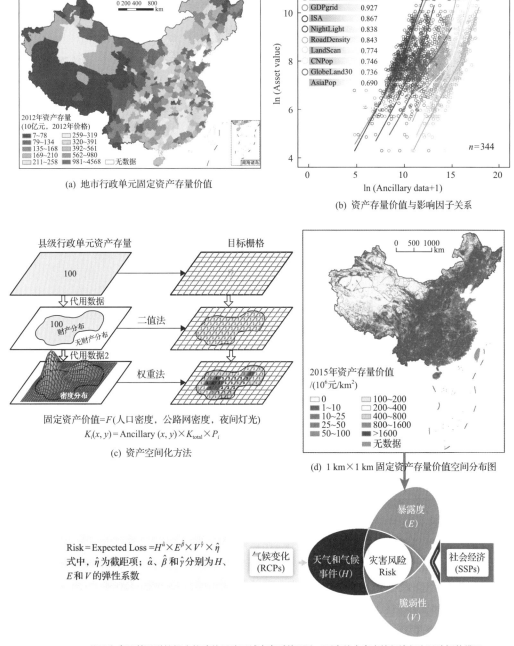

(a) 地市行政单元固定资产存量价值

(b) 资产存量价值与影响因子关系

(c) 资产空间化方法

(d) 1 km×1 km 固定资产存量价值空间分布图

固定资产价值=F(人口密度, 公路网密度, 夜间灯光)

$K_i(x, y) = \text{Ancillary}(x, y) \times K_{\text{total}} \times P_i$

$\text{Risk} = \text{Expected Loss} = H^{\hat{\alpha}} \times E^{\hat{\beta}} \times V^{\hat{\gamma}} \times \hat{\eta}$

式中,$\hat{\eta}$ 为截距项;$\hat{\alpha}$、$\hat{\beta}$ 和 $\hat{\gamma}$ 分别为 H、E 和 V 的弹性系数

(e) 基于生产函数及弹性概念构建的反映区域灾害系统理论三要素的灾害直接经济损失风险评估模型

图 1.11 固定资产价值空间化及灾害直接经济损失风险评估模型(Wu et al., 2018; Ye et al., 2020)

另一方面，基于区域灾害系统，从生产函数角度改进了灾害直接经济损失风险评估模型，将致灾因子强度(H)、暴露度(E)和脆弱性(V)作为损失的"投入"因子，而直接经济损失表示负向"产出"影响，即由这些"投入"因子造成的直接经济损失。基于此，致灾强度 H 可以根据气候变化情景预估进行评估，E 和 V 与未来社会经济发展变化密切相关，可以通过 SSPs 情景进行预估，从而将气候变化和社会经济变化两大类型的驱动因子引入风险评估模型中，以开展气候变化极端值变化造成的直接经济损失情景风险评估。

针对中国台风灾害进行模型构建，选取台风中心附近最大风速、固定资产存量价值、人均 GDP 风险三要素组合进行模型参数标定可知，模型的解释率从利用单因子的小于 40%提高到 65%(Ye et al., 2020)。模型参数标定可知，在其他要素不变的前提下，台风中心附近最大风速增加一倍，台风灾害风险增加 225% [79%, 435%]；同理，固定资产存量价值暴露度增加 100%，直接经济损失风险增加 79% [58%, 103%]，而随着人均 GDP增加带来的设防水平提高 100%，灾害直接经济损失会降低 54% [39%, 66%]。据此可以认识台风灾害直接经济损失与风险三要素之间的量化关系，以及人为活动-社会经济变化在决定风险变化中的重要作用。

通过对模型参数的优选和模型的优化改进，可以降低直接经济损失评估结果的不确定性和可解释性。该模型作为灾害风险通用模型形式，可以应用于暴雨洪涝(Liu et al., 2020)等灾害损失评估模型中。

3. 间接经济影响评估模型

在投入产出模型基础上添加灾后劳动力影响和灾区内外的区域空间波及模块，使气候变化和极端气候事件对经济部门的冲击通过产业关联导致的间接经济影响的过程和程度得以量化评估。在间接损失评估建模方面，与以往忽略人的影响不同，改进的模型考虑了劳动力变量(Zhang et al., 2019)。与多数模型仅考虑在区域内部影响不同，改进的模型从单区域扩展到多区域，本书研究不仅建立了概念模型，还成功地构建了数学模型，使评估结果定量化。

通过评估 2020～2100 年美国受气候变化影响，由对世界其他地区造成可能的经济连锁效应(economic ripple effect, ERE)可知(Zhang et al., 2018)，随美国年均温(annual mean temperature, AMT)增加，ERE 呈指数增长。AMT 增加 1 ℃，美国 GDP 直接损失 0.88%，ERE 达 0.12%；当 AMT 上升 2 ℃时，ERE 增加 3 倍。受地区间贸易联系及 GDP 等影响，不同地区的 ERE 呈现差异性。当美国 AMT 从 1 ℃升至 2 ℃时，中国遭受的 ERE 将增加 4.5 倍。

所构建的模型能够通过剖析劳动力恢复程度、损失跨地区跨行业的情景途径，找到能够减轻间接损失的关键因素，有效指导应对气候变化与防灾减灾决策。该模型适用于气候变化带来的国家和大区尺度的间接影响评估，也可评估极端气候事件带来的灾区内外的间接经济影响。通过模拟的数值解反映灾后劳动力受损对间接损失的作用是科学而合理的解决途径(图 1.12)。

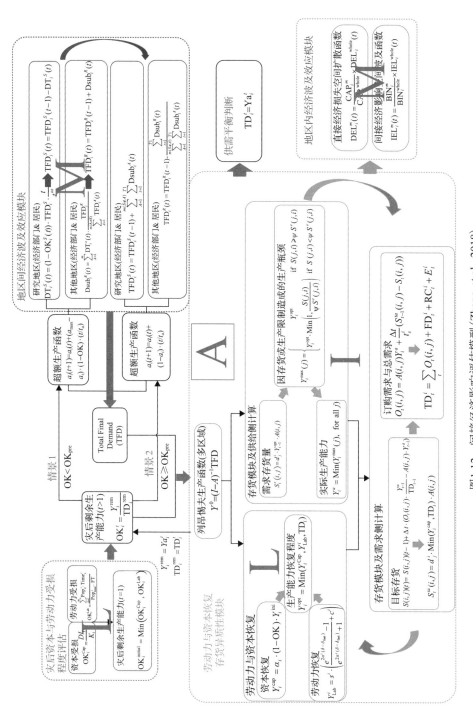

图1.12　间接经济影响评估模型（Zhang et al., 2018）

图中，A为自适应动态迭代模块：政府与企业帮助经济市场的恢复；M为区域间经济波及模块：区域内子区域间的波及、区域间的波及；I为存货及生产瓶颈模块：存货不足的判断及影响，生产瓶颈的触发及影响；L为劳动力与资本损失模块：生产瓶颈的触发及影响、劳动力直接冲击引入、劳动力灾后恢复构建。

1.3.4　全球变化人口与经济系统风险全球定量评估

1. 研判全球变化人口与经济系统风险区域特征及其贡献率水平

基于全球变化风险理论模型，从气候变化要素、人口与经济暴露度及脆弱性三个方面，科研人员分别定量评估了不同 RCPs 情景(RCP 2.6、RCP 4.5 和 RCP 8.5)和 SSP 情景(SSP1、SSP2 和 SSP3)下，全球尺度 0.25°×0.25°分辨率，基准期(1985~2005 年)，以及近期(2016~2035 年)、中期(2046~2065 年)全球变化死亡人口、农作物减产和 GDP 损失风险，分析了全球变化人口与经济系统风险的区域特征，识别了全球气候变化高风险区域(表 1.1 和表 1.2)，研判了中国自然灾害与全球变化风险在全球的位置，并量化了全球气候变化以及人口与经济系统变化对风险的贡献率水平，从而对提高全球变化人口与经济系统风险全球定量评估能力与水平，特别对我国全球气候变化风险防范政策的制定具有重要的参考价值。

表 1.1　**RCP 8.5-SSP3 情景 2030s 气候变化死亡人口与 GDP 损失风险排名前十的国家**

国家	高温死亡人口/万人	相比基准期增加倍数	国家	洪水死亡人口/人	相比基准期增加倍数	国家	洪水 GDP 损失/亿美元	相比基准期增加倍数
印度	18.10	1.50	印度	3 944	1.34	中国	1256.21	8.02
阿尔及利亚	10.92	2.80	海地	2 512	0.27	印度	163.60	6.65
叙利亚	8.96	2.80	中国	2 358	0.57	孟加拉国	119.75	8.11
巴基斯坦	5.69	1.76	孟加拉国	2 272	2.98	朝鲜	68.14	2.30
美国	5.32	1.35	印度尼西亚	1 728	0.89	美国	49.24	0.30
伊拉克	5.06	3.26	巴基斯坦	576	0.67	伊朗	26.41	1.24
土耳其	4.85	2.39	索马里	534	0.75	阿根廷	22.73	2.86
埃及	4.30	3.26	阿尔及利亚	451	0.54	意大利	20.93	0.08
苏丹	2.73	1.68	尼泊尔	406	0.84	德国	19.77	0.80
沙特阿拉伯	1.85	3.39	越南	356	0.55	尼泊尔	11.90	3.02

表 1.2　**RCP4.5 情景 2050s 相比基准期全球气候变化农作物 10 年一遇**
极端低产风险变化(总产量排名前十的国家)

国家	小麦/(t/hm²)	国家	玉米/(t/hm²)	国家	水稻/(t/hm²)
中国	−0.18	美国	−0.02	中国	0.02
印度	−0.27	中国	0.04	巴西	−0.02
美国	0.07	巴西	−0.05	印度	−0.27
俄罗斯	0.21	阿根廷	−0.20	印度尼西亚	−0.16
法国	0.45	智利	0.29	乌克兰	0.82

续表

国家	小麦/(t/hm²)	国家	玉米/(t/hm²)	国家	水稻/(t/hm²)
澳大利亚	−0.16	墨西哥	−0.09	秘鲁	0.05
加拿大	−0.09	乌克兰	0.27	美国	−0.32
巴基斯坦	−0.15	加拿大	0.43	西班牙	0.18
德国	0.24	印度	−0.11	尼日利亚	−0.06
土耳其	−0.09	俄罗斯	0.10	伊朗	−0.04

注：负值表示2050s较基准期减产，正值表示2050s较基准期增产。

　　结果表明，全球变化将显著增大高温热浪死亡人口风险。全球年均高温热浪死亡人口在基准期为28.96万人，2030s增加至89万～184万人，到2050s增加至161万～261万人，增幅明显。亚洲、非洲是高温热浪年均死亡人口风险增幅最大的两个洲；印度、阿尔及利亚、叙利亚、巴基斯坦、伊拉克等亚洲国家是高温死亡人口风险增幅最大的国家，年均死亡人口在4万～18.1万人。高温热浪死亡人口风险的变化中，以气候变化以及气候与人口联合变化的贡献为主，占90%以上。

　　全球变化将显著增大洪涝死亡人口风险。全球年均洪水死亡人口在基准期为1.37万人，2030s增加至2.14万～2.32万人，到2050s增加至2.57万～3.15万人，增幅明显。就大洲而言，到2030s和2050s，亚洲、北美洲是洪水年均死亡人口风险最大的两个洲。就国家而言，印度、海地、中国、孟加拉国等是洪水死亡人口风险最大的国家，年均死亡人口在2000人以上。就风险变化的相对贡献率而言，亚洲、欧洲和南美洲以气候变化为主，北美洲、大洋洲和非洲以人口变化为主；中国、印度、越南、孟加拉和印度尼西亚以气候变化为主，海地、巴基斯坦、索马里、阿尔及利亚以人口变化为主。

　　全球变化将显著增大洪水GDP损失风险。全球年均洪水GDP损失在基准期为382亿美元，2030s增加至1 985亿～2 226亿美元，到2050s增加至4 286亿～4 470亿美元，增幅明显。就大洲而言，到2030s和2050s，亚洲是年均洪水GDP损失风险最大的洲，非洲和大洋洲损失最小。各洲2050s的风险远大于2030s，但在同一时期RCP 4.5-SSP2情景的风险高于RCP 8.5-SSP3情景。就国家而言，中国、印度、孟加拉国、朝鲜、美国等是洪水GDP损失风险最大的国家，其中未来中国年均洪水GDP损失风险最大，在1 000亿美元以上，其他国家均小于1 000亿美元。就风险变化的相对贡献率而言，各洲均为GDP变化的贡献率最大；2030s风险排前十的国家基本以GDP变化为主，2050s印度和孟加拉国以联合变化为主，美国以气候变化为主。

　　全球变化将显著改变全球农作物极端低产水平；高纬度产区将受益于升温和CO_2增肥效应，而中低纬度产区将面临更高的极端低产风险。全球排名前十的主产国中，小麦将有6个国家的10年一遇极端低产降低，幅度为0.09～0.27 t/hm²；玉米将有5个国家的10年一遇极端低产降低，幅度为0.02～0.20 t/hm²；水稻将有6个国家的10年一遇极端低产降低，幅度为0.02～0.32 t/hm²。

近期(2030s)中排放路径(RCP 4.5-SSP2)和中期(2050s)高排放路径(RCP 8.5-SSP3)下，中国的洪水死亡人口分别排在全球第二和第四位，年均死亡人口达 2 350 人和 3 000 人。中国的洪水 GDP 损失风险位列全球第一，年均为 1 448 亿~2 298 亿美元，远高于第二位的 179 亿~733 亿美元。中国的高温死亡人口位于全球中等水平。中国的小麦极端低产将进一步降低 0.18 t/hm^2，而玉米和水稻的极端低产将略有上升。

2. 编制了《全球变化人口与经济系统风险地图集》

编制了全球尺度的《全球变化人口与经济系统风险地图集》(英文版，图 1.13)和支持动态交互需求的数字地图平台(www.grisk.info)。该地图集是第一部系统呈现在全球尺度上的全球变化人口与经济系统风险的地图集，具有系统性、多时段多情景、高分辨率、交互性等特点。

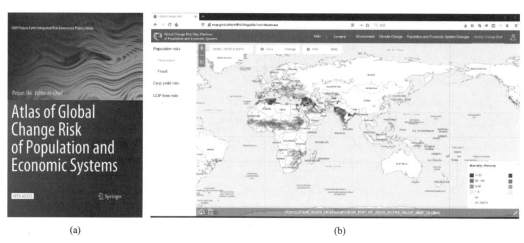

(a)   (b)

图 1.13   《全球变化人口与经济系统风险地图集》(英文版)封面(a)与数字地图平台示意图(b)

《全球变化人口与经济系统风险地图集》基于灾害系统理论，系统呈现了全球变化环境要素、气候要素变化(温度、降水、大风)、人口与经济系统变化(GDP、农作物、工业增加值、交通基础设施)以及全球变化人口与经济系统风险(死亡人口、农作物损失、GDP 损失)4 个部分的图件，完善了全球变化人口与经济系统风险评估的内容；其中，纸质版地图共约 270 幅图，数字地图约 1 200 幅图。地图数据包括基准期(1985~2005 年)以及近期(2016~2035 年)、中期(2046~2065 年)三个时段，其中未来近期、中期数据包括三种 RCPs 情景(RCP 2.6、RCP 4.5 和 RCP 8.5)、三种 SSPs 情景(SSP1、SSP2 和 SSP3)及其组合情景。大部分地图空间分辨率为 0.25°×0.25°，相比现有 0.5°×0.5°全球变化人口或经济系统风险相关成果，提高了风险评估数据和评估结果的空间分辨率。

编制的数字地图平台具有地图查询、缩放浏览、图件下载、数据显示、数据查询、数据下载、自定义图层颜色变更等用户交互特征，相比传统纸质地图，在地图展示上更具有动态性和交互性。

参 考 文 献

秦大河. 2015. 中国极端天气气候事件和灾害风险管理与适应国家评估报告(精华版). 北京: 科学出版社.

史培军, 李宁, 叶谦, 等, 2009. 全球环境变化与综合灾害风险防范研究. 地球科学进展, 24(4): 428-435.

史培军, 王爱慧, 孙福宝, 等, 2016. 全球变化人口与经济系统风险形成机制及评估研究. 地球科学进展, 31(8): 775-781.

Aalst M V, Adger N, Arent D, et al. 2014. Climate change 2014: impacts, adaptation, and vulnerability. Assess Rep, 5: 1-76.

Chen H, Sun J. 2019. Increased population exposure to extreme droughts in China due to 0.5ºC of additional warming. Environmental Research Letters, 14: 064011.

Chen H, Sun J, Li H X. 2020. Increased population exposure to precipitation extremes under future warmer climates. Environmental Research Letters, 15: 034048.

Gao M, Yang J, Gong D, et al. 2019. Footprints of atlantic multidecadal oscillation in the low-frequency variation of extreme high temperature in the Northern Hemisphere. Journal of Climate, 32(3): 791-802.

IPCC. 2012. Managing the Risks of Extreme Events and Disasters to Advance Climate Change Adaptation. Cambridge: Cambridge University Press.

IPCC. 2018. IPCC SR Global Warming of 1.5 ℃. IPCC-SR15.

Luo Z, Yang J, Gao M, et al. 2020. Extreme hot days over three global mega-regions: historical fidelity and future projection. Atmospheric Science Letters, 21(12): e1003.

Liu W, Wu J, Tang R, et al. 2020. Daily precipitation threshold for rainstorm and flood disaster in the mainland of China: An Economic Loss Perspective. Sustainability, 12, 407.

Liu Y, Chen J. 2020. Future global socioeconomic risk to droughts based on estimates of hazard, exposure, and vulnerability in a changing climate. Science of the Total Environment, 142159.

Sui Y, Lang X, Jiang D. 2018. Projected signals in climate extremes over China associated with a 2 ℃ global warming under two RCP scenarios. International Journal of Climatology, 38: e678-e697.

UNDRR. 2019. Global Assessment Report on Disaster Risk Reduction 2019. Geneva, Switzerland: United Nations Office for Disaster Risk Reduction.

Wang W, Yang S, Gao J, et al. 2020. An integrated approach for impact assessment of large-scale future floods on the road transport system. Risk Analysis, 40(9):1780-1794.

Wang W, Yang S, Stanley H E, et al. 2019. Local floods induce large-scale abrupt failures of road networks. Nature Communications, 10(1): 2114.

Wang X, Jiang D, Lang X. 2017. Future extreme climate changes linked to global warming intensity. Science Bulletin, 62, 1673-1680.

Wang X, Jiang D, Lang X. 2019. Extreme temperature and precipitation changes associated with four degree of global warming above pre-industrial levels. International Journal of Climatology, 39: 1822-1838.

Wu J, Li Y, Li N, et al. 2018. Development of an asset value map for disaster risk assessment in China by spatial disaggregation using ancillary remote sensing data. Risk Analysis, 38(1): 17-30.

Xu L, Wang A. 2019. Application of the bias correction and spatial downscaling algorithm on the temperature extremes from CMIP5 multi-model ensembles in China. Earth and Space Science, 6: 2508-2524.

Xu L, Wang A, Wang H. 2019. Hot spots of climate extremes in the future. Journal of Geophysical Research: Atmosphere, 124: 3035-3049.

Ye M, Wu J, Liu W, et al. 2020. Dependence of tropical cyclone damage on maximum wind speed and socioeconomic factors. Environmental Research Letters, 15: 094061.

Zhang Z, Li N, Cui P, et al. 2019. How to integrate labor disruption into an economic impactevaluation model for postdisaster recovery periods. Risk Analysis, 39(11): 2443-2456.

Zhang Z, Li N, Xu H, et al. 2018. Analysis of the economic ripple effect of the United States on the world due to future climate change. Earth's Future, 6(6): 828-840.

第 2 章 全球气候变化人口与经济系统危险机理*

2.1 全球尺度关键气候要素的变化特征及热点区识别

2.1.1 关键气候要素变化特征

根据 IPCC AR5 可知,1880～2012 年全球平均地表温度上升了 0.85 ℃(0.65～1.06 ℃)。气候变暖伴随着冰雪消融、海平面上升、极端天气气候事件频发等一系列变化,其加剧了社会经济可持续发展与人类和生态系统之间的矛盾,造成了许多负面影响。例如,随着全球气候变暖加剧,高温热浪、干旱、洪涝等各种极端天气和气候事件在中国频繁发生,其比例占自然灾害的 70%以上。《世界银行报告》指出,气候变化所带来的冲击可能使越来越多的人陷入贫困,并预估到 2030 年全球将有 1 亿人生活在赤贫之中。

为有效控制温室气体排放以应对气候变暖,《联合国气候变化框架公约》(United Nations Framework Convention on Climate Change, UNFCCC)于 1992 年确定"将大气中温室气体的浓度稳定在防止气候系统受到危险的人为干扰的水平下"为最终目标。1996 年欧盟理事会会议上提出,将全球平均地表温度控制在工业化前水平 2 ℃以内为目标,并在 2009 年通过的《哥本哈根协定》中明确了这一目标。然而,对于适应气候变化能力较弱的国家,全球平均温升 2 ℃所带来的风险已然超出它们的承受能力。在 2015 年 UNFCCC 第 21 次缔约方会议上通过的《巴黎协定》提出"把全球平均气温较工业化前水平升高控制在 2 ℃以内,并为把温升控制在 1.5 ℃以内而努力"这一目标,其为承受风险能力较弱的地区确定了气候变化的阈值。因此,明确过去和未来的关键气候要素在全球和局地的变化特征是制定合理政策的基础,也能在最大限度上降低气候灾害风险。本节主要介绍了气温、降水、风、极端气候等在全球或区域的变化特征。

1. 极端气温的变化

全球气候系统模式是模拟历史气候和预估未来气候的主要工具。与早期的耦合模式比较计划相比,参与 CMIP5 的气候模式采用了更高的空间分辨率、更合理的参数化方案、更成熟的耦合器技术及通量处理方案,有效地改善了模式的模拟能力。当前,全球气候系统模式不仅能模拟出气候变化的大尺度变化特征,还能再现极端气候的变化趋势。

图 2.1 是基于统计降尺度方法的全球高分辨率统计降尺度数据集 NEX-GDDP 在 1986～2005 年陆地上年平均的最高气温的空间分布。从图 2.1 中可以看出,最高气温随

---

* 本章作者:王爱慧、杨静、陈活泼、毛睿、孔祥慧、高妙妮、王晓欣、徐连连、周思媛、罗振期、王丹、黄菊、徐慧文、林文青、孙艺杰、宗奇、冯星雅、郎咸梅。

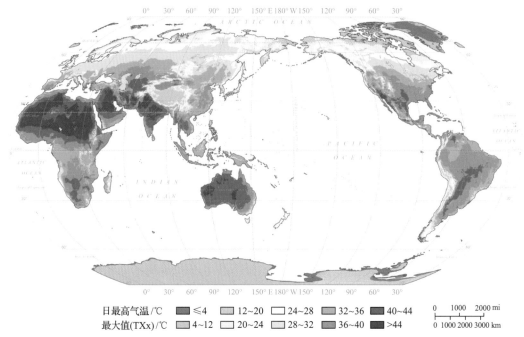

日最高气温/℃　■≤4　□12～20　□24～28　□32～36　■40～44
最大值(TXx)/℃　□4～12　□20～24　□28～32　□36～40　■>44

0　1000　2000 mi
0　1000 2000 3000 km

图 2.1　NEX-GDDP 数据集在 1986～2005 年陆地上年平均最高气温的空间分布

着纬度增加而减小，但也呈现出明显的区域特征。非洲北部沙漠地区、阿拉伯半岛、印度半岛和澳大利亚沙漠等地区，均有明显的大值中心；格陵兰半岛和南极，则是低值中心。

在中国，采用基于地面气象台站观测的格点化数据集(CN05.1)和高分辨率统计降尺度数据集 NEX-GDDP 中的极端气温数据(李金洁等, 2019)，给出了 1986～2005 年观测和模式模拟的中国极端气温指数区域平均的时间序列(图 2.2)。基于观测数据，日最低气温最大值、日最高气温最大值和暖夜指数的 20 年平均值依次为 17.99 ℃、30.43 ℃、18.50%，比 21 个模式模拟结果的平均值更大。此外，从图 2.2 中还可以看出，大多数模式逐年的模拟结果比观测值低。21 个模式模拟的暖昼指数在实测值附近上下波动，20 年平均值在 12.82%～17.71%变化，而对应的观测结果为 15.36%。结合 1986～2005 年日最低气温最大值、日最高气温最大值、暖夜指数和暖昼指数的线性变化趋势，各个指数的观测值均呈现上升趋势，其值依次为 0.5 ℃/(10a)、0.50 ℃/(10a)、7.51%/(10a)和 5.26%/(10a)。

除了统计降尺度外，降尺度方法通常还包括动力降尺度。动力降尺度方法通常利用区域气候模式来实现。本书利用了两个世界上最广泛使用的区域气候模式 WRF(the weather research and forecasting model)和 RegCM(regional climate model)，在东亚区域以 ECMWF(the European centre for medium-range weather forecasts)的 ERA-20C(20th century reanalysis)资料为初始场和侧边界场，在 1900～2010 年进行了水平分辨率为 50 km×50 km 的动力降尺度数值试验。利用站点资料或基于站点的格点资料，检验分析了区域气候模式在中国地区的关键气象要素(气温与降水)和极端气温指数的模拟性能。整体而言，两个模式均能较好地再现 1981～2010 年近地面气温和降水的气候态分布及季节循环，从模拟结果和观测资料(CN05.1)的差值结果来看，在青藏高原，RegCM 的气温偏差值比 WRF

的结果小，模拟性能好。对于降水，在中国南方地区，RegCM 的降水模拟值与观测值更为接近，而 WRF 的降水模拟值和观测值相比偏少。

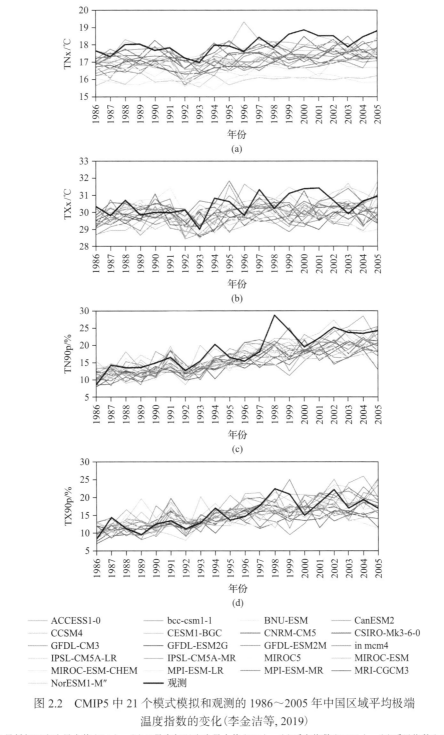

图 2.2　CMIP5 中 21 个模式模拟和观测的 1986～2005 年中国区域平均极端
温度指数的变化(李金洁等，2019)

(a)日最低气温应为最大值(TNx)；(b)日最高气温应为最大值(TXx)；(c)暖夜指数(TN90p)；(d)暖昼指数(TX90p)

　　两个模式模拟的八个极端气温指数(最高气温、最高气温极小值、最低气温极大值、最低气温、结冰日数、霜冻日数、暖日持续日数和冷日持续日数)的结果分析表明,RegCM的模拟结果在气候平均态整体上优于 WRF 的模拟结果(图 2.3)。从图 2.3 可以看出,RegCM 模拟的最高气温比 CN05.1 略偏高,尤其是在四川盆地;WRF 模拟的最高气温则在青藏高原和东北地区均偏小,四川盆地也偏大。两个模式模拟的最高气温极小值、最低气温极大值和最低气温的结果都存在较为明显的负偏差,尤其是最低气温。此外,通

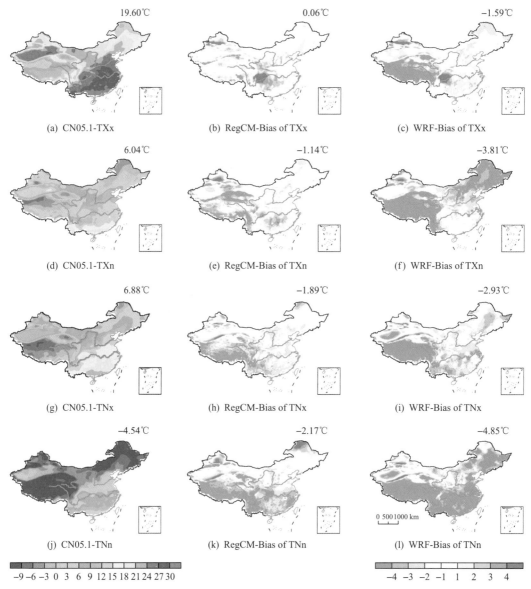

图 2.3　1981~2010 年观测的气温绝对极值指数气候态(第一列)、RegCM 模拟的结果与观测的差值(第二列)、WRF 模拟的结果和观测的差值(第三列)分布(Kong et al., 2018)

Bias 代表 RegCM 和 WRF 各自对应的偏差

过对比发现，WRF 模拟的绝对极值指数在青藏高原均存在明显的负偏差，这与 WRF 模拟的结冰日数和霜冻日数的结果在青藏高原偏大相吻合。整体而言，RegCM 模拟的极端气温指数结果偏差相对较小，与观测值较为接近。

2. 极端降水的变化

图 2.4 给出了 NEX-GDDP 在 1986～2005 年陆地上年平均的日最大降水量。全球而言，陆地上的日最大降水量在热带地区和季风地区较大，向两极递减。例如，亚洲的印度半岛和东南沿海日最大降水量均超过了 70 mm/d。非洲北部的沙漠地区，日最大降水量相对较小，小于 5 mm/d。

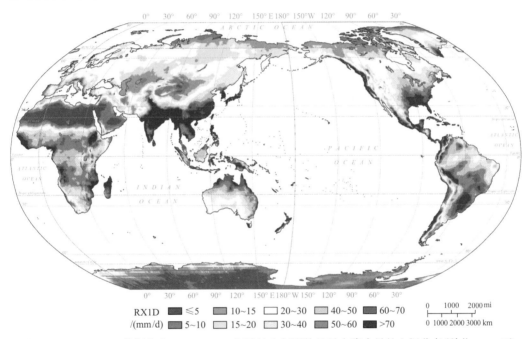

图 2.4　NEX-GDDP 数据集在 1986～2005 年陆地上年平均日最大降水量的空间分布(单位：mm/d)

除了前文提到的极端气温指数外，利用中国的逐日站点观测的降水资料还评估了前文中两个区域气候模式模拟的降水量、频率和强度等特征的气候态。图 2.5 给出了中国站点资料在冬季(12 月至次年 2 月，December～February, DJF)和夏季(6～8 月，June～August, JJA)降水频率的分布以及两个模式模拟结果和观测的偏差分布，其中频率的定义是降水大于 1 mm/d 的日数占季节总日数的百分率。受东亚冬季风的影响，中国的冬季寒冷且干燥，观测的平均降水频率在 110 ºE 以东地区较大，朝北和朝西逐渐递减；两个模式模拟的冬季降水频率在长江以南地区比站点观测偏小，而在东北地区和西南地区偏大；在四川盆地，两个模式的结果不同。RegCM 的频率呈现正偏差，而 WRF 在该地区对应的结果为负偏差。

在北半球夏季，夏季风是影响中国降水的主要因素之一。因此，在东南沿海和西南地区，观测的降水频率较大，均能超过 35%。在东北地区，受东北冷涡等因素的影响，

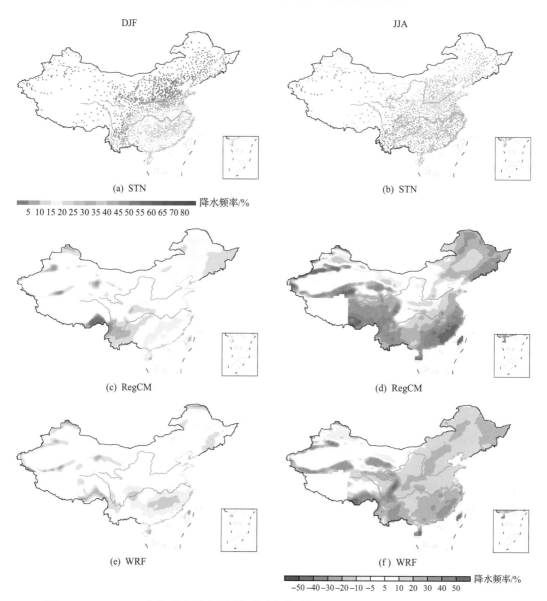

图 2.5　1961～2010 年冬季和夏季观测的降水频率(第一行)、RegCM 模拟的结果与观测的
差值(第二行)、WRF 模拟的结果和观测的差值(第三行)分布(Kong et al., 2020)

该地区的降水频率也较大。此外，受地形因素的影响，在天山山脉、祁连山山脉和太行
山脉等迎风坡的站点，观测的降水频率也较大。与观测相比，RegCM 和 WRF 模拟的夏
季降水显然更加频繁，且 RegCM 降水在东南沿海和东北地区的发生频率更大。降水发
生频率的偏差，可能除了与驱动场的偏差有关之外，还与模式自身的水平分辨率和物理
参数化方案有关。通过数值敏感性试验，即 RegCM 的水平分辨率从 50km 提高到 25 km
时，对比分析发现，RegCM 的降水频率并未完全的减小，在东南沿海地区反而有所增加。
这表明，降水频率的改进不仅仅在于提高模式空间分辨率，更需要深入认识造成偏差的
模式的物理过程和机理，改进相关的参数化方案，最终改善模式的模拟性能。

3. 中国地区干旱的变化

降水是研究区域和全球气候变化的基本要素之一，也是地表与大气间能量与水循环过程的重要组成部分。在气候变暖背景下，全球范围内的降水变化存在明显的区域特征。标准化降水指数(standardized precipitation index, SPI)是常用的一种气象学干旱指数，

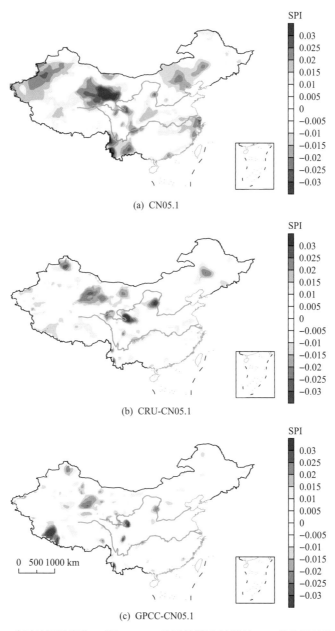

图 2.6　1961～2013 年(时间尺度为 3 月)CN05.1 月平均降水计算的 SPI 的线性趋势分布(a)以及 CRU 计算的 SPI 线性趋势分布(b)；GPCC 计算的 SPI 线性趋势分别与 CN05.1 计算的 SPI 线性趋势偏差的空间分布(c)(王丹和王爱慧, 2017)

SPI<0 表示干旱趋势,其量值越小表示干旱越严重。SPI 只需使用降水资料就可以计算并用于比较不同地区干湿变化特征,且计算方便、可靠。

1961~2013 年,CN05.1 在 3 个月时间尺度的 SPI 趋势变化图和基于 CRU、GPCC 分别与 CN05.1 计算得到的 SPI 趋势的偏差分布图。从 CN05.1 的结果可以看出,西北地区和长江中下游一带 SPI 呈增加趋势,西南和华北地区 SPI 则是减少趋势,华南地区的 SPI 基本不变。这表明,1961~2013 年西北和长江中下游地区的气候在逐渐变湿,且在祁连山脉一带变湿的速率最大;西南及华北地区气候则在缓慢变干。CRU 和 GPCC 的 SPI 趋势在西北、四川盆地与 CN05.1 的结果存在较大差异,其中 CRU 在西北、青藏高原以及燕山以北的地区对干湿趋势的估计存在较大偏差,GPCC 则在青藏高原南缘的冈底斯山脉以西的地区有较大偏差。这表明,基于 GPCC 的 SPI 与实际的 SPI 趋势变化更为一致,CRU 则在很多地区存在较大偏差(王丹和王爱慧,2017)。

除了 ERA-20C 外,NOAA-20CR(the NOAA twentieth century reanalysis, NOAA20 世纪再分析资料)是另一套百年尺度的全球大气再分析资料。利用这两套再分析资料驱动 WRF,在东亚地区开展了两个百年尺度的数值模拟试验,将模拟得到的 1911~2010 年的中国土壤湿度用于重建干旱,并开展其特征变化趋势研究(Wang and Kong, 2020)。

图 2.7 首先给出了 1992~2010 年基于月平均的中国地区观测站点土壤湿度(Wang and Shi, 2019)、两套百年再分析资料驱动 WRF 的结果(分别记为 WRF-20CR 和 WRF-

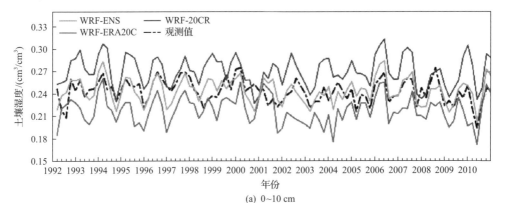

(a) 0~10 cm

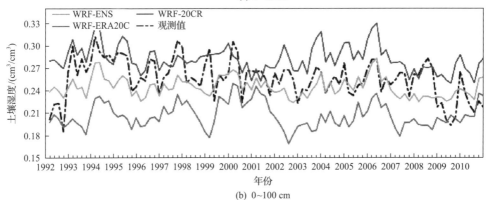

(b) 0~100 cm

图 2.7　1992~2010 年月平均土壤湿度(cm³/cm³)的变化曲线(Wang and Kong, 2020)

WRF-ENS 为 WRF-ERA20C 与 WRF-20CR 的集合平均,不同颜色代表不同的数据

ERA20C，两者平均记为 WRF-ENS）集合平均的逐年变化曲线。整体而言，模拟的三条曲线的年际变率和观测结果相似。然而，WRF-20CR 的结果高估了土壤湿度，WRF-ERA20C 则低估了土壤湿度。同时，两者的集合平均（WRF-ENS）的结果与观测的土壤湿度则较为接近，尤其是对 0～10 cm 的土壤湿度，WRF-ENS 与观测的时间相关系数达到 0.6。考虑植被的生长以及根系能达到的深度，WRF-ENS 的 0～100 cm 的月平均土壤湿度将用来重建过去百年的干旱事件并开展其特征变化研究。

通常，一段时期内干旱特征研究涉及干旱发生次数（drought number, Dr）、持续时间（duration, Du）、频率（frequency, Fq）和强度（severity, Sv）四个参数。当一个格点的月平均土壤湿度相对于本月气候态的土壤湿度百分比（soil moisture percentile, SMP）小于 20%时定义为该格点发生了干旱，而连续发生干旱的月定义为一次干旱事件，干旱发生次数是研究时段内干旱事件的次数累加，干旱的持续时间是每次干旱事件的月份，而研究时段内所有干旱月数平均为干旱平均持续性，干旱强度是一次干旱事件内 SMP 相对于干旱阈值的余额平均除以持续时间[Sv = Σ(1 − SMP/20%)/Du]，干旱频率则定义为无干旱月数的倒数，即两个相邻干旱事件之间的间隔（注：利用倒数是为了方便描述干旱发生频次，如干旱频率数值越大表示两次干旱发生时间间隔越短，也就是干旱发生频次越高（Wang and Kong, 2020）。

根据上述定义，图 2.8 给出了 1911～2010 年基于 WRF-ENS 数据重构的干旱事件特

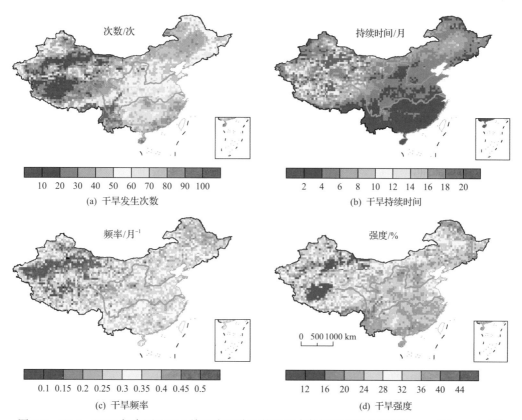

(a) 干旱发生次数

(b) 干旱持续时间

(c) 干旱频率

(d) 干旱强度

图 2.8　1911～2010 年中国地区土壤湿度百分比的干旱事件特征空间分布（Wang and Kong, 2020）

征空间分布。干旱发生次数从西北向东南增加,在云南和青藏高原东边达到了最大值(超过 100 次)。在西北地区,尽管干旱发生次数低于 10 次,但干旱的持续时间超过了 20 个月且频率较高(超过 0.5 月$^{-1}$)。对比而言,在中国南方地区,干旱的平均持续时间则低于 4 个月,频率为 0.2~0.4 月$^{-1}$,强度为 32%~40%。因此,在较干燥地区更容易发生较长时间的干旱事件,而在湿润地区更容易频繁发生持续时间较短的干旱事件。

2.1.2 全球尺度极端气候变化热点地区识别

1. 极端高温变化热点区识别

在全球变暖背景下,极端高温频发、趋强趋重。前人关于极端高温随时间的变化特征研究主要侧重于关注全球平均值的变化或某一特定区域的情况。然而,由于各研究使用的数据和方法不同,区域之间不可比较。因此,Gao 等(2019)采用基于世界最大规模站点资料数据集全球历史气候网(global historical climatology network,GHCN-daily)构建的格点化极端温度和降水指数数据集(GHCNDEX),辨识了 1951~2017 年北半球夏季(6~8 月)极端高温变化的热点区域。由于观测所得的极端高温长期变化特征实为年代际变率和长期趋势的叠加,我们通过 Lanczos 滤波滤除周期小于 10 年的年际变化分量,提取极端高温指数的低频分量,重点关注其低频变化特征,即时间序列中年代际至长期趋势信号。

基于 1951~2017 年北半球夏季极端高温频次(暖日)和强度(最暖日最高温)的低频分量方差占总方差的比值(图 2.9),可以发现,极端高温低频变化的五个热点区域分别为北美西部-墨西哥(15°N~42°N, 98°W~115°W)、东西伯利亚(52°N~71°N, 128°E~

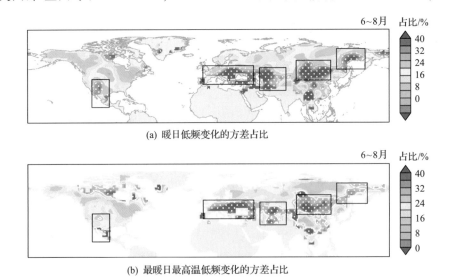

(a) 暖日低频变化的方差占比

(b) 最暖日最高温低频变化的方差占比

图 2.9 1951~2017 年北半球夏季极端高温频次(暖日)和强度(最暖日最高温)的低频分量方差占总方差的比值(Gao et al., 2019)

图中 4 个黑色方框分别代表 5 个热点区:北美西部-墨西哥、东西伯利亚、欧洲、中亚和蒙古高原。白色点和等值线代表该区域内的数值达到北半球陆地格点数值的前 1/3 百分位

180°)、欧洲(27°N～55°N, 4°W～46°E)、中亚(31°N～53°N, 52°E～78°E)和蒙古高原(41°N～60°N, 88°E～122°E)。这些区域因为其极端高温低频变率较大,在某些时段更易受到极端高温的影响。该结果在伯克利地球表面温度(Berkeley earth surface temperature, BEST)项目资料中可被重现。

2. 复合极端气候变化指数构建及热点地区识别

IPCC AR5 指出,极端气候造成的影响和严重性不仅取决于极端气候本身,还取决于承灾体的脆弱性和暴露度。热带气旋的登陆时间和地点不同,造成的经济损失迥然不同。由于人群的脆弱性不同,热浪天气所造成的影响程度也不尽相同。因此,气候变化的"热点"可以从脆弱性和气候响应两种角度定义。从脆弱性角度,一个区域被识别为热点,表明全球变暖对该区域的水资源、农业、生态系统和人类健康等的潜在影响特别明显。从气候响应角度,热点表示该区域的气候要素对全球变暖的响应很剧烈。虽然极端气候变化的影响也由脆弱性决定,但在风险评估和适应战略中,找到对气候变化响应最大的地理区域,即本节关注的热点,是全球变化研究的核心课题之一。

气候变化的热点是全球变暖背景下,气候要素的多个统计量(如平均值、变率、极端值)变化最大的区域。目前,对于热点的研究主要从单个因子、多个平均气候因子以及多个平均和极端气候因子方面来开展。单因子全球极端气候变化热点的研究有助于更好地理解单独极端气象要素的变化对人类造成的影响。然而,大部分的极端气候事件往往是由多个气候要素的协同作用造成的。例如,降水与温度之间的相互作用和依赖关系已被许多研究所证实,它们的协变性在不同的时空尺度上得到了探索。与单因子的影响相比,同时发生的极端事件可能会对生态系统和社会造成更加严重的危害。例如,2003 年欧洲和 2010 年俄罗斯经历了干旱和热浪的袭击,造成了巨大的人员伤亡,其中法国的死亡人数高达 15 000 人。因此,多因子极端气候变化热点的研究对人类更好地适应气候变化极其重要。

多因子气候变化热点的研究最早开始于 Filippo Giorgi(Giorgi, 2006;后续简称为 G06)。他将全球陆地区域(60°S～90°N)分为 26 个子区域,然后将每年分为干(dry season, DS)、湿(wet season, WS)两个季节。利用平均温度的变化(ΔT)、平均温度年际变率的变化($\Delta \sigma_T$)、平均降水的变化(ΔP)以及平均降水年际变率的变化($\Delta \sigma_P$),构造了一个区域气候变化指数(regional climatic change index, RCCI)。通过比较各个区域 RCCI 的大小,识别气候变化的热点。结果表明,相对于气候模式模拟的历史试验时段 1960～1979 年,未来不同气候变化情景下的 2080～2099 年,气候变化的热点位于东北欧和地中海区域。目前,多因子全球极端气候变化热点的研究大多集中在同时考虑平均降水和平均温度的变化,或者同时考虑平均降水、平均温度、极端降水、极端温度的变化。而对于考虑多个极端气候要素及其不同特征,尤其是考虑极端风等的多要素极端气候热点地区识别的研究还很匮乏。本节需解决的科学问题是:同时考虑极端降水、极端温度以及极端风的强度变化、频率变化和年际变率变化时,气候变化的热点有怎样的时空分布特征,以及未来如何演变?

气候变化监测和指数专家组(expert team on climate change detection and indices,

ETCCDI)定义了 7 个极端气候指数，包括两个极端降水指数(P10 和 P90)、四个极端温度指数(冷夜，TN10；暖夜，TN90；冷昼，TX10；暖昼 TX90)和一个极端大风指数(V90)。IPCC AR5，气候变化最突出的特点是人为温室气体的排放导致的温度升高，其中最低和最高气温的变化对极端气候变化具有重要的指示意义。因此，本书研究采用了四个与日最低和最高温度相关的极端指数，使用频率、强度和年际变率反映每个极端气候指数的特征(Xu et al.，2019)。在 RCP 8.5 情景下，以 2080～2099 年的 P90(P10) 相对于基准期(1986～2015 年)为例，详细介绍了这三个特征量变化的计算过程。首先，确定 1986～2005 年有雨天(>1 mm/d)降水的 90th%(10th%)作为共同阈值。2080～2099 年 P90(P10)的频率表示该时段日降水量超过(小于)阈值的所有天数(f90/f10)。2080～2099 年 P90(P10)的强度表示该时段日降水量超过(小于)阈值的所有天数的累计降水量除以 f90(f10)。频率和强度的计算方法对其他指数也适用。此外，本节采用年际标准差表示极端温度和极端风的年际变率，使用变异系数表示极端降水的年际变率。在计算年际变率之前，需要对所有指数去趋势。

在已有研究的基础上，本书综合考虑了 7 个极端气候指数(降水、温度、风)的强度变化、频率变化和年际变率的变化，定义了一个用于表示区域极端气候变化指数(regional extreme climatic change index，RECCI)。RECCI 的计算方程如下：

$$\text{RECCI} = \sum_{i=1}^{7}(\Delta I + \Delta F + \Delta \sigma) \tag{2.1}$$

式中，i 为本书研究选取的 7 个极端气候指数(P10、P90、TX10、TX90、TN10、TN90 和 V90)；ΔI 为强度变化；ΔF 为频率的变化；$\Delta \sigma$ 为年际变率变化。值得注意的是，由于 7 个指数中有 4 个极端温度指数，本节识别的极端气候变化热点很大程度上依赖于极端温度的变化。为了定量表示每个极端气候指数对气候变暖的响应幅度，RECCI 综合考虑了每个指数未来时期相比基准期强度变化(ΔI)、频率变化(ΔF)和年际变率变化($\Delta \sigma$)。在每个区域，ΔI、ΔF 和 $\Delta \sigma$ 是极端气候指数未来时期相比基准期的百分比变化，计算方法是未来时段和参考时段的均值之差除以参考时段的均值。为了便于不同区域和不同时段 RECCI 之间的相互比较，本节对每个指数的 ΔI、ΔF 和 $\Delta \sigma$ 进行归一化。归一化的方法是将每个区域的 ΔI、ΔF 和 $\Delta \sigma$ 分别除以它们在 26 个区域(图 2.10)的最大值。经过

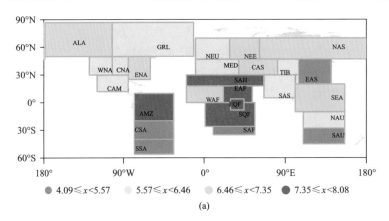

(a)

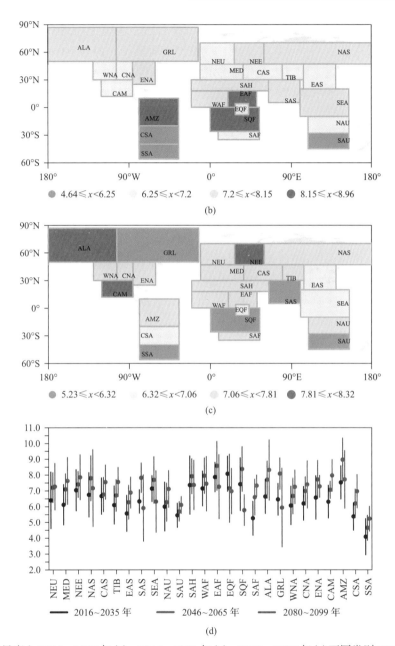

图 2.10 年尺度上 2016～2035 年(a)、2046～2065 年(b)、2080～2099 年(c)不同类别 RECCI 的空间分布；26 个区域未来三个时段 RECCI 的模式集合平均及其相应的模式不确定性(d)(Xu et al., 2019)

实线表示 RECCI 的模式不确定性；点表示 13 个模式的集合平均

归一化后，各个指数的 ΔI、ΔF 和 $\Delta \sigma$ 在 0～1 变化，其目的是使不同区域在不同时段的 RECCI 具有可比性，且不会改变每个指数对 RECCI 的相对贡献及其在 26 个区域的空间分布。

RECCI 具有以下特点：①RECCI 去除了 G06 定义的 RCCI 方程中可调参数 n 的影响。通过等权重考虑 ΔI、ΔF 和 $\Delta \sigma$ 的影响，避免人为确定某些指数的权重导致的误差。

②相比 G06 定义的气候变化指数只考虑了平均降水和平均温度的影响，RECCI 同时考虑了极端降水、极端温度和极端风的影响，能够更加全面地探讨极端气候变化热点的时空演变特征。③与 G06 定义的气候变化指数相比，RECCI 不仅考虑了因子的强度变化和年际变率变化，而且还考虑了因子的频率变化。以前的研究很少区分频率变化和强度变化的相对重要性。④RECCI 可以应用于任何时段和任何地区，而 G06 将全年分为雨季和旱季，有较大的局限性。

利用 13 个 CMIP5 气候模式在基准期和 RCP 8.5 情景下的日降水、2 m 日最高和最低温度以及 10 m 日最大风速，在年尺度和季节尺度分别计算了 2016～2035 年、2046～2065 年和 2080～2099 年 26 个区域的 RECCI。根据每个时段每个区域的 RECCI 与 26 个区域计算的 RECCI 的平均（MEAN）和区域间标准差（STD）组合进行比较，将 26 个区域划分为四个类别，其中，RECCI 超过 MEAN+STD 的区域被识别为第一类区域，也是本章关注的极端气候变化的热点；第二类为 RECCI 大于 MEAN 但小于上述代数和 MEAN+STD 的区域；第三类为 RECCI 大于 MEAN–STD 但是小于 MEAN 的区域；而第四类则为除上述三类之外剩余的区域，即 RECCI 小于 MEAN–STD 的区域。结果表明，极端气候变化的热点随着时间而发生变化（图 2.11）。尽管在全球尺度上，不同类别的区

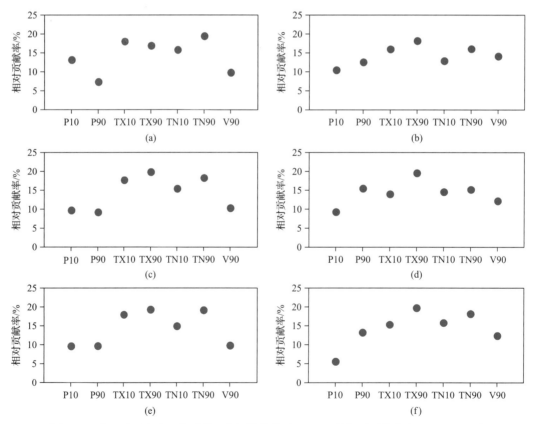

图 2.11　东亚地区未来三个时段 7 个极端指数对 RECCI 的相对贡献率（Xu et al., 2019）

(a) 和 (b) 表示 2016～2035 年北半球夏季和冬季的贡献率；(c) 和 (d) 表示 2046～2065 年北半球夏季和冬季的贡献率；

(e) 和 (f) 表示 2080～2099 年北半球夏季和冬季的贡献率

域是不稳定的，但仍有一些地区在未来三个时段属于同一类别。例如：①在全球尺度上，亚马孙区域是未来三个时段稳定的热点；②亚洲北部和非洲西部的极端气候对气候变化的响应幅度在未来三个时段均属于第二类区域；③第三类极端气候变化的区域只有澳大利亚北部不随着时间而发生变化；④南美洲南部的极端气候在未来三个时段对气候变化的响应始终比其他区域小。此外，相同时段极端气候变化的热点在每个季节都不相同，不同时段同一季节的热点也不相同。

由于 RECCI 综合考虑了各个指数的 ΔI、ΔF 和 $\Delta \sigma$，研究这三个特征量对 RECCI 的相对贡献十分必要。同样以东亚地区为例，将每个时期 7 个指数的 ΔI、ΔF 和 $\Delta \sigma$ 分别相加，分析北半球夏季和冬季 ΔI、ΔF 和 $\Delta \sigma$ 的百分比以及 2016~2035 年夏季，另外 26 个子区域 ΔI、ΔF 和 $\Delta \sigma$ 对 RECCI 的贡献率(图 2.12)。结果表明，ΔF 在 15 个子区域最明显，南美洲南部 RECCI 中占比最大的是 $\Delta \sigma$，剩下的区域 ΔI 占的比例较大。

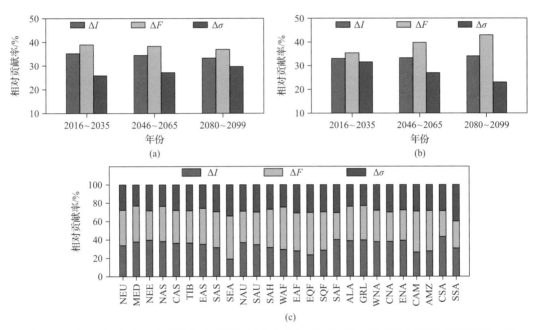

图 2.12　东亚地区未来三个时段北半球夏季(a)和冬季(b)强度变化、频率变化以及年际变率变化对 RECCI 的相对贡献率；2016~2035 年夏季 26 个区域三种变化对 RECCI 的相对贡献率(c) (Xu et al., 2019)

2.2　气候要素和气候灾害变化的成因诊断

2.2.1　极端高温变率及成因诊断

1. 北半球夏季极端高温低频变化的成因机制

Gao 等(2019)利用近年来发布的全球最大站点观测资料计算的极端温度和降水指数数据集 GHCNDEX 和美国国家海洋和大气管理局(National Oceanic and Atmospheric

Administration，NOAA) 发布的第 2 版 20 世纪再分析资料(20CR version 2，20CRv2)，分析了 1951～2017 年北半球夏季极端高温低频变化热点区的极端高温历史特征及其成因。

由图 2.9 可知，1951～2017 年夏季北半球存在五个极端高温低频振荡的热点区域：北美西部-墨西哥、东西伯利亚、欧洲、中亚和蒙古高原。IPCC 报告指出，20 世纪 80 年代以来的近 30 年，因此 1951～2017 年的 67 个夏天被分成 1951～1979 年和 1980～2017 年两个时间段进行对比分析。两个时间段极端高温发生频次的对比结果表明(图 2.13)，20 世纪 80 年代后的暖日概率密度函数分布向大值区移动，即该时间段极端高温增多。1980 年后，五个热点区极端高温的概率密度函数峰值平均向大值移动了 2.53%。同时，结果表明平均温度也向暖值移动，与极端高温发生频次的移动方向一致。1980 年后，五

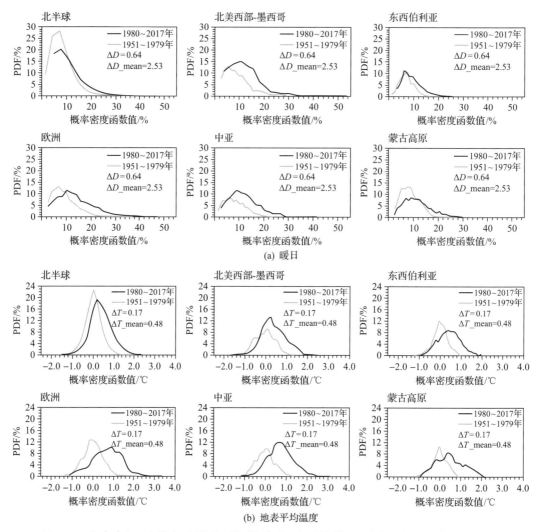

图 2.13　北半球和五个热点区(北美西部-墨西哥、东西伯利亚、欧洲、中亚和蒙古高原)的
(a)暖日和(b)地表平均温度异常的概率密度函数(Gao et al., 2019)

图中粉色线和黑色线分别为 1951～1979 年和 1980～2017 年，$\Delta D/\Delta T$ 和 $\Delta D\_mean/\Delta T\_mean$ 分别表示北半球和五个热点区平均的概率密度函数最大值在两个时间段的差异

个热点区平均温度的概率密度函数峰值平均向大值移动了 0.48 ℃。另外，日平均温度的概率密度函数分布在 20 世纪 80 年代后趋于平坦，表明温度变率增大。由此可得，平均温度的升高和变率的增大共同导致了该时段五个热点区极端高温天数的增多。

在各个热点区内，平均的极暖日年变化时间序列存在长期趋势和年代际-多年代际尺度变率两个主要特征：一方面，各热点区的暖日均存在显著的线性趋势，范围为 0.195%～0.82%/a，均值为 0.129%/a；另一方面，其表现出强的年代际-多年代际尺度变率，其方差在总方差中的占比为 22.9%～47.7%。同时，北美西部-墨西哥、东西伯利亚、欧洲、中亚和蒙古高原的平均温度的年代际-多年代际变化分量的方差占比分别为 80.2%、58.6%、79.8%、54% 和 98%，表明最近一个世纪上述热点区极端高温和平均温度的年代际-多年代际变率在低频变化中至关重要。另外，热点区极端高温和平均温度的低频变率间的相关系数为 0.73～0.97，表明两者之间存在一致性（图 2.14）。

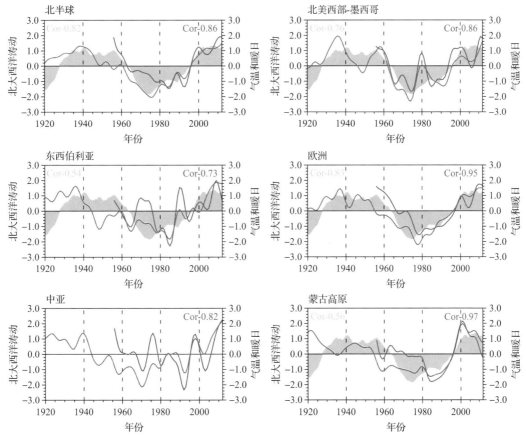

图 2.14　1920～2017 年北半球和五个热点区(北美西部-墨西哥、东西伯利亚、欧洲、中亚和蒙古高原)地表平均温度(黑色实线)和暖日(红色实线)的年代际振荡分量以及大西洋多年代际振荡(浅蓝色阴影)的时刻序列(Gao et al., 2019)

图中蓝色数值为 1920～2017 年大西洋多年代际振荡和地表平均气温的相关系数，均通过 99% 置信度检验；
红色数值为 1951～2017 年暖日和平均气温的相关系数，均通过 99% 置信度检验

通过计算五个关键区平均温度年代际-多年代际振荡分量的相关系数，我们进一步发

现北美西部-墨西哥、东西伯利亚、欧洲和蒙古高原的极端高温年代际-多年代际振荡两两相关系数达到 0.23~0.64，大部分通过 95%置信度检验。由此可得，这四个热点区的极端高温低频振荡存在协同相关性。

为什么上述四个热点区的极端高温存在协同变化特征呢？我们推测是这些区域极端高温的低频变化可能被同一个因子主导。由于大西洋多年代际振荡（Atlantic multidecadal oscillation, AMO）和太平洋年代际振荡（Pacific decadal oscillation, PDO）是自然内部变率在年代际-多年代际尺度上最主要的信号，因此我们进一步检验了它们与热点区极端高温年代际-多年代际振荡的关联。如图 2.14 所示，北美西部-墨西哥、东西伯利亚、欧洲和蒙古高原这四个热点区的日平均温度与 AMO 显著相关。当 AMO 正（负）位相时，这些热点区的气温升高（降低）、暖日增多（减少）。AMO 对四个热点区温度年代际-多年代际振荡的方差解释率达到 57.6%。

为理解 AMO 如何影响上述热点区温度年代际-多年代际振荡的具体过程，我们分析了与其相关的大气环流的变化（图 2.15）。受 AMO 影响，北半球中高纬度存在一个准

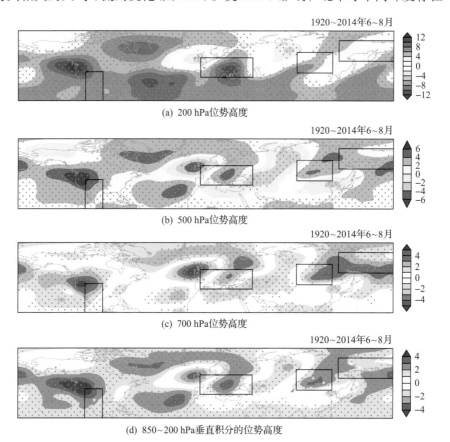

图 2.15　200 hPa、500 hPa 和 700 hPa 位势高度异常（单位：位势米）与大西洋多年代际振荡的回归系数，850~200 hPa 垂直积分的位势高度异常（单位：10^4 位势米）与大西洋多年代际振荡的回归系数（Gao et al., 2019）

图中黑色点标注了通过 95%信度检验的结果范围；黑色框分别代表北美西部-墨西哥、东西伯利亚、欧洲和蒙古高原四个热点区

正压波列，连续的高低压中心存在于北大西洋至北美地区。该波列的显著特征为在北大西洋、欧洲东部-地中海、西伯利亚平原中部、西北太平洋和北太平洋东部-北美西部存在明显的异常中心。对流层整层积分的结果进一步表明，这五个异常中心的强度较陆地上的其他区域更强。当 AMO 暖位相时，这五个高压异常中心控制了前文所述的四个热点区（北美西部-墨西哥、东西伯利亚、欧洲和蒙古高原），引起了这些地区极端高温日数的增多。

2. 江淮地区热浪事件的季节内触发机制

江淮地区位于中国中东部地区，是东亚气候最为敏感的地区之一。该地区经济发达、人口众多，历史上发生的热浪事件给该地区造成了重大的经济损失，严重危害人类健康。因此，Gao 等（2018b）基于中国国家气候中心发布的高分辨率逐日格点资料 CN05.1 和欧洲中期天气预报中心再分析资料 ERA-Interim，揭示了 1979～2015 年季节尺度上该地区热浪事件的触发机制。

东亚地区气候在初夏（5～6 月）和后夏（7～8 月）存在显著差异。7～8 月，随着梅雨锋北移，雨带北跳至长江以北，江淮地区（26°～33°N，111°～118°E）受西北太平洋副热带高压控制，成为中国热浪高发中心，热浪高频次中心主要位于湖南、湖北、江西三省。不同于中国北方地区，该地区的热浪具有高温高湿的特征。由于持续暖夜和高湿度对人类健康存在较大危害，因此本书用于辨识热浪事件的两种定义同时包含日最高温和日最低温的阈值或相对湿度的阈值：①连续 4 天及以上研究区域日平均气温超过气候态的第 90 百分位时，判定为一次热浪事件；②连续 2 天及以上区域日最高热浪指数超过 40.6 ℃且日最低热浪指数超过 26.7 ℃，判定为一次热浪事件。据此，该区域共发生 65/112 次热浪事件。为获得相对可靠的结果，下文选取共同满足上述 2 种定义的 58 次区域性热浪事件为研究对象。

江淮地区夏季的区域平均降水和气温存在显著的准 8～21 天周期变率，即该地区主要受大气准双周振荡控制。基于两个客观标准：①大气准双周振荡干位相对应的降水最小值和一个湿位相对应的降水最大值超过区域平均准双周尺度降水的 80% 标准差；②热浪事件发生在大气准双周振荡的干位相，我们从该地区 58 次区域性热浪中辨识出与 32 次显著的大气准双周振荡相关的 31 次热浪事件。由此表明，江淮地区夏季超过半数的热浪事件与大气准双周振荡相关，即江淮地区热浪事件与大气准双周振荡密切相关。

热浪发生时处于大气准双周振荡的干位相，此时江淮地区对流层低层受反气旋式环流异常控制，伴随显著的下沉运动，降水减少，温度升高。在准双周尺度上，江淮地区夏季热浪出现的局地低层反气旋和下沉运动存在三种建立方式：由"中纬度波列"型大气准双周振荡触发；由"西太波列"型大气准双周振荡触发；由"双波列"型大气准双周振荡触发。

位相合成分析结果表明，14 次与"双波列"型准双周波列相关的热浪事件中，江淮地区温度急剧升高的局地关键系统是在中、低纬度两个波列的共同作用下产生的（图 2.16）。对流层低层，准双周尺度上大气环流最显著的特征为一支从赤道西北太平洋起源向西北方向传播至中国南海的低纬度波列，其于赤道西北太平洋（155°E～170°E，5°S～10°N）起源后，向西北方向传播至菲律宾海，然后转向西移动至中国南海。对流层

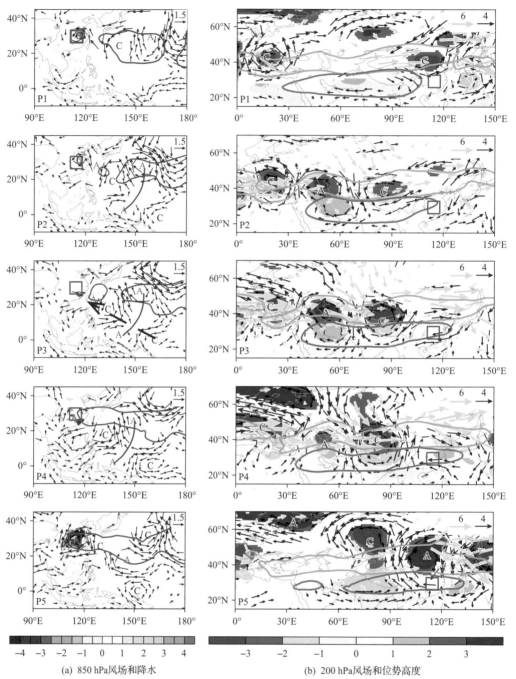

(a) 850 hPa风场和降水   (b) 200 hPa风场和位势高度

图2.16　1979～2015年7～8月江淮地区10次与"中纬度波列"型大气准双周振荡相关的热浪事件中10～21天滤波后的850 hPa风场(箭头：m/s)、降水(阴影：mm/d)，200 hPa风场(黑色箭头：m/s)、位势高度(阴影：位势10m)和波动通量(黄色箭头：m²/s²)位相合成的结果(Gao et al., 2018b)

图中蓝色等值线为850 hPa气压场上588位势10 m线，粗略表征西北太平洋副热带高压的位置；绿色等值线为纬向风20 m/s线，表征西风急流的位置；紫色等值线为200 hPa位势高度1254位势10 m线，表征南亚高压位置。图中仅给出通过90%信度检验的结果。红色方框表示江淮地区，C和A分别代表气旋式和反气旋式环流，P表示位相

高层存在一支显著的类似"丝绸之路"遥相关的波列。该波列从东欧出发，经过巴尔喀什湖后，沿副热带西风急流东传，当其到达青藏高原东北缘时，开始沿着南亚高压的引导气流顺时针移动，最后穿越江淮地区。热浪的关键系统是如何在这两个波列的共同作用下产生的？一方面，随着低纬波列向西北/西传播，在发展位相时，波动反气旋、气旋异常活动中心分别出现在美拉尼西亚海盆、加罗林群岛和中国南海。其中，位于中国南海的气旋北部的东风异常在江淮地区引起反气旋式切变涡度。另一方面，在对流层高层向东/东南方向移动的波列影响下，发展位相时波列活动中心到达东欧、天山、祁连山和中国东南部。其中，位于中国东南部高层的气旋式环流异常辐合下沉。由此，在发展位相时，江淮地区上方存在一个斜压结构的系统，高层辐合下沉，有利于低层辐散，同时低层反气旋式切变涡度也对江淮地区反气旋的产生具有重要贡献(图 2.17)。

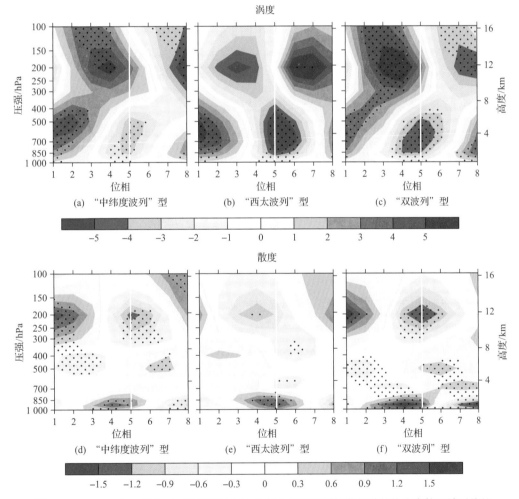

图 2.17　1979～2015 年 7～8 月江淮地区 30 次与大气准双周振荡相关的热浪事件区域平均的涡度($10^{-6}s^{-1}$)和散度($10^{-6}s^{-1}$)(Gao et al., 2018b)

(a)、(d)为 10 次与"中纬度波列"型大气准双周振荡相关的热浪事件位相合成的结果；(b)、(e)为 6 次与"西太波列"型大气准双周振荡相关的热浪事件位相合成的结果；(c)、(f)为 14 次与"双波列"型大气准双周振荡相关的热浪事件的位相合成结果。黑点表示结果通过 90%信度检验

在 10 次与"中纬度波列"型准双周波列相关的热浪事件中，江淮地区温度升高的对流层低层反气旋式环流异常及下沉运动，是由对流层高层由向东/东南方向传播的中纬度波列引起的。该波动由东欧出发，沿着副热带西风急流的北缘传播，经过西西伯利亚平原和贝加尔湖，之后穿越西风急流向西南方向传播，到达中国东南部地区，然后穿过江淮地区后，继续向西北太平洋传播。随着该波动的传播，在发展位相该波列中反气旋/气旋中心交替位于阿拉伯半岛、西西伯利亚平原、贝加尔湖和中国东南部地区。在此过程中，江淮地区对流层高层受气旋式环流控制，高层的正涡度异常引起局地下沉运动，低层辐散，产生反气旋式环流异常。

与上述过程不同，在 6 次与"西太波列"型准双周振荡相关的热浪事件中，江淮地区发生热浪的关键系统，即局地低层反气旋和下沉运动，主要是由西北太平洋上向西北方向传播的低层波列导致的。此波列起源于赤道西北太平洋(150°E～170°E，5°S～10°N)，向西北方向传播，经过菲律宾海、中国东海和台湾后，向中国东南部地区传播。随着波列的移动，该波列中的反气旋式环流异常直接移动进入江淮地区关键区，并引起异常的下沉运动。

3. 海温对江淮地区夏季热浪日数年际变化的影响

前人工作指出，中国热浪的年际变率与夏季土壤湿度、北大西洋涛动、青藏高原雪盖、太平洋海温和冬、夏印度洋、太平洋海温等下垫面因子密切相关。然而，大部分工作主要关注影响热浪的同期因子。因此，Gao 等(2018b)基于中国站点观测气温资料 CN05.1、美国国家海洋和大气管理局 ERSST(the extended reconstructed sea surface temperature，扩展重建海表面温度)海温资料及美国国家环境预报中心和国家大气研究中心(National Centers for Environmental Prediction/National Center for Atmospheric Research，NCEP/NCAR)再分析资料，揭示江淮地区热浪日数年际变率的前期海温影响因子及影响的物理过程。

由于江淮地区的热浪事件独特的高温高湿特征，当某格点日最高温度超过 35 ℃且日平均相对湿度超过 60%时，判定为一个热浪日。据此，江淮流域为 1961～2015 年中国盛夏热浪年的高发区域，热浪累计日数最大值中心位于湖南、湖北、江西三省。近 55 年来，江淮流域湿热浪日数不存在显著的变化趋势，但存在强的年际变化和年代际变化特征。在年际尺度上，当江淮流域低层存在反气旋式环流异常，伴随显著的下沉运动时，云量减少，入射太阳辐射增加，有利于局地气温升高，将导致当年夏季江淮流域湿热浪日数增多。

在热浪发生前一年 12 月到当年 6 月的下垫面因子(包括海表面温度、2 m 气温和海平面气压)中，通过相关分析可以辨识出江淮流域湿热浪日数存在两个前期海温影响因子：①太平洋纬向偶极型海温趋势因子，定义为 4～5 月平均减去 2～3 月平均西太平洋(40°S～30°N，130°E～64°W)区域内 K-型区域平均海温减去东太平洋三角区域平均海温[图 2.18(a)]；②北大西洋经向三极型海温因子，定义为冬季(12 月至次年 2 月平均)北大西洋(45°N～75°N，60°W～0°)区域海温加上(0°～30°N，75°W～5°W)区域海温减去(20°N～50°N，100°W～65°W)区域海温[图 2.18(b)]。

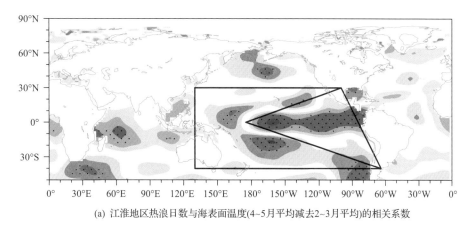

(a) 江淮地区热浪日数与海表面温度(4~5月平均减去2~3月平均)的相关系数

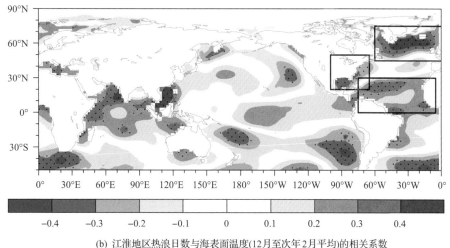

(b) 江淮地区热浪日数与海表面温度(12月至次年2月平均)的相关系数

图 2.18　1961~2015 年江淮流域夏季湿热浪日数指数与 4、5 月平均减去 2~3 月和 12 月
至次年 2 月海表面温度的相关系数(Gao et al., 2017)

图中黑点表示通过 95%信度检验的区域, 黑色框代表预报因子关键区

　　第一个前期海温影响因子为太平洋海温短期趋势, 代表 2~3 月至 4~5 月的变化, 呈现东西偶极型分布, 具体表现为热带东太平洋出现冷海温异常, 东太平洋中、低纬度洋面出现暖海温异常 (图 2.19)。该海温趋势前期信号表征了太平洋海温从早春的中太平洋型厄尔尼诺(El Niño)消亡位相向后夏的东太平洋型拉尼娜(La Niña)发展位相的快速转变过程。夏季, 东太平洋型 La Niña 发展位相表现出的赤道中太平洋冷海温异常会通过改变沃克环流, 抑制赤道中太平洋处对流, 激发下沉 Rossby 波, 加强西北太平洋副热带高压, 引起江地区域气温升高, 导致局地热浪日数增多。

　　第二个前期海温影响因子为前期冬季(12月至次年2月平均)北大西洋海温三极型分布模态, 北大西洋低、高纬度出现暖海温异常, 美国东岸至墨西哥湾出现冷海温异常(图 2.20)。该三极型海温模态通过海气相互作用从冬季维持到次年夏季, 并激发一支有准正压结构、特征类似"环球型遥相关"的波列, 波动的活动中心分别位于欧洲俄罗斯、东亚、西北太平洋、北美和大西洋。该波列中位于东亚上空的高压异常有利于江淮流域湿热浪日数的增加。

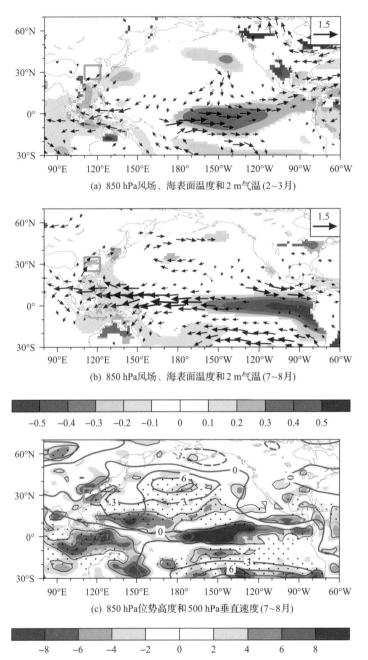

(a) 850 hPa风场、海表面温度和2 m气温(2~3月)

(b) 850 hPa风场、海表面温度和2 m气温(7~8月)

(c) 850 hPa位势高度和500 hPa垂直速度(7~8月)

图2.19 1961~2015年2~3月(a)、7~8月(b)850 hPa风场(箭头：m/s)、位势高度(等值线红色为正、蓝色为负：位势米)、海表面温度(阴影：℃)和2 m气温(陆面阴影：℃)及7~8月850 hPa位势高度(位势米)和500 hPa垂直速度(10^{-3}Pa/s)(c)异常与太平洋纬向偶极型海温趋势因子的回归系数(Gao et al., 2018a)
图中绿色方框代表江淮流域位置；图中仅显示通过90%信度检验的风场、海温和气温，灰点代表位势高度通过90%信度检验的区域

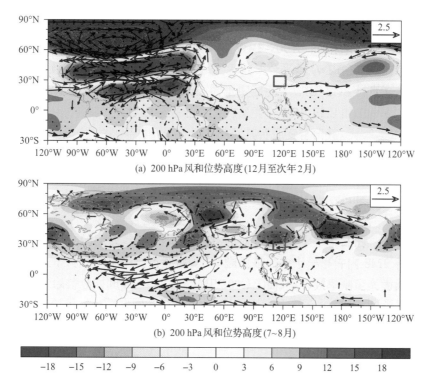

(a) 200 hPa 风和位势高度(12月至次年2月)

(b) 200 hPa 风和位势高度(7~8月)

图 2.20　1961~2015 年 12 月至次年 2 月(a)和 7~8 月(b)200 hPa 风场(箭头：m/s)和位势高度(阴影：
位势米)异常与北大西洋经向三极型海温因子的回归系数(Gao et al., 2018a)

绿色方框代表江淮流域位置；图中仅显示通过 90%置信度检验的风场，黑点代表位势高度通过 90%置信度检验的区域

2.2.2　中东地区沙尘天气变率及成因诊断

中东地区沙尘天气发生频繁，是沙尘气溶胶的主要来源地区。沙尘气溶胶向下游地区的远距离输送及在输送过程中产生的区域气候影响已被广泛记载(Mao et al., 2019)。研究表明，来自中东地区的沙尘粒子可以通过远距离的输送，对气候系统及气候变化产生一定的影响。Jin 等(2014)研究表明，阿拉伯海和中东上空的沙尘气溶胶与大约两周后印度中东部的降雨显著相关。Mao 等(2019)研究发现，来自中东地区的沙尘可以通过对流层中部的西风输送到青藏高原，青藏高原上空的沙尘沉积可能反过来放大青藏高原积雪的辐射增温。因此，对中东地区沙尘天气进行详细的研究非常有意义，能够更好地了解全球沙尘排放及其在气候系统中的潜在影响，以便未来更好地应对气候变化。

1. 中东地区沙尘天气变率及其成因

1974~2019 年，阿拉伯半岛北部和东部地区有部分观测站点在春季沙尘天气发生总日数大于 400 天，其中四个观测站(Turaif、Rafha、Hafr Al-Batin Arpt 和 Al-Ahsa)的春季沙尘天气发生总日数大于 800 天(图 2.21)。而在阿拉伯半岛、伊朗西部和南部沿海地区，沙尘天气发生频率较低，沙尘天气发生总日数不足 200 天(Sun et al., 2021)。

我们对中东地区(30°E~60°E, 10°N~35°N)各个站点的沙尘天气平均日数进行统计，

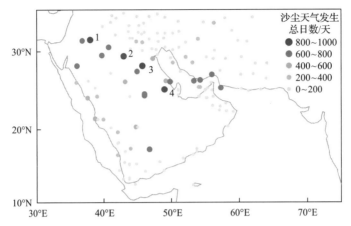

图 2.21 1974~2019 年中东地区春季沙尘天气发生总日数（Sun et al., 2021）

数字 1、2、3 和 4 分别表示 Turaif 站、Rafha 站、Hafr Al-Batin Arpt 站和 Al-Ahsa 站

得出该区域内春季沙尘天气频率的时间序列。结果显示，1974~2019 年，中东地区每年春季沙尘天气频率平均为 9.12 天，时间序列呈现出明显的年际和年代际变化，解释方差分别为 53% 和 45%。沙尘天气频率自 1974 年以来呈上升趋势，80 年代中期达到高峰，80 年代中期到 2000 年有所下降；2000~2010 年沙尘天气频率呈上升趋势，之后有所下降。我们进一步将整个周期（1974~2019 年）划分为 1974~1992 年、1993~2004 年和 2005~2019 年三个时段，这三个时段的沙尘天气频率平均值分别为 10.63 d/春季、6.43 d/春季和 9.40 d/春季（图 2.22）。

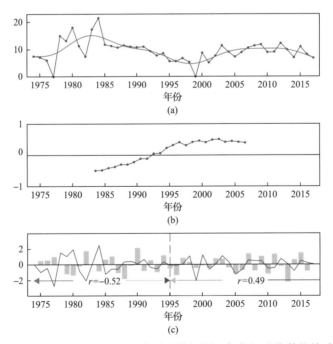

图 2.22 中东地区沙尘天气频率（DWF）时间序列及其与北极涛动（AO）指数的关系（Sun et al., 2021）

(a)1974~2019 年中东地区 DWF 的时间序列图（红线表示 10 年以上的年代际分量）；(b)AO 指数与 DWF 的 21 年滑动相关系数；(c)AO 指数和 DWF 的年际尺度分量。矩形为 AO 指数，蓝线为 10 年以下的 DWF 年际尺度分量

沙尘天气的爆发与对流层中低层有利的天气背景有关。通过对 15 个典型沙尘天气事件进行研究，我们得到了中东地区沙尘天气发生的有利天气条件。结果显示，850 hPa 环流场呈现出偶极模式。哈萨克斯坦上空为位势高度正异常，地中海东部上空为负异常。500 hPa 环流形势与 850 hPa 类似。这种在地中海东部的位势高度负异常与频繁的低压活动有关，导致中东地区呈现出西南-东北风异常。Barkan 等(2004)研究指出，非洲东北部和阿拉伯半岛上空的低压系统将在这些地区造成沙尘天气。此外，位于东地中海上空的 500 hPa 高度场(H500)负异常意味着该地区对流层中层的低压活动频繁，伊拉克、叙利亚和沙特阿拉伯北部地表不稳定气流的产生和风速的增大，从而导致沙尘天气发生。前人研究表明，东亚沙尘暴的发生与西风急流的增强有关，西风急流的增强促进了西风急流出口区以北对流层低层气旋的形成。在沙尘发生期间，北非到阿拉伯半岛北部的急流增强，使得气旋活动增加，从而引发了沙尘天气。

2. 北极涛动对中东沙尘天气频次变化的影响

北极涛动(Arctic oscillation, AO)是温带北半球大气内部动力学的主要模态，从地表到平流层下部具有等效的正压结构。我们计算了 1974～2019 年春季中东沙尘天气频率与 AO 指数之间的 21 年滑动相关系数。滑动相关系数显示出明显的年代际变化，由 1995 年以前的负相关向 1995 年以后的正相关转变。1995 年以前，负相关系数在 1994 年下降到 0。此后，滑动相关系数继续增大，并在 2001 年达到峰值。2001 年以后，正相关系数略有下降。因此，我们将研究时间分为两个亚时段，即 1974～1994 年(P1)和 1995～2013 年(P2)，并计算了这两个亚时段的 AO 指数与春季沙尘天气频率之间的相关系数。在 P1期间，AO 指数与春季沙尘天气频率的相关系数为–0.52；而在 P2 期间，相关系数达 0.49，在 95%信度下显著(图 2.22)。

我们进一步研究了在这两个亚时段内，AO 指数和春季沙尘频率相关系数的空间分布。结果表明，在 P1 期间，从红海到波斯湾，阿拉伯半岛北部中部出现了大面积的负相关站。但在 P2 期间，阿拉伯半岛中部和南部存在正相关站。这些结果进一步证实了，在P1(P2)期间，AO 与阿拉伯半岛沙尘天气频率呈负(正)相关。

1)天气变率的变化

滑动相关分析表明，P1～P2，阿拉伯半岛沙尘天气频率与 AO 指数的关系存在年代际变化。因此，我们比较了 P1 和 P2 期间春季大气环流变化与 AO 变化的关系。结果表明，当 AO 处于负位相时，地中海和非洲东北部出现大面积正异常，中欧地区出现大面积负异常。这些异常在 95%信度下是显著的(图 2.23)。这意味着在 P1 期间，地中海地区和非洲东北部的大气环流受到了强烈的扰动，触发了非洲东北部沙尘天气的发生，通过沙尘输送，诱发了中东地区的沙尘天气。在 P2 期间，地中海地区天气尺度变率出现负异常，中东东部和南部地区出现正异常。这表明，当 AO 处于正位相时，中东东部和南部环流在天气尺度上具有较大的变化性和较强的扰动，导致中东地区出现沙尘天气。通过比较两个时段的变化，可知在 P1 期间，AO 的负位相很可能影响从非洲东北部到中东的沙尘天气的发生。在 P2 期间，AO 的正位相对中东东部和南部有较强的影响，从而导致沙尘天气发生。

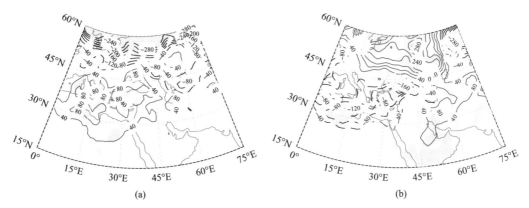

(a) (b)

图 2.23 1974~1994 年(a)和 1995~2013 年(b)AO 指数与天气尺度变率的回归系数图(Sun et al., 2021)
95%信度下的显著性用阴影表示；等高线表示天气尺度变率，单位：gpm²；正值和负值分别用实线和虚线表示，为清楚起见，省略了零度线

2)UV850、H850 及 H500 的变化

滑动相关分析表明，P1~P2，阿拉伯半岛沙尘天气频率与 AO 指数的关系存在年代际变化。因此，我们比较了 P1 和 P2 期间春季大气环流变化与 AO 指数变化的关系。在 P1 期间，当 AO 处于负位相时，从欧洲到西伯利亚的中高纬地区出现大面积的 850 hPa 高度场(H850)正异常，南欧和地中海地区出现 H850 负异常。这些 H850 异常在 95%信度下显著(图 2.24)。南欧和地中海上空的 H850 负异常意味着地中海上空出现频繁的低压活动。西南-东北方向的气流导致地表风速增加，使得北非出现沙尘天气。随后，阿拉伯半岛北部受到来自北非的沙尘影响，导致该地区出现更多的沙尘天气(Mao et al., 2019)。H500 与 AO 指数的回归显示了与 P1 时期 850 hPa 相似的模式，即在南欧出现负位势高度异常，在北欧和非洲东北部出现正高度异常(图 2.25)。南欧上空的负位势高度异常和非洲东北部上空的正高度异常导致了从非洲东北部到阿拉伯半岛北部的西南风，进而导致了阿拉伯半岛北部的沙尘天气(Mao et al., 2019)。

在 P2 期间，H850 与 AO 指数的回归在 P2 期间显示出类似的模式。当 AO 处于正位相时，欧洲上空表现为强的正异常，蒙古上空表现为弱的正异常。同时，北非上空出现 H850 负异常，欧洲和蒙古的两个正异常之间出现 H850 负异常。在 P2 期间，H500 的回归结果与 H850 类似，即在欧洲和西伯利亚出现正异常，从北非、阿拉伯半岛北部到中亚出现负异常。非洲东北部和阿拉伯半岛北部的 H850/H500 负异常对 P2 期间阿拉伯半岛的沙尘天气频率的增加起到了一定的作用。通过比较两个时期 H850 和 H500 的环流异常，可以发现，在地中海上空的负高度异常向南移动到非洲东北部。这意味着地中海低压系统的位置可能在 P2 期间向南移动，这就解释了在 P2 期间阿拉伯半岛的西南沿海地区出现更多高度相关的站点。

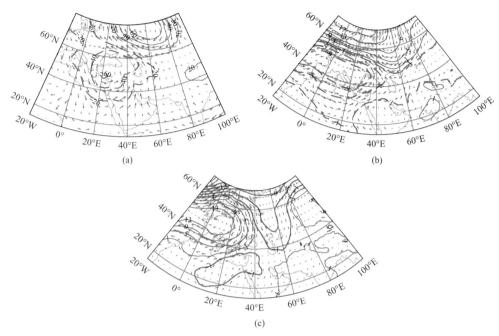

图 2.24　沙尘天气发生时 850 hPa 大气环流异常(a)及 1974~1994 年(b)和 1995~2013 年(c)，AO 指数
与 850 hPa 位势高度的回归系数图(Sun et al., 2021)

95%信度下的显著性用阴影表示；等值线表示位势高度，箭头表示风场。单位分别为 gpm、m/s；正值和负值分别用实线和
虚线表示，为清楚起见，省略了零度线

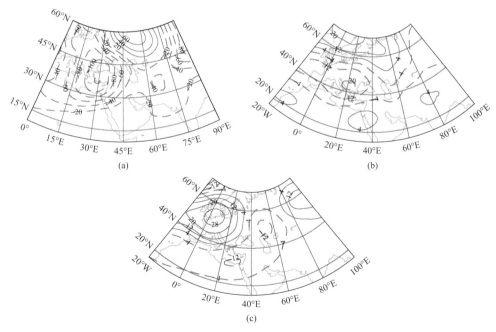

图 2.25　沙尘天气发生时 500 hPa 大气环流异常(a)及 1974~1994 年(b)和 1995~2013 年(c)，AO 指数
与 500 hPa 位势高度的回归系数图(Sun et al., 2021)

95% 信度下的显著性用阴影表示；等值线表示位势高度，单位为 gpm，正值和负值分别用实线和虚线表示，为清楚起见，
省略了零度线

3) U200 的变化

P1 期间 U200 与 AO 指数的回归显示，地中海位地区为 U200 正异常，北欧和北非地区为 U200 负异常(图 2.26)。当 AO 指数处于负位相时，P1 期间的急流核偏北，西风急流增强。西风急流引起动量下传，这就使得非洲东北部和阿拉伯半岛北部沙尘事件发生(Mao et al.，2019)。同时，由于在对流层西风急流入口区的次级环流，27.5°N～40°N在对流层中高层产生了上升气流，这对非洲东北部和阿拉伯半岛北部区域上空的上升环流起到了重要作用。

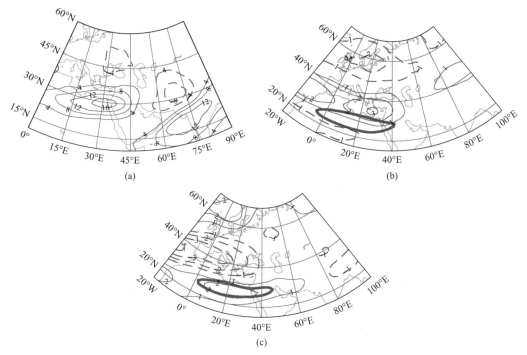

图 2.26 沙尘天气发生时 200 hPa 大气环流异常(a)及 1974～1994 年(b)和 1995～2013 年(c)，AO 指数与 200 hPa 纬向风的回归系数图(Sun et al.，2021)

棕色线表示风速为 40 m/s 的急流轴；95%信度下的显著性用阴影表示；等值线表示纬向风，单位 m/s，正值和负值分别用实线和虚线表示，为清楚起见，省略了零度线

在 P2 期间，当 AO 处于正相时，北非到中东出现 U200 正异常。与此同时，南欧和地中海上空出现了大面积的负 U200 异常。在 P2 期间，北非上空的 U200 正异常位于西风急流核的位置，表明非洲东北部上空西风急流增强，这就有利于沙尘的发生。西风急流引起动量下传，并在入口区产生了次级环流，使得在 20°N～35°N 上流层中高层引起上升气流。

与 P1 期间相比，P2 期间 U200 正异常偏南。这与 H500/H850 负异常在地中海上空的南移是一致的。低压系统的南移和西风急流导致 P2 期间 AO 指数对阿拉伯半岛西南部地区沙尘天气频率的影响增大，因此在 P2 期间，阿拉伯半岛东南沿海出现很多高相关的站点。

2.2.3　中国极端气候变化及成因诊断

1. 人类活动对中国极端降水变化的影响

近几十年来，在全球范围内观察到显著的温度升高趋势，相关的气候变化给社会、经济和自然生态系统造成了巨大损失。大多数研究将气候变化风险的增加归因于人类活动的影响；IPCC AR5 进一步指出，由于温室气体的持续排放，即人类活动影响的增加，气候变化风险将显著加剧。因此，人类活动的影响也受到政府、研究机构和公众的日益关注。

我们利用中国 756 个气象台站观测的日降水数据以及 CMIP5 中不同强迫试验下的逐日降水资料，使用多种检测与归因方法，针对中国极端降水长期变化进行了深入研究（Chen and Sun，2017a）。这里主要使用两种检测与归因方法，以便进行比较研究。一种是"概率比"（probability ratio, PR）和"归因风险比"（fraction of attribution risk，FAR）。这两个指数被广泛应用于极端气候变化的归因分析，我们用这两个指数来研究人类活动强迫对日极端降水事件变化的影响；其中 PR 定义为 P1/P0，FAR 定义为 1−P0/P1（即 1−1/PR，其中 P0 是指超过控制试验中最后 100 年某一百分位数的极端降水事件的发生概率，P1 是在超过给定时期的同一百分位数的极端降水发生概率）；PR 表示事件发生变化的概率，而 FAR 量化可归因于人为活动的贡献。另一种是最优指纹法，它假定 Y（观测值）为外强迫 X 加上内部变率 ε 的总和（$Y = \beta X + \varepsilon$），其中尺度因子 β 利用最小二乘法估算得到。

首先，我们系统评估了 CMIP5 模式对中国极端降水变化的模拟性能。随着全球增暖，中国大部分地区的 3 年一遇和 10 年一遇的极端降水事件发生频次明显增加，在部分地区近 20 年 PR 值相比前期增加了近一倍，即极端降水发生频次增加了约一倍。对于整个中国地区而言，相比前期，近 20 年 3 年一遇事件增加的区域占到全国面积的 57%，而 10 年一遇事件增加的范围占到 53%。多模式集合结果能够很好地再现中国极端降水的变化特征。多模式集合结果显示，其中 3 年一遇事件发生概率增加的范围占到了全国面积的 86%，10 年一遇事件增加的范围占到 81%，而且降水事件越极端，发生概率增加趋势越明显。

对 CMIP5 计划下不同强迫试验结果的分析发现，在全强迫（all forcing，ALL）试验中，近 20 年中国极端降水发生概率明显高于工业革命前，这与观测的极端降水变化是一致的。这种增加趋势在温室气体排放（greenhouse gases forcing, GHG）试验中更为明显，且极端降水事件越极端增加趋势越大；但同时也发现，自然外强迫（natural forcing, NAT）试验中极端降水事件变化并不明显，甚至比工业革命前的控制试验更少，但不确定性很大。因此，我们可以定性地认为近几十年中国区域极端降水事件发生概率的增加主要是人类活动排放温室气体增加的结果。

图 2.27 给出了利用最优指纹法计算得到的不同强迫因子的最优尺度因子估计值及可归因的贡献率。这里主要利用单因子分析方法，即利用观测的极端降水频次与不同强迫试验下的结果各自建立回归关系，进而求得最优估计值。OTH（others）表示其他因子的作

用，主要包括气溶胶、臭氧以及土地利用/覆盖等，由 ALL 减去 GHG 和 NAT 得到。尺度因子 β 由一般最小二乘法(ordinary least square, OLS)和全局最小二乘法(total least square, TLS)同时计算得到，内部变率 ε 由工业革命前的控制试验计算而来。一般认为，如果尺度因子 β 的 90%置信区间范围均大于 0，表明该因子的作用在极端降水变化中能够被检测到，且越接近 1 越好。

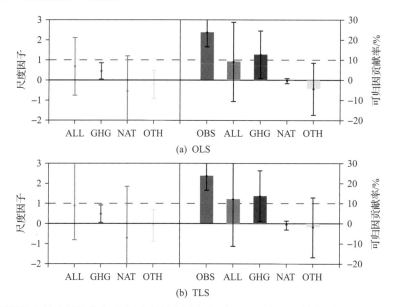

图 2.27　利用最优指纹法估算的各强迫因子的尺度因子 β(左)和可归因贡献率(右)(Chen and Sun, 2017a)
尺度因子 β 采用两种方法估算，分别为一般最小二乘法(OLS)(a)和全局最小二乘法(TLS)(b)；OBS 表示观测结果，ALL、GHG、NAT、OTH 分别表示全强迫、温室气体、自然外强迫和其他因子的作用；误差棒表示尺度因子 5%~95%不确定性范围，对于 OBS，±1 标准差代表其不确定性范围

在全强迫试验中，计算得到的尺度因子 β 值在 OLS 中为 0.66、在 TLS 中为 0.88，但它们 90%不确定性范围均包括小于 0 的值。GHG 强迫下模拟的极端降水变化与观测较为一致，并且利用 OLS 和 TLS 方法计算得到的尺度因子均大于 0，β 值在 OLS 中为 0.44(90%置信区间为 0.03~0.84)，在 TLS 中为 0.47(90%置信区间为 0.04~0.91)，这表明在极端降水变化中可以检测到人类活动所引起的温室气体排放的影响。但是，无法检测出自然外强迫因子和其他因子的作用(尺度因子 β 均小于 0)。

我们也进行了多因子的检测与归因分析，即将观测结果与 GHG、NAT 和 OTH 多个因子同时回归，所得结果与单因子类似。在单因子分析中，如果它们的信号比噪声强，其作用是比较容易被检测出来的；但在多因子分析中，温室气体强迫信号必须比其他因子足够强，其信号才能够被检测到。因此，人类活动对中国极端降水变化的影响是可以检测到并且是可信的。

我们进一步分析了极端降水变化归因于人类活动影响的贡献率。这里的贡献率是指 1960~2014 年的相对变化乘以尺度因子 β 后估算得到的，如我们用 GHG 结果乘以 GHG 强迫的尺度因子。结果指出，温室气体排放的增加，导致过去几十年中国 3 年一遇极端降水事件增加约 13%(90%置信区间为 1%~25%；OLS 方法)；TLS 方法计算结果约增加了 14%（90%置信区间为 1%～26%）。归因于温室气体强迫的增加与观测到中国极端降水的增加（24%）具有较高的一致性和可比性，这表明近几十年来人类活动加剧了中国极端降水的变化。

随着未来人类活动的进一步加剧，中国极端降水将如何变化？我们基于 CMIP5 中的 RCP 4.5 和 RCP 8.5 情景试验结果进行了进一步分析。可以看到，中国区域极端降水发生概率随着气温的升高而增加。相对于工业革命前全球增温 1.5 ℃时，中国区域平均的 3 年一遇极端降水事件发生概率约增加 62%，而 10 年一遇极端降水事件发生概率约增加 1 倍。当温度升高 2 ℃时，极端降水事件发生概率比 1.5 ℃时明显偏大，而且大多数极端事件发生概率都比工业革命前增加 1 倍，特别是 30 年一遇的极端事件，其发生概率相对工业革命前将约增加 3 倍。当全球温度升高 3 ℃时，极端降水事件概率更大，且严重极端事件的概率增加 3～5 倍。

在未来不同温升水平下，中国不同区域的极端降水发生概率都有所增加，但不同地区之间的增加幅度却有所不同。增幅最大的地区是青藏高原，当气温升高 1.5 ℃时，3 年一遇极端降水事件发生概率相对于工业革命前约增加 1 倍；当温度升高 2 ℃时，发生概率增加 1 倍的区域扩大并延伸到中国中东部。当温度升高 3 ℃时，整个中国区域极端降水发生概率均约增加 1 倍。因此，对于极端降水变化而言，青藏高原是对人类活动响应最为敏感的地区，其次是中国中东部地区。在不同的升温水平下，归因风险比（FAR）的变化有着相似的变化特征。当温度升高 1.5 ℃时，在青藏高原的某些区域，最大日极端降水的 FAR 约为 50%，这表明该地区有约 50%极端降水事件的变化可以归因于人类活动的影响。随着温度的进一步升高，人类活动的影响明显加强，当温度升高 3 ℃时，青藏高原和中国中东部某些地区的 FAR 增加到 80%以上。

通常，用 FAR 可以直观地看出人类活动对中国极端降水事件变化的影响。随着温度升高，平均 FAR 迅速增加，降水事件越极端增加幅度越大。例如，以 3 年一遇极端降水事件为例，当温度升高 1.5 ℃时，发生概率增加了 62%，对应的 FAR 为 25%；当温度升高 2 ℃时，FAR 为 36%；当升温 3 ℃时，FAR 达到 52%。对于越极端的事件，如 10 年一遇事件，其发生概率随着温度的升高而增加得更快，而且对应相对较大的 FAR，在 1.5 ℃、2 ℃和 3 ℃时分别为 51%、59%和 67%。因此，未来人类活动的进一步加剧将会显著增加中国极端降水事件的发生概率。

2. 气溶胶对京津冀地区夏季极端降水的影响

随着工业化进程的发展，京津冀地区聚集了大量的水泥、钢铁和炼油石化等工业，它们排放了大量的大气污染物，加之大量汽车排放的尾气及伴随产生的二次污染物，京津冀地区已成为我国主要的重污染地区之一。气溶胶污染物能够通过辐射效应（直接效应）改变大气稳定度而影响对流降水，同时气溶胶作为云凝结核也可以通过云微物理效应（间接效应）来影响云的特征和降水过程。目前，国内外对气溶胶影响降水尤其是影响混合云降水的研究结果不尽相同，而在京津冀这一典型的重污染区，关于气溶胶影响降水的观测研究还比较缺乏，其中对强降水日变化特征的影响研究还处于空白。因此，本书研究基于 11 年（2002～2012 年）夏季的高时空分辨率的站点降水资料、气溶胶和云的卫星数据以及其他气象要素等观测资料，通过比较干净情况和污染情况下夏季强降水日变化和相关气象场的特征差异，探究了京津冀地区气溶胶污染对强降水日变化特征的可能影响。

随着 7 月中旬西太平洋副热带高压的北跳，东亚雨带从长江流域移动到华北地区[图 2.28(a)]。京津冀地区在早夏(本书研究定义为 6 月 1 日～7 月 20 日)的降水多为午后地面加热引发强对流所导致的局地对流降水(Yuan et al., 2010)，而晚夏(本书研究定义为 7 月 21 日～8 月 31 日)的降水多为大尺度环流主导的持续性季风降水，因此相比晚夏，早夏的降水量相对较少而气溶胶污染相对较严重[图 2.28(a)和图 2.28(b)]。同时早晚夏的降水日变化也表现不同：早夏的降水日变化表现为单峰值，而晚夏的降水日变化表现为双峰值[图 2.28(c)]。为了辨识气溶胶对局地对流降水的影响，我们选择的研究时段是在大尺度降雨来临之前并且具有单峰降水日变化的早夏。根据高污染和降水均一这两个原则，我们选择京津冀地区的研究区域是 36°N～41°N，114°E～119°E。同时为了避免地形对降水日变化的影响，研究区内所选站点的海拔控制在 100 m 以下，共计 176 个降水站点[图 2.29(a)]。

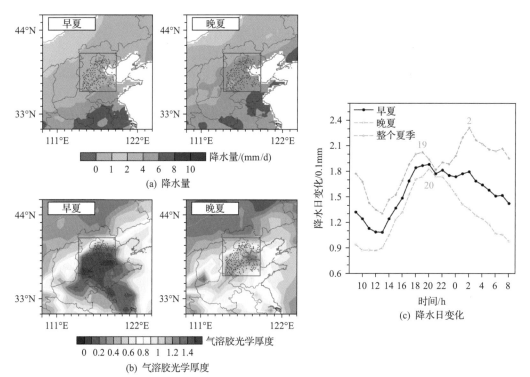

图 2.28　2002～2012 年平均的早夏和晚夏(a)降水量；(b)气溶胶光学厚度；(c)早夏(黄线)、晚夏(绿线)和整个夏季(黑线)的降水日变化(Zhou et al., 2020)

图中红框表示京津冀研究区，蓝点表示选择的站点。

为了避免天气系统的影响，我们选择主导的西南风环流型作为统一的环流背景[图 2.29(b)]，以气溶胶光学厚度(aerosol optical depth, AOD)作为气溶胶污染指标，其超过第 75 百分位视为污染情况，低于第 25 百分位视为干净情况[图 2.29(c)]。通过比较干净

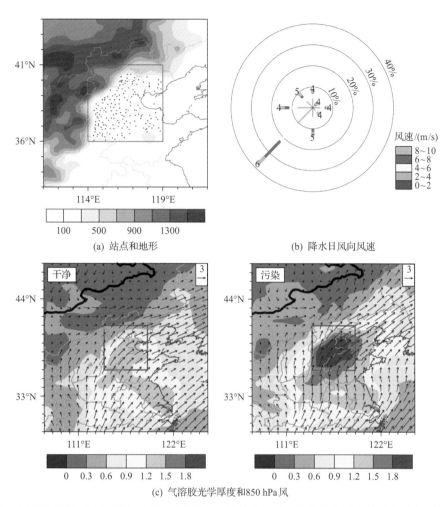

(a) 站点和地形　　　　　　(b) 降水日风向风速

(c) 气溶胶光学厚度和850 hPa 风

图 2.29　(a)研究区站点(蓝点)与地形；(b)降水日风场玫瑰图，柱前的数字表示每个风向的平均风速；(c)干净和污染降雨日的平均气溶胶光学厚度和 850 hPa 风(Zhou et al., 2020)

日和污染日的强降水(每小时降水量超过 8 mm，《气象学辞典》)日变化特征，发现京津冀地区在污染情况下，强降水的开始时间和峰值时间明显提前，平均提前了 0.7 h 和 1.0 h；降水持续时间显著增加，平均延长了 0.8 h，而降水强度没有显著变化；考虑湿度可能的影响，在去掉极端湿度(比湿超过第 75 百分位)的情况下，上述结果仍然显著；同时我们计算了表示云凝结核数量的云滴数浓度(cloud droplet number condensation, CDNC)，以它作为气溶胶微观数量的指标，可以发现上述结果仍然显著(图 2.30)。

　　为了解释强降水在污染日的上述变化，我们进一步利用再分析数据分析了气象场的大气动力学特征在污染日和干净日的变化，包括垂直速度、边界层高度以及大气稳定性指标。图 2.31 的结果显示在强降水开始前，相比干净情况，污染情况下大气的上升运动增强、边界层高度降低，同时 850～500 hPa 之间的大气稳定性指标(如全总指数和相当位温随高度的变化)全总指数和相当位温随高度变化都表示大气稳定性，都是大气稳定性指数的一种。分析辐射场的变化发现，在污染情况时大气对流层低层(950～700 hPa)有明显的短波辐射加热异常，该位置与黑碳气溶胶显著增加的高度基本一致。

黑碳是一种典型的吸收性气溶胶，它可以吸收太阳辐射并加热周围的大气和云，同时导致地面接收的短波辐射减少，使地表降温(Lau et al., 2006)。因此，我们推测，强降水在污染日提前开始主要是黑碳在白天吸收了太阳短波辐射，加热了对流层低层(950～700 hPa)，使得中低层(850～500 hPa)对流层大气的稳定性降低，并且使局地对流运动和水汽辐合上升增强，因此促进了强降雨的提前发生。

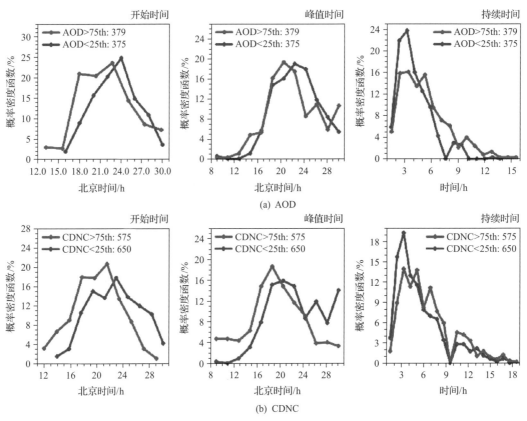

图 2.30　利用 AOD(a)和 CDNC(b)两种指标，去掉第 75 百分位(75 th)以上比湿，污染(红线)和干净(蓝线)情况下强降水的开始时间(单位：北京时间)、峰值时间(单位：北京时间)和持续时间(单位：h)的概率密度分布(Zhou et al., 2020)

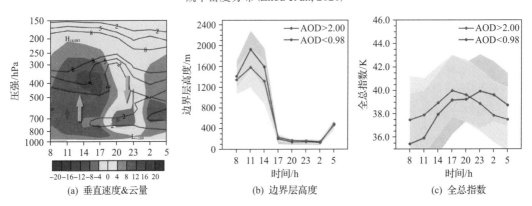

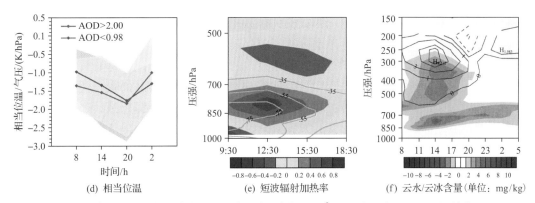

(d) 相当位温　　　　　　　(e) 短波辐射加热率　　　　(f) 云水/云冰含量(单位: mg/kg)

图 2.31　污染强降水日与干净强降水日的垂直速度(单位: 10^{-5}m/s, 向上为正)和云量(单位: %)(a)、边界层高度(单位: m)(b)、全总指数(单位: K)(c)、相当位温[单位: 10^{-4}K/(m^2/s^2)](d)、短波辐射加热率(单位: K/day)与黑碳浓度(绿线, 单位: μg/kg)(e)。图中(a)、(e)、(f)为污染减干净之差, 结果超过 95%显著性检验。蓝/粉色的阴影表示第 25～第 75 百分位数值范围(Zhou et al., 2020)

由于亲水性气溶胶可以作为云凝结核, 通过间接作用影响云的微观特性并影响降水的形成过程, 因此我们通过卫星数据对强降水日的云特征变化进行了分析。表 2.1 显示云量由干净情况下的 62.8%增加到污染情况下的 89.3%, 云顶气压由 442.3hPa 增加到 487.3hPa, 因此云的宏观特征表现为云量增加、云顶降低; 云水/冰的光学厚度和含量也表现为增加, 分别增加了 44.9%(92.5%)和 53.5%(71.6%); 云水有效半径增加了 4.8%; 而云冰有效半径减少了 8.8%。这些结果有可能是污染日的亲水性气溶胶作为云凝结核直接导致的, 也有可能是气溶胶辐射作用引起的大气动力的改变所导致的。

表 2.1　干净情况和污染情况下强降水日的平均云量、云顶气压、云水/冰光学厚度(单位: none)、云水/冰路径和云水/冰有效半径(Zhou et al., 2020)

变量	云量 /%	云顶气压 /hPa	云水/冰光学厚度/none		云水/冰路径/(g/m^2)		云水/冰有效半径/μm	
			云水	云冰	云水	云冰	云水	云冰
干净	62.8 (17.6)	442.3 (149.6)	6.9 (4.5)	6.7 (8.5)	62.8 (36.6)	123.1 (168.9)	16.7 (4.4)	32.0 (8.7)
污染	89.3 (12.9)	487.3 (145.7)	10.0 (5.8)	12.9 (17.0)	96.4 (52.5)	211.3 (279.3)	17.5 (3.5)	29.2 (9.0)
污染-干净	26.5	45.0	3.1	6.2	33.6	88.2	0.8	−2.8
(污染-干净)/干净	42.2%	10.2%	44.9%	92.5%	53.5%	71.6%	4.8%	−8.8%

注: 数据来自 MODIS C6 Level-3 云产品。括号中的数字表示样本的标准差。干净和污染两组样本的差异均通过 95%的显著性检验。

为了理解气溶胶不同成分对强降水日变化特征的影响, 我们利用卫星观测的气溶胶指数(aerosol index, AI)对比了吸收性气溶胶和散射性气溶胶分别对强降水开始时间、峰值时间及持续时间的影响, 发现强降水的开始时间和峰值时间在吸收性气溶胶较多的情况下有提前的现象, 而持续时间在散射性气溶胶较多的情况下显示出延长的结果(图2.32)。

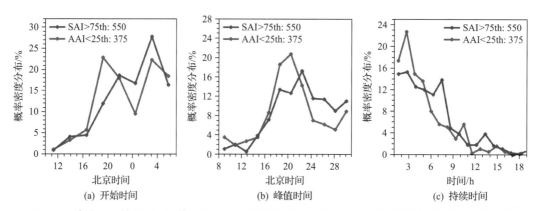

图 2.32 强降水的开始时间、峰值时间和持续时间在强吸收性气溶胶日（吸收性气溶胶指数超过第 75 百分位（75 th），红线）和强散射性气溶胶日（散射性气溶胶指数超过第 75 百分位，蓝线）的概率密度分布（Zhou et al., 2020）

表中数据来源于卫星资料，时间为 2005～2012 年早夏

进一步选择黑碳和硫酸盐这两种典型的吸收性气溶胶和散射性气溶胶，对比高浓度和低浓度黑碳或硫酸盐情况下的强降水特征，发现增加黑碳气溶胶对应强降水的开始及峰值时间的显著提前以及降水持续时间的减少，增加硫酸盐气溶胶对应强降水的开始时间推迟以及降水持续时间显著增加（表 2.2）。

表 2.2 在不同情况下，在吸收性气溶胶较多/散射性气溶胶较多（AAI/SAI 大于 75 百分位）和黑碳/硫酸盐较少和较多（BC/sulfate 小于 25 百分位和大于 75 百分位）情况下的强降水的平均开始时间、峰值时间和持续时间（Zhou et al., 2020）

强降水特征	吸收性气溶胶指数	散射性气溶胶指数	二者差异（吸-散）	黑碳较少	黑碳较多	二者差异（多-少）	硫酸盐较少	硫酸盐较多	二者差异（多-少）
开始时间	23.4(4.8)	24.1(4.4)	−0.7	24.2(4.8)	23.9(4.4)	−0.3	24.0(4.3)	24.5(4.4)	0.5
峰值时间	21.0(5.3)	22.6(5.1)	−1.6	23.4(5.3)	22.3(4.0)	−1.1	23.2(4.5)	22.9(4.8)	−0.3
持续时间/h	5.0(3.1)	6.0(3.8)	−1.0	4.8(2.6)	4.6(2.7)	−0.2	4.0(2.1)	5.5(3.0)	1.5

注：表中吸收性和散射性气溶胶数据来自卫星臭氧层监测仪(OMI)数据卫星数据，黑碳和硫酸盐数据来自于欧洲中期天气预报中心再分析数据(MACC)再分析数据。括号内的数字代表平均数的标准差。所有差异均通过了 95%显著性检验。

综合以上所有京津冀地区气溶胶影响强降水日变化及气象场特征的结果，我们使用示意图（图 2.33）来总结气溶胶是如何改变京津冀地区西南风气象背景下强降水日变化的：一方面，黑碳在白天吸收短波辐射加热对流层低层，改变了大气的热力条件，增加了中低空大气不稳定性，进而增强了上升运动和水汽输送，提供了强降水形成的热动力条件，加速了云和降水的形成。另一方面，增强的上升运动会将更多的硫酸盐粒子和水汽输送到云中，在水汽充足的环境下增加的硫酸盐作为云凝结核可以形成更多的云水，从而延长降雨的持续时间。因此，京津冀地区伴随气溶胶污染的增加，强降水发生时间早、峰值时间早、持续时间长的现象，可能是气溶胶辐射效应、气溶胶云效应共同作用的结果（Zhou et al., 2018, 2020）。

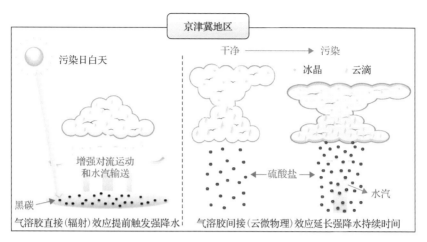

图 2.33　京津冀地区气溶胶对降水日变化的影响机制示意图(Zhou et al., 2020)

2.3　气候要素未来演变趋势预估

2.3.1　极端气候未来演变趋势预估

1. 极端气候未来演变趋势预估

近期,IPCC 第六次全球耦合模式比较计划(CMIP6)的试验结果已逐渐对外公开发布。相比 CMIP5 模式,CMIP6 模式无论在动力学参数化方案还是模式分辨率等方面,都有了较大的改进和提高。那么,CMIP6 模式对气候尤其是极端气候的模拟性能如何?相比之前模式版本,是否有所提升呢?基于 CMIP6 模式,极端气候未来演变趋势如何?基于这些问题,本节系统比较评估了 12 个 CMIP6 模式与 CMIP5 中的旧版本模式结果(Chen et al., 2020a)。

所用资料为 12 个 CMIP6 模式及 CMIP5 中相应的旧版本模式模拟的基准期和未来情景试验数据,这里只分析了第一个样本。对于 CMIP6 模式,截至本书研究开展时,SSP5-8.5 和 SSP2-4.5 情景下只有 10 个模式有数据对外发布,暂缺 GFDL-ESM4 和 NorESM2-LM 的模式数据。为了与 CMIP6 模式进行比较, 我们进一步分析了 CMIP5 模式中基准期的 12 个模式和 RCP 4.5、RCP 8.5 未来情景下的 10 个模式的输出结果。所用观测资料为美国国家海洋和大气管理局(NOAA)气候预测中心(Climate Prediction Center, CPC)的 16000 个台站和卫星观测资料。该数据集采用最优插值法构建,时间跨度为 1979 年至今,水平分辨率为 $0.5° \times 0.5°$。

在研究中,我们选取五个典型的极端气候指标作为评估对象,包括高温(TXx)、低温(TNn)、暴雨日数(R20mm)、洪涝风险指数(RX5day)和连续无雨日(CDD)。所有指标都首先在模式原有网格点上进行计算,而后统一插值到 $1.5° \times 1.5°$ 的网格。为了系统比较评估模式的模拟性能,本书使用了目前国际上较为普遍的评价指标 S,其计算如式(2.2):

$$S = \frac{4(1+R)^4}{\left(\dfrac{\sigma_m}{\sigma_o} + \dfrac{\sigma_o}{\sigma_m}\right)^2 (1+R_0)^4} \qquad (2.2)$$

式中，R 为模式与观测值之间的相关系数；R_0 为其中最大相关系数（这里指 24 个模式中相关系数的最大值）；σ_m 和 σ_o 分别为模式和观测标准差。当 σ_m 接近 σ_o 时，并且当 R 接近 R_0 时，S 接近 1。相反，当模式模拟与观测的相关性较差或模式方差接近 0 或无穷大时，S 将接近 0。因此，S 值越靠近 1 表示该模式模拟性能越好。除此以外，这里还使用了平均偏差和 Pearson 相关系数来进一步比较评估 CMIP6 和 CMIP5 模式对极端气候变化的模拟性能。

本书首先比较评估了 CMIP6 和 CMIP5 模式对全球陆地地区最高温和最低温的模拟性能。可以看到，CMIP6 多模式集合（multi-model ensemble, MME）结果能够合理再现最高温和最低温的空间分布特征，即从赤道向南北两极递减的温度梯度分布以及高海拔区域的温度低值中心（图 2.34）。对于最高温 TXx，CMIP6 多模式集合结果与观测的空间相关系数可达 0.98；而对于最低温 TNn，两者相关系数可达 0.99。CMIP5 多模式集合结果也呈现相似的空间分布，且与观测也有较高的相关性。虽然 CMIP6 模式能够很好地再现其空间分布，但模式模拟结果与观测值之间还存在较大偏差，特别是在北半球高纬度和高海拔地区，如格陵兰岛和青藏高原地区，模拟的这些区域温度仍存在较大的冷偏差。

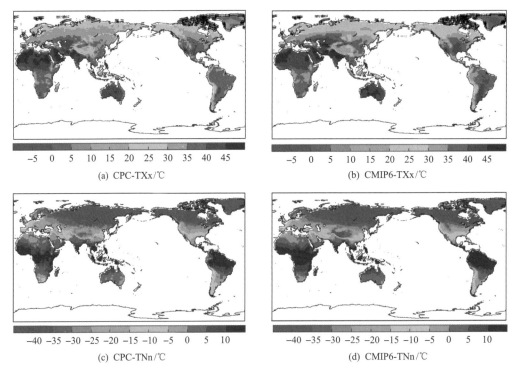

图 2.34　观测和 CMIP6 多模式集合模拟的 1986～2005 年平均的年最高气温（TXx）和最低气温（TNn）的空间分布（Chen et al., 2020a）

相反，对于南半球陆地区域，CMIP6 模式基本高估了 TXx 和 TNn；尤其是 TXx，其暖偏差幅度要小于北半球的冷偏差，从而使得模式模拟的全球陆地区域平均的 TXx 相比观测值仍存在约 1.0 ℃的冷偏差。而相应的 CMIP5 旧版本模式模拟的最高温偏差明显要大于 CMIP6 模式的结果，约为 1.5 ℃。对于最低温 TNn，CMIP6 和 CMIP5 模式模拟的全球陆地区域平均结果与观测的差值分别为 0.2 和 0.3 ℃。

为了进一步比较评估 CMIP6 和 CMIP5 模式对全球不同区域 TXx 和 TNn 的模拟性能，我们将全球陆地地区划分为 21 个区域进行深入分析。可以看到，对于大多数区域，特别是 TXx，CMIP6 模式模拟的结果通常比 CMIP5 模式更接近观测值；而且 CMIP6 模式模拟结果的不确定性范围也要小于 CMIP5 模式的结果。从长期变化趋势来看，对于 TXx，CMIP5 模式模拟的全球陆地区域平均的不确定范围也大于 CMIP6 模式，而且 CMIP6 多模式集合结果与观测值更为接近，尽管 CMIP6 和 CMIP5 模式对 TXx 的模拟均存在明显的低估。相比 TXx，CMIP6 和 CMIP5 模式模拟的 TNn 变化更接近于观测值。相比较而言，CMIP6 模式对 TXx 和 TNn 的模拟要优于 CMIP5 中旧版本模式，但模式模拟的不确定性范围仍然较大。

与极端温度指数相比，模式对于极端降水指数的模拟明显要差一些。以暴雨日数（R20mm）和洪涝风险指数（RX5day）为例，可以看到，与观测结果相比，CMIP6 多模式集合结果能够很好地再现这些极端降水指数的空间分布特征，尤其是中国地区东南-西北向的梯度分布、北美东-西向对比，以及热带低纬度地区的高值中心等。CMIP5 多模式结果与 CMIP6 模式基本一致。与观测相比，CMIP6 和 CMIP5 模式均低估了暴雨日数；对于全球陆地区域平均而言，CMIP6 模式约低估 0.2 天，远小于 CMIP5 模式的 1.5 天。相比之下，CMIP6 模式对 RX5day 存在明显的高估，高估约 10.7 mm，要大于 CMIP5 的结果（约 1.2 mm）。进一步研究发现，12 个 CMIP6 模式中除了 EC-Earth3 和 MPI-ESM1-2-HR 外，其他模式相对于 CMIP5 旧版本模式的模拟偏差均有所增加，这是导致 CMIP6 模式高估 RX5day 的主要原因。BCC-CSM2-MR 和 CanESM5 模式对 RX5day 的正偏差最大，超过 20.0 mm。对于连续无雨日（CDD），CMIP6 和 CMIP5 模式均存在明显的低估，尤其是 CMIP6 模式，约低估 9.2 天，大于 CMIP5 模式的结果（约 3.2 天）。而这种偏差主要是由 CMIP6 模式中的个别模式所造成的，如 INMCM5.0 和 MIROC6，分别高估了 26.5 天和 30.5 天。对于不同区域而言，CMIP6 多模式集合模拟的 R20mm 和 RX5day 一般要大于 CMIP5 模式的结果；且对于 R20mm，CMIP6 模式模拟的不确定性范围要小于 CMIP5 模式的结果，而对于 RX5day，大部分区域 CMIP6 模式模拟的不确定性范围要大于 CMIP5 模式的结果。

总的来说，相比 CMIP5 模式，CMIP6 模式模拟的 R20mm 和 RX5day 明显要大，而 CDD 则相反。这是由于相比 CMIP5 旧版本模式，CMIP6 新版本模式的分辨率有了较大的提升，而以往研究指出模式分辨率的提高往往会导致模式模拟的对流性降水增多，这可能是 CMIP6 模式高估 R20mm 和 RX5day 的原因之一。此外，CMIP6 和 CMIP5 模式模拟的 RX5day 和 CDD 的不确定性范围相当，而 CMIP6 模式模拟的 R20mm 不确定性范围明显小于 CMIP5 模式的结果。

进一步利用综合的度量指标 S 来比较评估 CMIP6 和 CMIP5 模式对全球极端气候的

模拟能力，其中 S 值越接近 1 表明模拟性能越好。我们利用这五个指数 S 值的平均来表征模式模拟极端气候的综合性能。显然，S 值随极端气候指数和模式而不同，但一般而言，极端温度指数的 S 值较高。综合来看，在这 12 个模式中，GFDL-CM4 和 GFDL-ESM4 相比 CMIP5 旧版本模式其 S 值均增加，尤其是极端降水指数，S 值增加幅度较大。对于 INMCM5.0、MRI-ESM2-0 和 NorESM2-LM 模式，相比旧版本模式，分别有 4 个极端气候指数的 S 值有所增加。此外，BCC-CSM2-MR、FGOALS-g3、IPSL-CM6A-LR 和 MPI-ESM1-2-HR 对极端温度指数的模拟性能有所提升，但极端降水指数对应的 S 值有所减小，尤其是 RX5day 和 R20mm。根据 5 个极端气候指数平均的 S 值对模式进行排序，可以看到，GFDL-CM4 和 GFDL-ESM4 模式 S 值最高，EC-Earth3、NorESM2-LM 和 MRI-ESM2-0 次之。总的来说，CMIP6 新版本模式在模拟极端气候方面的性能要优于 CMIP5 旧版本模式，多模式集合结果也是如此。

在模式模拟性能评估基础上，我们基于 CMIP6 模式进一步预估研究了全球陆地区域极端气候未来的演变趋势，并与 CMIP5 模式的结果进行了比较（图 2.35）。可以看到，CMIP6 多模式集合预估的 TXx 和 TNn 呈显著增加趋势，而且 TNn 的增加速度大于 TXx。到 21 世纪末，全球陆地区域平均的 TXx 和 TNn 在 SSP2-4.5 情景下将分别增加 2.8 ℃和 4.6 ℃，在 SSP5-8.5 情景下将分别增加 5.5 ℃和 9.0 ℃。CMIP5 模式结果与之相似，TNn 的增温幅度也明显大于 TXx 的结果：到了 21 世纪末，在 RCP 4.5 情景下（与 SSP2-4.5 相当）TXx 将增加约 2.5 ℃，TNn 将增加约 3.7 ℃；在 RCP 8.5 情景下（与 SSP5-8.5 接近）TXx 将增加约 4.9 ℃，TNn 将增加约 8.2 ℃。总体而言，CMIP6 模式在 SSPs 情景下的增温幅度要大于 CMIP5 的 RCPs 情景。

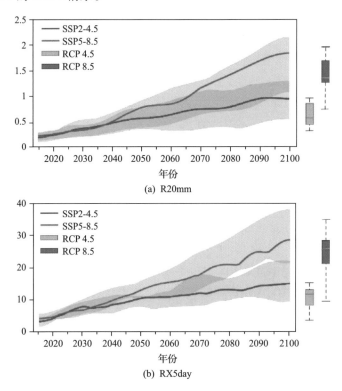

(a) R20mm

(b) RX5day

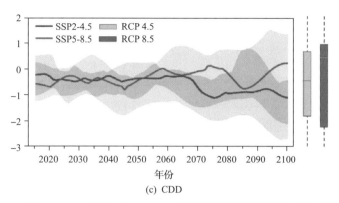

(c) CDD

图 2.35 在 SSP2-4.5 和 SSP5-8.5 情景下，CMIP6 多模式集合预估的全球陆地区域平均的 R20mm，
RX5day 和 CDD 的演变趋势（Chen et al., 2020a）

箱线图为 CMIP5 多模式集合预估的 21 世纪末在 RCP 4.5 和 RCP 8.5 情景下极端降水指数相对当前气候（1986～2005 年）的变化

就区域而言，预估的 TXx 和 TNn 变化的空间格局有所不同，但 TNn 增加幅度基本都大于 TXx 的结果。对于 TNn，增加幅度最大的区域主要集中在北半球高纬度地区，而 TXx 增加幅度的最大区域主要集中在中纬度地区。到了 21 世纪末，在 SSP5-8.5 情景下，阿拉斯加、欧洲北部以及美国东部等地区的 TNn 增加均超过 12 ℃；位于干旱地带的撒哈拉和地中海地区，其 TNn 将分别增加约 4.6 和 6.1 ℃。相比 TNn，TXx 的增加幅度明显要小。到了 21 世纪末，在 SSP5-8.5 情景下，地中海地区的 TXx 增加幅度最大，约为 7.2 ℃；而格陵兰岛和东南亚地区增加幅度最小，约为 4 ℃。CMIP5 模式在 RCP 4.5 和 RCP 8.5 情景下的预估结果与 CMIP6 类似，但增加幅度相比 CMIP6 模式要小。

与极端气温指数变化类似，CMIP6 模式预估的 R20mm 和 RX5day 增加幅度也明显大于 CMIP5 的结果。到了 21 世纪末，在 SSP5-8.5（SSP2-4.5）情景下，全球陆地区域平均的 R20mm 将增加约 1.6 天（0.9 天）。RX5day 在未来也将明显增加，到了 21 世纪末在 SSP5-8.5 和 SSP2-4.5 情景下将分别增加约 23.7%和 14.1%。而预估结果表明，未来 CDD 并没有表现出明显的变化趋势。同时需要指出的是，CMIP6 模式预估的极端降水变化的不确定性相比 CMIP5 模式并没有明显地减少，其原因还需要进一步深入研究。

从区域来看，极端降水变化的高信度区域主要位于北半球，特别是在高纬度地区。到了 21 世纪末，在北半球和东非的大部分地区，R20mm 和 RX5day 都将显著增加。R20mm 增幅最大的区域是南亚和东南亚地区，在 SSP5-8.5 情景下约增加 4 天，RX5day 在非洲东部地区增加幅度最大，约为 47%。同时发现，在极端降水增加显著的区域，如北亚、东亚、阿拉斯加和格陵兰岛等地区，CDD 将明显减少，即这些区域未来干旱状况将得到缓解。

简言之，与 CMIP5 模式相比，CMIP6 模式对极端气候变化的模拟性能较优；CMIP6 模式模拟结果的不确定性也相对较小，特别是在北半球高纬度地区。但个别模式的改进仍然有限，甚至有些模式对极端气候的模拟性能有所下降，还需要进一步分析其原因。随着未来气候进一步增暖，TXx 和 TNn 在 21 世纪总体呈显著增加趋势，但 TNn 增加幅度要大于 TXx。此外，R20mm 和 RX5day 在全球陆地大部分区域也将显著增加，而 CDD 的增加仅限于南半球陆地地区。而且 CMIP6 模式预估的未来极端气候变化幅度一般要大于 CMIP5 模式的结果，但预估不确定性并没有减小，这还需要进一步深入研究。

2. 全球三大超级城市群极端高温日的未来预估

极端高温日（extreme hot days，EHD）严重威胁着人类健康、基础设施、农业系统正常运作，其在经济发达和人口密集的区域造成的社会经济损失更严重。在全球变暖背景下，全球以及各区域的 EHD 频次、强度和持续时间都在增加（Gao et al., 2019），并且近几十年来 EHD 的影响范围也在不断扩大。因此，合理预估未来的 EHD，对预防和减轻 EHD 灾害损失至关重要。目前，已有研究利用全球气候模式及不同极端气候指标，预估了未来区域性极端高温的变化趋势。基于 31 个 CMIP5 模式的研究表明，美国未来极端高温日的频次和严重程度将会增加，空间分布也会相应变化（Wobus et al., 2018）。同时，具有更精细的空间分辨率的区域气候模式也已应用于 EHD 的研究。Fischer 和 Knutti（2015）根据高分辨率（20 km）区域气候模式，预估南欧和地中海沿岸的 EHD 将更加严重。先前的研究使用的是粗分辨率的全球气候模式，或是细分辨率的区域气候模式，且针对单独区域的 EHD 变化进行预估。然而，基于统一极端高温日判别标准，使用高分辨率的全球气候模式，对超级城市群的 EHD 预估对比研究仍缺乏。

美国东部、欧洲和东亚地区是北半球三大超级城市群，这些地区位于纬度相近的温带地区且人口密集，都是全球的政治和经济中心。那么基准期三个超级城市群的 EHD 存在怎样的时间变化特征？对于三个超级城市群 EHD 的历史特征，降尺度的高分辨率全球气候模式数据集的模拟性能如何？优选模式的预估结果中，未来超级城市群的 EHD 将如何变化？为解决上述问题，Luo 等（2020）基于以下数据进行分析：①由伯克利地球计划提供的 BEST 观测资料；②20 个 CMIP5 模式历史模拟试验结果；③由美国国家航空航天局（NASA）基于 CMIP5 模式试验结果开发的统计降尺度高分辨率（0.25°×0.25°）数据集 NEX-GDDP。本节中 EHD 的定义是：若在北半球夏季某日某格点上，当日日最高温超过基准期（1961～1990 年）的 5 天移动窗口期第 90 百分位阈值，则将判定为一个 EHD。为比较不同超级城市群的 EHD 特征，我们采用三个定量指标：频次、强度和累积强度。频次（单位：天）指每年夏季 EHD 日数的区域平均值；强度（单位：℃）为每年夏季所有 EHD 中，日最高温相对于基准期阈值的异常值的区域平均值；累积强度（单位：℃·d）描述了 EHD 强度累积值的区域平均值，其计算方法为每个夏季的 EHD 频次乘以其对应强度。基于这三个指标，本节将关注三大超级城市群 EHD 的平均气候态和趋势两方面特征。

为了减少预估的不确定性，我们根据模式的历史模拟性能优选了"最佳"模式。对于平均态，优选指标为平均态准确度（mean state fidelity，MSF）；对于趋势，优选指标为趋势准确度（trend fidelity，TF），其具体公式如式（2.3）、式（2.4）：

$$\mathrm{MSF}_i = \frac{x_i}{x_0} \tag{2.3}$$

$$\mathrm{TF}_i = y_i - y_0 \tag{2.4}$$

式中，x_i 和 x_0 分别为模式 i 模拟和观测的气候平均态；y_i 和 y_0 分别为模式 i 模拟和观测的趋势值。此外,趋势比率为未来预估(2030~2054 年)的 EHD 趋势值除以历史模拟(1981~2005 年)的 EHD 趋势值。

1)历史观测的 EHD 的气候态和趋势

基于 BEST 数据集,本节分析了 1951~2005 年和 1981~2005 年这两个时期,三个超级城市群 EHD 的特征。如图 2.36(a)所示,三个超级城市群发生 EHD 的频次基本相同,1951~2005 年每个夏季平均为 10 天,而欧洲的 EHD 频次比其他两个城市群高出 2~3 天。就 EHD 强度而言,欧洲的 EHD 比其他两个城市群更强。就其累积强度而言,1981~2005 年欧洲的 EHD 累积强度几乎达到美国东部和东亚的两倍。从三个超级城市群 EHD 特征的变化趋势来看,1981~2005 年美国东部的 EHD 特征均表现出不显著的增加趋势,而欧洲的 EHD 特征存在显著的增加趋势,并且其趋势在 1981~2005 年明显增强,EHD 特

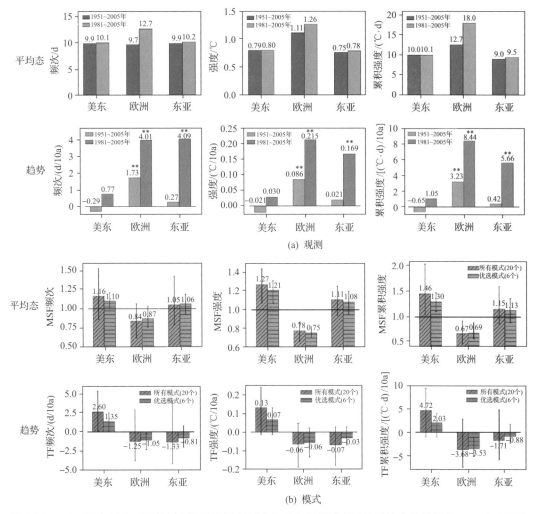

图 2.36　EHD 频次(左)、强度(中)及累积程度(右)在三个超级城市群的平均态及趋势(Luo et al., 2020)
(a)为 1951~2005 年(红色和绿色柱)和 1981~2005 年(橙色和蓝色柱)的观测结果;(b)为 20 个和 6 个最优模式的 MSF 和 TF 历史模拟的 MME(1981~2005 年)。其中,星号"**"和"*"表示线性趋势分别通过 99% 和 95% 的显著性水平检验

征在东亚也呈现出显著的增加趋势，且与欧洲同期的增加速率相当。但是，东亚的 EHD 的特征在 1951～2005 年没有显著的变化趋势，表明 1981 年以后 EHD 的增加趋势变得显著。

2）NEX-GDDP 对 EHD 的模拟性能评估

对于基准期的三个超级城市群，本书基于 NEX-GDDP 数据集，评估了其多模式集合平均 EHD 特征平均态和趋势的模拟性能。图 2.36（b）为 EHD 特征的平均态模拟结果，结果显示，NEX-GDDP 能很好地模拟出三个区域观测中的平均态，其对东亚的模拟效果最优。NEX-GDDP 对美国东部和东亚的 EHD 特征气候平均态均有高估，而低估了欧洲的各项特征，尤其是 EHD 的累积强度。就三个超级城市群的 EHD 变化趋势而言，观测中美国东部的 EHD 没有显著变化趋势，但 NEX－GDDP 模拟出了虚假的增长趋势。相比而言，NEX-GDDP 重现但低估了欧洲和东亚的 EHD 增加趋势。因此，NEX-GDDP 最大的偏差是对美国东部 EHD 增加趋势的明显高估。

为减少预估的 EHD 误差，本书基于上述三个指标优选了最佳模式，即模式能同时真实再现三个区域 EHD 各项特征指标的平均态和趋势，选取标准为：与观测相比，一个模式在每个区域的频次/强度/累积强度关于平均态的误差在 1/4，1/3，1/2 内，并且关于趋势的误差在 3d/10a、0.15 ℃/10a、6 ℃·d/10a 之内，则该模式被判定为一个最优模式（图2.37）。根据上述准则，频次/强度/累积强度的平均态准确度应在 1.25/1.33/1.5 至0.75/0.67/0.5 之间，而对应的趋势准确度的绝对值应在 3/0.6/6 以内。根据上述标准，本书最终选取了 6 个（BCC-CSM1-1、CanESM2、GFDL-ESM2M，MIROC-ESM，MPI-ESM-MR 和 NorESM1-M）最佳模式进行下一步的分析。

基于 6 个最佳模式，我们重新评估了三个超级城市群历史模拟中的 EHD 特征的准确度。尽管美国东部的三个指标趋势仍被高估，但 EHD 频次/强度/累积强度的变化趋势得到改进，其误差分别从 2.59d/10a 降低到 1.36d/10a，从 0.13 ℃/10a 降低到 0.07 ℃/10a、从 4.80 ℃·d/10a 降低到 2.02（℃·d）/10a。同时，基准期美国东部 EHD 频次的平均态准确度的不确定度从 0.67 降至 0.22。在趋势准确度方面，频次的误差也有所下降，美国东部的频次的误差从 5.4d/10a 降至 2.4d/10a，欧洲的频次的误差从 6.7d/10a 降至 2.1d/10a，东亚的频次的误差从 8.1d/10a 降至 2.8d/10a。

3）基于优选模式的 EHD 未来变化趋势分析

《巴黎协定》设定的目标是将全球变暖控制在比工业革命前水平高出 1.5 ℃的范围内（UNFCCC，1992）。在未来增温情况下，本书主要从两个方面关注三个超级城市群 EHD 预估的特征：一是在 RCP 4.5 和 RCP 8.5 情景下，EHD 特征的趋势变化，二是三个超级城市群之间 EHD 特征的趋势值的比较。三个超级城市群 EHD 特征的趋势比率如图 2.38所示，在 RCP 4.5 和 RCP 8.5 情景下，欧洲和东亚 EHD 特征的变化均小于美国东部。在RCP 4.5 和 RCP 8.5 情景下，美国东部累积强度趋势较基准期增加 3～7 倍，而欧洲和东亚的趋势增加 2～5 倍。RCP 8.5 下的 EHD 特征趋势比率高于 RCP 4.5 下的，但两种情景下的区域差异实际上没有变化。EHD 频次发生的变化显著（1.3～3.7 倍），但 EHD 强度变化不显著（70%～1.9 倍）。频次方面，三个超级城市群 RCP 8.5 下的趋势比率分别为 3.7、2.1 和 2.6，RCP 4.5 下分别为 2.2、1.3 和 1.4；而在强度方面，RCP 8.5 和 RCP 4.5 下的趋势比率分为 1.9/1.5/1.5 和 1.2/0.7/0.8（美国东部/欧洲/东亚）。

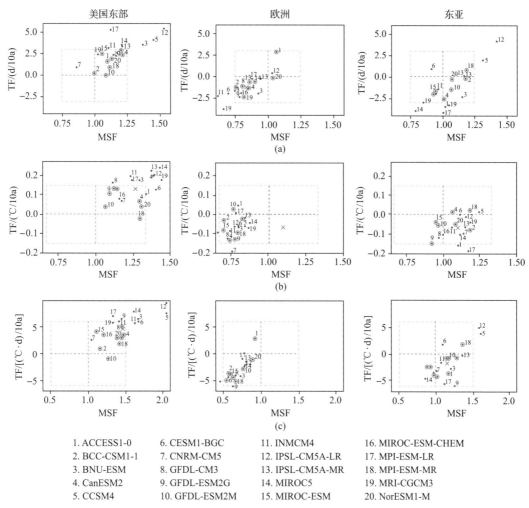

1. ACCESS1-0
2. BCC-CSM1-1
3. BNU-ESM
4. CanESM2
5. CCSM4
6. CESM1-BGC
7. CNRM-CM5
8. GFDL-CM3
9. GFDL-ESM2G
10. GFDL-ESM2M
11. INMCM4
12. IPSL-CM5A-LR
13. IPSL-CM5A-MR
14. MIROC5
15. MIROC-ESM
16. MIROC-ESM-CHEM
17. MPI-ESM-LR
18. MPI-ESM-MR
19. MRI-CGCM3
20. NorESM1-M

图 2.37　1981～2005 年三个超级区域的 20 个 NEX-GDDP 模式模拟的 EHDs（Luo et al., 2020）

图（a）、（b）和（c）分别为频次、强度和程度的 MSF 和 TF。图中绿色虚线框表示气候平均态误差分别在 0.25，0.33，0.5 以内，趋势的误差分别在 3d/10a，0.15 ℃·d/10a，6 ℃·d/10a 以内。蓝点为 20 个模式，红"×"为 MME，黑"+"为观测值，红色圆圈表示选取的模式在三个区域同时表现"最佳"

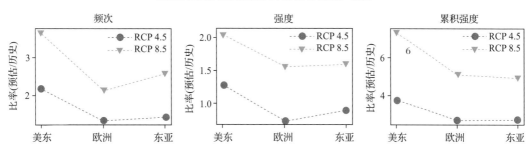

图 2.38　三个超级区域的最佳模式未来预估（2030～2054 年）与历史模拟（1981～2005 年）的
EHD 趋势比率（Luo et al., 2020）

图中红色和金色分别指在 RCP 4.5 和 RCP 8.5 情景下

3. 未来全球极端天气气候事件变化与全球变暖强度相联

过去几十年来，全球极端天气气候事件频发，对生态系统和人类社会造成深远影响。目前，极端事件与全球温度变化之间是否存在关联不清楚。本节研究了全球陆地平均的极端温度和降水事件变化与全球变暖强度之间的关系。本节使用 25 个 CMIP5 模式的工业革命前期参照试验和 RCP 8.5 试验下的日最高温度、日最低温度和降水日平均资料，选取 ETCCDI 推荐的极端指数中 8 个与温度相关的极端指标和 6 个与降水相关的极端指标。

基于 25 个 CMIP5 模式及其中位数结果，相对于工业革命前期参照试验最后 200 年，全球陆地平均最冷夜温度[图 2.39(a)]和最暖昼温度[图 2.39(b)]随着全球平均温度上升而增加，并且与之有显著的线性相关关系。前者对全球变暖更敏感，其模式中位数预估的拟合线性趋势为 1.6 ℃/℃，相关系数(r)为 0.998；而后者随着全球变暖增加的趋势为 1.3 ℃/℃($r = 0.998$)。就单个模式的预估而言，最冷夜温度和最暖昼温度随全球变暖的变化趋势分别为 1.5～1.9 ℃/℃ 和 1.1～1.6 ℃/℃，多模式对最暖昼温度预估的不确定性略大于最冷夜温度。随着全球变暖，陆地平均的霜冻日数显著减少[图 2.39(c)]，热带夜数显

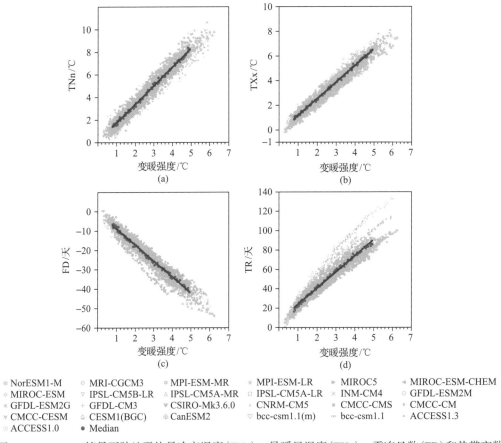

图 2.39　RCP 8.5 情景下陆地平均最冷夜温度(TNn)、最暖昼温度(TXx)、霜冻日数(FD)和热带夜数 (TR)的变化与全球变暖强度的联系(Wang et al., 2017)

著增加[图 2.39(d)]。在多模式预估试验中，霜冻日数变化与全球平均温度升高之间有显著的负线性相关关系，趋势为–8.3 d/℃($r = -0.996$)；并且，随着全球变暖加剧，模式离差增大。另外，在南极大陆、高海拔地区和北半球中高纬，日最低温度基本低于 20 ℃，那里的热带夜数多为 0 天。多模式预估的中位数显示，热带夜数的变化趋势为 16.7 d/℃($r = 0.998$)。霜冻日数和热带夜数的模式离差分别为 0.8 d/℃ 和 2.2 d/℃。冷昼和冷夜均随全球变暖加剧而非线性减少。如图 2.40 所示，冷夜和冷昼均在全球变暖早期迅速减少，当全球平均升温 3 ℃左右之后趋势减弱；这两者的变化与全球变暖强度的相关系数均为–0.998。虽然存在略微差异，所有模式均大致预估了相似的变化。另外，冷夜在全球变暖早期减少的幅度略大于冷昼，前者模式离差为 0.17%/℃，后者为 0.16%/℃。全球陆地平均的暖夜和暖昼变化与全球变暖强度分别呈现非线性和线性相关关系，其相关关系均为 0.998(图 2.40)。暖夜在全球变暖早期快速增加，在升温后期增加缓慢。暖昼随全球变暖增加的线性趋势为 6.7%/℃。相比于暖夜，暖昼随着全球变暖加剧更为缓慢，模式离差亦是如此。而暖夜的不确定性在全球变暖中期较大，在升温早期和后期相对较小。整体上，与日最低温度相关的极端温度事件对全球变暖更为敏感。

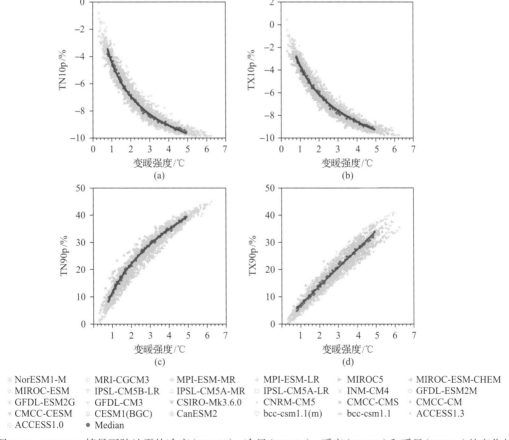

图 2.40　RCP 8.5 情景下陆地平均冷夜(TN10p)、冷昼(TX10p)、暖夜(TN90p)和暖昼(TX90p)的变化与全球变暖强度的联系(Wang et al., 2017)

根据 25 个模式预估的中位数，陆地平均降水总量（PRCPTOT）增加趋势为 5.9%/℃（r = 0.973）（图 2.41）。降水强度（SDII）变化趋势为 1.5～4.2%/℃，中位数为 2.7%/℃（r = 0.989）。整体而言，多个模式的预估之间具有较高一致性，当全球变暖达到 5 ℃时，模式离差则变得极大。降水总量（降水强度）模式离差为 2.8%/℃（0.7%/℃）。全球陆地平均的强降水量（R95p）、最大 5 天降水量（RX5day）、强降水日数（R20mm）、连续干日（CDD）变化均与全球变暖强度存在线性相关关系（图 2.41）。强降水日数的变化趋势最大，为 34.7%/℃（r = 0.986）。强降水量的变化趋势大于最大 5 天降水量，前者为 21.1%/℃（r = 0.989），后者为 4.9%/℃（r = 0.986）。整体而言，在全球变暖背景下，模式预估的极端降水指标均增加。强降水量、最大 5 天降水量、强降水日数的变化趋势分别为 16.4～29.4%/℃、2.8～8.1%/℃、16.9～88.1%/℃，模式离差分别为 3.7%/℃、1.3%/℃、16.6%/℃。未来连续干日的变化与全球变暖强度呈线性相关关系，相比于其他极端强降水事件，其变化趋势最小，为 1.3%/℃（r = 0.887）。多模式预估连续干日的变化趋势为–0.4～4.5%/℃，模式离差为 1.3%/℃。相对而言，多模式预估的极端温度事件变化较为一致，对极端降水事件预估的不确定性较大。

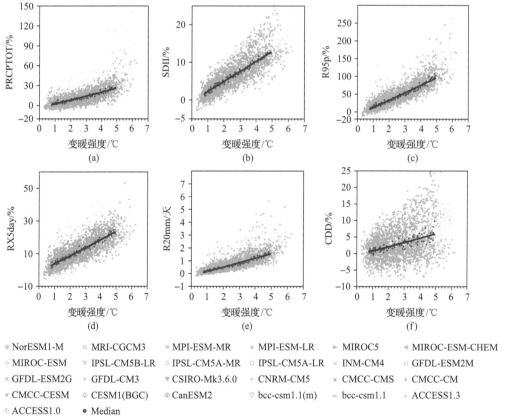

图 2.41 RCP 8.5 情景下陆地平均降水总量（PRCPTOT）、降水强度（SDII）、强降水量（R95p）、最大 5 天降水量（RX5day）、强降水日数（R20mm）和连续干日（CDD）的变化与全球变暖强度的联系

（Wang et al., 2017）

4. 中国干旱未来演变趋势

近几十年来，中国持续性极端干旱事件频繁发生，造成了巨大的经济损失，且严重威胁生态系统和社会环境的可持续发展。以往研究表明，自 20 世纪 90 年代后期以来，中国的特大干旱和极端干旱变得更加严重；过去几十年干旱面积每十年增加约 3.72%。因此，深入了解中国干旱的演变特征，认识人类活动在干旱变化中的贡献，科学预估未来干旱变化趋势，对于区域中长期规划及应对气候变化都有非常重要的作用。针对这些问题，我们基于 CMIP5 模式不同强迫试验结果，对中国区域干旱变化进行人类活动的检测与归因分析，并科学预估未来干旱发生的概率(Chen and Sun, 2017b)。

客观地量化干旱的发生、强度、持续时间及空间范围非常复杂。这里使用目前国际上应用最为广泛的标准化降水蒸散发指数(standardized precipitation-evapotranspiration index, SPEI)来表征干旱；SPEI 最大的优势是可以用来表征不同时间尺度的干旱。在本书研究中，当 SPEI 小于−1.0 时，则认为发生干旱。根据观测数据可以发现，在 1951～2014 年中国区域干旱发生频次显著增加，这与温度的增加趋势是同步的，但降水并没有发生明显的变化趋势。因此，在过去几十年，中国区域高温干旱复合型事件也是呈增加趋势的。

对于东北地区，干旱发生频次在过去 60 年呈现明显增加趋势，尤其是 1995～2014 年中有 15 年，即 75%，SPEI＜−1.0 的频次比前 40 年(1951～1994 年中只有 3 年，即 7%)高出 10 倍。温度增加、降水减少是造成局地干旱的主要原因。据统计，1951～1994 年，SPEI＜−1.0 的干旱年份只有 10%对应着降水负异常；但是，1995～2014 年该值增加到了 79%。随着气温的显著增加，近 20 年干旱发生年份中有 72%对应着温度正异常，而 1995 年之前，这个数值只有 25%。此外，同时为降水负异常和温度正异常的年份也在明显增加，1951～1994 年只有 14%的年份同时发生，而 1995～2014 年增加到 70%。因此，东北地区大多数干旱年份都处于暖干大背景下，尤其是近 20 年，在 1995～2014 年的14 个干旱年中，有 11 个(79%)是在这种条件下发生的。

对于华北和西北东部地区，近 60 年(1951～2014 年)来干旱主要发生在最近 20 年(1995～2014 年)。1951～2014 年，华北和西北东部地区降水没有显著变化趋势。华北地区高温异常年份从 1951～1994 年的 23%增加到 1995～2014 年的 100%，西北东部地区，从 11%增加到了 95%；对于降水负异常年份，华北地区 1951～1994 年为 54%、1995～2014 年为 70%，西北东部地区 1951～1994 年为 52%、1995～2014 年为 60%。在最近 20年中，这两个区域出现暖干年份的概率也在增加，从 1951～1994 年的 18%(华北)和9%(西北东部)增加到了 70%(华北)和 55%(西北东部)。而且在最近 20 年，大多数干旱事件(华北为 79%，西北东部为 91%)都是在这些暖干年份发生的。因此，华北、西北东部地区干旱发生概率增加与近年来的显著变暖密切相关。

最近 20 年，中国南方地区(包括华南和西南地区)SPEI＜−1.0 的干旱事件发生更加频繁，其中，华南地区发生概率为 65%，西南地区发生概率为 55%。在中国南方地区，随着变暖加剧，高温异常对干旱的影响明显增加，相比于 1951～1994 年的 20%，1995～2014 年温度正异常与约 70%的干旱年份相对应。对于降水的作用，虽然 1951～1994 年只有 5%的降水负异常年份会出现 SPEI<-1.0 的干旱事件,但 1995~2014 年该数值增加到了 88%。随着气温的升高,暖干年份虽然也有所增加,但增加幅度要小于中国北方地区。SPEI<-1.0 的干旱年份一般都对应着这些暖干年份。

对于西北西部地区,以往研究都指出,20 世纪 80 年代末期发生了由暖干向暖湿的年代际转变。随着降水量的增加,1995~2014 年只有 3 个年份呈现降水负异常。但是,在这 3 年中,有 2 年对应着 SPEI<-1.0 的干旱。与 1951~1994 年相比,暖干年份发生概率在降低,这与其他区域不同。因此,SPEI<-1.0 的干旱年份的显著增加主要与最近 20 年来气温显著上升有关。

因此,在过去 60 年特别是在最近 20 年,中国地区 SPEI<-1.0 的干旱年份呈现明显的增加趋势。除了西北西部地区以外,这些增加的干旱事件大部分发生在暖干大背景下。因此,尽管降水盈亏仍然是干旱发生的前提条件,但中国地区显著变暖是近年来干旱事件显著增加的主要原因之一。

系统评估指出,尽管 CMIP5 模式对中国区域 SPEI 年际变化的模拟能力较弱,但可以很好地再现中国干旱过去几十年的显著增加趋势。在此基础上,我们利用 CMIP5 模式中不同强迫试验,包括全强迫(ALL)试验、温室气体强迫(GHG)试验和自然外强迫(NAT)试验对中国干旱变化进行检测与归因分析,以揭示近几十年来中国高温干旱增加的可能原因。

过去百年,中国气温显著上升,且 CMIP5 模式全强迫试验和温室气体强迫试验均能很好地模拟出这一增暖趋势,但在自然外强迫试验中并不明显,这意味着人类活动是导致中国近百年气温大幅上升的主要原因。同时,利用 CMIP5 模式不同强迫试验分析了中国不同地区干旱指数 SPEI 的变化。在全强迫试验中,随着温度的增加,中国发生高温干旱的概率也在明显增加;在温室气体强迫试验中,高温干旱发生概率的增加趋势更加明显。然而,在自然外强迫试验中,高温干旱发生概率的增加趋势并不明显。这些变化特征在中国不同地区都是较为一致的,这也说明了人类活动是近几十年来中国高温干旱事件明显增加的主要原因之一。

为了进一步理解人类活动对中国高温干旱增加的可能原因,我们利用 EEMD (extended emprical mode decomposition,扩展经验模态分解)方法对不同试验中的干旱指数 SPEI 进行分解,分为趋势项和变率项,然后分别进行检测与归因研究。由于 SPEI 序列在中国不同地区呈现相似的变化特征,所以这里仅以华南地区的分解结果为例进行分析。可以看到,全强迫和温室气体强迫试验均模拟出华南地区显著变干的趋势,但自然外强迫试验并不明显,而且温室气体强迫试验模拟的变干趋势明显大于全强迫试验。然而,只有自然外强迫试验能够较好地再现全强迫试验中的华南地区 SPEI 强的年际至年代际变率,温室气体强迫试验无法再现变率的变化;其中,自然外强迫试验模拟的变率部分与全强迫试验结果的相关系数高达 0.69,而温室气体强迫试验结果与全强迫的相关系数仅为-0.20。此外,在自然外强迫试验和全强迫试验结果中可以看到 SPEI 相似的变率幅度,且比温室气体强迫试验结果要大。因此,中国(华南)区域高温干旱的变率主要受自然外强迫因子的影响,而人类活动主要增强了其变干趋势。

我们利用最优指纹法进一步验证上述结果。图 2.42 给出了利用单因子和多因子分别计算的结果。一般认为，当尺度因子 90%置信区间的值均大于 0 时，则认为该强迫信号能够被检测到。对于 SPEI 原始序列，可以看到，无论是单因子还是多因子检测方法，GHG 和 NAT 试验中尺度因子的值均大于 0,这也说明了中国高温干旱发生的变化主要是自然外强迫和人类活动共同作用的结果；但同时也发现，与 GHG 试验相比，尺度因子在 NAT 试验中的值更大，这也意味着其贡献更大。进一步将 SPEI 分为趋势项和变率项，并进行类似的检测与归因分析。对于变率项而言，无论是单因子还是多因子，温室气体强迫试验中的尺度因子的最优估计均小于 0，但通过这两种方法得到的表征自然外强迫信号的 NAT 尺度因子均大于 0.5。对于趋势项，其结果则相反。在多因子检测分析中，温室气体强迫试验中尺度因子的最优估计值高达 0.49，而自然外强迫试验中相对较弱，尺度因子为 0.22。而使用单因子方法进行检测时，无法从自然外强迫试验中检测到信号（尺度因子小于 0），而温室气体强迫中的信号仍然很强，尺度因子最优估计为 0.48。因此，中国干旱变率的变化主要受自然外强迫因子的影响，而人类活动加剧了干旱的长期变化趋势。

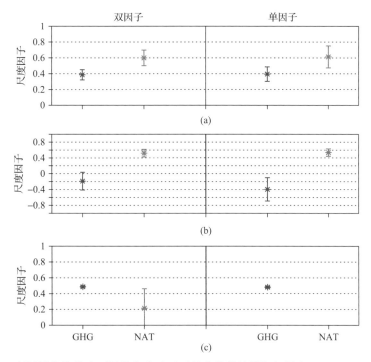

图 2.42　利用最优指纹法开展的华南地区干旱变化的检测与归因 (Chen and Sun, 2017b)

(a) SPEI 原始序列；(b) 变率项；(c) 趋势项

　　人类活动强迫已对中国干旱变化产生较为明显的影响。而未来全球将持续升温，到 21 世纪末，中国地区温度可能会增加 1.3～5 ℃，增温幅度要大于全球平均水平。在这种背景下，中国干旱未来将如何变化成为政府、学界以及公众关注的焦点。

　　图 2.43 给出了 RCP 4.5 情景下 CMIP5 多模式集合预估的中国未来干旱事件发生概率变化。可以看到，在未来百年，中国区域发生极端高温(温度异常大于一个标准差)的概

率持续增加，到 2010 年左右，发生概率达到近 1.0，这意味着中国未来百年每年发生高温事件的危险接近 100%。但是，在未来百年，中国区域年降水量将明显增加。因此，未来百年，中国区域发生暖干事件的概率将会降低。虽然未来降水将增加，但未来从暖干向暖湿的转变仍无法缓解中国干旱的加剧。自 21 世纪初以来，中国发生干旱的概率(SPEI<-1.0)急剧增加，并将在 2050 年左右其概率达到 1.0，这表明每年发生干旱的风险将近 100%，而干旱发生危险的增加主要与温度显著增加有关。RCP 8.5 情景结果类似，但干旱变化更为剧烈且严重。在 RCP 8.5 情景下，中国区域增温比 RCP 4.5 幅度更大，导致未来发生干旱的危险更高，发生严重干旱(SPEI<-1.5)的概率将在 2080 年左右接近于 1.0。对中国不同地区未来干湿状况进行了类似的分析，有着相似的变化特征。

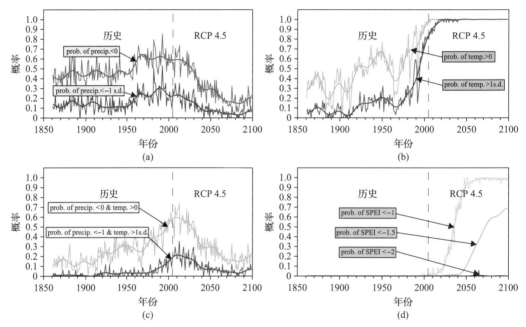

图 2.43　RCP 4.5 情景下，CMIP5 多模式集合预估的 21 世纪中国干旱发生概率变化
(Chen and Sun, 2017b)

(a)降水负异常发生概率；(b)高温发生概率；(c)同时发生降水负异常和高温的概率；(d)干旱发生概率。
粗线为经过 21 年低通滤波后的结果

我们进一步分析了 21 世纪末中国干旱相对当前气候的变化。可以看到，到了 21 世纪末，预估的整个中国地区干旱(SPEI<-1.0)发生危险几乎为 100%。而且到了 21 世纪末，中国区域发生极端干旱(SPEI<-2.0)的概率也在明显增加，尤其在中国东部地区，预估结果具有较高的一致性。RCP 8.5 情景下极端干旱增加更为明显。因此，即使中国未来降水增加，但由于温度的急剧增加，未来发生干旱的危险也将急剧增加，而这种增加趋势主要归因于未来持续的人为增暖。

5. 东亚沙尘未来演变趋势预估

由于冬春季节的沙尘暴发生频率高，所以本书研究主要集中在春季(3～5 月)。我们使用了7个CMIP5模式的沙尘模拟来预估东亚沙尘活动的未来变化。我们检查了7个模式模拟的沙尘排放和沙尘光学厚度(DOD)。CMIP5模式不直接提供DOD。用于计算DOD的公式(Ginoux et al., 2012)已被许多著作广泛使用,本书按照Ginoux等(2012)的公式[式(2.5)]将沙尘负荷转换为DOD。

$$M = \frac{4\rho r_{\text{eff}}}{3Q_{\text{ext}}}\tau = \frac{1}{\varepsilon}\tau \tag{2.5}$$

式(2.5)表示DOD(τ)与质量负荷M的关系,其中r_{eff}=1.2 μm为有效半径;ρ=2.6×10^6 g/m^{3}为沙尘密度;Q_{ext}= 2.5为在550 nm处的消光效率对于1.2 μm的粒子半径;ε= 0.6 m^2/g为消光效率;τ为550 nm处的沙尘光学厚度。在式(2.5)中,有效半径定义为常数(1.2 μm)。但是,东亚地区的有效半径范围相对较宽(0.01~100.0 μm)(Shao and Dong, 2006)。将相同的粒子半径应用于所有CMIP5模式的输出,而不考虑沙尘的辐射效应差异,这可能会降低DOD计算的准确性。在这些模式中,使用双线性插值方法将网格点的分辨率统一为2°×2.5°,以进行模式之间的比较分析。我们使用多模式集合均值(MME)预估了DOD在未来近期(P1, 2016~2035年)、中期(P2, 2046~2065年)和远期(P3, 2080~2099年)的沙尘活动变化。为了解释将来东亚沙尘活动变化的原因,我们检查了500 hPa的风场、500 hPa的位势高度(Z500)、10 m的风场、降水量和叶面积指数(leaf area index, LAI)。

图2.44显示了未来东亚地区沙尘排放变化的空间格局(P1, 2016~2035年;P2, 2046~2065年;P3, 2080~2099年)。与基准期(P0, 1986~2005年)相比,MME预估在P1塔里木盆地(–2.68 Tg/a)和东部来源(–12.81 Tg/a)等主要沙尘源的沙尘排放量较少(Zong et al., 2021)。7个模式中的6个模式预测塔里木盆地P1期间的沙尘排放负变化,为0.35~13.16 Tg/a。在东部源头,两种模式(HadGEM2-ES、MIROC-ESM-CHEM)主导着P1沙尘排放变化的MME,其中蒙中边界与中国北方边界的沙尘排放量大幅减少。关于其他5个模式,3种模式(CanESM2、GFDL-CM3、NorESM1-M)的沙尘排放量略有变化。HadGEM2-CC(MIROC-ESM)表示中国和蒙古之间边界的沙尘排放量增加,而中国北部和中国东北部(中国北部中部)的沙尘排放量减少。在NorESM1-M模式中,沙尘排放没有变化。在P2中,MME预估P2沙尘排放比P1显著减少了。但是,P2和P3中预估的沙尘排放的空间分布与P1中的相似。大多数模式都显示出塔里木盆地、蒙古与中国边界、中国北方和中国东北的沙尘排放有显著减少的变化。

图2.45显示了P1~P3东亚地区DOD的变化。MME预计未来中国北方的DOD会减少。此外,我们发现,在蒙古和朝鲜半岛的东南部,由于东部排放源减弱,DOD下降。与P0相比,在P1中,MME在塔里木盆地、中国中部北部、中国东南部和朝鲜半岛上的DOD呈负变化。6个模式预测塔里木盆地的DOD降低了0.009。3个模式(HadGEM2-ES、MIROC-ESM、MIROC-EMS-CHEM)显示出,东亚、韩国南部和日本的DOD大范围减少,幅度为0.007~0.032。在P2和P3期间,DOD的预估变化显示与P1相似的空间格局。P2(P3)中的MME在塔里木盆地上显示为0.001和0.016(0.007和0.018)

的负变化，而在中国东部，大范围的负异常小于0.010。与P1相比，塔里木盆地和东部沙源，特别是华北中部的P2和P3中MME的DOD减少更强。

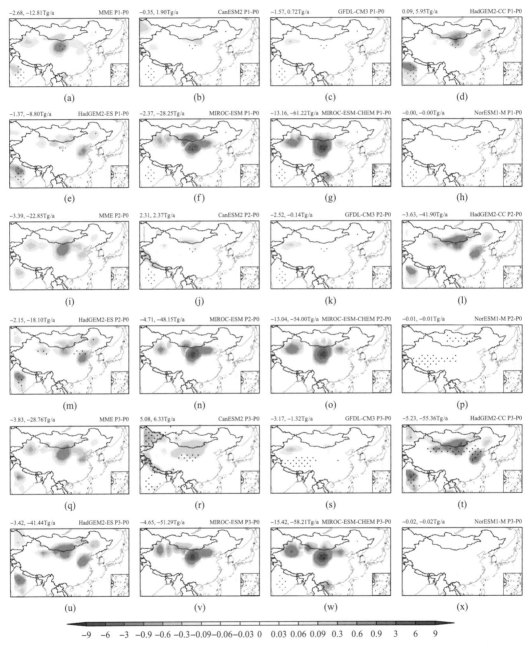

图2.44　CMIP5模式（7个模式和MME）模拟的东亚地区近期（P1, 2016～2035年）、中期（P2, 2046～2065年）和远期（P3, 2080～2099年）与基准期（P0, 1986～2005年）相比，春季沙尘排放通量的变化

（Zong et al., 2021）

小图标题给出了塔里木盆地和东部源区的区域沙尘排放变化。画点区域是指在P1、P2、P3与P0沙尘排放通量存在显著差异的区域（t检验 $P < 0.05$）

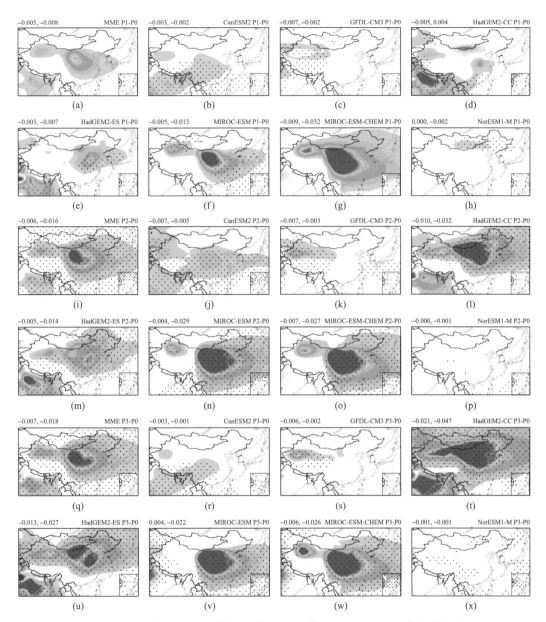

图 2.45　CMIP5 模式(7 个模式和 MME)模拟的东亚地区近期(P1, 2016～2035 年)、中期(P2, 2046～2065 年)和远期(P3, 2080～2099 年)与基准期(P0, 1986～2005 年)相比，春季 DOD 的变化(Zong et al., 2021)
小图标题给出了塔里木盆地和东源的 DOD 变化。画点区域是指在 P1、P2、P3 与 P0 DOD 存在显著差异的区域(t 检验 $P < 0.05$)

我们首先通过考虑离地面 10 m 处的风速，降水通量和叶面积指数(LAI)，讨论了沙尘排放变化的原因(图 2.46)。与基准期(P0，1986～2005 年)相比，塔里木盆地降水和 LAI 从 P1 逐渐增加到 P3。P1 的降水量和 LAI 分别增加 4%～45% 和 4%～72%，P2 分别增加 15%～52% 和 25%～225%，P3 分别增加 15%～66% 和 16%～75%。关于地面风速，除了 GFDL-CM3 和 MIROC-ESM 外，大多数模式都显示 P1～P3 在距地面 10 m 处风速降低。在 P1 期间，表面风速、降水和 LAI 的 MME 值分别为 −11.9%、12.0% 和 18.7%，

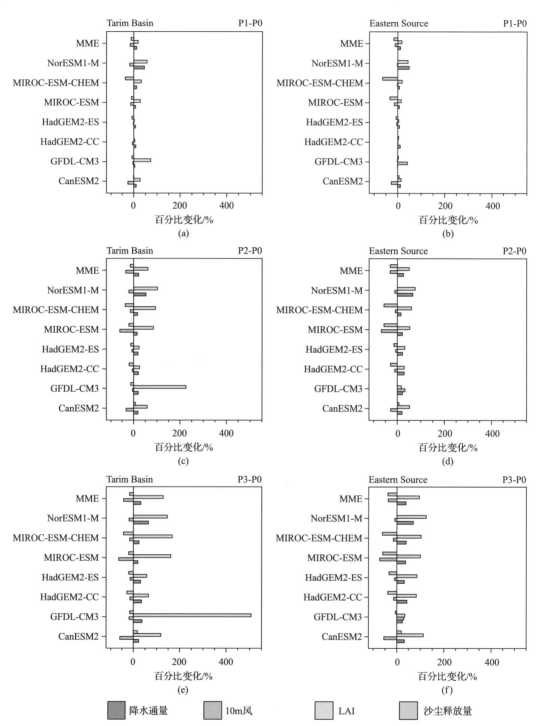

图 2.46　柱状图显示了近期(P1, 2016~2035 年)、中期(P2, 2046~2065 年)和远期(P3, 2080~2099 年)与基准期(P0, 1986~2005 年)相比的百分比变化(Zong et al., 2021)

图例显示了沙尘排放和地面控制因素降水通量、10 m 风和叶面积指数(LAI)

在 P2 期间分别为 –20.5%、21.4%、63.0%，在 P3 期间分别为 –30.5%、26.0%、50.244%。因此，在 P1～P3，降水和 LAI 的大量增加以及地表风速的降低都对减少沙尘排放起了作用。此外，与 P0 相比，在 P1(P2、P3)的模式中东部沙源的降水和 LAI 主要增加 6.8%～48.6%(15.4%～66.1%、23%～60%)和 1.1%～43.5%(17.0%～76.0%、34%～124%)。除 3 个模式外，与 P0 相比，P1～P3 中几乎所有模式在离地面 10 m 处的风速均略有降低。结果，在 P1(P2、P3)期间地面风速、降水和 LAI 的 MME 值分别为 –12.4%(–13.9%、–37.2%)、11.4%(26.0%、38.4%)和 18.0%(51.0%、95.6%)。与 P0 相比，P1～P3，降水量和 LAI 的增加以及地表风速的降低是东部源头沙尘排放减少的原因。

P1～P3 东亚地区的 DOD 减少是由于塔里木盆地和东部源头的沙尘排放量减少。此外，对流层中低层的大气环流变化可能是降低下风区 DOD 的关键因素。如图 2.47 所示，在 P1～P3，塔里木盆地和东部沙源的地表风速显著下降。在三个研究时段，弱风距平和地表西北风的减弱增强了东部沙源沙尘排放的减少。500 hPa 高度场异常在 P1 上表现出弱的正高度异常，而在 P2～P3 上则表现出逐渐强的正高度异常，其中心位于蒙古。在 P1～P3，高度异常在 500 hPa 水平上引起蒙古和中国北部东南风的异常。P1 以及 P2 和 P3 的西北风减弱不利于沙尘从源头向东亚的下游地区输送，导致东亚地区的 DOD 降低。

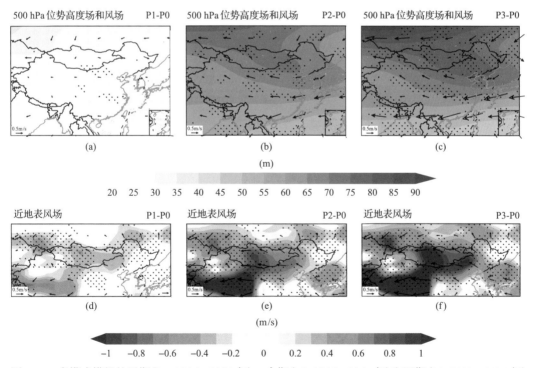

图 2.47　多模式模拟的近期(P1, 2016～2035 年)、中期(P2, 2046～2065 年)和远期(P3, 2080～2099 年)与基准期(P0, 1986～2005 年)相比，春季 500 hPa 位势高度场(a, b, c)、500 hPa(a, b, c)风场和地面 10 m 风场(d, e, f)的变化

画点区域通过了显著性检验(t 检验 $P<0.05$)

2.3.2 不同升温背景下极端气候变化预估

1. 不同升温背景下极端气温变化

1)不同升温背景下全球极端气温变化

在全球变暖的背景下,大多数天气和气候事件趋于极端化发展,且发生更加频繁,使得社会人口易暴露于高温、干旱、洪水等极端天气气候灾害中。在 RCP 8.5 情景下,使用 Wang X 等(2018)预估 4 ℃升温到达时间的方法,研究得出 39 个模式中有 29 个模式预估的全球温度在 21 世纪达到 4 ℃水平,这其中只有 19 个模式提供了工业革命前期试验和 RCP 8.5 情景下的日最低温度、日最高温度和降水的逐日资料,以用于下文分析。根据 19 个模式的中位数,4 ℃升温水平下全球最冷夜温度[图 2.48(a)]和最暖昼温度[图 2.48(b)]相对于工业革命前期普遍增加,且前者增幅更大。全球最冷夜温度(最暖昼温度)增幅在 2.3~24.0 ℃(0.6~8.2 ℃),平均值为 6.6 ℃(5.1 ℃)。其中,最冷夜温度增幅在阿拉斯加州存在一个高值中心,区域平均值为 13.6 ℃;在中美洲增幅最小,为 3.7 ℃。最

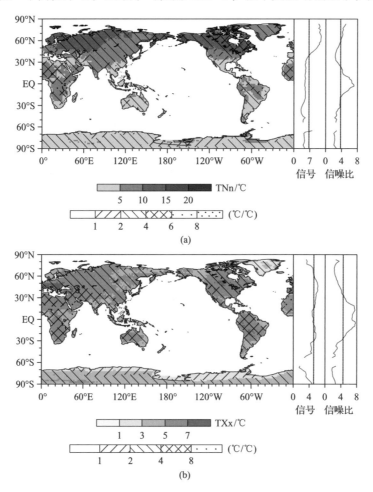

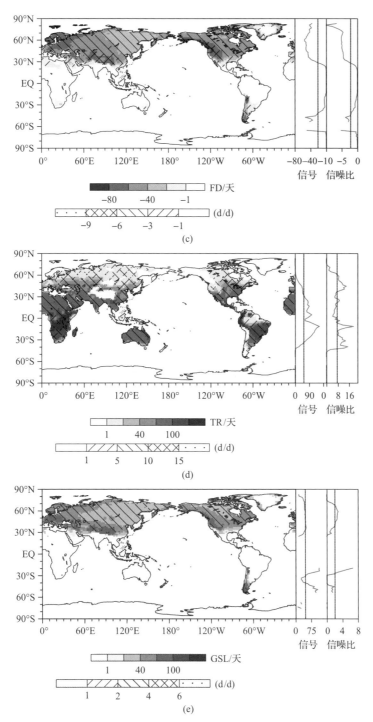

图 2.48　RCP 8.5 情景下 4 ℃升温时陆地最冷夜温度（TNn）（a）、最暖昼温度（TXx）（b）、霜冻日数（FD）（c）、热带夜数（TR）（d）和生长季长度（GSL）（e）相对于工业革命前期的变化和信噪比（Wang et al., 2019）

填色表示变化信号；阴影表示信噪比。右侧垂直虚线表示每个变量的全球平均值；橙色实线表示各变量的纬向平均值

冷夜温度和最暖昼温度信噪比(气候变化信号与气候系统自然内部变率的比值)的空间分布相仿,均在低纬较大并向高纬递减。前(后)者的信噪比为1.0~11.1(1.1~12.0),全球平均值为3.8(4.5),这表明两者的变化均超过其自然内部变率。

4℃升温时,霜冻日数[图2.48(c)]减少、热带夜数[图2.48(d)]增加。霜冻日数的变幅基本超过其自然内部变率,信噪比绝对值高值区(3.0~9.0)主要在30°N以北;次大值区(小于3.0)主要出现在南美洲南部;全球平均信噪比为−2.2。热带夜数主要在热带增加幅度较大,尤其是非洲中部,可超过200天;其次在低纬度和中纬度大部地区增幅超过40天;在北半球高纬略有增加。热带夜数的变化基本超过其自然内部变率,全球平均信噪比为7.3。生长季长度[图2.48(e)]在北半球中纬、高纬和南美洲南部增加,全球平均延长46.3天。生长季长度增加的高值区(超过60天)主要在南美洲南部;在北半球中高纬大部增加20~60天。另外,生长季长度变化总体超过了自然内部变率,全球平均信噪比为2.0。

冷夜和冷昼变化在各地均超过其自然内部变率,两者信噪比的空间分布相似,均在低纬较大。冷夜(冷昼)信噪比绝对值在1.1~4.0(1.0~3.7),全球平均为2.6(2.5)。对于暖事件而言,暖夜[图2.49(c)]和暖昼[图2.49(d)]频率均增加,且增幅均超过其自然内

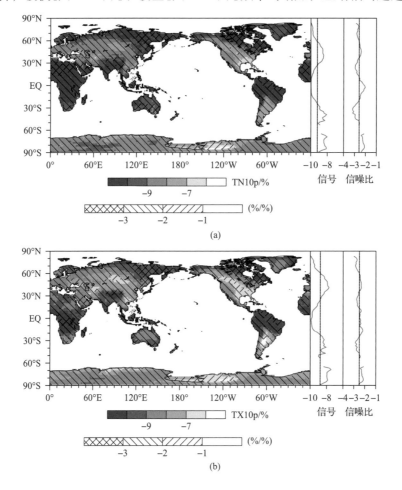

(a)

(b)

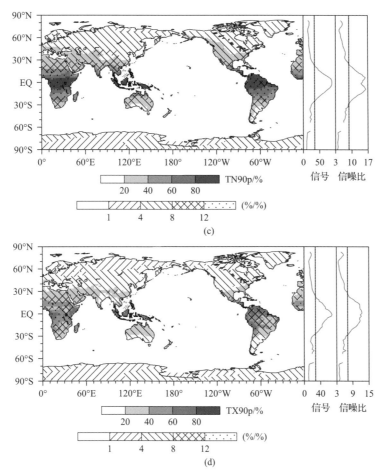

图 2.49 RCP 8.5 情景下 4 ℃升温时陆地冷夜（TN10p）（a）、冷昼（TX10p）（b）、暖夜（TN90p）（c）和暖昼（TX90p）（d）相对于工业革命前期的变化和信噪比（Wang et al., 2019）

填色表示变化信号；阴影表示信噪比。右侧垂直虚线表示每个变量的全球平均值；橙色实线表示各变量的纬向平均值

部变率，尤其是前者。两者变化呈现相似的空间分布，信号与信噪比在低纬最大并向高纬减少。暖夜（暖昼）变化 8%～90%（7%～90%），全球平均 35%（28%）；信噪比分别为 3.0～21.0 和 2.3～18.7，全球平均分别为 8.8 和 7.2。

综上所述，极端暖事件（暖夜和暖昼）的变幅大于极端冷事件（冷夜和冷昼）；与日最低温度相关的极端温度事件的变化及其信噪比均大于与日最高温度相关的极端温度事件。

如图 2.50 所示，最冷夜温度的模式标准差在北半球较大，最暖昼温度的模式标准差在北半球中纬偏大，其最大值出现在南半球热带；两者模式标准差的全球平均值分别为 1.5 ℃和 1.4 ℃。模式预估的生长季长度和霜冻日数标准差的空间分布相仿；热带夜数与之不同，在热带有较大的不确定性。相比较而言，热带夜数的模式标准差比生长季长度和霜冻日数的更大，三者的全球平均值分别为 21.7 天、12.8 天和 7.2 天。对于百分位指

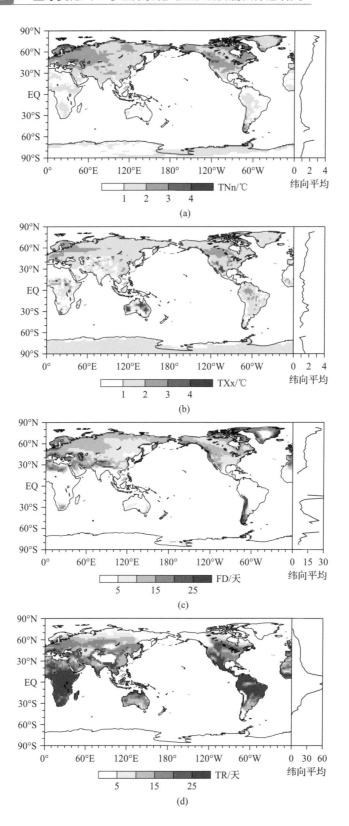

(a)

(b)

(c)

(d)

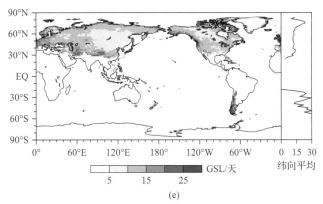

(e)

图 2.50　19 个模式预估的全球最冷夜温度（TNn）(a)、最暖昼温度（TXx）(b)、霜冻日数（FD）(c)、
热带夜数（TR）(d) 和生长季长度（GSL）(e) 变化的标准差（Wang et al., 2019）
右侧实线表示各变量的纬向平均值

数来说，冷夜与冷昼之间、暖夜与暖昼之间的模式标准差均存在类似的空间分布（图 2.51）。其中，冷夜和冷昼模式标准差大值区主要在中纬，暖夜和暖昼的大值区分布在低纬。模式预估极端暖事件的不确定性较极端冷事件更大，定量上，模式预估的标准差全球平均值分别为冷夜 1%、冷昼 1%、暖夜 5% 和暖昼 7%。总体上，与日最低温度相关的极端温度事件的不确定性通常小于与日最高温度相关的极端温度事件。

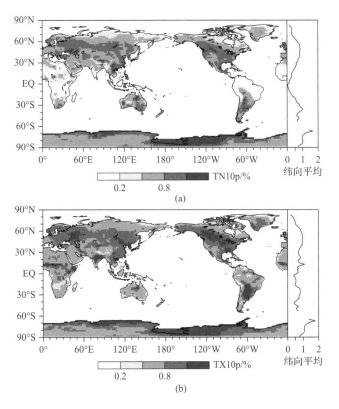

(a)

(b)

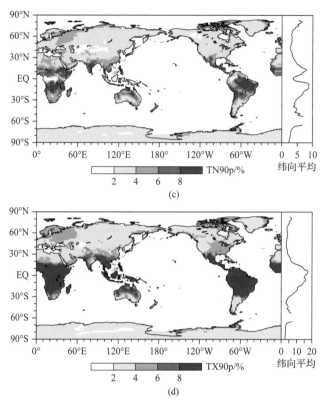

图 2.51　19 个模式预估的全球冷夜（TN10p）(a)、冷昼（TX10p）(b)、暖夜（TN90p）(c)
和暖昼（TX90p）(d)变化的标准差（Wang et al., 2019）

2）不同升温背景下中国极端气温变化

在中端情景 RCP 4.5 和高端情景 RCP 8.5 下，基于 29 个全球模式的逐日资料，相对
于 1986～2005 年，预估全球升温超过工业化革命前期 2.0 ℃时中国的 12 个极端温度指
数和 12 个极端降水指数的变化。

预估结果表明，在 RCP 4.5 和 RCP 8.5 情景下，全球平均温度相比工业革命前期分
别在 2058 年和 2044 年达到 2.0 ℃。届时，最冷夜温度和最暖昼温度普遍增加，从信噪
比来看，只在东北、青藏高原大部和西南西部，最冷夜温度增温幅度是其自然内部变率
1.0～1.9 倍，除了东北西部和华北东北部，其他地区最暖昼温度增温幅度大于其自然内
部变率。区域平均最冷夜温度信噪比小于最暖昼温度，分别为 0.9（0.6～1.3）和 1.4（0.9～
1.9）。冷夜和冷昼出现频率普遍减少，多是其自然内部变率的 1.0～2.0 倍。全国平均冷
夜和冷昼出现频率分别减少 5.0%和 5.1%，分别是其自然内部变率的 1.4 倍和 1.5 倍。暖
夜和暖昼出现频率普遍增加，但暖夜出现频率比暖昼增加得多。中国区域平均的暖夜和
暖昼出现频率分别增加 23.8%和 17.9%，分别是其自然内部变率的 6.9 倍和 4.6 倍。相比
于 1.5 ℃全球变暖，几乎所有 CMIP5 模式预估 2 ℃全球变暖下中国区域平均的暖（冷）事
件发生频率更高（低）、持续时间更长（短）以及强度更强（弱）。例如，29 个 CMIP5 模式
中位数预估 1.5 ℃全球变暖下暖夜（暖昼）的发生频率为 24%（20%），而 2 ℃全球变暖下

则增加到 32%(27%)。另外，从信噪比的角度来看，相比于 1.5 ℃全球变暖，2 ℃全球变暖下中国区域平均暖夜的发生频率和持续时间以及暖昼和热带夜数的发生频率的增加幅度均超出了自然内部变率，尤其是在夏季(图 2.52)。

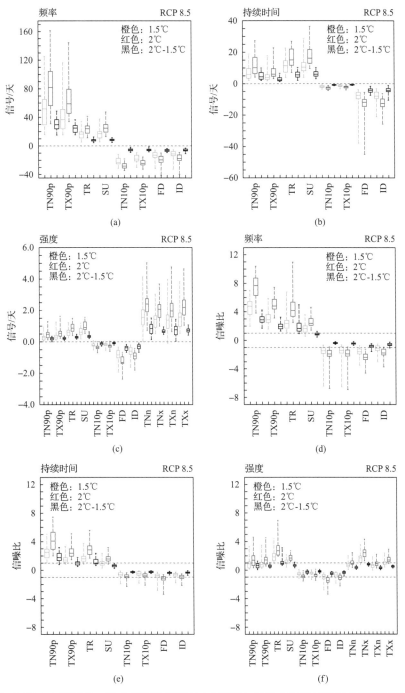

图 2.52　RCP 8.5 情景下，当未来温升控制在 1.5 ℃和 2 ℃时中国区域平均的极端温度频率、持续时间和强度的变化及其信噪比，以及 2 ℃与 1.5 ℃之间的差异(Sui et al., 2018)

2. 不同升温背景下极端降水变化

1）不同升温背景下全球极端降水变化

极端降水及其引发的衍生灾害（如山洪、滑坡、泥石流等）对全球造成了严重影响，而这些灾害发生频次在过去几十年有所增加。因此，科学预估未来全球极端降水演变趋势、合理评估极端降水变化的影响（Chen et al., 2020b），对于应对气候变化政策措施的制定至关重要。

所用资料为美国国家大气研究中心（NCAR）地球系统模式低增温情景试验结果，包括全球增温 1.5 ℃ 和 2 ℃ 的大样本平衡态试验，同时我们也使用了典型浓度路径情景 RCP 8.5 大样本集合模拟结果。两组平衡态模拟均包括 2006～2100 年 11 个集合成员，并在 21 世纪末，全球地表平均气温比工业革命前分别高出约 1.5 ℃ 和 2.0 ℃，因此，本书研究中将全球增温 1.5 ℃ 和 2.0 ℃ 的时段定为 2081～2100 年。历史模拟和 RCP 8.5 情景分别有 40 个集合成员；在 RCP 8.5 情景下，到 21 世纪末，全球地表气温将比工业革命前上升约 5.7 ℃。所用观测资料为美国国家海洋和大气管理局（NOAA）气候预测中心（CPC）的 16000 个台站和卫星观测资料。该数据集采用最优插值法构建，时间跨度为 1979 年至今，水平分辨率为 0.5°×0.5°。这里所指的降水极端事件人口暴露度一般指暴露于强降水事件的人数，定义为极端事件频次乘以暴露人数。

CESM 模式虽然能够合理地再现全球极端降水日数的空间分布特征，但 CESM 明显高估了全球极端降水日数，特别是在非洲、亚洲、澳大利亚和南北美的西部沿海地区。定量估算表明，其对全球陆地区域的极端降水日数高估约 47%。因此，在进行进一步的研究之前，需要对偏差进行校正。这里所用的误差订正方法为当前使用较为广泛的 Q-Q 订正方法。经过订正以后，全球极端降水日数高估大幅减少，特别是非洲和亚洲部分地区，订正结果与观测的空间相关系数高达 0.94，偏差减小到约 5%。

为了估算未来控温所能带来的影响，本书进一步进行了定量计算，公式如下：

$$\text{AI} = \frac{C_{2.0} - C_{1.5}}{C_{1.5}} \times 100\% \tag{2.6}$$

式中，AI 为控温所用避免的风险大小，$C_{1.5}$ 和 $C_{2.0}$ 分别为未来增温 1.5 ℃ 和 2 ℃ 相对于现在的极端降水变化。我们也研究了气候和人口变化对暴露度的影响。通常，暴露度变化（ΔE）可分解为三个部分，包括气候效应、人口效应和它们的相互作用效应，具体估算公式如下：

$$\Delta E = P_1 \times \Delta C + C_1 \times \Delta P + \Delta P \times \Delta C \tag{2.7}$$

式中，P_1 和 C_1 分别为基准期的人口和极端降水日数；ΔP 和 ΔC 为它们相对于基准期在未来变暖背景下的相应变化。因此，$P_1 \times \Delta C$、$C_1 \times \Delta P$ 和 $\Delta P \times \Delta C$ 项代表了气候、人口和它们的相互作用效应。如果将等式（2.7）两边除以 E_1，则等式右边就可以给出每个因子的贡献，具体如下：

$$\frac{\Delta E}{E_1} = \frac{\Delta C}{C_1} + \frac{\Delta P}{P_1} + \frac{\Delta C}{C_1} \times \frac{\Delta P}{P_1} \tag{2.8}$$

CMIP5 多模式集合预估结果表明，到 21 世纪末，全球大部分地区极端降水事件将明显增加、强度增强。但是，如果我们现在采取严格的控温措施，使得未来地表气温上升限制在 1.5 ℃而不是 2.0 ℃，那么极端降水发生风险能够减少多少？这是目前值得探讨的一个问题。首先给出了未来不同增温背景下极端降水(R95p)发生概率相对于当前气候的比值(图 2.53)。如果图中的比值大于 1.0，则意味着未来极端降水事件发生风险将增加。可以看到，在未来不同增温背景下，包括增温 1.5 ℃、2.0 ℃和最高排放情景 RCP 8.5，与现在相比，全球极端降水发生的概率将明显增加。

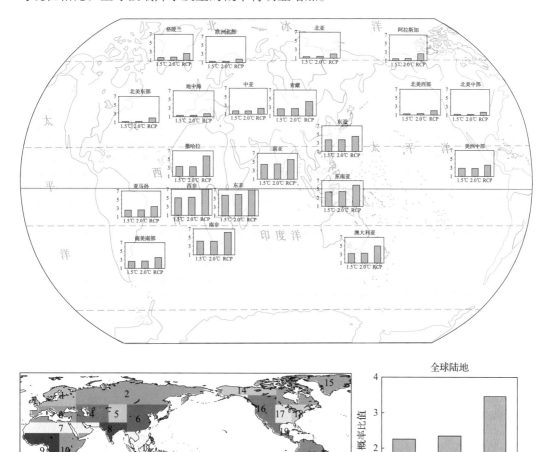

图 2.53　与当前气候(1986~2005 年)相比，到 21 世纪末(2081~2100 年)全球升温 1.5 ℃和 2.0 ℃以及 RCP 8.5 情景下极端降水(R95p)发生概率比值(Chen et al., 2020b)

同时，未来极端降水变化对增温的响应表现出明显的区域特征。可以看到，南半球极端降水发生风险增加幅度明显大于北半球，增加幅度较小的区域主要集中在北半球的中高纬地区，而且这种分布特征与未来温升水平相关性不大。非洲地区是未来极端降水发生风险增加最明显的区域。在非洲西部和东部地区，未来增温 1.5 ℃和 2 ℃时，极端降水发生概率大约是现在气候的 5 倍。如果未来不加控制，社会发展遵循 RCP 8.5 情景时，这些地区发生极端降水事件的风险将增加约 8 倍。就撒哈拉地区而言，尽管该区域部分地区极端降水发生概率可能有所减少，但该区域极端降水发生风险整体上是增加的，相比现在约增加 3 倍。对于亚洲地区，包括东亚、南亚和东南亚，极端降水发生风险也将显著增加，约增加 4 倍。此外，美国中部和南部地区的极端降水发生风险也将增加，将比现在增加约 2 倍。而对于北半球中高纬度地区，包括北欧、北亚、地中海、阿拉斯加、格陵兰岛和北美，极端降水发生风险增加相对较小，但增加也在 1 倍以上。就全球陆地区域平均而言，在升温 1.5 ℃和 2.0 ℃时，未来全球极端降水事件发生风险将增加约 2 倍；而未来升温遵循 RCP 8.5 情景时，到 21 世纪末全球极端降水事件发生风险将增加约 3 倍。

那么，如果将未来增温控制在 1.5 ℃而不是 2.0 ℃，可以使得极端降水发生风险减少多少？与增温 2.0 ℃相比，如果将增温控制在 1.5 ℃时，0.5 ℃增温幅度的减少将有助于全球极端降水发生风险明显减少，尤其是格陵兰地区、北美西部、北亚和北欧等地区，发生风险至少减少 5%。在社会人口高度集中的亚洲地区（包括中亚、东亚、南亚和东南亚以及西藏），0.5 ℃的控温将使得极端降水发生风险减少约 3%。相比之下，撒哈拉、地中海、南非、中美洲和亚马孙等地区对未来 0.5 ℃控温的响应相对较弱。就全球陆地区域平均而言，与增温 2.0 ℃相比，如果将增温控制在 1.5 ℃时将有助于极端降水发生风险减少约 3.6%。

与 RCP 8.5 情景进行比较，则当气温升高限制在 1.5 ℃时，全球陆地区域极端降水发生风险将大幅度减少。其中，减少幅度最大的区域位于阿拉斯加，约减少 45%；减少幅度最小的区域位于中美洲地区，约减少 18%。对于其他大部分地区，RCP 8.5 情景相比 1.5 ℃增暖将使得极端降水发生风险增加约 30%。对于全球平均而言，极端降水发生风险大约可以减少 35%。因此，各国政府必须采取强有力措施以控制温度的快速增加，减少由此所带来的气候灾害风险。

在过去几十年里，与气候变化相关的风险显著增加，且在未来变暖情景下将会进一步加剧。例如，与当前气候状态相比，未来热浪的增加将导致 21 世纪末非洲地区城市的总人口暴露度增加 20～52 倍；与 1.5 ℃增温相比，未来增温 2.0 ℃时会使得中国地区极端干旱人口暴露度增加约 17%。那么，未来极端降水人口暴露度将会如何变化？针对这个问题，我们进一步分析了未来全球极端降水人口暴露度变化对全球增暖的响应。

从空间分布可以看到，东亚和南亚地区是极端降水人口暴露度的高值区域，其次是地中海和北美东部地区；这些区域人口相对比较集中，同时也是人口暴露度的高值中心。在中高纬度地区，包括北亚、阿拉斯加、格陵兰，以及撒哈拉沙漠和澳大利亚的沙漠地区，极端降水人口暴露度相对较低。随着未来持续变暖，除撒哈拉沙漠地区以外，非洲其他地区的暴露度增加幅度最大，其次是南亚、澳大利亚沿海和北美地区。相反，欧洲部分地区人口暴露度反而呈现下降的趋势。这些变化特征在不同温升水平下是类似的，但在 RCP 8.5 情景下，增加幅度最大，而在 1.5 ℃/2.0 ℃的温升水平下，增加幅度相对较小。与温升 1.5 ℃相比，增温 2.0 ℃时将导致非洲大多数地区的暴露度大幅增加(图 2.54)。

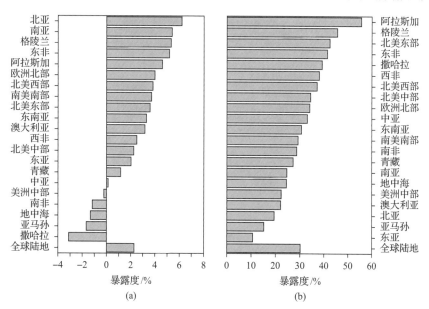

图 2.54　当未来温升控制在 1.5 ℃时，相比 (a) 温升 2.0 ℃和未来增温遵循 RCP 8.5 情景时所能减少的极端降水人口暴露度(单位：%，Chen et al., 2020b)

我们进一步比较了全球乡村和城市的极端降水人口暴露度变化的差异。可以看到，在未来全球不同增温背景下，城市地区的人口暴露度快速增加，这是导致总暴露度增加的主因；而乡村地区暴露度呈现减少或弱的增加趋势。从区域来看，西非与东非地区的城市未来极端降水人口暴露度将急剧增加，当未来增温 1.5 ℃/2.0 ℃时，这些区域城市的暴露度相对当前气候增加约 70 倍，在 RCP 8.5 情景下，到 21 世纪末增加约 120 倍。这也导致了这些地区总暴露度的大幅增加，在增温 1.5 ℃/2.0 ℃时，总暴露度将增加 10 倍以上，而在 RCP 8.5 情景将增加 20 倍以上。在人口密度高度集中的亚洲地区，尤其是东亚地区，未来城市暴露度也呈现出快速增加的趋势；尽管预估的该地区未来人口将显著减少，但到 21 世纪末城市暴露度将增加 4 倍以上。总体而言，未来暴露度的增加主要发生在城市地区，而乡村地区的暴露度在未来将会减少，这与未来的快速城镇化发展有关。但同时也发现，在阿拉斯加、格陵兰和撒哈拉沙漠等人口密度较低的地区，乡村地区暴露度在未来呈上升趋势，这主要是极端降水发生风险显著增加的缘故。从全球整体来看，当未来增温 1.5 ℃/2.0 ℃时，总暴露度将比当前气候增加约 3 倍；在 RCP 8.5 情景下则会增加 4 倍以上；这种增加主要是城市地区人口暴露度显著增加所致(增加了 6～10 倍)，而乡村地区暴露度则呈现减少趋势。

可以看到，在未来全球增暖背景下，全球陆地地区极端降水人口暴露度将会明显增加，虽然增加幅度与 SSPs 有关，但所有 SSPs 情景都呈现增加的趋势。在亚洲、非洲和南美的大多数地区，SSP3 情景(人口快速增长)下暴露度增加幅度最大；而在北美和澳大利亚地区，SSP5 情景(城市化进程最快)下暴露度增加幅度最大。就全球平均而言，所有 SSPs 情景下的结果均显示未来极端降水人口暴露度将会显著增加，其中 SSP3 情景增加幅度最大。

　　但是，如果将未来增温限制在 1.5 ℃，相比其他温升水平，极端降水人口暴露度如何变化将是值得十分关注的问题。相比增温 2.0 ℃，当增温控制在 1.5 ℃时，北亚地区极端降水人口暴露度减少幅度最大，减少约 6.2%。但是，在包括撒哈拉、亚马孙、地中海、南非和美国中部等地区，相比增温 1.5 ℃，当增温 2.0 ℃时人口暴露度反而呈弱的下降趋势。此外，相比 RCP 8.5 情景，如果将温升限制在 1.5 ℃时，可以明显看到全球陆地地区极端降水人口暴露度呈现一致的减少趋势。其中，减少幅度最大的区域是阿拉斯加地区，减少约 55.7%；而暴露度减少幅度最小的地区位于东亚，约为 10.6%。进一步估算指出，如果温升限制在 1.5 ℃，全球总暴露度将大幅减少，相对于 2.0 ℃和 RCP 8.5 情景，暴露度将分别减少约 2.3%和 30.1%。

　　为了探讨气候和人口变化的相对重要性，本书估算了 RCP 8.5-SSP5 情景下不同地区人口暴露度及其各因素变化的贡献。在区域尺度上，气候变化对未来极端降水人口暴露度增加的贡献更大，因为气候变化对暴露度变化的影响远大于人口变化的贡献，尤其是对亚洲、欧洲和南美地区。例如，地中海地区，极端降水人口暴露度增加约 145 亿人·天，其中气候变化贡献了约 96 亿人·天，人口变化贡献约 24 亿人·天，两者相互作用贡献约 25 亿人·天。也就是说，到 21 世纪末人口暴露度相对增加了约 109%，其中约 72%的增加来自于气候变化的影响。在东亚地区，预估的未来人口数量急剧减少，使得人口及两者相互作用的贡献为负值；但是，气候变化影响更大，抵消了人口剧减的负影响，最终导致 21 世纪末人口暴露度增加约 1010 亿人·天。相比之下，在非洲地区，相互作用效应的影响比气候和人口变化的影响更大。在北美地区，SSP5 情景下该区域人口快速增加，使得人口变化对暴露度的贡献更为显著。

　　在 RCP 8.5-SSP5 情景下，就全球陆地区域而言，到 21 世纪末极端降水人口暴露度将增加约 11440 亿人·天，相对于当前气候增加约 474%。这种增加主要是由气候变化的影响造成的，其贡献可占暴露度增加的 332%，其次是两者相互作用，约占 120%。相比之下，未来人口对暴露度增加的贡献相对较小，约占 22%。简而言之，气候变化很可能导致未来更高的极端降水人口暴露度，使得更多的人口更易于暴露在极端降水灾害风险中。

　　另外，根据 19 个模式的中位数，4 ℃升温时全球极端强降水事件和极端干事件相比于工业革命前期会更频繁、强烈(图 2.55)。相较而言，强降水量的百分比增加幅度最大，全球平均为 61.1%；接下来依次是强降水日数、降水总量、最大 5 天降水量和降水强度，全球平均增幅分别为 58%、17%、16%和 10%。强降水量基本在高纬、青藏高原、中非和海洋性大陆增加，在北非、南非和澳大利亚局部减少。最大 5 天降水量和强降水日数百分比变化的空间分布和强降水量相似，均在高纬、青藏高原、中非和海洋性大陆增加，在北非、南非和澳大利亚局部减少。区域平均上，最大 5 天降水量百分比增幅最大值出现在格陵兰岛，为 30%，其次在东非、阿拉斯加州、南亚、西藏和北亚，分别增加 29%、28%、24%、24%和 21%。另外，两者的变幅总体上没有超过其自然内部变率(除极地以外)。信噪比高值区与信号高值区大致对应。最大 5 天降水量和强降水日数的信噪比在−0.8~2.1 和−1.1~2.8，全球平均值分别为 0.6 和 0.5。

　　根据 19 个模式的中位数，连续干日百分比变化的空间分布与上述指数有差异，主要在高纬和非洲中部局部减少，在中低纬增加。其变化为–108%～58%，全球平均值为 4%。另外，连续干日的变化总体小于其背景噪声，除南极大陆东部。与其他极端降水指标类似，在连续干日百分比变化较大的区域，其信噪比亦偏大。

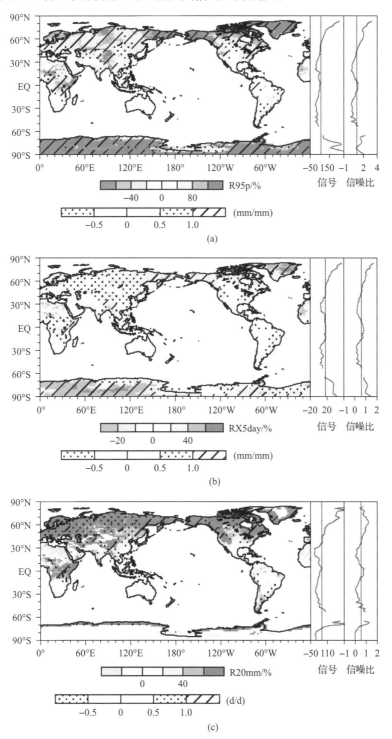

(a)

(b)

(c)

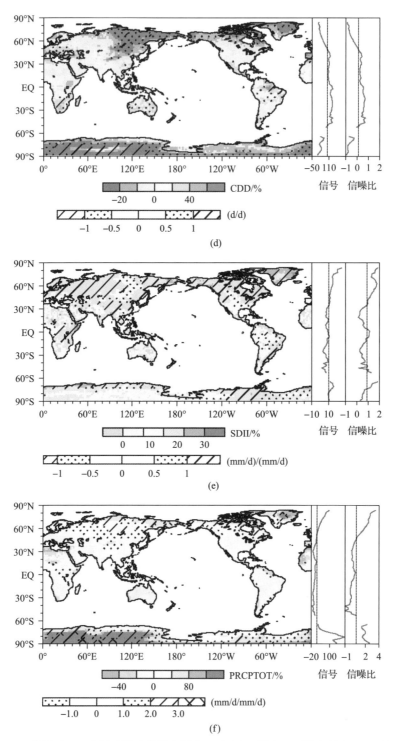

图 2.55　RCP 8.5 情景下 4 ℃升温时陆地强降水量(R95p)(a)、最大 5 天降水量(RX5day)(b)、强降水日数(R20mm)(c)、连续干日(CDD)(d)、降水强度(SDII)(e)和降水总量(PRCPTOT)(f)相对于工业革命前期的变化和信噪比(Wang et al., 2019)

填色表示变化信号；阴影表示信噪比。右侧垂直线表示每个变量的全球平均值；橙色实线表示各变量的纬向平均值

　　全球尺度上，极端强降水指标的模式标准差具有相似的空间分布，但幅度有差异 (图 2.56)。模式标准差在中低纬较大，尤其是在中非、南亚、印度尼西亚、南美洲北部和北美洲南部。连续干日的模式标准差在北非、阿拉伯地区和南半球热带较大。全球平均的

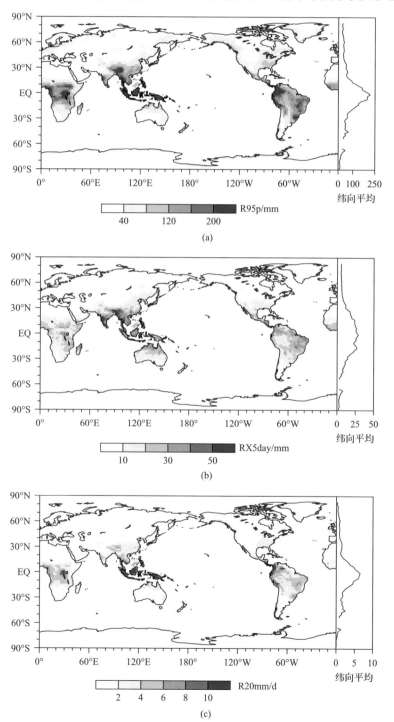

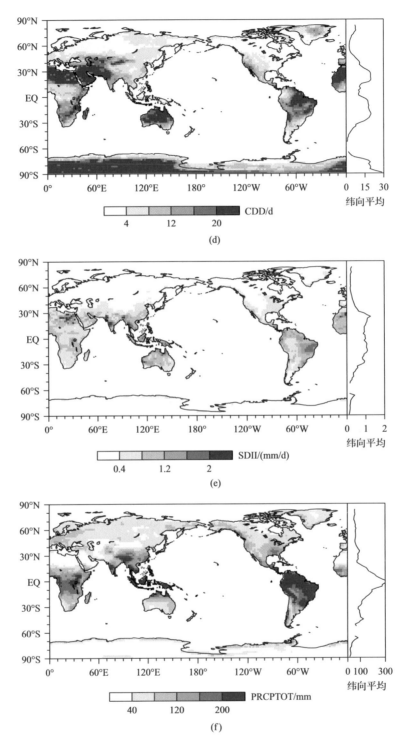

图 2.56　19 个模式预估的全球强降水量(R95p)(a)、最大 5 天降水量(RX5day)(b)、强降水日数(R20mm)(c)、连续干日(CDD)(d)、降水强度(SDII)(e)和降水总量(PRCPTOT)(f)变化的标准差(Wang et al., 2019)

右侧实线表示各变量的纬向平均值

模式离差分别为强降水量 69.8mm、最大 5 天降水量 13.6mm、强降水日数 1.9 天、降水强度 0.6 mm/d、降水总量 109.6mm 和连续干日 11.9 天。总的来说，对于极端强降水指标而言，在增幅较大的区域，模式标准差更小；连续干日则出现相反情况。

2）不同升温背景下中国极端降水变化

RCP 8.5 情景下 2.0 ℃全球变暖时，强降水量、最大 5 天降水量和降水强度百分比增加，但强降水量百分比增幅最大，降水强度百分比增幅最小。我国大部分地区强降水量、最大 5 天降水量和降水强度变化都小于其自然内部变率。连续干日的百分比变化在北方减少、南方增加，其变化在大部分地区未超过其自然内部变率。相比于 1.5 ℃全球变暖，超过 75%的 CMIP5 模式预估 2 ℃全球变暖下中国区域平均的极端降水事件（连续干期、连续湿期和降水天数除外）的降水总量增多、强度增强以及频率增加，但是所有极端降水事件的变化幅度都未超出自然内部变率（图 2.57）。

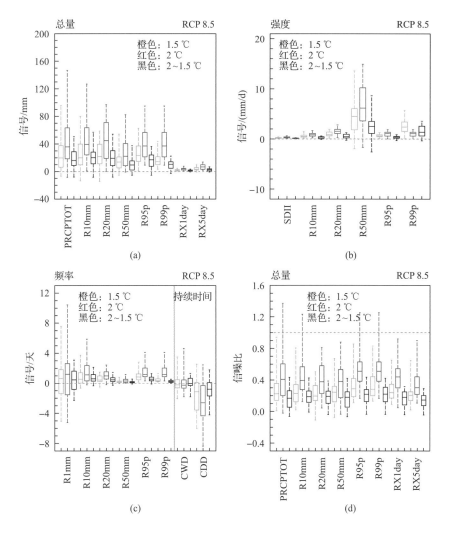

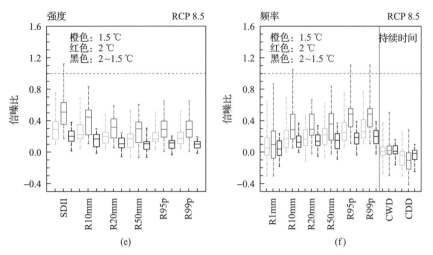

图 2.57   RCP 8.5 情景下，当未来温升控制在 1.5 ℃ 和 2 ℃ 时中国区域平均的极端降水频率、持续时间和强度的变化及其信噪比，以及 2 ℃ 与 1.5 ℃ 之间的差异(Sui et al., 2018)

3. 不同升温背景下干旱变化

1) 不同升温背景下全球干燥度变化

全球变暖将会对陆地水圈循环造成影响，进而影响陆地生态系统和社会经济，尤其是热带和温带森林退化、农业生产、经济发展和城市供水。极端事件对人类社会和生态系统造成威胁，其中干旱是造成经济损失更为严重的一种，过去和未来干旱变化因此而备受重视。需要指出的是，在相对于工业革命前期不同升温水平下，全球干燥度变化仍不清楚。因此，本书研究(Wang et al., 2021)基于 21 个 CMIP5 模式的工业革命前期参照试验、历史试验和 RCP 8.5 试验预估了相对于工业革命前期 2 ℃ 和 4 ℃ 升温水平下的干燥度变化并进行成因分析。

本书使用干燥度指数(aridity index，AI)来定量表达，它被定义为降水和潜在蒸散发(potential evapotranspiration, PET)的比值。相对于工业革命前期，全球变暖 2 ℃ 时，年降水在北半球中纬和高纬增加，并且模式不确定性较小；几乎全球所有陆地区域 PET 增加，增幅在高纬更大；AI 在全球陆地大部分区域均显著减少(变干)，在北半球高纬和南美洲最南部减少更大，且具有更大的模式不确定性(图 2.58)。当全球变暖加剧，达到 4 ℃ 升温水平时，年降水百分比变化的空间分布与 2 ℃ 相似，除中非、印度和青藏高原外，基本在 40°N 以南减少，在北半球中纬和高纬增加；PET 变化的空间分布与 2 ℃ 相似，但幅度不同，在 1%～292%，全球平均值为 21%；AI 在北美洲大部、南美洲北部、非洲北部、非洲南部、欧洲和亚洲北部均显著减少，幅度大多小于 0.2；在印度半岛、非洲中部、南美洲小部和俄罗斯东北部，AI 有所增加，幅度大多小于 0.1。整体而言，相比于 2 ℃，4 ℃ 升温水平下全球陆地干燥度更大，前者 AI 在全球陆地的变化范围为–3.8～1.5，后者的变化范围为–4.5～2.9，平均值分别为–0.1 和–0.2。

在 2 ℃ 升温水平下，PET 对 AI 的影响主要在北半球中纬和高纬起主导作用，降水在北半球低纬是调控 AI 的关键因子(图 2.59)。PET 在北美洲大部、欧亚大陆北部和青藏高

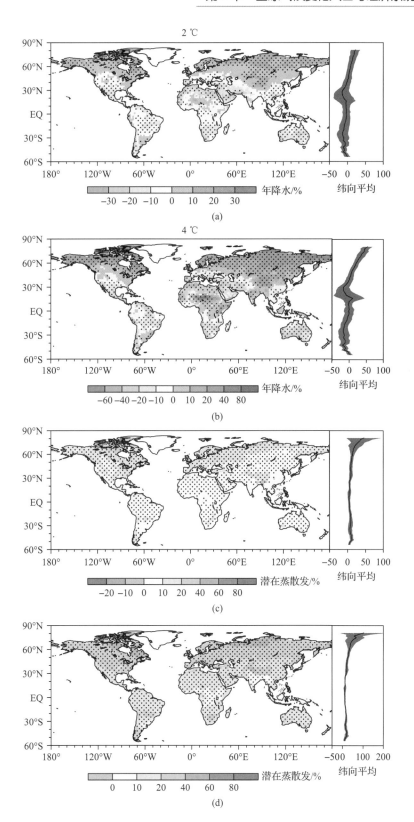

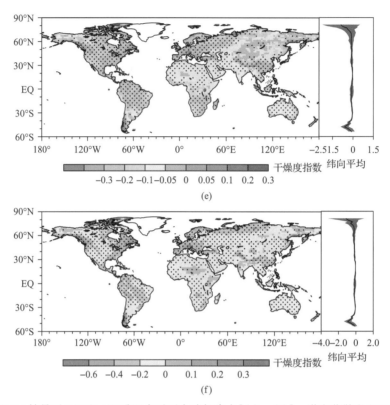

图 2.58　RCP 8.5 情景下 2 ℃和 4 ℃升温水平下全球年降水[(a)、(b)]、潜在蒸散发(PET)[(c)、(d)]
和干燥度指数(AI)[(e)、(f)]相对于工业革命前期的变化(Wang et al., 2021)

其中画点部分表示通过 95%的显著性检验。黑色实线表示陆地的纬向平均值；阴影部分表示多模式预估结果的一倍标准差

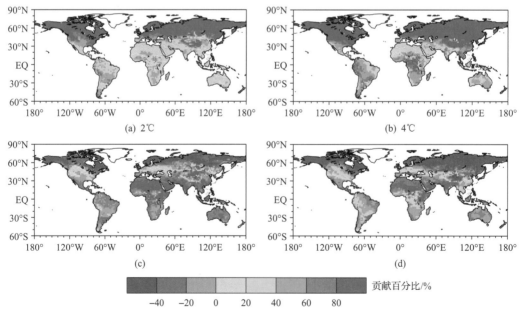

图 2.59　2 ℃和 4 ℃升温水平下 PET[(a)、(b)]和降水[(c)、(d)]对 AI 变化的贡献百分比
(Wang et al., 2021)

原对 AI 的变化起主要作用，贡献百分比高于 60%；在南美洲北部、非洲南部和澳大利亚局部，PET 的贡献百分比主要为 20%～40%。降水在墨西哥、南美洲北部和东南部、非洲大部、印度半岛、亚洲南部和澳大利亚大部对 AI 变化更关键，贡献百分比高于 60%。4 ℃升温时，PET 和降水对 AI 变化贡献百分比的空间分布与 2 ℃相似，但幅度不同。比较明显的变化出现在蒙古、中国北部、非洲中部和东亚，AI 变化由降水主导变为 PET 主控。定量上，2 ℃（4 ℃）升温水平下，PET 和降水对 AI 变化的贡献百分比在全球陆地平均分别为 58%（79%）和 42%（21%）。这表明随着全球变暖加剧，PET 对 AI 变化的贡献百分比增加。季节尺度上，PET 和降水对 AI 变化的贡献百分比的空间分布与年平均类似。PET 在北半球中纬和高纬的作用更大，贡献百分比在 20°N 附近最小，并向极地增加。

　　PET 是由温度、可用能量、相对湿度和风速共同决定的，有必要进一步估算以上几个变量对 PET 变化的贡献百分比。2 ℃和 4 ℃升温水平下温度、可用能量、相对湿度和风速对 PET 变化贡献百分比的空间分布大致相仿（图 2.60）。总体上，PET 变化受控于温度。在全球陆地大部分区域，温度对 PET 的贡献百分比超过 60%。整体上，与 2 ℃相比，4 ℃升温水时年和季节温度对 PET 的贡献百分比更大。年平均的可用能量在北半球中纬和高纬、南美洲、非洲中部和澳大利亚局部对 PET 的变化有正贡献，另外，4 ℃升温水平下可用能量对 PET 变化的贡献整体上高于 2 ℃，即 4 ℃下的全球陆地平均值为 10%，2 ℃下为 7%。除了南美洲南部局部、非洲中部局部、印度半岛和中亚局部外，相对湿度对 PET 变化在全球其他陆地区域有正贡献。贡献百分比较大值出现在北美洲南部、南美洲大部、非洲南部、地中海、东亚和澳大利亚，为 20%～40%。与前面几个变量相比，风速对 PET 变化的贡献相对较小；尤其是在北半球中纬和高纬，风速对 PET 的相对贡献为负值。另外，在美国东南部、印度、非洲中部局部、东亚和南美洲西北部，风速驱动的 PET 在 2 ℃升温水平下增加，但在 4 ℃时减少。

　　整体而言，在未来变暖情景下，全球陆地干燥度更大，尤其在高纬，且存在更大的模式不确定性。PET 在北半球中纬和高纬对 AI 的变化起关键作用，降水主要在低纬起调控作用。热力因子对 PET 变化起主导作用，且随升温加剧，热力因子的贡献随之增加，动力因子的作用减小。

　　2）不同升温背景下中国干旱变化

　　2015 年，联合国巴黎气候变化大会通过《巴黎协定》，其长期目标是将全球平均气温较前工业化时期上升幅度控制在 2 ℃以内，并努力将温度上升幅度限制在 1.5 ℃以内。而观测事实表明，全球温度相对于工业化时期已增加了 0.9 ℃，距离控温 1.5 ℃只剩下 0.6 ℃的空间。因此，迫切需要对气候变化进行全面评估，为减缓和适应气候变化的政策制定提供科学信息。已有研究开展极端气候变化对全球增温 1.5 和 2.0 ℃等不同温升的响应，并得到了十分有意义的结论。而对于中国地区，相关工作仍十分缺乏。因此，本书研究（Chen and Sun, 2019）基于 CESM 模式在 1.5 ℃和 2.0 ℃的平衡态试验结果，以回答以下两个问题：①如果将全球增温控制在 1.5 ℃时，那么相对增温 2.0 ℃，中国干旱发生风险能减少多少？②控温至 1.5 ℃与 2.0 ℃时相比，中国区域干旱人口暴露度会有多大的差异？

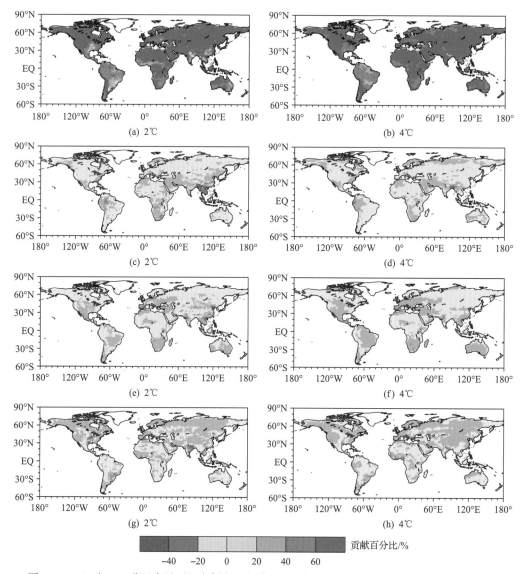

图 2.60 2 ℃和 4 ℃升温水平下温度[(a)、(b)]、可用能量[(c)、(d)]、相对湿度[(e)、(f)]
和风速[(g)、(h)]对 PET 的变化的贡献百分比(Wang et al., 2021)

这里所用数据为基于 CESM 模式开展的 1.5 ℃和 2.0 ℃平衡态试验的多集合样本模拟。这套模拟旨在评估并提出 1.5 ℃和 2.0 ℃不同升温条件下的气候变化影响及应对气候变化的方案。在 1.5 ℃和 2.0 ℃的排放情景中，所用的非温室气体浓度[包括气溶胶排放、土地利用、臭氧和氯氟烃(CFC)]都遵循 RCP 8.5 情景。在本书研究中，11 个集合的标准差用于量化气候系统内部不确定性。根据试验设计，21 世纪末，全球增温稳定在 1.5 ℃或 2.0 ℃，因此 2081～2100 年定义为未来增温 1.5 ℃或 2.0 ℃的时段，而 1986～2005 年定义为当前气候时期。所用观测数据为 CRU 资料。

CESM 模式虽然合理再现中国地区温度和降水异常的概率分布，但与观测相比仍存在较大偏差，因此，在进行研究之前我们对 CESM 模式资料进行了偏差订正。这里主要采用 Watanabe 等(2012)提出的偏差校正方法,该方法最大的优点在于它能够保留模式模拟变量的时间变化信息。经过校正后,西北地区的暖偏差和其他地区的冷偏差,尤其是青藏高原的冷偏差显著减少;与模式结果相比,校正结果更接近于观测值。对于降水,中国大多数地区的高估也得到了适当校正。此外,校正后的温度和降水变率也更接近于观测值。

这里使用 3 个月时间尺度的 SPEI 来表征气象干旱。其中,蒸散发采用 Penman-Monteith 方法计算得到,该方法不仅考虑了温度的作用,还考虑了湿度和风速等参数的影响,净辐射量由来自模式模拟的净短波辐射和长波辐射之差得到。未来 SPEI 值是根据当前气候时期的 SPEI 参数计算的。在本书研究中,SPEI 小于 -1.0、-1.5 和 -2.0 的值分别代表中度、重度和极端干旱。

首先分析了 21 世纪末全球增温 1.5 ℃或 2.0 ℃时中国区域干旱发生概率相对当前气候的变化。结果显示,当全球增温 1.5 ℃或 2.0 ℃时,中国北方地区,包括东北、华北、西北和青藏高原地区干旱发生概率有趋于明显增加的趋势,而且与 1.5 ℃相比,当增温 2.0 ℃时,增加更为明显。而对于长江流域以南地区,无论未来是增温 1.5 ℃还是 2.0 ℃,该区域干旱发生概率都呈现下降趋势,而且两者差异不大,说明该区域干旱变化对未来 0.5 ℃的额外增温响应较弱。

进一步统计分析发现,与当前气候相比,当未来增温 1.5 ℃时,中国区域干旱发生概率增加了约 52%;当未来增温 2.0 ℃时,干旱发生概率也显著增加,相对当前气候增加了约 77%。其中,青藏高原地区是干旱发生概率增加幅度最大的区域,在增温 1.5 ℃时,干旱发生频次增加了约 76%,而在增温 2.0 ℃时,干旱发生概率几乎翻倍。其次是华北地区,在增温 1.5 ℃时,干旱发生频次增加了约 46%,而在增温 2.0 ℃时,相对增加了约 68%。而对于西南和华南地区,干旱发生概率将呈弱的减小趋势。

如果将未来增温控制在 1.5 ℃,相比增温 2.0 ℃能避免多大的干旱发生危险?可以看到,相比 1.5 ℃,当增温 2.0 ℃时,中国北方地区干旱发生概率显著增加,尤其是东北、西北和青藏高原地区,因此,0.5 ℃的控温将显著减少这些区域的干旱发生概率。而对于长江以南地区,其影响并不明显。据初步估算,如果将温度控制在 1.5 ℃,相比增温 2.0 ℃时,中国地区干旱发生概率将减少约 9%。不同等级干旱发生概率有着相似的变化特征,北方地区增加,长江以南地区减少;而且干旱等级越高,发生概率的增加幅度越大。如果将增温控制在 1.5 ℃,相比增温 2.0 ℃时,中国区域中度、严重和极端干旱发生危险将分别降低约 3%、4% 和 8%。对于不同地区其响应程度也有所不同,其中青藏高原、西南和东北地区对 0.5 ℃控温的响应较强,干旱发生危险将分别减少约 21%、21% 和 19%;而在中国南方地区,包括中国东部、华南和西南地区,中度和严重干旱发生危险反而随着温度增加是减少的,但极端干旱发生概率是明显增加的。简言之,未来全球增温 2.0 ℃时,相比增温 1.5 ℃,中国大部分地区发生极端干旱的危险将明显增加。

这里所指的干旱强度是指某一等级干旱事件对应 SPEI 的平均值。与干旱发生概率变化有所不同,在未来增温 1.5 ℃或 2.0 ℃时,中国区域不同等级干旱强度都将显著增加,而且增温 2.0 ℃时,干旱强度增加幅度更大。据估算,当增温 1.5 ℃时,中国区域平均干旱强度相比当前气候增加了约 9%,而当增温 2.0 ℃时,相对增加了约 13%。其中,华北地区增加幅度最大，与当前气候相比，华北部分地区增加幅度超过了20%；华北区域在增温1.5℃时相对平均增加约10%，在增温2.0℃时相对平均增加约15%。同时，华北地区也是未来干旱发生概率增加幅度的大值中心，因此，随着未来全球增暖，该区域的干旱状况将会进一步地恶化。

进一步分析指出，中国区域干旱强度主要与极端干旱强度的大幅增加有关，中度和严重干旱的影响相对较小。如果将未来增温控制在1.5℃，相比增温2.0℃，中国区域平均干旱强度将降低约3.8%，其中极端干旱强度下降约3.7%，而中度和严重干旱强度减少幅度均约为0.2%。对于中国不同区域，干旱强度对增暖的响应幅度有所差异，但均随着温度增加而增强。因此，未来有效控温可以在一定程度上减少中国干旱发生风险及其严重程度，尤其是极端干旱事件。

已有研究表明，人类活动的加剧已导致中国大多数地区的干旱发生频率和强度显著增加和增强，这与我们的研究结果是一致的，即相对于当前气候，在未来增暖1.5℃或2.0℃时，中国区域发生干旱的危险明显增加，极端干旱事件增加尤为明显。干旱增加、增强已对不同行业产生了不同程度的影响，这里我们主要系统地评估了在未来增暖1.5℃和2.0℃时对中国干旱人口暴露度变化的影响。

根据对CMIP5模式的评估，到2030年(2050年)左右，全球平均地表温度将比工业化前增加1.5℃(2.0℃)。因此，这里将SSP1情景中的2000年、2030年和2050年的人口分布分别代表当前气候、未来增温1.5℃和2.0℃时的人口情况。根据数据显示，SSP1情景下中国人口将在2030年左右达到峰值，然后开始下降。也就是说，与中国2030年的人口数量相比，2050年的中国人口数量将减少约10%。

无论是当前时段，还是未来增温1.5℃和2.0℃，中国干旱人口暴露度的高值区域主要集中在东部地区，尤其是华北、华东以及四川盆地地区；而中国西部地区干旱人口暴露度较低，特别是青藏高原和新疆南部地区。随着未来温度的增加，干旱人口暴露度的空间分布型并没有发生明显变化，但干旱人口暴露度将显著增加。估算结果指出，当前时段中国区域干旱人口暴露度约为3100万人·天，当未来增温1.5℃时将增加到约4100万人·天，增温2.0℃时将增加到约4200万人·天。

我们进一步比较了不同等级干旱人口暴露度的变化。与当前气候相比，当增温1.5℃时，中国区域中度和严重干旱人口暴露度将明显增加，而当增温2.0℃时，中度和严重干旱相比增温1.5℃反而有所减少。但是，随着温度增加，极端干旱人口暴露度在持续增加。据估算，中国区域中度干旱人口暴露度在当前气候占总人口暴露度的65%，而在增温1.5℃和2.0℃时分别为53%和48%。相比之下，严重干旱和极端干旱人口暴露度对总暴露度的贡献比率在增加，特别是极端干旱，当增温1.5℃和2.0℃时，可以分别解释总人口暴露度的18%和24%。因此，未来中国人口遭受干旱影响的风险将明显增加，尤其是极端干旱事件增加的影响。

如果将未来增温控制在1.5℃，相比增温2.0℃，中国大部分区域的干旱人口暴露度是呈增加趋势的，而不是减少趋势，尤其是中度干旱，这是未来中国人口急剧减少所造成的，尽管未来中国区域内发生中度干旱的风险是明显增加的。严重干旱人口暴露度的变化与中度干旱类似，但是0.5℃的额外增温使得严重干旱人口暴露度增加的区域范围明显增大，尤其是在中国北方地区。与中度和严重干旱人口暴露度变化不同，0.5 ℃ 的额外增温使得极端干旱人口暴露度在全国范围内呈现基本一致的增加趋势，其中东北、华北、华东和西南地区增加最为明显。据估计，与增温 1.5 ℃ 相比，大多数区域在增温 2.0 ℃ 时极端干旱人口暴露度将增加 20% 以上。对于中国区域平均而言，与增温 2.0 ℃ 相比，0.5 ℃ 的控温将有助于减少约 17% 的极端干旱人口暴露度。

4. 不同升温背景下地表积雪的变化

地表的积雪量是地球水文系统最重要的变量之一。积雪独特的物理特性，如强反照率、发射率和吸收率，低导热系数和粗糙度，对寒冷地区的陆气之间的能量和水分交换有强烈的影响。

Wang 等(2018)基于 CESM-LE(community earth system model large ensemble)40 个成员、CESM 1.5 ℃ 和 2.0 ℃ 情景下 11 个成员、CMIP5 中 12 个模式基准期、RCP 2.6 和 RCP 4.5 情景下模拟的北半球积雪覆盖(snow cover fraction, SCF)和陆表气温(land surface air temperature, LSAT)研究了北半球 SCF 和积雪面积(snow area extent, SAE)在全球 1.5 ℃ 和 2.0 ℃ 背景下的变化。通过对比发现，模式集合平均大致可以再现 MODIS 积雪覆盖的空间分布，但是总体上 CMIP5 低估了 SCF, CESM-LE 高估了 SCF；两者集合平均与观测(NOAA-CDR)都表明，1967~2005 年，北半球 SAE 呈下降趋势[图 2.61(a)]；1920~2100 年，北半球 SAE 总体呈下降趋势，下降幅度随时段以及数据源的变化而改变。尤其在 21 世纪后半叶，SAE 在 RCP 2.6 和 1.5 ℃ 情景下呈现上升趋势[图 2.61(b)]；在 1.5 ℃ 和 2 ℃ 增温背景下，21 世纪末(2071~2100 年)北半球 SAE 相比历史时期(1971~2000 年)有明显减少，减少幅度与区域有关，在部分海拔较高地区，SCF 减小幅度可达 20%，多模式成员模拟结果集合平均 SAE 减小分别为 $1.69 \times 10^6 km^2 (1.5 ℃)$ 和 $2.36 \times 10^6 km^2 (2 ℃)$，且两增温情景下 SCF 变化幅度在大部分地区小于 4%[图 2.62(a)]。进一步研究发现，LSAT 增加对 SCF 变化的贡献随季节变化，北半球秋季贡献率最大(49%~55%)，夏季最小(10%~16%)；CMIP5 不同模式引起的不确定性随时间增加，而 CESM-LE 模拟的不确定性(气候内部变率)则不随时间变化[图 2.62(b)]。该研究表明，多模式模拟集合用于预估未来气候变化时需考虑不确定性。

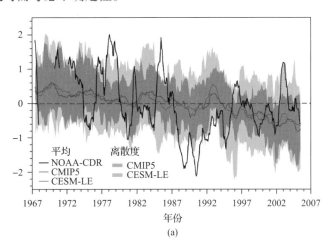

(a)

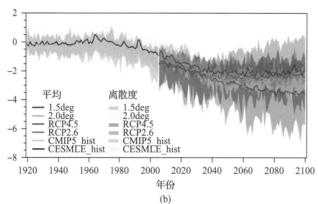

(b)

图 2.61　1967～2005 年，不同模式模拟北半球积雪面积(SAE)距平值与观测 NOAA-CDR(黑色实线)相对比(单位：$10^6\,km^2$)(a)；1920～2100 年，不同模式模拟北半球积雪面积年平均时间序列(单位：$10^6\,km^2$)(b)(Wang et al., 2018)

CMIP5 有 13 个模式，CESM-LE 历史时期有 40 个成员，CESM 1.5deg、CESM 2.0deg 在情景下由 11 个成员组成。实线为 CMIP5 多模式或 CESM-LE 多成员集合平均；阴影为对应数据集的离散度

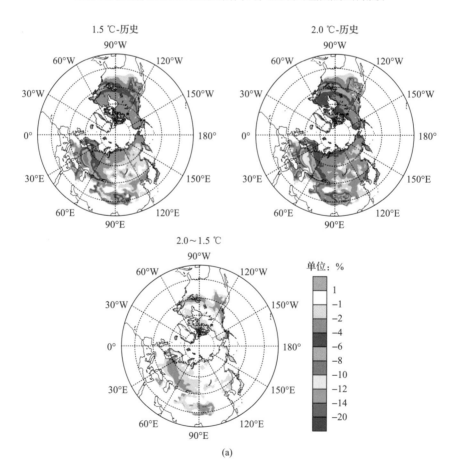

(a)

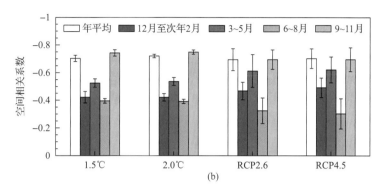

图 2.62　2071～2100 年，2 ℃、1.5 ℃增温情景下 CESM-LE 多成员模拟平均积雪覆度的差，以及二者相对于 1971～2000 年的变化(a)；在不同气候变化情景下，2071～2100 年相对于 1971～2000 年北半球平均积雪覆盖度变化与地表气温变化在四个季节的空间相关系数(b)（Wang A et al., 2018）

柱状图为多成员（CESM-LE, 1.5 deg、2.0 deg）或多模式（CMIP5 RCP 2.6、RCP 4.5）相关系数集合平均；

误差棒表示其 1 倍的标准差

参 考 文 献

李金洁, 王爱慧, 郭东林, 等. 2019. 高分辨率统计降尺度数据集 NEX-GDDP 对中国极端温度指数模拟能力的评估. 气象学报, 77(3): 579-593.

王丹, 王爱慧. 2017. 1901～2013 年 GPCC 和 CRU 降水资料在中国大陆的适用性评估. 气候与环境研究, 22(4): 226-462.

王跃思, 张军科, 王莉莉, 等. 2014. 京津冀区域大气霾污染研究意义、现状及展望. 地球科学进展, (3): 388-396.

Barkan J, Kutiel H, Alpert P. 2004. Climatology of dust sources in North Africa and the Arabian Peninsula, based on TOMS data. Indoor and Built Environment, 13(6): 407-419.

Chen H, Sun J. 2017a. Contribution of human influence to increased daily precipitation extremes over China. Geophysical Research Letters, 44: 2436-2444.

Chen H, Sun J. 2017b. Anthropogenic warming has caused hot droughts more frequently in China. Journal of Hydrology, 544: 306-318.

Chen H, Sun J. 2019. Increased population exposure to extreme droughts in China due to 0.5 ℃ of additional warming. Environmental Research Letters, 14: 064011.

Chen H, Sun J, Lin W, et al. 2020a. Comparison of CMIP6 and CMIP5 models in simulating climate extremes. Science Bulletin, 65: 1415-1418.

Chen H, Sun J, Li H. 2020b. Increased population exposure to precipitation extremes under future warmer climates. Environmental Research Letters, 15: 034048

Fischer E, Knutti R. 2015. Anthropogenic contribution to global occurrence of heavy-precipitation and high-temperature extremes. Nature Climate Change, 5(6): 560-564.

Gao M, Yang J, Gong D, et al. 2019. Footprints of Atlantic multidecadal oscillation in the low-frequency variation of extreme high temperature in the Northern Hemisphere. Journal of Climate, 32(3): 791-802.

Gao M, Wang B, Yang J, et al. 2018a. Are peak summer sultry heat wave days over the Yangtze–Huaihe River basin predictable? Journal of Climate, 31（6）: 2185-2196.

Gao M, Yang J, Wang B, et al. 2018b. How are heat waves over Yangtze River valley associated with atmospheric quasi-biweekly oscillation? Climate Dynamics, 51（11）: 4421-4437.

Ginoux P, Prospero M, Gill E, et al. 2012. Global-scale attribution of anthropogenic and natural dust sources and their emission rates based on MODIS deep blue aerosol products, Reviews of Geophysics, 50: RG3005.

Giorgi F. 2006. Climate change hosspots. Geophyiscal Research Letters, 33: L08707.

Jin Q, Wei J, Yang Z. 2014 Positive response of Indian summer rainfall to Middle East dust. Geophysical Research Letters, 41: 4068-4074.

Kong X, Wang A, Bi X, et al. 2018. Assessment of temperature extremes in China using RegCM4 and WRF. Advances in Atmospheric Sciences, 36: 363-377.

Kong X, Wang A, Bi X, et al. 2020. Daily precipitation characteristics of RegCM4 and WRF in China and their internannual variations. Climate Research. 82: 97-115.

Lau K, Kim M, Kim K. 2006. Asian summer monsoon anomalies induced by aerosol direct forcing: the role of the Tibetan Plateau. Climate Dynamics, 26: 855-864.

Luo Z, Yang J, Gao M, et al. 2020. Extreme hot days over three global mega‐regions: historical fidelity and future projection. Atmospheric Science Letters, 21（12）: e1003.

Mao R, Hu Z, Zhao C, Gong D, et al. 2019. The source contributions to the dust over the Tibetan Plateau: a modelling analysis. Atmospheric Environment, 214: 16859.

Sun Y, Mao R, Gong D, et al. 2021. Decadal shift of the influence of Arctic Oscillation on dust weather frequency in the Middle East during 1974～2019. International Journal of Climatology, submitted.

Sui Y, Lang X, Jiang D. 2018. Projected signals in climate extremes over China associated with a 2 ℃ global warming under two RCP scenarios. International Journal of Climatology, 38: e678-e697.

Xu L, Wang A, Wang H. 2019. Hot spots of climate extremes in the future. Journal of Geophysical Research: Atmosphere, 124: 3035-3049.

Wang A, Xu L, Kong X. 2018. Assessments of the Northern Hemisphere snow cover response to 1.5 and 2.0℃ warming. Earth System Dynamics, 9: 865-877.

Wang A, Shi X. 2019. A multilayer soil moisture dataset based on the gravimetric method in China and its characteristics. Journal of Hydrometeorology, 20: 1721-1736.

Wang A, Kong X. 2020. Regional climate model simulation of soil moisture and its application in drought reconstruction across China from 1911 to 2010. International Journal of Climatology, 41: 1028-2044.

Wang X, Jiang D, Lang X. 2017. Future extreme climate changes linked to global warming intensity. Science Bulletin, 62: 1673-1680.

Wang X, Jiang D, Lang X. 2018. Climate change of 4℃ global warming above pre-industrial levels. Advances in Atmospheric Sciences, 35: 757-770.

Wang X, Jiang D, Lang X. 2019. Extreme temperature and precipitation changes associated with four degree of global warming above pre-industrial levels. International Journal of Climatology, 39: 1822-1838.

Wang X, Jiang D, Lang X. 2021. Future changes in Aridity Index at two and four degrees of global warming above preindustrial levels. International Journal of Climatology, 41: 278-294.

Wobus C, Zarakas C, Malek P, et al. 2018. Reframing future risks of extreme heat in the United States. Earth's Future, 6 (9): 1323-1335.

Wu C, Lin Z, Liu X, et al. 2018. Can climate models reproduce the decadal change of dust aerosol in East Asia? Geophysical Research Letters, 45 (18): 9955-9962.

Yuan W, Yu R, Chen H, et al. 2010. Subseasonal Characteristics of Diurnal Variation in Summer Monsoon Rainfall over Central Eastern China. J. Climate 23: 6684-6695.

Zhou S, Yang J, Wang W C, et al. 2018. Shift of daily rainfall peaks over the Beijing-Tianjin-Hebei region: an indication of pollutant effects? International Journal of Climatology, 38: 5010-5019.

Zhou S, Yang J, Wang W C, et al. 2020. An observational study of the effects of aerosols on diurnal variation of heavy rainfall and associated clouds over Beijing-Tianjin-Hebei. Atmospheric Chemistry and Physics, 20: 5211-5229.

Zong Q, Mao R, Gong D, et al. 2021. Changes in dust activity in spring over East Asia under a global warming scenario. Asia-Pacific Journal of Atmospheric Sciences.

第 3 章　全球气候变化人口与经济系统成害过程*

3.1　人口与经济系统暴露度和脆弱性指标体系

3.1.1　人口暴露度和脆弱性指标体系

1. 人口暴露度指标体系

由于气候变化的影响，极端高温、极端降水、干旱等极端天气气候事件的频率和强度在最近几十年中有所增加，并且在未来几十年中有可能继续增加(IPCC, 2013)。在气候变化背景下，受极端事件频发和加剧(Fischer and Knutti, 2015)与人口的增长叠加影响(Jones and O'Neill, 2016)，人口暴露度将被放大。因此，本书研究采取极端高温、极端降水和干旱为致灾因子，人口系统为承灾体，开展不同极端天气气候事件影响下人口暴露度评估。人口暴露度定义为极端天气气候事件发生的频次/频率与人口的乘积。

2. 人口脆弱性指标体系

在不同的地理和社会环境中，有一些因素可能会影响脆弱性(Peduzzi et al., 2009)。通用指标的选择是最重要的，因为它们对所有类型的暴露元素都有效，不会随着处于危险中的物理实体而改变。在本书研究中，采用联合国国际减灾战略 UNISDR (2004)提出的干旱脆弱性框架，以反映一个地区个体和集体的社会经济、农业和基础设施因素。对于每个因素，选择一个指标来计算脆弱性，同时考虑指标的典型性和数据的可用性(Carrão et al., 2016)。通过社会经济、农业和基础设施因素构建干旱人口脆弱性指标体系(表 3.1)。

表 3.1　干旱人口脆弱性指标

因素	指标	相关性
社会经济	人均 GDP (PPP $)	负相关
农业	耕地比例(%)	正相关
基础设施	人均总取水量/人均可再生水资源总量	正相关

注：相关性指标与脆弱性之间的关系。正相关：指标值越低，脆弱性越低；负相关：指标值越低，脆弱性越高。

---

* 本章作者：孙福宝、王静爱、刘玉洁、吴文祥、朱会义、岳耀杰、宋伟、王红、王婷婷、陈洁、李寒、侯凌云、薛倩、刘远哲、苏鹏。

3.1.2 主要农作物暴露度和脆弱性指标体系

选择全球最重要的三种粮食作物小麦、玉米和水稻，开展全球变化下的农作物暴露度和脆弱性预估研究。其中，本书研究所指的暴露度指暴露在高温或干旱影响下的小麦、玉米和水稻的分布和数量；脆弱性指受高温或干旱影响导致的小麦、玉米和水稻的减产量(率)。

1. 高温暴露指标

小麦、水稻和玉米发生高温灾害的气象条件不同，所以高温暴露指标的计算分作物进行。

1)小麦高温暴露指标

学者们倾向于以日最高气温超过 30 ℃作为小麦的高温阈值(Deryng et al., 2014; Tao et al., 2015; Chen et al., 2016)。Lobell 等(2011)研究表明，1 天的短暂高温(30 ℃)同样也会导致作物产量下降。因此，本书研究将日最高温度超过 30 ℃定义为小麦高温日。而小麦高温事件用高温发生日数和超过阈值积温衡量，具体为某一生育期内温度高于 30 ℃的日数和积温(Chen et al., 2016)。参考文献的方法(Jiang et al., 2019)，本书研究将持续三日及以上最高气温超过 30 ℃(≥30 ℃)定义为一次小麦高温事件。高温天数(HD)指的是每个网格中的累计高温天数。

小麦的暴露度为小麦暴露在致灾因子(高温或干旱)下的种植分布面积。对于高温下的小麦暴露，暴露范围由极端高、低温日数大于 0 的范围与小麦种植范围的交集构成，暴露范围内显示小麦的种植面积。

2)水稻高温暴露指标

水稻的极端高温暴露用高温发生日数和超过阈值的积温衡量，具体为生育期内温度高于水稻适宜生长的最高温度(Watson et al., 1996)(水稻的极端高温阈值为 38 ℃)的日数和积温。本书研究将单日平均气温超过 38 ℃(≥38 ℃)定义为一次水稻高温暴露事件，并将生育期内高温暴露事件的累积胁迫值(GHTS)作为高温致灾强度。

水稻的暴露范围为水稻分布范围和高温致灾范围在空间上的叠加，而范围中填充的数值则是暴露的量，本数据所使用的暴露量指标为水稻年收获面积和年产量。对于极端高温下的暴露，暴露范围由极端高、低温日数大于 0 的范围与水稻种植范围的交集构成，暴露范围内显示水稻的收获面积。

3)玉米高温暴露指标

参考水稻极端高温暴露的计算方法，本书研究将单日平均气温超过 37 ℃(Watson et al., 1996)定义为一次玉米高温事件，并将生育期内高温事件的 GHTS 作为高温致灾强度。玉米的暴露范围为玉米分布范围和高温致灾范围在空间上的叠加，而范围中填充的数值则是暴露的量，本数据所使用的暴露量指标为玉米年收获面积和年产量。对于极端高温下的暴露，暴露范围由极端高、低温日数大于 0 的范围与玉米种植范围的交集构成，暴露范围内显示玉米的收获面积。

2. 干旱暴露指标

本书研究对小麦和玉米这两种作物进行了干旱暴露的研究，因两种作物发生干旱灾害的气象条件不同，所以干旱指标的计算仍分作物进行。

1）小麦干旱暴露指标

本书研究采用小麦生长过程中受到的水分胁迫程度来表征小麦旱灾致灾因子危险性（Yue et al., 2015；2018）。水分胁迫（water stress, WS）是指缺少水分而导致的胁迫，其会影响到作物冠层生长、根系深度、收获指数等，大多数的谷物作物都会受到水分胁迫的影响而产量减少（Williams et al., 1989; Steduto et al., 2012）。

水分胁迫受到作物生长环境条件、土壤质地及理化性质状况、农田管理措施的影响（DeJonge et al., 2012; Saseendran et al., 2008），且其表达的内涵是缺少水分而导致的胁迫（Williams et al., 1989; Steduto et al., 2012）。年水分胁迫是作物从播种到收获这一完整生育期年份内水分胁迫的累加效应，由此可知，年水分胁迫值的大小充分表达了作物在一个生育期年份内农业系统受到干旱的影响程度，可以将其作为旱灾致灾因子。

利用 EPIC 模型模拟小麦生长的过程时，可以输出日水分胁迫值和年累积水分胁迫值，日水分胁迫的取值范围为 0～1，0 表示无水分胁迫，数值越接近 1 水分胁迫程度越高；年水分胁迫为一个完整生育期年份内的水分胁迫累积值，取值范围为 0～366，数值越大水分胁迫越高。

2）玉米干旱暴露指标

本书研究采用的玉米干旱暴露指标干旱强度（drought intensity，DI）是指作物实际用水相对于作物需水的亏缺程度（图 3.1）。

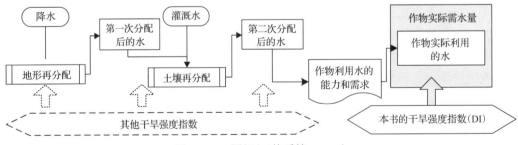

图 3.1　DI 图解（王静爱等，2016）

EPIC 模型可输出以天为步长的作物生长期内的水分胁迫值（其大小由水分供给与作物需水量的关系决定）。将全球日气象数据、土壤、灌溉、施肥和全球主要作物种植范围等数据输入 SEPIC 模型，模拟生长期内逐日水分胁迫值。DI 指数的取值范围为 0～1，值越大代表致灾强度越大。

3. 作物种植分布指标

本书研究利用最大熵(maximum entroy, MaxEnt)模型预测自然环境影响下的小麦、水稻和玉米的种植适宜性。MaxEnt 模型考虑了相关约束,将物种出现的概率分布拟合到一组像素上(Elith et al., 2011),而这些约束条件主要通过物种存在的样本点分布及其对应的环境变量特征(Phillips et al., 2006; Phillips and Dudík, 2008)来生成。

1)小麦种植分布指标

基于上述原理,小麦种植适宜性分布的预测过程如下:①选择影响小麦生长的主要环境变量;②选择能够代表全球小麦已知分布的样点;③使用环境变量和小麦种植分布样本点对 MaxEnt 模型进行训练并评估其预测能力;④使用经过训练的 MaxEnt 模型和未来 RCP 2.6、RCP 4.5 和 RCP 8.5 情景下的气候数据,预测气候变化下的未来小麦种植适宜性分布。具体请参考相关文献(Yue et al., 2019)。

其中,在环境变量的选择上,本书研究考虑了小麦的生长受气候和土壤的影响(Motuma et al., 2016)。本书研究建立了包括以下气候因素和土壤因素在内的小麦适宜性指标评估系统:≥0 ℃累积温度、年降水量、年平均温度、最冷月份的平均温度(Jing-Song et al., 2012; Wang et al., 2016)、pH、排水、电导率、可交换钠百分比、土壤质地和土壤深度(Mendas and Delali, 2012; Wang et al., 2016)。考虑到地形对小麦种植的便利性有很大影响,本书研究还选择地形坡度作为环境变量。

基于 EarthStat 提供的 175 种作物的收获面积和产量(2000 年)(Harvested Area and Yield for 175 Crops year 2000),提取全球小麦 15500 个网格(约占所有小麦网格的 5%)作为 MaxEnt 模型的训练样本。其中,75%的样本点用于模型运算,25%的样本点用于模型的验证。采用 MaxEnt 模型,通过对基准期小麦潜在分布进行五次模型训练,来对未来小麦潜在分布进行模拟。

2)水稻与玉米种植分布指标

使用 MaxEnt 模型预估未来水稻种植适宜性。经过样本点和生境变量的筛选(Su et al., 2021),最终模型选用的样本点数量为 2228,并选择了 17 个生境变量指标用以模拟水稻未来适宜区。计算采用 MaxEnt 模型,通过对基准期水稻潜在分布进行模型训练,从而对未来水稻潜在分布进行模拟。为减少误差,对未来水稻潜在分布的模拟次数为 30 次,计算平均结果作为未来水稻潜在分布的结果。

为分析社会经济因素影响,本书研究对未来水稻种植进行再分配。根据各国水稻供给和需求量,使供需达到平衡;供给方面,使用适宜性变化预测出初始水稻收获面积,并将其作为迭代的起始值,通过比较国家水稻的供给和需求,对水稻收获面积进行调整,如果供大于求,则减少水稻收获面积,反之则增加收获面积,直到供需平衡或所有耕地种植水稻为止。

参考水稻自然适宜区预估方法,玉米种植分布预估选取 5548 个样本点、16 个生境变量指标,通过 MaxEnt 模型来对玉米未来适宜区进行预估。

4. 脆弱性指标体系

鉴于作物遭遇不利因子的损失表现为产量的降低，因此通常作物脆弱性可定义为农作物不能抵御不利因子(如降水波动、高温、干旱、洪涝、台风、寒潮、大风等)的影响而易于遭受产量损失的严重程度，本书研究所指的脆弱性指受高温或干旱影响导致小麦、玉米和水稻的减产量(率)。

3.1.3　基础设施系统暴露度和脆弱性指标体系

1. 基础设施系统暴露度指标体系

本书研究选取交通基础设施系统作为承灾体，其暴露度指标体系可以从基础设施系统的物理指标和系统功能两个角度展开。物理指标暴露是指包括公路运输、铁路运输、航空运输和水路运输等运输方式下的基础设施的直接暴露，自然灾害可直接对其造成破坏，具体指标有交通道路(公路、铁路)、交通工具(机动车、火车、飞机、轮船)、交通枢纽(车站、机场、港口)等(Thornes et al., 2012)。系统功能暴露指自然灾害对交通方式的破坏，使得交通运输方式强制关闭或拥堵。一般从这个角度可以展开对交通道路网络功能脆弱性的研究，常用指标有路网可达性、连通度、冗余度等(Demirel et al., 2015; Chen et al., 2015; Hong et al., 2015)。

2. 基础设施系统脆弱性指标体系

本书研究中将道路系统作为承灾体来考虑其脆弱性，可以从系统的暴露度、敏感性和适应能力三个方面展开。其中，敏感性度量指标可以包括道路所处地势的坡度和起伏度、土壤岩性和道路周边河网分布状况等(戴至修等, 2017)；适应能力可以用基础设施所处地区的经济水平来表示。交通基础设施脆弱性指标体系可概括如表 3.2 所示。

表 3.2　交通基础设施脆弱性指标体系

维度		指标
交通基础设施脆弱性 (V)	暴露度(E)	交通道路：公路、铁路 交通工具：机动车、火车、飞机、轮船 交通枢纽：车站、机场、港口
	敏感性(S)	坡度/起伏度 土壤岩性 河网分布
	适应能力(A)	财政收入 GDP

3.1.4　工业生产暴露度和脆弱性指标体系

根据世界银行对工业增加值指标的定义，其包括采矿业、制造业、建筑业、电力、水和天然气行业中的增加值。增加值为所有产出相加再减去中间投入得出的部门的净产出。这种计算方法未扣除装配式资产的折旧或自然资源的损耗和退化，增加值的来源根据《国际标准行业分类》(第 3 修订版)确定。在本书研究中，依据世界银行和国际标准产业分类(ISIC)标准对工业包含的行业进行了划定，工业包括采矿业、制造业、电力、水和天然气行业以及建筑业(表 3.3)。

表 3.3　工业部门分类

采矿业	制造业	电力、水、天然气	建筑业
煤和褐煤开采、泥炭提取、原油和天然气开采服务活动附带的石油和天然气的开采排除测量、采铀和钍矿石、金属矿开采、其他矿业开采	食品和饮料制造、烟草制品的制造、纺织品的制造、其他交通运输设备制造业、家具的制造等	电、煤气、蒸汽和热水供应，收集、净化水和分布	建筑

本书研究选用工业增加值作为评价工业部门产能的指标。

1. 全球工业产值预估

在识别气候变化对工业经济系统影响的研究中，核心步骤是气候要素数据与相同时空分辨率的工业经济数据进行叠加及空间分析(Zhao et al., 2017)。工业产值的空间化研究则是工业经济系统暴露分析的重要基础数据之一。然而，由于常规的遥感手段很难在空间上实现第二、第三产业产值的准确识别，以及全球以及中国工业经济的空间化数据集，特别是未来气候情景下工业经济的空间化数据集稀缺，阻碍了工业经济的风险评估。已有的一些工业经济系统产值空间化数据多为省、市、县级尺度，且空间分辨率多以行政区为最小单元，无法表征省或者城市内部工业产值的差异及空间分布，在风险评估中很难与气候格网数据等开展叠加分析。虽然也有一些针对工业某一具体行业产值的空间化研究数据(Dong et al., 2016)，但是总体上缺少大尺度、高分辨率、综合性的工业产值空间化数据。

对于全球的工业产值预估，本书研究采用遥感反演的方法，利用通过植被指数数据修正后的夜间灯光遥感数据和各国工业增加值统计数据构建回归模型并进行空间化反演，具体构建过程包括数据收集、夜间灯光数据和植被指数数据预处理、基于增强型植被指数的夜间灯光调整指数(EANTLI)的构建及分配模型的构建、数据质量精度验证几个步骤，通过这几个步骤制作了全球 1 km 工业增加值栅格分布数据集。在全球各个国家随机选择了 178 个省级(州)区域进行精度验证，数据集工业增加值与统计数据相关系数高达 0.93；以统计数据数值作为真值，178 个精度验证区域的工业增加值平均精度为 80.14%。总体上，该数据集能够比较好地表达全球工业增加值的每公里空间分布规律(薛倩等，2018)。

在上述数据构建的基础上，根据不同情景下中国工业产值空间化模型对全球工业增加值进行预估。具体来说，基于 Logistic-CA-Markov 模拟原理，利用 2010 年和 2015 年全球土地利用数据，选取土地利用驱动因子，模拟全球未来的土地利用变化情况，提取出其中的城市用地数据，作为工业产值预测的空间分布边界。选取 2030 年、2050 年的不同气候变化情景下的气象数据，使用构建的随机森林模型进行模拟，得到不同气候变化情景的工业产值占比。利用各国工业增加值占比数据和 SSPs 下的 GDP 预估格网数据构建回归模型，进行工业增加值空间化反演，生成了未来全球不同气候变化情景 0.5°空间分辨率的工业增加值数据集(图 3.2)。

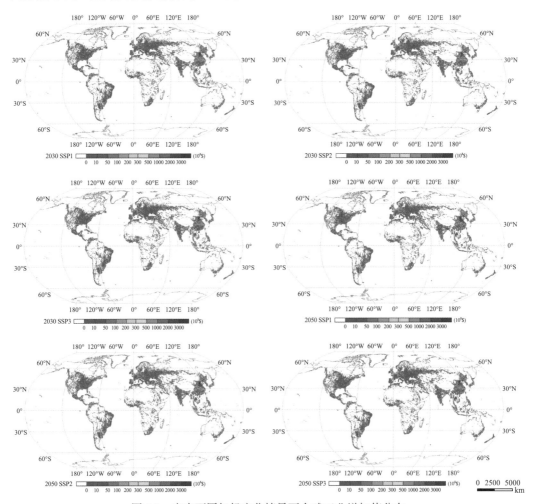

图 3.2 未来不同气候变化情景下全球工业增加值分布

2. 气候变化下工业部门暴露状况

联合国亚洲及太平洋经济社会委员会(ESCAP)通过对亚洲多个国家多个行业产值及气候因子等面板数据进行分析发现，农业、制造业以及服务业都受到气温和降水的影响，尤其是农业部门(Akram，2013)。但是，工业化革命以及科技革命的发展使得农业产值在 GDP 中所占的比重越来越小，农业在受到外界环境(灾害等)的冲击时经济影响被弱化(Berlemann and Wenzel，2018)。相较而言，工业经济系统经济体量巨大，在受到外界因素影响时，产生的损失也可能比较大。

气候变化对工业部门产生的影响主要分为直接和间接两个方面：直接方面主要指极

端天气气候事件直接对工业生产活动造成影响,大多数表现为负面影响,通常极端天气气候事件直接导致工业生产部门基础设施损毁、停工以及人员伤亡;间接影响是指气候要素(气候均值波动变化和极端事件)不直接作用于工业生产,通常通过影响农业、畜牧业等进而对工业(加工业制造业)产生间接影响,尤其以加工制造业和采矿、能源业为主,如气候变化使得农产品增收或者减产,从而影响农产品的价格,进而影响以这些农产品为主要原料的加工制造工业的生产成本;亦或是从需求与供给变化来对工业经济产生影响,如气温升高导致对空调、电风扇、冷饮产品的需求升高,即会促进这类产品的大规模生产加工。气候变化的直接和间接影响之中,对工业部门的负面影响往往大于正面影响。

气候变化对工业部门影响较大的行业为电力、燃气及水的供应业、制造业、建筑业。气候变化的主要原因之一就是化石能源的大量使用,而提高能源使用效率、可再生能源替代化石能源等发展是应对气候变化的途径。近年来,随着《巴黎协定》的签订,各国节能减排政策的响应出台,研究气候变化对能源经济系统的影响成为热点研究方向;在制造业方面,中国是全球制造业竞争力大国之首,工业产值增加值占国内生产总值的40%,而制造业在碳排放中占全国碳排放的 80%,同时,我国制造业存在极为显著的问题,制造业产品大多属于高耗能、低附加值的中低端产业,对环境气候造成较大的影响。在面对经济增长与气候环境变化的双重压力以及碳减排的目标要求下,工业经济要想适应气候变化且达到经济稳步增长,需要做的就是产业转型和产业升级,节能减排构建社会-环境-企业的三方可持续发展链,以适应国际气候形势的需求与经济的快速发展。在建筑业方面,人类活动增强导致全球气候变化加剧,特别是极端事件发生频率和强度都呈现上升趋势,从而直接对建筑的安全性、适宜性、耐用性等造成冲击。

3. 工业经济系统暴露度和脆弱性指标体系

1)工业经济系统暴露度指标

本书研究认为,工业暴露度是指承灾体暴露于范围内的承灾体的面积大小、数量多少或价值多少,如工业从事人员、工业物料、工业基础及公共设施、自然环境、社会环境等。在暴露度指标的选取上,选用暴露于致灾因子的工业增加值作为工业经济系统致灾因子的暴露度指标。

极端降水下的工业经济暴露度。本书对极端降水下的工业经济暴露度的定义是极端降水的天数乘以每个网格单元中暴露的工业产值总量[式(3.1)]。

$$\text{INDEXP}_{\text{PR}} = \text{R95p} \times \text{IND\_VALUE} \tag{3.1}$$

式中,$\text{INDEXP}_{\text{PR}}$ 为极端降水下工业经济暴露(单位:天·美元);R95p 为极端降水日数;IND_VALUE 为工业产值。

极端降水指标。降水量超过某一阈值称为极端降水事件。早期的阈值选取主要采取绝对阈值法(Groisman et al., 1999)。为了不同地区间可以相互比较,很多研究采用百分位数来确定极端降水的阈值(Guo et al., 2019; Shi et al., 2020)。将一定时间段内的逐日降水量按升序排列，选取某个百分位值作为极端降水事件的阈值，日降水量超过阈值的事件称为极端降水事件。本书将 1961～1990 年设为参考期，计算逐年湿日（日降水量＞1 mm）降水量序列的第 95 个百分位值定义为极端降水的阈值。根据世界气象组织（World Meteorological Organization，WMO）极端降水指数的定义可知，日降水量大于 25 mm 的日数为大雨日数，当局部 95%的阈值小于 25 mm 时，将其设置为 25 mm。本书研究用日降水来分析极端降水。用于极端气候评估的数据来自 CMIP5，主要遴选出 3 个气候模式 MIROC5、MPI-ESM-LR、HadGEM2-ES 来预估不同气候变化情景下 2010～2050 年的降水数据，并利用多模式集合平均方法进行气候多模式耦合。

2）工业经济系统脆弱性指标

20 世纪末至今，全球气温升高的速度加快，极端气候事件发生频率也不断增加，给社会、经济、环境等带了严重的危害（Easterling et al., 2000）。在气候变化背景下，工业经济系统的脆弱性指标主要包括行业产值、资本投入、劳动力投入、技术投入、极端气候指数等。具体来说，以工业增加值表示行业的产值状况，该指标代表了一个国家（地区）在一定时期内所生产的和提供的全部最终产品和服务的市场价值的总和，是工业部门在一定时期内生产活动的结果以及工业企业生产过程中新增加的价值；同时也反映了工业部门对国内生产总值的贡献。当工业部门产值越大时，说明工业经济发展较好，适应风险能力越大。以固定资产投资表示资本投入，该指标表示的是企业在一定时期内建立和购买固定资产的数量，包括企业用于基本建设、改造更新、大修理和其他固定资产投资等。在生产制造部门实行的经济活动中，当企业的投资越高时，应对和抵御灾害的能力相对较强，工业经济脆弱性将降低。以从业工业部门的人员表示劳动力投入，从业人员越多的地区，面临灾害的产生损失越大，相对的脆弱性越高。以研究与试验发展（research and development，R&D）经费的数量代表技术投入。R&D 活动是指为增加人类知识总量以及运用知识创造新的应用而进行的系统性、创造性的活动。R&D 经费是指以货币形式表现的、在报告年度内全社会实际用于 R&D 活动的经费总和。R&D 经费投入越高，表示相应的 R&D 活动越多，技术进步越快，对灾害风险适应能力越强。选取极端高温、降水、干旱等气候指数，来反映极端气候的影响，当极端气候指数越大时，相对造成的风险和损失越大，脆弱性也越大。

3.1.5　GDP 暴露度和脆弱性指标体系

1. GDP 干旱暴露度指标体系

干旱作为受灾面积分布最广、受灾人数最多的自然灾害，几乎所有人类居住区域都有发生，造成的财产损失也超过其他自然灾害。在气候变化与人类活动的双重驱动下，全球的干旱形势正发生着复杂的变化，中国尤为严重。干旱带来的环境影响及经济损失阻碍了区域可持续发展。选择干旱作为致灾因子，可利用干旱指数等气象指标来反映干旱的时空变化规律。暴露度与风险有关，反映了承灾体遭遇危害的程度，取决于承灾体暴露于灾害事件中的概率，从而决定了社会经济系统在灾害影响下的潜在损失大小。

Pamler 干旱指数(PDSI)因其物理意义清晰明确，方便于全球不同区域比较，已在国际范围广泛应用，是世界上研究和监测干旱最为广泛使用的气象干旱指标之一。

GDP 是社会经济发展、区域规划和资源环境保护的重要指标之一(Chen et al., 2020)。GDP 空间分布是衡量、绘制和评估社会经济活动对极端气候的暴露、脆弱性和风险的重要承灾体之一。可靠的 GDP 预估格网数据及干旱指标选取对全球 GDP 干旱暴露度估算与评估至关重要。目前，全球高精度 GDP 预估格网数据集十分有限且存在诸多不足，本书研究首先对国别 GDP 进行降尺度，相关数据及流程如图 3.3 所示。

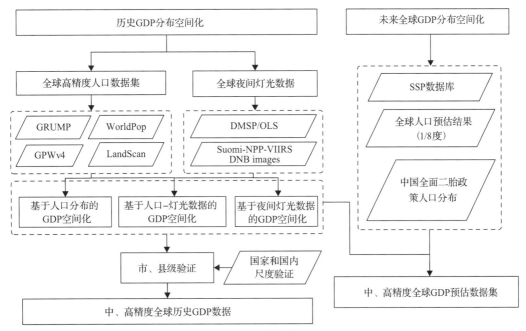

图 3.3　GDP 降尺度流程图

2. GDP 干旱脆弱性指标体系

GDP 干旱脆弱性是指自然系统和社会经济系统中的多个因素受到干旱扰动，从而影响人地耦合系统应对干旱的能力，对生态环境、居民生计和社会发展造成不利影响(黄晓军等，2014)。脆弱性评价为在社会、经济和气候环境层面确定干旱影响提供了一个框架，有助于深入了解和分析易受干旱影响的区域特征，为降低 GDP 干旱脆弱性措施选取提供支撑(方创琳和王岩，2015)。通过将 GDP 干旱脆弱性进行空间可视化，可以为应对干旱提供针对性的解决方案。构建 GDP 干旱脆弱性指标体系，对于干旱脆弱性评价、制定干旱减缓政策等至关重要(黄晓军等，2014；贾元童等，2020；王岩等，2013；杨飞等，2019)。

根据 IPCC 提出的脆弱性概念与分析框架，脆弱性由暴露度、敏感性和适应能力三个维度组成。暴露度是系统遭受外部自然环境或社会政治压力的程度，是外部压力施加于系统的频率、持续时间和强度。暴露度与风险有关，反映系统遭遇危害的程度，取决于承灾体在气象灾害事件中暴露的概率，决定了社会经济系统在灾害影响下的潜在损失大小。敏感性是承灾体对气象灾害干扰的敏感程度，反映了系统抵抗灾害干扰的能力，它主要取决于系统结构的稳定性。适应能力是承灾体应对实际或预期压力的能力，通过改变和调节潜在状态参数，包括承灾体本身的适应能力和人类适应两个层次，具体包括教育、收入、技能、信息、基础设施和管理实践的能力等，它决定了承灾体在灾害事件中受损失的实际大小。根据 IPCC 提出的脆弱性概念及其三个维度，脆弱性是由两个正向影响维度（暴露度和敏感性）和一个负向影响维度（适应能力）构成。GDP 脆弱性包含内容广泛，本书研究主要指社会经济系统因素因受到极端天气气候事件(如干旱)扰动而可能遭受的 GDP 损失程度，本书研究选取 8 个暴露度指标、6 个敏感性指标和 8 个适应能力指标，来反映全球各国的社会经济状况和气候环境特征，构建的 GDP 干旱脆弱性指标体系见表 3.4。

表 3.4　GDP 干旱脆弱性指标体系

序号	暴露度指标	敏感性指标	适应能力指标
1	年降水量	人口密度	人均 GDP
2	潜在蒸散发	城市人口占比	总储蓄
3	干燥度指数	农村人口占比	通电率
4	干旱指数	公路网密度	医疗支出
5	林地面积占比	单位 GDP CO_2 排放量	教育支出
6	草地面积占比	化石能源消耗	科研人员比例
7	农业用地面积占比		工业增加值
8	建筑用地面积占比		淡水资源利用率

3.2　全球变化人口与经济系统脆弱性定量评估模型

3.2.1　人口脆弱性定量评估模型

1. 数据

气候预估数据来自于 ISI-MIP，基于 CMIP5 在 RCP 情景下的输出结果，其中包含五个全球气候模型。经过偏差校正和降尺度，将数据分辨率降到 0.5°×0.5°。用于计算暴露度的人口数据来自日本国立环境研究所(NIES)，输出的是 RCP 对应的 SSP 空间化人口预估数据，分辨率为 0.5°×0.5°，根据 IPCC 提供的 RCP 和 SSP 之间的对应关系，RCP 2.6、RCP 4.5 和 RCP 8.5 分别对应 SSP1、SSP2 与 SSP3。此外，脆弱性分析中采用了 RCP 情景下的全球土地覆盖的预估数据(Li et al., 2016)和从联合国粮食及农业组织(FAO)获得的水资源数据，并将其分辨率统一到 0.5°×0.5°。研究基准期为 1986~2005 年，这是评估极端指数和气候影响的预计变化时常用的参考期(Schleussner et al., 2016)。未来时段分别为近期(2016~2035 年)与中期(2046~2065 年)，分析不同气候变化情景与时段下极端高温、极端降水、干旱人口暴露度与脆弱性空间格局。

2. 方法

极端高温暴露度评估模型如下：采用年极端高温天数(即极端高温发生的频率)来量化其危害程度，将其定义为超过某一阈值的日最高温度。极端高温的阈值被定义为当地基准期(1986~2005 年)日最高温度的第 90 百分位，其中，当该地第 90 百分位小于 25 ℃时，将其设置为 25 ℃(Garssen et al., 2005)。研究选择了相对阈值而不是固定阈值来预测全球极端高温的时空变化和人口暴露度变化，因为单一的固定阈值不足以反映世界各地气候条件的显著差异(Gasparrini et al., 2015)。因此，采用相对阈值量化全球范围极端高温变化更为合适。

极端高温频率的计算公式如下：

$$C = \sum_{i=1}^{365} (\mathrm{TEM}_i > \mathrm{THR}) \tag{3.2}$$

$$\bar{C} = \frac{\sum_{j=1}^{2} C_j}{5} \tag{3.3}$$

式中，C 为年极端高温天数(天)；i 为一年中的第 i 天；TEM 为日最高气温(℃)；THR 为当地的高温阈值；$\bar{C}$ 为 C 的多模型平均值(天)；j 为第 j 个模型。

结合人口预估数据，采用极端高温日数与人口相乘的方法计算每个网格单元的人口暴露度(Jones et al., 2015)。因此，人口暴露度的单位是人·日。为了计算基准期和未来时期(2016~2035 年和 2046~2065 年)的暴露度，使用 20 年的平均极端高温天数以及人口预测的平均值来减少年际变化的影响，在分别对单一模式计算的基础上进行多模式集合，人口暴露度计算公式如下：

$$\overline{E_P} = \frac{\sum_{m=1}^{20} C_m \times P}{20} \tag{3.4}$$

式中，$\overline{E_P}$ 为 20 年平均人口暴露度(人·日)；m 为研究时段内的第 m 年；C 为极端高温发生的年天数(天)；P 为预测人口数(人)。

将极端高温人口暴露度变化进行分类，可以分为气候、人口以及气候和人口相互作用的影响，评估了不同因素影响的相对重要性(Jones et al., 2015)。人口影响是通过保持气候恒定来计算的(即在 RCP-SSP 情景中，基准期的极端高温年频率乘以预估人口)。在计算气候影响时，人口保持不变(即在 RCP 情景中，基准时期的人口乘以极端高温频率)。在此基础上，计算气候和人口相互作用的影响，以确定人口增长的地区在气候变化下是否经历了更多的极端高温事件，其贡献度计算公式如下：

$$\Delta E_P = C_b \Delta P + P_b \Delta C + \Delta P \Delta C \tag{3.5}$$

式中，ΔE_P 为人口暴露的总变化；C_b 为基准期的极端高温频率；P_b 为基准期的人口；ΔC 为从基准期到未来时期的极端高温频率的变化；ΔP 为从基准期到未来时期的人口变化。因此，$C_b\Delta P$ 为人口效应，$P_b\Delta C$ 为气候效应，$\Delta P\Delta C$ 为气候变化与人口数的交互效应。

极端降水人口暴露度评估模型如下：本书研究采用的危害指标是年极端降水日数，这也表示了极端降水发生的频率。极端降水的定义是超过某一阈值的日降水量，研究采用相对阈值。其定义为基准期（1986～2005 年）降水量大于 1 mm 的日数的第 95%分位数。与绝对阈值相比，相对阈值充分考虑了降水的区域差异，消除了区域和季节因素，并根据各地点的实际降水情况确定了各地的极端降水阈值，其更适合于预测全球极端降水的时空变化（Liu et al., 2017）。在研究中，根据每个 GCM 分别计算频率和暴露度，并集成了 5 个 GCM 的结果，极端降水频率的计算公式如下：

$$C = \sum_{i=1}^{365}(\text{PRE}_i > \text{THR}) \tag{3.6}$$

$$\bar{C} = \frac{\sum\limits_{j=1}^{5}C_j}{5} \tag{3.7}$$

式中，C 为年极端降水日数（天）；i 为一年中的第 i 天；PRE 为日降水量（mm）；THR 为当地的阈值；$\bar{C}$ 为 C 的多模型平均值（天）；j 为第 j 个模型。

结合人口预估数据，采用极端降水天数与人口相乘的方法计算出每个网格单元的人口暴露度（Jones et al., 2015）。因此，人口暴露度的单位是人·日。为了计算基准期和未来时期（2016～2035 年和 2046～2065 年）的暴露度，使用 20 年的年均极端降水天数以及人口预测的平均值来减少年际变化的影响，在分别对单一模式计算的基础上进行多模式集合，人口暴露的计算公式如下：

$$\overline{E_P} = \frac{\sum\limits_{m=1}^{20}C_m \times P}{20} \tag{3.8}$$

式中，$\overline{E_P}$ 为 20 年平均人口暴露度（人·日）；m 为研究时段内的第 m 年；C 为极端降水发生的年日数（天）；P 为预测人口数（人）。极端降水人口暴露度变化贡献度分析与极端高温类似。

干旱人口暴露度评估模型如下：研究采用的基准期是 1986～2005 年，比 1850～1900 年的工业化前水平高 0.61 ℃（IPCC，2013），这也是评估极端天气气候事件和气候变化影响的常用参考期。因此，在基准期的基础上分别再升温 0.89 ℃和 1.39 ℃将达到 1.5 ℃和 2.0 ℃的升温目标。根据先前基于多个 GCM 集合的研究，在 RCP 2.6 情景下，2020～2039 年将稳定地比工业化前水平增加 1.5 ℃，在 RCP 4.5 情景下，2040～2059 年将稳定地比工业化前水平增加 2.0 ℃（Su et al., 2018）。

采用 SPEI 作为衡量干旱危险性的指标，它具有多尺度特征，对全球变暖非常敏感。本书研究选择 12 个月尺度 SPEI(SPEI-12)分析基准期与升温情景下的干旱频率，SPEI 的计算公式如下：

$$D = P - \text{PET} \tag{3.9}$$

式中，D 为降水量(P)与潜在蒸散量(PET)之差，反映了区域内水分的盈亏情况。PET 的计算采用了 FAO 推荐的 Penman-Monteith 方程(Allen et al., 1998)，该方程同时考虑了热因素和土壤动力学因素，与真实作物蒸散量参考相一致。PET 的计算公式如下：

$$\text{PET} = \frac{0.408\Delta(R_\text{n} - G) + \gamma \dfrac{900}{T+273} u_2(e_\text{s} - e_\text{a})}{\Delta + \gamma(1 + 0.34)u_2} \tag{3.10}$$

式中，T 为平均气温；γ 为干湿常数；Δ 为饱和水汽压曲线斜率；e_s 为饱和水汽压；e_a 为实际水汽压；R_n 为净辐射；G 为土壤热通量($G=0$)；u_2 为 2 m 高处的风速。

干旱频率 C 的计算公式如下：

$$C = \frac{n}{N} \times 100\% \tag{3.11}$$

式中，n 为每个网格中发生干旱的月数；N 为总月数。

结合人口预估数据，采用干旱频率与人口相乘的方法计算出每个网格单元的人口暴露度(Jones et al., 2015)。因此，人口暴露的单位是人·月。为了计算基准期和未来时期(2016~2035 年和 2046~2065 年)的暴露度，使用 20 年的年均干旱频率以及人口预测的平均值来减少年际变化的影响，在分别对单一模式计算的基础上进行多模式集合，人口暴露度的计算公式如下：

$$\overline{E_P} = \frac{\sum\limits_{m=1}^{20} C_m \times P}{20} \tag{3.12}$$

式中，$\overline{E_P}$ 为 20 年平均人口暴露度(人·月)；m 为研究时段内的第 m 年；C 为干旱发生的年月数；P 为预测人口数(人)。干旱人口暴露度变化贡献度分析与极端高温类似。

基于构建的干旱脆弱性指标体系，在汇总三个指标的原始值后，对所有网格每个指标进行极值归一化，以确保脆弱性值在 0~1(OECD/JRC, 2008)。对于与总体脆弱性呈正相关的指标，归一化计算公式如下：

$$N_i = \frac{X_i - X_\text{min}}{X_\text{max} - X_\text{min}} \tag{3.13}$$

式中，N_i 和 X_i 分别为网格 i 的归一化值和原始值；X_max 和 X_min 分别为所有网格中的最大值和最小值。对于与总体脆弱性负相关的指标，如人均 GDP，可以采用以下转换方法

（Naumann et al., 2014）：

$$N_i = 1 - \frac{X_i - X_{\min}}{X_{\max} - X_{\min}} \qquad (3.14)$$

干旱人口脆弱性的计算公式如下：

$$V = \frac{N_{\mathrm{sco}} + N_{\mathrm{agr}} + N_{\mathrm{inf}}}{3} \qquad (3.15)$$

式中，N_{sco}、N_{agr} 和 N_{inf} 分别为每个网格的社会经济、农业和基础设施脆弱性因子。

干旱人口风险（R）是干旱危害（即未来可能发生的干旱事件）、暴露度（即总人口）和脆弱性（即受干旱事件影响的暴露元素遭受不利影响的可能性）之间的相互作用对人口造成有害后果的概率，其计算公式如下：

$$R = H \times E \times V \qquad (3.16)$$

式中，R 为人口面临干旱的风险；H 为干旱危害；E 为人口的暴露度；V 为干旱人口脆弱性。

3.2.2　主要农作物脆弱性定量评估模型

1. 小麦脆弱性定量评估模型

本书研究将小麦脆弱性区分为自然脆弱性和综合脆弱性。其中，自然脆弱性即小麦只受到自然环境因子影响下的产量损失率，而不考虑社会经济发展后防灾减灾能力、应对措施等人为要素的变化对小麦的影响（Fell, 1994; Quan et al., 2011; Papathoma-Köhle et al., 2011）。综合脆弱性为考虑气候变化及农民采取应对气候变化的适应措施后导致的作物产量损失率。本书研究中农民的适应措施主要体现为灌溉量的调整，而农民灌溉的意愿主要受到经济发展水平的影响。

本书研究中，小麦自然脆弱性预估方法具体是：以完成参数率定并通过检验的 EPIC 模型为小麦生长模拟工具；设定 1976～2005 年为基准时段，2010～2100 年为预估时段；以气象因子、土壤因子、小麦物候期等作为输入，分别对基准时段、预估时段 RCP 2.6、RCP 4.5、RCP 8.5 情景下全球小麦生长过程和小麦产量进行模拟；分别得到基准时段逐年小麦产量和预估时段逐年小麦产量；进而，选取基准时段排序前 10% 的小麦最大年产量的平均值作为不受气候变化影响的正常年份产量，则预估时段每年的小麦产量损失率可用式（3.17）表示：

$$\mathrm{YL}_j = \frac{Y_{j\mathrm{base}} - Y_{j\mathrm{RCP}}}{Y_{j\mathrm{base}}} \qquad (3.17)$$

式中，YL_j 为站点 j 的自然减产率；$Y_{j\mathrm{base}}$ 为站点 j 在基准时段 30 年中排序前 10% 的小麦

最大年产量的平均值；Y_{jRCP} 为站点 j 在不同 RCP 情景下的产量。

对其进行归一化，公式如下：

$$YL_{jn} = \frac{YL_j}{\max(YL_j)} \tag{3.18}$$

式中，$\max(YL_j)$ 为研究区减产率最大值。

小麦综合脆弱性预估方法具体是：以完成参数率定并通过检验的 EPIC 模型为小麦生长模拟工具；设定 1991～2005 年为基准时段，2010～2100 年为预估时段；以气象因子、土壤因子、小麦物候期、灌溉量等作为输入，以 RCP 8.5-SSP3 组合预测情景为未来情景，对小麦生长过程和小麦产量进行模拟；分别得到基准时段逐年小麦产量和预估时段逐年小麦产量；进而，选取基准时段 15 年中最大年产量来作为不受旱灾影响的正常年份产量，则气候变化与经济发展情景下预测年份的小麦产量损失率计算公式如下：

$$YI_{jl} = \frac{Y_{j\text{base}} - Y_{jIRCPSSP}}{Y_{j\text{base}}} \tag{3.19}$$

式中，YI_{jl} 为站点 j 的综合减产率；$Y_{jIRCPSSP}$ 为站点 j 在自然环境和社会经济发展双重影响下的产量；$Y_{j\text{base}}$ 为站点 j 在基准时段的产量。

对其进行归一化，公式如下：

$$YIS_{jl} = \frac{YI_{jl}}{\max(YI_{IH})} \tag{3.20}$$

式中，$\max(YI_{IH})$ 为研究区减产率最大值。

2. 玉米干旱脆弱性评估模型

旱灾脆弱性曲线是干旱致灾强度(DI)与作物产量损失率(LR)的函数表达(王静爱等，2016)。干旱强度是归一化的作物生育期内累积水分胁迫值，损失率是各情景下作物产量相对于最大作物产量的减产率。

在脆弱性曲线构建过程中，本书研究通过改变作物模型中与种植处理相关的设定，探查增产的障碍因素，并确定温度、水分和氮、磷、钾元素等胁迫对作物可能造成的影响。采用控制变量的方法，为得到不同旱灾条件下作物的产量损失，本书研究设定了一个温度适宜、养分充足、无通气性胁迫和盐分胁迫的情景，进而模拟该情景下水分短缺对作物产量损失的影响(图 3.4)。模拟采用 SEPIC 模型进行。SEPIC 模型是在 EPIC 模型的基础上提出的 EPIC 模型空间化框架，包括数据的空间化以及参数的空间化，从而在大尺度区域模拟中体现区域的内部差异。

在脆弱性曲线线型拟合上，本节在每个评价单元内，将上述作物旱灾致灾强度指数与产量损失率相结合，通过函数拟合得到每个评价单元的作物旱灾脆弱性曲线函数，通常认为其函数线性是 Logistic 型[式(3.21)](王志强，2008)。

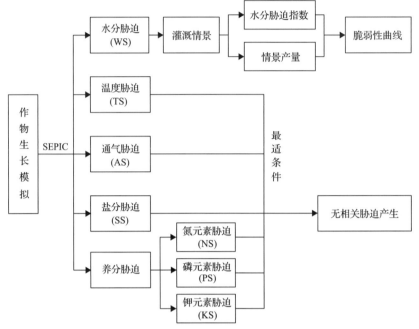

图 3.4 脆弱性曲线模拟思路(王静爱等, 2016)

$$LR = \frac{\dfrac{a}{[1+b\times\exp(c\times DI)]} - \dfrac{a}{(1+b)}}{\dfrac{a}{[1+b\times\exp(c)]} - \dfrac{a}{1+b}} \qquad (3.21)$$

式中,a、b、c、d 分别为脆弱性曲线中的常量参数;LR 为作物产量损失率;DI 为干旱致灾强度。

3. 玉米降水波动脆弱性评估模型

在全球的玉米干旱脆弱性研究的基础上,本书研究进一步进行了以美国东北部为典型区的玉米降水波动脆弱性的研究(图 3.5)。典型区所包含的八个州分别为纽约州、康涅狄格州、宾夕法尼亚州、新泽西州、特拉华州、马里兰州、西弗吉尼亚州和弗吉尼亚州。

研究同样采用 EPIC 模型,基于 EPIC 模型的数据输入要求,本节将研究区数据分为 4 类:①玉米生长环境数据;②玉米田间管理数据;③玉米品种属性数据;④玉米实际产量数据。通过在研究区筛选有玉米种植的区域,得到 6162 个分辨率为 5′(约 10 km)的网格。以每个网格作为一个独立的 EPIC 模型运行节点,在 ArcGIS 中通过空间叠加计算得到该网格的 EPIC 模型输入数据,并通过 Matlab 编程,实现 EPIC 模型在每个网格上的批量运行。

在 EPIC 模型的具体应用中,本书研究根据当地实际情况调整参数(范兰等,2012)。用 2000~2004 年 5 年的统计产量数据对模型进行校准,通过运行模型得到模拟产量,修改玉米品种属性数据以减小模拟产量与统计产量之差，迭代5次得到最终的玉米品种属性数据，并用此数据作为最终玉米品种属性输入数据，从而获得模拟产量结果。研究的详细流程见图3.5。

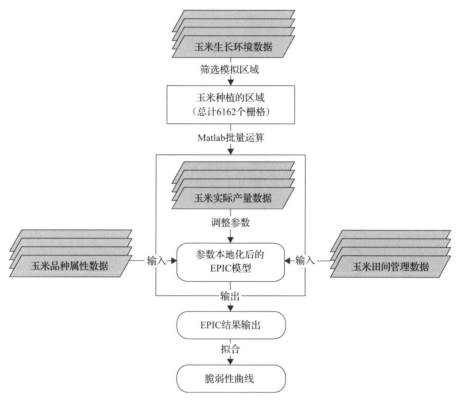

图3.5　美国东北部玉米降水波动脆弱性研究流程

玉米降水波动脆弱性曲线选用一元线性回归的方法拟合，其公式如下：

$$CV = k \times FLU + b \tag{3.22}$$

式中，自变量和因变量分别为降水波动倍率FLU和玉米产量变异系数CV；k 和 b 均为参数。通过对拟合模型进行线性化，利用最小二乘法对模型参数进行估计。

4. 水稻高温脆弱性评估模型

在参考玉米全球旱灾脆弱性定量评估方法的基础上，本书研究对水稻这一作物在极端高温下的全球脆弱性曲线进行了构建，并且在玉米全球旱灾脆弱性定量评估方法外，我们在水稻全球极端高温定量评估方法中提出了对脆弱性曲线的特征进行定量化分析的指标，并将暴露的变化引入脆弱性曲线的预估工作之中。

1）脆弱性指标计算方法

为了衡量水稻高温脆弱性的高低，以用于分析脆弱性的区域差异，本书研究构建了能够代表曲线属性的特征指标。本书研究采用三种指标来表达脆弱性：低致灾下的产量损失率(T_1)、高温致灾下的产量损失率(T_2)、曲线积分值(T_3)。具体计算方法如下：

$$LR = f(HSI) \tag{3.23}$$

$$T_1 = \left[f(HSI = 0.1) + f(HSI = 0.2) + f(HSI = 0.3) \right] / 3 \tag{3.24}$$

$$T_2 = \left[f(HSI = 0.7) + f(HSI = 0.8) + f(HSI = 0.9) \right] / 3 \tag{3.25}$$

$$T_3 = \int_0^1 f(HSI) d(HSI) \tag{3.26}$$

式中，LR 为水稻产量损失率；HSI 为高温致灾指数；$f(HSI)$ 为脆弱性曲线方程；T_1 指标表征 HSI 为 0.1、0.2 与 0.3 时所对应的产量损失率均值；T_2 指标表征 HSI 为 0.7、0.8 与 0.9 时所对应的产量损失率均值；T_3 指标表征高温脆弱性的整体平均状态，即 HSI 打击下所对应的产量损失率平均值。

2) 基于暴露变化的脆弱性曲线预估

由于水稻暴露的变化，在未来情景下一些非水稻种植区可能转变为种植区。这些区域并没有实际产量的统计数据，不能进行模型的参数空间化处理与结果验证，无法保证模拟产量的准确性。因此，基于 SEPIC 模型的方法不能完全适用于暴露变化下的脆弱性曲线构建，需要制定其他曲线预估方案。

脆弱性本身存在区域异质性，其特性的高低与环境因素有着一定程度的关联性。尝试在特定地理单元内构建主导环境因子与脆弱性曲线之间的函数关系，可以为区域内脆弱性曲线预估提供可能性。具体预估思路如下：①环境因子的筛选，选择与水稻生长相关的环境指标，以土壤与地形为主。②主导环境因子的识别，在全球划分出的小区域内，通过分析环境指标与脆弱性指标的相关性，选择相关系数最高的指标作为该区域的主导环境因子。③脆弱性曲面构建，将主导环境因子与对应高温致灾强度指数和产量损失率相组合，进行区域曲面拟合[式(3.27)]。④脆弱性曲线预估，在需要进行预估的评价单元内，查找主导环境因子对应的指标数值代入脆弱性曲面，提取对应的脆弱性曲线。

$$YL = \frac{\dfrac{a}{\left[1+b\times\exp(c\times HSI)\right]} - \dfrac{a}{1+b}}{\dfrac{a}{1+b\times\exp(c)} - \dfrac{a}{1+b}} \times \left[d\times(EI-e)^2 + f \right] \tag{3.27}$$

式中，a、b、c、d、e、f 为曲线函数参数；HSI 为高温致灾强度指数；YL 为产量损失率；EI 为环境因子。

3.2.3 基础设施系统脆弱性定量评估模型

根据基础设施系统脆弱性指标体系可知，基础设施系统脆弱性由承灾体暴露度、孕灾环境敏感性和承灾体适应能力组成。其中，基础设施系统脆弱性与承灾体暴露度和孕灾环境敏感性呈正相关，与承灾体适应能力呈负相关；即承灾体暴露度越高、所处孕灾环境敏感性越高、承灾体适应能力越弱，则基础设施系统的脆弱性越高。本书研究定义交通基础设施系统脆弱性模型为 $V = EI + SI + AI$。其中，EI 表示暴露度(exposure)指标；SI表示敏感性(susceptibility)指标；AI 表示转化为正相关的适应能力(adaptive capacity)指标。

本书研究所选取的交通基础设施系统的研究对象为全球道路网络里程(公路网络)，因此，在该脆弱性评估模型中，暴露度指标为道路里程；敏感性指标选取地形坡度、土壤类型和河网密度三个指标；鉴于全球数据的可获取性，适应能力指标选用地区生产总值(GDP)来表征。在选定评价指标后，本书研究定义敏感性为 $Sus = i_1 \cdot Slo + i_2 \cdot Soi + i_3 \cdot Riv$。其中，Sus 表示敏感性；Slo 表示地形坡度(slope)；Soi 表示土壤类型(soil)；Riv 表示河网密度(river density)；i 表示各指标的权重。

3.2.4　工业生产脆弱性定量评估模型

1. 模型构建依据

在全球气候变化背景下，本书研究建立了极端气候下工业经济系统的脆弱性定量评估模型。"弹性"是美国经济学家马歇尔在经济学原理中提出的，在经济学中应用广泛。弹性指的是两个有函数关系的变量，一种变量变化对另一种变量变化的反映程度。弹性的种类有很多，如价格弹性、收入弹性、产出弹性、供给弹性等，本书主要用到要素的产出弹性，因此主要分析产出弹性。产出弹性又称为生产弹性，指其他要素投入不变时，一种投入要素的变动所引起产出的变化，通常以百分比的形式表示，其主要用来评价资源投入的转化情况。工业生产经济脆弱性是在受到一定影响下所呈现的易损程度，而工业生产的损失程度可以通过工业生产最终的产出变化来表示。因此，本书研究将弹性理论和工业经济脆弱性结合起来，将极端气候指标作为要素输入，分析在极端气候变化下对工业部门产出的影响，即通过定量描述在极端气候指标变化时，相关工业部门的生产弹性变化来表示工业生产脆弱性。

在研究气候变化经济的论文中，早期多采用柯布-道格拉斯生产函数来分析产值影响，但是近年来，众多学者发现柯布-道格拉斯生产函数相对过于简洁，无法揭示气候变化较为复杂的影响，而超越对数生产函数不仅在结构上更为复杂，且能反映平方项和交叉项的影响，因此在结论上更贴近于事实，存在较大的理论优势。国内外有众多学者采用超越对数生产函数研究不同领域受气候变化的影响，评估各行业气候敏感性，以及气温和降水对制造业等的影响(Cheng et al., 2016)。本书研究借鉴前人的研究方法，采用超越对数生产函数进行模型回归估计。

2. 超越对数生产函数模型

生产函数模型反映的是生产活动中投入与产出之间的关系，数学表达式为

$$Y = f(A, L, K, \cdots) \tag{3.28}$$

式中，Y表示产值；A表示技术进步；K表示资本；L表示劳动力等。

生产函数模型有多种形式。根据研究对象和目的的差异，研究者选择的函数形式也不同。本书选取了超越对数生产函数模型。该模型中，将极端气候指标作为一个变量并入超越对数生产函数中，来评估极端气候变化对工业生产的影响。超越对数生产函数是一种较为灵活的生产函数，包含了一次项和二次项，可以输入两种及以上的变量，在结构上属于二次响应曲面（quadratic response surface），其有较强的包容性并且容易估计。其数学表达式为

$$\ln Y = \beta_0 + \beta_K \ln K + \beta_L \ln L + \beta_{KK} \ln K^2 + \beta_{LL} (\ln L)^2 + \beta_{KL} \ln K \cdot \ln L \tag{3.29}$$

式中，β为劳动力的产出及资本的系数。本书分析的是降水对采矿业经济的影响，因此将技术进步和降水因子纳入超越对数生产函数中，构造生产函数模型。其数学表达式为

$$\begin{aligned} \ln Y = {} & \beta_0 + \beta_K \ln K + \beta_L \ln L + \beta_R \ln R + \beta_P \ln P + \beta_{KL} \ln K \cdot \ln L + \beta_{KR} \ln K \cdot \ln R + \beta_{KP} \ln K \cdot \ln P \\ & + \beta_{LR} \ln L \cdot \ln R + \beta_{LP} \ln L \cdot \ln P + \beta_{RP} \ln R \cdot \ln P + 1/2 \beta_{KK} \ln K^2 + 1/2 \beta_{LL} (\ln L)^2 \\ & + 1/2 \beta_{RR} \ln R^2 + 1/2 \beta_{PP} \ln P^2 \end{aligned}$$

$$\tag{3.30}$$

根据上述公式，可以得到各变量的边际产出弹性如下：

$$\alpha_K = \frac{\mathrm{d}Y/Y}{\mathrm{d}K/K} = \frac{\mathrm{d}\ln Y}{\mathrm{d}\ln K} = \alpha_K + \alpha_{KK} \ln K + \alpha_{KL} \ln L + \alpha_{KR} \ln R + \alpha_{KP} \ln P \tag{3.31}$$

$$\alpha_L = \frac{\mathrm{d}Y/Y}{\mathrm{d}L/L} = \frac{\mathrm{d}\ln Y}{\mathrm{d}\ln L} = \alpha_L + \alpha_{LK} \ln K + \alpha_{LL} \ln L + \alpha_{LR} \ln R + \alpha_{LP} \ln P \tag{3.32}$$

$$\alpha_R = \frac{\mathrm{d}Y/Y}{\mathrm{d}R/R} = \frac{\mathrm{d}\ln Y}{\mathrm{d}\ln R} = \alpha_R + \alpha_{RK} \ln K + \alpha_{RL} \ln L + \alpha_{RR} \ln R + \alpha_{RP} \ln P \tag{3.33}$$

$$\alpha_P = \frac{\mathrm{d}Y/Y}{\mathrm{d}P/P} = \frac{\mathrm{d}\ln Y}{\mathrm{d}\ln P} = \alpha_P + \alpha_{PK} \ln K + \alpha_{PL} \ln L + \alpha_{PR} \ln R + \alpha_{PP} \ln P \tag{3.34}$$

3. 岭回归模型

对于线性回归模型，其矩阵表现形式如下：

$$\boldsymbol{Y} = \boldsymbol{X}\boldsymbol{\beta} + \boldsymbol{\mu} \tag{3.35}$$

式中，$\boldsymbol{X}$为一个$(n \times p)$的满秩矩阵；参数$\boldsymbol{\beta}$的无偏估计量$\widehat{\boldsymbol{\beta}}$可表示为

$$\widehat{\boldsymbol{\beta}} = (\boldsymbol{X}'\boldsymbol{X})^{-1}\boldsymbol{X}'\boldsymbol{Y} \tag{3.36}$$

可通过普通最小二乘法（OLS）求得令残差平方和最小的$\widehat{\boldsymbol{\beta}}$，但若存在多重共线性，则$\boldsymbol{X}$为不满秩接矩阵，OLS具有不稳定性和不可靠性，$(\boldsymbol{X}'\boldsymbol{X})^{-1}$计算将不准确，因此提出了

可以在损失函数中增加一个正则化项 kI 来解决 OLS 的缺点。

$$\hat{\beta}^* = (X'X + kI)^{-1}X'Y \tag{3.37}$$

式即岭回归公式(Hoerl and Kennard, 1970)，岭回归是一种有偏估计的回归方法，以牺牲无偏性损失部分信息解决多重共线带来的回归系数不符合实际情况的问题，岭回归中的 k 值被称为岭参数，$k \geqslant 0$。当 $k=0$ 时，$\hat{\beta}^* = \hat{\beta}$，此时岭回归就是 OLS 回归，$\hat{\beta}^* = \hat{\beta}$ 是 β 的无偏估计；当 $k \neq 0$ 时，$\hat{\beta}^*$ 是 β 的有偏估计。将 k 的取值所对应的 $\hat{\beta}^*$ 函数在坐标系中描绘出来，所得到的曲线为岭迹，对应的图形为岭迹图。

3.2.5　GDP 脆弱性定量评估模型

1. GDP 干旱暴露度估算模型

1965 年，Palmer 通过构建双层水量平衡模型，同时考虑降水和大气蒸发能力，以及土壤最大有效持水量(AWC)，重新计算各月序列的最适宜降水量(P')，并计算各月水分匮缺 $d(d=P-P')$。再将 d 乘以气候权重系数 K，构建逐月的干旱指标序列，称为 Z 干旱指数(Z-index)。由于干旱不同于其他自然灾害，其"爬行现象"(缓慢发生和缓慢消退的现象)也在该指标中得以体现。考虑到"爬行现象"所产生的自相关性，Palmer 综合分析了美国中西部地区多年气象资料，并将 Palmer 干旱指数序列的自相关性设定为 0.897，根据不同的阈值判定每月的干旱等级。PDSI 的计算公式如式(3.38)~式(3.40)所示：

$$\begin{cases} Z = dk \\ \mathrm{PDSI}_1 = 1/3Z_1 \\ \mathrm{PDSI}_t = 0.897\mathrm{PDSI}_{t-1} + 1/3Z_t \end{cases} \tag{3.38}$$

$$K_i = \left(\frac{17.67}{\sum\limits_{i=1}^{12} D_i K_i'} \right) K_i' \tag{3.39}$$

$$K_i' = 1.5\lg \left[\frac{\dfrac{\overline{\mathrm{PET}_i} + \overline{R_i} + \overline{\mathrm{RO}_i}}{\overline{P_i} + \overline{L_i}} + 2.8}{\overline{D_i}} \right] + 0.5 \tag{3.40}$$

式中，t 表示月份；Z 为降水匮缺指数；D_i 为 d 的平均值；$\overline{\mathrm{PET}_i}$、$\overline{R_i}$、$\overline{\mathrm{RO}_i}$、$\overline{P_i}$、$\overline{L_i}$ 分别为多年平均潜在蒸散发量、土壤水供给量、可能径流量、降水量和土壤损失水量(单位为英寸，约为 2.54 cm)。进一步对 PDSI 结果进行分级，其中 PDSI>−1 为无旱，PDSI 为(−2, −1]视为轻旱，PDSI 为(−3, −2]视为中旱，PDSI 为(−4, −3]视为重旱，PDSI<−4 则为特旱。

GDP 干旱暴露度估算，选用各像元尺度 GDP 与对应像元不同级别干旱事件发生频率乘积作为 GDP 暴露度指标来评估 GDP 干旱暴露特征。

2. GDP 脆弱性估算模型

本书研究选用脆弱性指数 VI，基于 IPCC 提出的脆弱性概念与分析框架，选择了暴露度指标、敏感性指标和适应能力指标，通过构建全球 GDP 干旱脆弱性指标评价体系，来反映全球和热点地区基准期和未来不同 RCP 与 SSP 情景组合下，GDP 干旱脆弱性变化的时空特征。

基于构建的 GDP 干旱脆弱性指标体系，汇总各国家的 8 个暴露度指标、6 个敏感性指标和 8 个适应能力指标，其中，暴露度指标所采用的年降水量、潜在蒸散发、干燥度指数和干旱指数均基于第 2 章相关数据，土地利用类型数据，基准期选用 MODIS 土地利用与覆盖变化数据结果，未来采用 ISIMIP 土地利用与覆盖预估结果，进而估算各土地利用类型占比；敏感性指标中的人口密度、城市人口占比、农村人口占比和公路网密度，适应能力指标的人均 GDP 和工业增加值，选择本章人口、道路和工业增加值相关数据，以上数据均为空间格网数据集。敏感性指标中的单位 GDP CO_2 排放量和化石能源消耗，以及适应能力指标的总储蓄、通电率、医疗支出、教育支出、科研人员比例、淡水资源利用率均来自世界银行统计数据。因相关数据缺乏未来预估结果，因此，取世界银行 2019 年(或最近年)结果，并假设这些要素未来保持不变。

对世界银行统计结果计算人均占比后进行栅格化，然后对所有格网数据每个指标进行标准化。其中，暴露度因子(除年降水因子)和脆弱性因子为正向维度，采用式(3.13)进行标准化，而年降水因子和适应能力指标因子为负向维度，为保持所有指标的同向性，可采用式(3.14)进行标准化，从而使其数值范围都在 0~1，以便比较各变量。各因子的权重采用常用的等权重法，即每个暴露度因子和适应能力因子的权重为 0.125，脆弱性因子为 0.167。根据以上得到的标准化值和权重，累加即可计算各网格对应的暴露度指数、敏感性指数和适应能力指数。其中，最脆弱的地区干旱暴露程度高、对环境波动的敏感性高，并且适应能力低。

3.3　全球和热点地区人口与经济系统暴露度和脆弱性预估

3.3.1　人口暴露度和脆弱性预估

1. 未来全球与热点地区极端高温人口暴露度预估

对于极端高温危险性而言，极端高温频率的空间分布在每个情景与时段中都显示出明显的纬度地带性。在基准期(1986~2005 年)，全球范围内，除纬度超过 50° 的高纬地区和青藏高原外，其他地区的高温阈值均超过 25 ℃。赤道附近地区极端高温事件发生最频繁，随着纬度的增加，高温天气的发生频率逐渐降低。在不同的时段内，随着时间的推移，极端高温发生频率显著增加。在基准期，年平均最大频率为 36.5 天，而在 RCP

情景下，未来极端高温发生频率预计将超过 120 天，2046～2065 年的频率都明显高于 2016～2035 年。对比三个情景可知，RCP 8.5 情景的高温频率最高，RCP 2.6 情景最低，但情景间的差异小于时间段之间的差异。

　　图 3.6 显示，在极端高温人口暴露度空间格局方面，高值区主要集中在人口密集的地区，如印度、中国、欧洲西部、美国东部和南美洲沿海地区，其中，未来印度和中国东部地区的暴露度是最高的。此外，由于极端高温事件发生频繁，非洲赤道附近地区的暴露度也很高。就暴露度时间变化而言，基准期的全球年人口暴露度为 2178 亿人·天，在 RCP 8.5-SSP3 情景下增加最多，在 2046～2065 年暴露度增加到 10371 亿人·天，而 RCP 2.6-SSP1 情景下最低，人口暴露度分别是基准期的 1.12 倍(2030s)和 1.61 倍(2050s)。

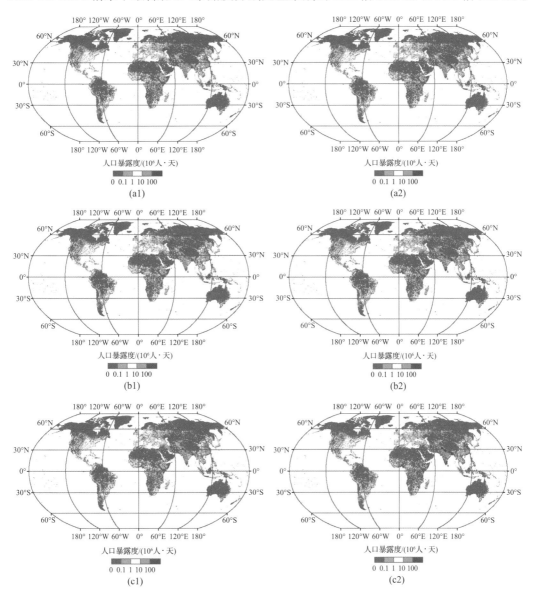

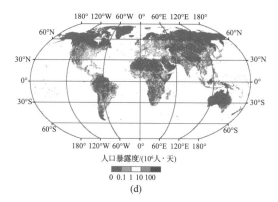

图 3.6　RCPs-SSPs 情景下全球极端高温人口暴露度空间分布 (Chen Q et al., 2020)
(a) RCP 2.6-SSP1；(b) RCP 4.5-SSP2；(c) RCP 8.5-SSP3；(d) 基准期；(1) 2030s，(2) 2050s

在所有大洲中，亚洲的人口暴露度最高，其次是非洲，大洋洲的暴露度最低。在基准期，亚洲和非洲的暴露度分别占全球的 63% 和 14%。在三种情景组合下，亚洲的人口暴露度百分比下降，非洲的人口暴露度百分比上升。在 RCP 8.5-SSP3 情景下，亚洲 2050s 的暴露度占比减少到 53%，非洲暴露度占比增加到 29%。

热点地区高温人口暴露度在不同的情景和时段下均显示出相似的空间分布格局，美国东北部、西欧五国以及中国环渤海地区 3 个热点区域均为全球范围内高温人口暴露度高值区域，其中，环渤海地区暴露度明显高于美国东部与西欧五国，北京、天津、河北和山东的大部分地区单元网格内人口暴露度超过 10^8 人·天。值得注意的是，这三个热点区同时也是城市群高度聚集的地区，极端高温天气将加剧城市热岛效应，两者叠加将增加区域极端高温的程度和强度，因而增加了城市居民遭受极端高温的风险。因此，热点地区迫切需要实施有效的气候变化适应措施。

高温人口暴露度变化贡献度分析表明，气候影响占人口暴露度总变化的近一半（47%～53%）。其中，2030s 人口变化的影响大于气候与人口的交互影响，而 2050s 则相反。不同大洲间人口暴露度变化因素的相对重要性因地区而异。如上所述，全球范围内人口暴露度百分比最高的是亚洲和非洲，但两大洲对人口暴露度变化的主导贡献不同。气候是亚洲高温人口暴露度变化的主导因子。同时，气候变化对欧洲、北美洲和南美洲的所有情景和时段的影响也最大。这一结果表明，极端高温频率的增加会放大人口暴露度，即使这些大洲上人口没有明显增加。对于非洲而言，2030s 这三个因素（即人口、气候和相互作用的影响）对非洲的贡献几乎相同，这是由于非洲预计将出现强劲的人口增长。

2. RCPs-SSPs 情景下未来全球极端降水人口暴露度预估

极端降水频率的长期变化主要由气候变化决定。五个 GCMs 的极端降水的平均频率对全球变暖做出了积极响应。例如，RCPs 情景下的极端降水的频率相对于基准期有所增加，并且在相同 RCP 情景下，中期 2050s 的增加比近期 2030s 更为明显（图 3.7）。RCP 8.5 情景下降水频率最高，其次是 RCP 4.5 和 RCP 2.6。极端降水频率存在明显空间分异，极端降水的变化不均匀。极端降水在热带湿润地区发生最为频繁，在赤道附近，大多数地区年平均极端降水年数超过 15 天。在季风地区，如东亚、南亚和东南亚、北美洲南亚和东南部以及南美洲东亚和南部也经常出现极端降水。在未来的 RCPs 情景中，西欧和北欧的极端降水也将迅速增加。

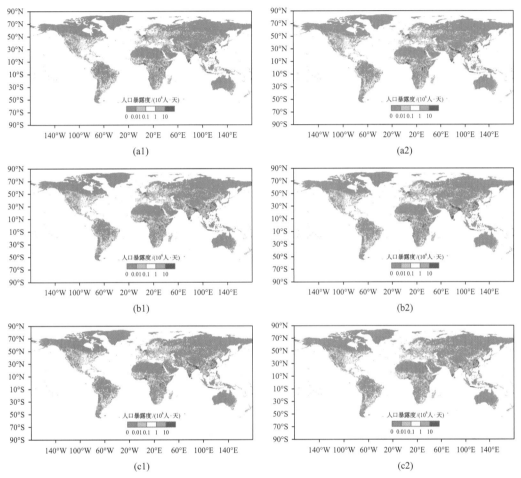

图 3.7　RCPs-SSPs 情景下全球极端降水人口暴露度时空格局（Liu et al., 2020a）
(a) RCP 2.6-SSP1；(b) RCP 4.5-SSP2；(c) RCP 8.5-SSP3；(d) 基准期；(1) 2030s；(2) 2050s

图 3.7 对比了不同情景下相对于基准期的极端降水人口暴露度的变化，在 RCP 8.5-SSP3 下，全球极端降水人口暴露度增加最多，在 RCP 2.6-SSP1 下变化最小，与基准期相比，全球极端降水人口暴露度分别增加了 1.41 倍（2030s）和 1.54 倍（2050s）。非洲中部和东南部的增长率最高，在三种 RCP 情景下，两个时期的增长率均超过 120%。在 RCP 4.5 和 RCP 8.5 下，南亚，南美西北部和北美西部以及大洋洲东部在 2050s 的暴露度增加也相当快。在这些区域中的大多数地区，暴露度相对于基准期的增长率均超过 60%。在中国、西欧和美国东部等人口较多的地区，增长率不到 60%。在所有大洲中，人口暴露度的增幅在非洲和亚洲最大，欧洲最小，比基准期增加 1.27 倍。

影响各大洲人口暴露度变化的主导因素在各地区之间有所不同。例如，由于人口增长缓慢，在 RCP 8.5-SSP3 情景下，欧洲的暴露度变化主要受气候影响。在其他情景和时段内，所有大洲的暴露度变化主要受到人口变化的影响，但各大陆之间仍存在差异。在非洲，人口暴露度变化的贡献度为人口变化＞相互影响变化＞气候变化。在所有情景和时段内，人口变化占暴露度变化的大部分（＞75%）。而在亚洲、北美洲、南美洲和大洋洲，气候影响比相互作用影响更重要。在亚洲，2030s 气候的影响占暴露度变化的 25% 以上，在 2050s 增加到 35% 以上。南美洲和大洋洲的人口变化占总暴露度变化的大部分，分别超过 90% 和 80%。

3. 升温 1.5 ℃、2.0 ℃情景下未来中国干旱人口暴露度预估

在基准期，升温 1.5 ℃和 2.0 ℃情景下，中国发生干旱的频率较高，大多数地区年平均干旱频率超过三个月。这是中国大陆性季风气候广泛分布的结果。在不同等级干旱中，轻度干旱和中等干旱发生频率较高，极端干旱发生频率较低。与基准期相比，升温 1.5 ℃和 2.0 ℃情景下全国平均干旱频率均有所增加，增加的主要原因是轻度和中度干旱频率增加，以升温 2.0 ℃情景为例，轻度和中度干旱频率的增加分别占所有干旱的 60% 和 35%。在基准期与升温 1.5 ℃和 2.0 ℃情景下，干旱人口暴露度呈现明显的空间分异，其中，东南地区的人口暴露度远高于西北地区，这与中国人口的空间分布是一致的(图3.8)。在人口暴露度总量排名前十的省份中，北京、上海、天津的暴露度密度远高于其他省份，由于都是直辖市，其人口分布最为密集、经济最发达。因此，应重点关注这些地区的适应策略的制定与实施。

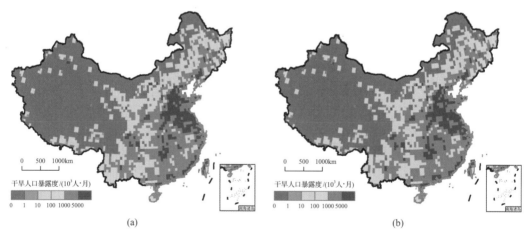

图 3.8 升温 1.5 ℃(a)和 2.0 ℃(b)情景下中国干旱人口暴露度(Liu and Chen, 2021; Chen et al., 2018)

贡献度分析结果表明，在升温 1.5 ℃情景下，气候变化和人口对暴露度变化起正作用，气候和人口相互作用起负作用，其中人口是暴露度变化的主导因素。在升温 2.0 ℃情景下，气候对总暴露度变化有积极影响，而人口以及气候变化人口相互作用则具有负面影响。在两种升温情景下，气候和人口的相互作用均对暴露度变化起负作用，这表明干旱频率升高的地区在升温 1.5 ℃和 2.0 ℃的情景下将经历人口下降。

4. RCPs-SSPs 情景下未来全球干旱人口暴露度与脆弱性预估

就全球干旱频率空间分布而言，基准期和气候变化情景下干旱均频繁发生，大多数地区的干旱频率超过 0.30。轻度和中度干旱比极端干旱频率更高。在大多数地区，轻度和中度干旱的发生频率在 0.05～0.25。在所有时间段中，极端干旱的发生频率均小于 0.05，且世界上大多数地区的干旱发生频率均低于 0.01，极端干旱发生频率在 0.01～0.05 的区域相对少见。就空间分布而言，总干旱和轻度干旱频率较高的区域是分散的，而中度干旱和极度干旱频率较高的区域则在空间上相对集中。例如，中度干旱在澳大利亚中西部的发生频率较高，中亚、非洲北部和中西部美洲的极端干旱发生频率高于其他地区。与基准期相比，RCP 情景下全球平均干旱频率没有明显增加。但是，不同等级的干旱发生频率发生了变化。例如，在气候变化下，预计未来轻度干旱的频率将减少，而中度和极端干旱的频率将增加。在不同的情景和时期中，在 RCP 8.5 下 2030s，中度干旱的频率增加最多，而在 RCP 4.5 下，极端干旱的频率增加最多。

人口预测在不同情景之间有明显的差异。预计 SSP3 情景下人口增加最多，其次是 SSP2，SSP1 最低。在 SSP3 情景下，人口持续增加，而在 SSP1 和 SSP2 下，人口分别在 2050 年和 2060 年达到峰值。SSP1-SSP3 中未来人口变化的差异可以归因于人口预估中的各种参数设置（Samir and Lutz, 2014）。其中，SSP1 情景假设世界人口生育率、死亡率和迁移率低；SSP2 将所有国家的人口与中等生育率、死亡率和迁移率相结合；SSP3 假定高生育率、高死亡率和低迁移率。

图 3.9 显示了全球干旱人口脆弱性空间分布。总体而言，全球范围内干旱人口脆弱性最高的地区是印度和中国北方地区。此外，西亚、东欧和中美洲的脆弱性也高于其他地区。相比之下，纬度超过 60° 的地区和澳大利亚中部干旱人口脆弱性相对较低。对比不同情景和不同时期的脆弱性，基准期的全球脆弱性平均值为 0.24。与基准期相比，RCP 2.6-SSP1 和 RCP 8.5-SSP3 情景下的全球干旱人口脆弱性降低，而 RCP 4.5-SSP2 情景下的全球干旱人口脆弱性增加。在所有时期中，在 RCP 4.5-SSP2 情景下，2030s 全球平均人口脆弱性最高，而在 RCP 2.6-SSP1 情景下，2050s 脆弱性最低。

由危害、暴露度和脆弱性引起的全球干旱人口风险时空格局结果显示，在各种情景和时段下，干旱人口风险的全球空间分布是相似的。高风险的地区主要集中在印度、中国东部、中欧和西欧、美国东部和南美沿海地区，这些地区也是人口稠密的地区。相比之下，在人口稀少的地方，干旱人口风险相对较低，如澳大利亚中部和西部、北非、中国西北部和高纬度地区。与空间分布相比，干旱造成的人口风险在情景和时期之间存在明显不同。在所有 RCPs-SSPs 情景中，干旱人口风险最高的是 RCP 8.5-SSP3，其次是 RCP 4.5-SSP2，RCP 2.6-SSP1 情景下最低，2050s 的干旱人口风险高于 2030s 的干旱人口风险。因此，在 RCP 8.5-SSP3 下，2050s 的干旱人口风险最高，多达 1.45×10^9 人，而在 RCP 2.6-SSP1 下，2030s 的风险最低，预计为 1.12×10^9 人。与基准期相比，增长率分别为 63% 和 27%。

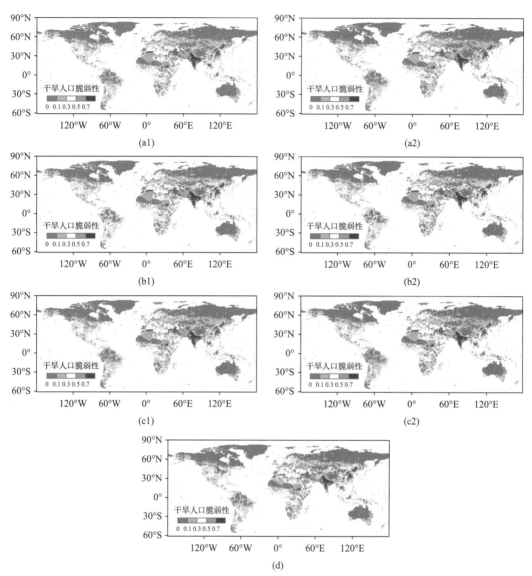

图 3.9 RCPs-SSPs 情景下全球干旱人口脆弱性空间分布 (Liu et al., 2020b)

(a) RCP 2.6-SSP1；(b) RCP 4.5-SSP2；(c) RCP 8.5-SSP3；(d) 基准期；(1) 2030s；(2) 2050s

3.3.2 主要农作物暴露度和脆弱性预估

1. 小麦暴露度和脆弱性预估

1）小麦暴露度

本书研究将未来小麦种植分布预估数据与未来高温数据进行叠加，得到未来 RCP 2.6-SSP1、RCP 4.5-SSP2、RCP 8.5-SSP3 情景组合下近期 (2030s) 和中期 (2050s) 的小麦高温暴露度 (图 3.10)，其中每个栅格的值为受到高温影响的小麦种植面积。

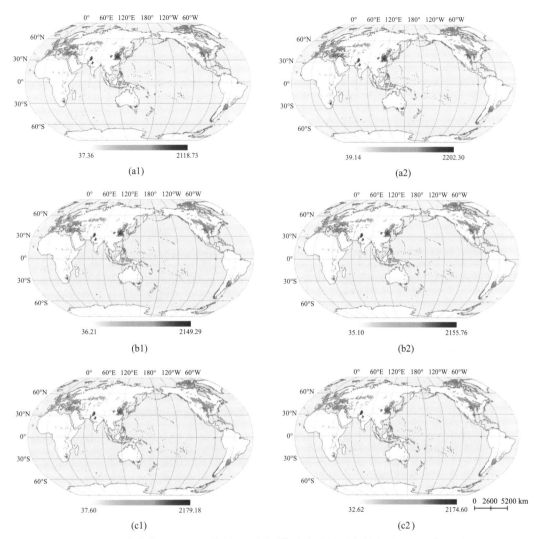

图 3.10　未来各 RCP-SSP 情景下不同时期小麦种植适宜性相对于基准期差异

(a) RCP 2.6-SSP1；(b) RCP 4.5-SSP2；(c) RCP 8.5-SSP3；(1) 2030s；(2) 2050s

本书研究统计了基准期与最极端增温 RCP 8.5-SSP3 情景未来中期下各纬度小麦的极端高温暴露面积，各纬度小麦极端高温暴露面积分布见表 3.5。

表 3.5　各纬度小麦极端高温暴露面积分布　　　　　　（单位：$10^6 hm^2$）

纬度范围	基准期	RCP 8.5-SSP3 情景未来中期
60°N～70°N	1.94	3.00
50°N～60°N	210.08	228.49
40°N～50°N	295.06	306.83
30°N～40°N	256.33	250.95
20°N～30°N	150.59	143.41

纬度范围	基准期	RCP 8.5-SSP3 情景未来中期
10°N～20°N	47.42	32.22
0°～10°N	9.30	6.08
0°～10°S	7.92	5.22
10°S～20°S	9.06	8.34
20°S～30°S	36.87	32.25
30°S～40°S	71.97	61.99
40°S～50°S	3.87	3.98
50°S～60°S	0.00	0.00
60°S～70°S	0.00	0.00

由表 3.5 可知,在两个时段内,小麦的高温暴露区均主要集中于北半球,其中 30°N～60°N 为小麦高温暴露的最主要区域,在基准期,该区域约占全球小麦高温暴露面积的 87.91%。且通过两个时期的小麦高温暴露面积对比可以看出,在 RCP 8.5-SSP3 情景下,高纬度地区(南北纬 60°～90°区域)小麦的高温暴露面积增长约 7.14%。因此可推测未来全球小麦高温暴露有向高纬移动的趋势。

本书统计了基准期与 RCP 8.5-SSP3 情景未来中期各国家小麦的种植面积,分别绘制了基准期与 RCP 8.5-SSP3 情景未来中期小麦种植面积前二十国家的排序情况(图 3.11)。

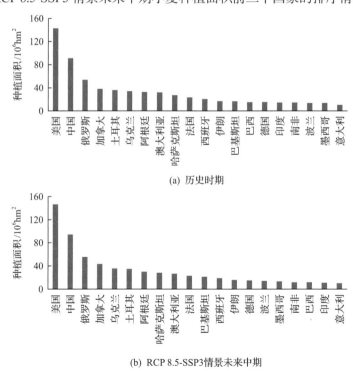

(a) 历史时期

(b) RCP 8.5-SSP3 情景未来中期

图 3.11 小麦极端高温暴露面积前二十国家排序

由图 3.11 可知,在基准期和未来两个时段中,美国小麦极端高温暴露面积始终最大,约占全球小麦极端高温暴露面积的 18.37%。中国的小麦极端高温暴露面积始终保持第二,约占全球小麦极端高温暴露面积的 11.17%,并且远大于排名第三的国家。因此,在未来美国与中国的小麦种植仍然受到极端高温致灾的危害,两国应采取必要措施应对极端高温灾害,从而减少小麦面向高温致灾的损失。

2) 小麦脆弱性

A. 全球小麦自然脆弱性

预估得到不同气候情景下(RCP 2.6-SSP1、RCP 4.5-SSP2、RCP 8.5-SSP3)近期和中期全球小麦自然脆弱性,即小麦减产率(相较于基准期小麦产量的减产化率)。 RCP 2.6-SSP1 情景下冬小麦自然脆弱性空间分布见图 3.12,RCP 2.6 情景下三个时段高值区、低值区的空间分布范围基本保持不变,负值区分布范围增加,其中,负值区增加区域主要集中在欧洲东部。

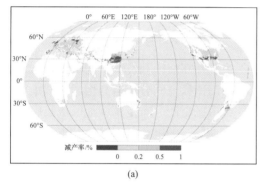
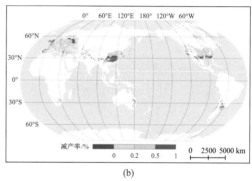

(a)   (b)

图 3.12 RCP 2.6-SSP1 情景(a)2030s、(b)2050s 冬小麦自然脆弱性空间分布图

RCP 4.5-SSP2 情景下,冬小麦自然脆弱性空间分布见图 3.13。高值区和负值区空间分布范围增加,低值区的空间分布范围整体减少。其中,高值区范围增加区域集中分布在欧洲西南部;负值区范围增加区域集中分布在中国华北平原和黄土高原地区、美国西部、朝鲜、韩国、日本;低值区范围减少区域集中分布在欧洲大部分地区。

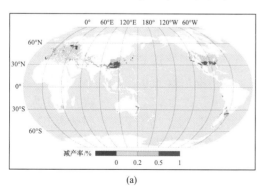
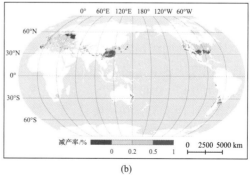

(a)   (b)

图 3.13 RCP 4.5-SSP2 情景(a)2030s、(b)2050s 冬小麦自然脆弱性空间分布图

RCP 8.5-SSP3 情景下,冬小麦自然脆弱性空间分布见图 3.14,高值区和负值区空间

分布范围增加，低值区的空间分布范围减少。其中，高值区范围增加区域集中分布在欧洲西部和南部、中国南方地区、美国南部、墨西哥、阿根廷、智利、澳大利亚东部；负值区范围增加区域集中分布在欧洲东部、西亚地区、中国华北平原和黄土高原地区、朝鲜、韩国、日本、美国西部；低值区范围减少区域集中分布在美国西部、中国华北平原、西亚地区、欧洲大部分地区。

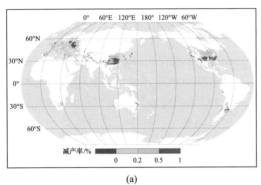 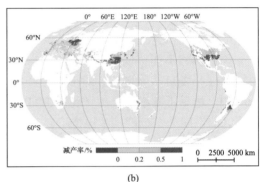

(a)　　　　　　　　　　　　　　　　　(b)

图 3.14　RCP 8.5-SSP3 情景 (a) 2030s、(b) 2050s 冬小麦自然脆弱性空间分布图

随着温室气体排放浓度的增加，冬小麦自然脆弱性高值区和负值区的空间分布范围在逐渐增加，低值区分布范围在逐渐减少。其中，高值区空间分布范围增加区域集中分布在智利、美国南部、墨西哥、澳大利亚东部；负值区空间分布范围增加区域集中分布在欧洲东部、西亚地区、中国华北平原和黄土高原地区、朝鲜、韩国以及日本、美国西部；低值区分布范围减少区域集中分布在美国中部。

综上，RCP 2.6-SSP1 情景下三个时段冬小麦自然脆弱性高值区、负值区、低值区变化幅度最小，RCP 8.5-SSP3 情景下变化幅度最大。其中，负值区增加明显的区域集中分布在欧洲东部、西亚地区、中国华北平原和黄土高原地区、朝鲜、韩国、日本、美国西部；高值区增加明显的区域集中分布在中国南方地区、美国南部、墨西哥、阿根廷、澳大利亚东部。

B. 欧洲小麦干旱脆弱性

本书通过对欧洲各网格脆弱性曲线的拟合，综合获得欧洲 (图 3.15) 的冬小麦干旱脆弱性曲线。

从脆弱性曲线损失增长转折点的值域分布来看，欧洲及其主要国家冬小麦干旱脆弱性曲线损失快速增长起点、拐点和终点对应的干旱强度指数为 0.27、0.47 和 0.68，损失率分别为 0.17、0.43 和 0.75。也就是说，当干旱强度指数为 0.27 时，区域的冬小麦产量损失率为 0.17 并开始快速增长，此时转入干旱的发展阶段；当干旱强度指数为 0.47 时，损失率增速达到峰值并开始下落，损失率从 0.43 开始以逐渐减小的速度增长，此时为干旱发展中期阶段；当干旱强度指数达到 0.68 后，损失率达到 0.75，之后将缓慢平稳增长，即进入干旱的结束阶段。

基于脆弱性曲线特征值的值域分布特点，选择损失快速增长起点、拐点和终点的干旱强度指数 (DI_1、DI_2 和 DI_3) 以及累积损失率 (CLr) 进行专题制图，以分析其空间差异性。

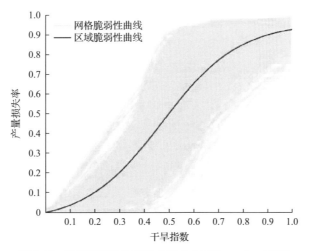

图 3.15　欧洲(网格)脆弱性曲线分布(Wu et al.，2019)

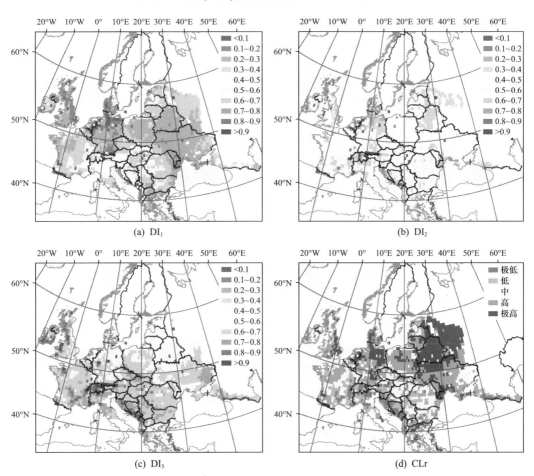

图 3.16　欧洲及其主要国家冬小麦干旱脆弱性曲线特征值的空间分布(Wu et al.，2019)

(a)损失快速增长起点的干旱强度指数(DI₁)；(b)损失快速增长拐点的干旱强度指数(DI₂)；(c)损失快速增长终点的干旱强
度指数(DI₃)；(d)累积损失率(CLr)

从空间分布来看，欧洲及其主要国家冬小麦干旱损失增长转折点的干旱强度指数呈现南高北低的格局。南欧及其周边地区为高值区，DI_1、DI_2 和 DI_3 分别达到 0.4～0.5、0.5～0.7 和 0.7 以上，表明达到较大的干旱强度时方发生损失率的阶段性转变，地区对干旱扰动具有较强的容忍能力；中欧地区为低值区，DI_1、DI_2 和 DI_3 分别集中在 0.2 以下、0.3～0.5 和 0.5～0.7，表明较小的干旱强度便会导致损失率的阶段转变，地区对干旱扰动的容忍能力较弱。在东欧西北部地区，DI_1 和 DI_3 分别集中在 0.2～0.4 和 0.4～0.6，两者间距较小，表明损失率在较短的区间内急剧变化，完成了快速增长，转入平稳阶段；因该区间对应干旱脆弱性曲线的发展阶段，说明该地区在发展阶段对干旱更为敏感。

综上，区域冬小麦干旱脆弱性具有南低北高的特点，可通过更综合的指标或方法，同时结合损失变化和损失程度特征来进一步评价区域的脆弱性差异。

2. 玉米暴露度和脆弱性预估

1）玉米暴露度

本书研究将未来全球玉米种植分布预估数据与未来极端高温数据进行叠加，得到未来 RCP 2.6-SSP1、RCP 4.5-SSP2、RCP 8.5-SSP3 情景下基准期、近期（2030s）和中期（2050s）的玉米极端高温暴露度（图 3.17）。

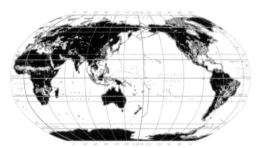

(a) RCP 2.6-SSP1 2030s

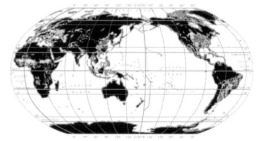

(b) RCP 2.6-SSP1 2050s

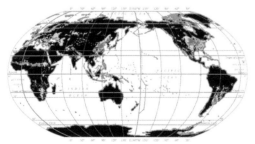

(c) RCP 4.5-SSP2 2030s

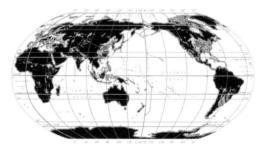

(d) RCP 4.5-SSP2 2050s

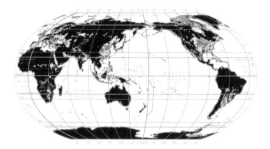

面积暴露　■<0.01　□0.1~0.5　□1~5　□10~50　■100~500
/10²hm²　■0.01~0.1　□0.5~1　□5~10　□50~100　■>500

(e) RCP 8.5-SSP3 2030s

面积暴露　■<0.01　□0.1~0.5　□1~5　□10~50　■100~500
/10²hm²　■0.01~0.1　□0.5~1　□5~10　□50~100　■>500

(f) RCP 8.5-SSP3 2050s

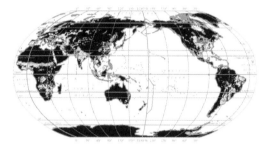

面积暴露　■<0.01　□0.1~0.5　□1~5　□10~50　■100~500
/10²hm²　■0.01~0.1　□0.5~1　□5~10　□50~100　■>500

0　　2000 mi
├─┼─┼─┤
0　　3000 km

(g) 基准期

图 3.17　综合气候模式下的未来全球中期与远期玉米高温暴露分布

本书研究统计了基准期与最极端增温 RCP 8.5-SSP3 情景未来中期下全球各纬度玉米的极端高温暴露面积，各纬度玉米极端高温暴露面积分布见表 3.6。

表 3.6　各纬度玉米极端高温暴露面积分布　　　　　（单位：10⁶hm²）

纬度范围	基准期	RCP 8.5-SSP3 情景未来中期
60°N~70°N	0.00	0.00
50°N~60°N	0.45	3.20
40°N~50°N	35.82	37.94
30°N~40°N	20.59	26.58
20°N~30°N	8.89	15.33
10°N~20°N	7.34	4.32
0°~10°N	6.89	2.47
0°~10°S	4.63	2.75
10°S~20°S	3.48	2.56
20°S~30°S	7.38	6.32
30°S~40°S	2.63	7.37
40°S~50°S	0.00	0.01
50°S~60°S	0.00	0.00
60°S~70°S	0.00	0.00

由表 3.6 可知，在两个情景下，全球玉米的极端高温暴露面积始终集中于北半球，其中 30°N～50°N 为全球玉米极端高温暴露面积最大的区域，占全球玉米总暴露面积的 66.32%。且 RCP 8.5-SSP3 情景未来中期较基准期，玉米极端高温暴露面积在北半球中高纬地区(30°N～60°N)明显增加，暴露面积增加约 27.61%，反映了未来玉米极端高温暴露存在向高纬度地区扩展的趋势。

本书通过统计基准期与 RCP 8.5-SSP3 情景未来中期下全球各国家玉米的极端高温暴露面积，分别绘制了基准期与 RCP 8.5-SSP3 情景未来中期玉米极端高温暴露面积前二十国家的排序情况(图 3.18)。

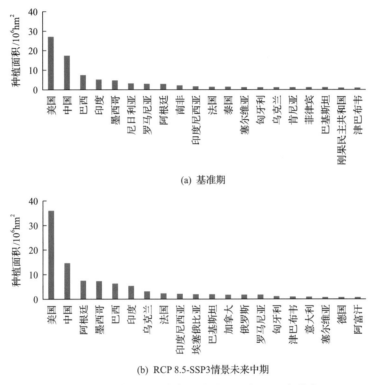

(a) 基准期

(b) RCP 8.5-SSP3情景未来中期

图 3.18　全球玉米极端高温暴露面积前 20 国家排序

在基准期和未来两个时段中美国的玉米极端高温暴露面积始终保持第一，暴露面积约为 3608 万 hm^2(占全球玉米暴露面积的 36.54%)。中国的玉米种植面积始终保持第二，暴露面积约为 1455 hm^2(占全球玉米暴露面积的 14.75%)。且在 RCP 8.5-SSP3 情景下未来中期，美国的玉米暴露面积显著增加，中国玉米暴露面积变化相对稳定。因此，在未来情景下，美国的玉米种植应做好面向极端高温灾害的必要措施。

2) 玉米脆弱性

A. 全球玉米干旱脆弱性

在全球各大洲玉米网格单元脆弱性曲线的基础上，拟合得到全球各大洲的玉米干旱脆弱性曲线(图 3.19)。

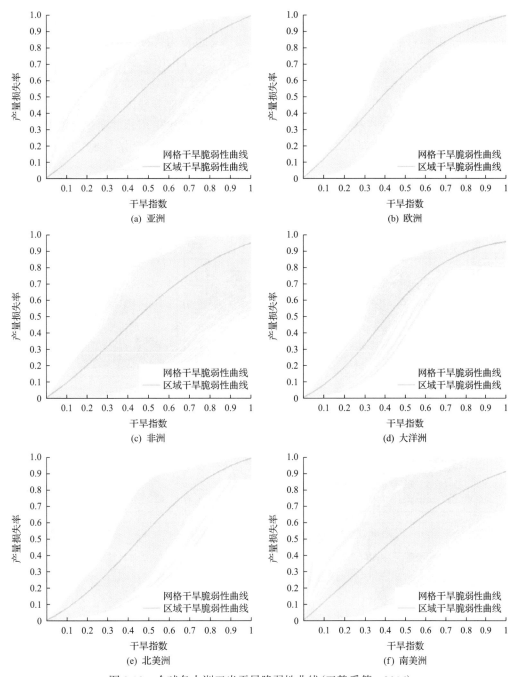

图 3.19　全球各大洲玉米干旱脆弱性曲线(王静爱等, 2016)

　　亚洲玉米干旱脆弱性曲线的增长速率变化不大, 即随着 DI 逐渐增加, 玉米 LR 增长幅度变化较小。当 DI 达到最大时, LR 接近 100%。欧洲各网格单元玉米干旱脆弱性曲线形态比较接近, 当 DI 达到 0.2 以上时均有不同程度的产量损失; 当 DI 在 0.3~0.5 时, LR 增长幅度最大。非洲大部分地区, 当 DI 在 0~0.3 时, 玉米 LR 逐渐增大, 当 DI 达到 0.7 以上时, LR 逐渐平缓, 当 DI 达到最大时, LR 达到 90%以上。大洋洲大多数地区

DI 在 0～0.3 时，玉米 LR 逐渐增长，增幅较小，当 DI 达到 0.3～0.6 时，LR 增长幅度达到最大。北美洲各网格单元玉米干旱脆弱性曲线形态也较为接近，DI 达 0.3 以上时，该地区玉米产量均有不同程度的损失；DI 在 0.3～0.6 时，LR 增长最快；DI 达到 0.6 以上时，脆弱性曲线开始趋于平缓，LR 变化幅度减小；当 DI 达到 1 时，LR 超过 80%。南美洲网格单元玉米干旱脆弱性曲线形态复杂多样。南美洲部分地区玉米生长遭受较小的 DI 时，可能造成较大的产量损失，也有部分地区 LR 随着 DI 增长，变化不大，始终保持在 10% 上下。总体来说，当 DI 达到最大时，大部分地区玉米产量呈现 60%～100% 不同程度的损失。

B. 美国东北部玉米降水波动脆弱性

模型模拟结果表明，研究区整体的玉米产量变异系数（CV 值）随降水波动程度的增加而增加（图 3.20）。

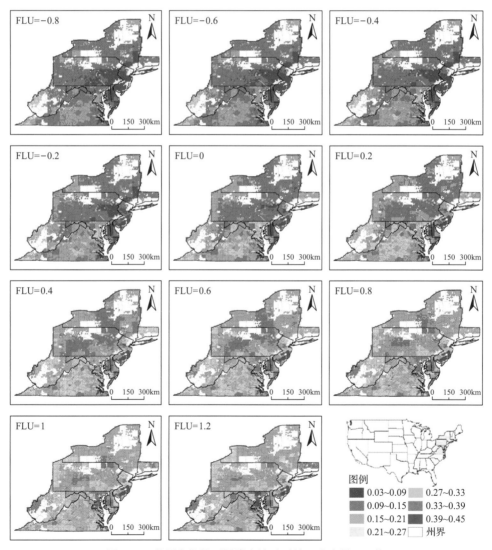

图 3.20　美国东北部不同降水波动下的玉米产量 CV 值

随着降水波动变化(FLU)从-0.8 增加到 1.2,美国东北部的玉米产量 CV 值的平均值分别为 0.128、0.131、0.137、0.145、0.155、0.169、0.183、0.197、0.208、0.219、0.227。康涅狄格州和马里兰州的玉米产量变化最明显。康涅狄格州的玉米产量 CV 值从 FLU=-0.8 倍时的 0.15 增加到了 FLU=1.2 倍时的 0.33。马里兰州的玉米产量 CV 值从 FLU=-0.8 倍时的 0.21 增加到了 FLU=1.2 倍时的 0.39。

当降水波动小于基准期降水波动时,美国东北部玉米产量稳定性增加。当降水波动变化为-0.8 时,美国东北部的降水波动变化是实际情况的 1/5。此时纽约州东南部、宾夕法尼亚州东南部、新泽西州和马里兰州东部区域的玉米产量 CV 值最小,在 0.03~0.09。当降水波动大于基准期降水波动时,美国东北部玉米产量稳定性降低。当降水波动变化达到 1.2 倍时,纽约州和宾夕法尼亚州大部分区域的玉米产量 CV 值都达到 0.15~0.21;只有两个州的中部区域还保持在 0.09~0.15。康涅狄格州、弗吉尼亚州的大部分区域及西弗吉尼亚州的西部玉米产量 CV 值增加到了 0.33~0.39。马里兰州中部的玉米产量 CV 值最高,达到了 0.39~0.42。由此可以看出,降水波动对作物产量稳定性的影响在空间上存在巨大的差异。

3. 水稻暴露度和脆弱性预估

1)水稻暴露度

水稻适宜度分布区域与对应的高温致灾强度(GHST)数据进行空间叠加,得到综合气候模式的各情景组合(以 RCP 2.6-SSP1 与 RCP 8.5-SSP3 为例)下基准期、未来中期(2050s)水稻高温暴露分布(图 3.21、图 3.22),并将区域内 GHST 划分为 5 个等级:第 1 级(0~1)为微度高温暴露影响、第 2 级(1~5)为轻度高温暴露影响、第 3 级(5~10)为中度高温暴露影响、第 4 级(10~20)为重度高温暴露影响、第 5 级(>20)为极重度高温暴露影响。

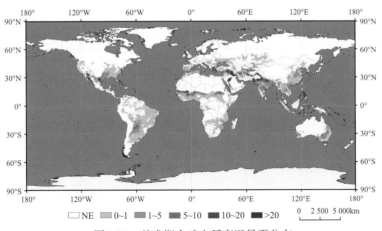

图 3.21　基准期全球水稻高温暴露分布

基准期内,全球水稻 GHST 平均值为 1.3。极重度影响区主要分布在伊拉克、印度两河流域、北美洲科罗拉多河与北布拉沃河流域,所占面积比例为 1.9%;重度影响区主要分布在撒哈拉以南的尼日尔河流域与乍得盆地、伊朗至土库曼斯坦一带，所占面积比例为3.3%；中度影响区主要分布在印度中部、拉普拉塔平原北部、澳大利亚大自流盆地东南部，所占面积比例为5.9%；轻度影响区主要分布在中国中东部至华北地区、中南半岛、美国密西西比平原，所占面积比例为17.6%；微度影响区主要分布在中国南方与东北地区、地中海与黑海沿岸、南非高原、巴西高原、美国东部与东南部，所占面积比例为71.2%。

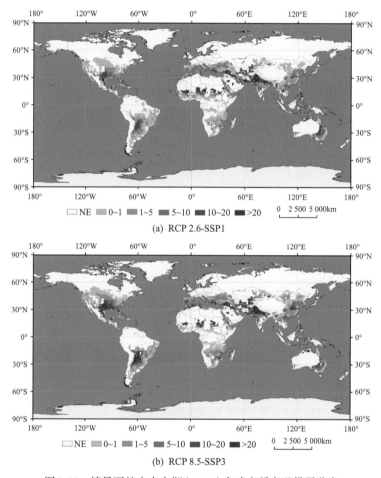

(a) RCP 2.6-SSP1

(b) RCP 8.5-SSP3

图 3.22 情景下的未来中期(2050s)全球水稻高温暴露分布

未来中期全球水稻高温暴露表现为：在低排放情景组合(RCP 2.6-SSP1)下全球GHST平均值为3.68。极重度影响区主要分布在伊拉克、印度河流域、巴基斯坦南部、撒哈拉以南的尼日尔河流域与乍得盆地、伊朗至土库曼斯坦一带，所占面积比例为6.21%；微度影响区主要分布在中国东北地区、地中海与黑海沿岸、南非高原、巴西高原东部，所占面积比例为48.4%。

在高排放情景组合(RCP 8.5-SSP3)下的未来中期内，全球GHST平均值为5.7。极重度影响区主要分布在伊拉克、印度河流域、巴基斯坦南部、撒哈拉以南的尼日尔河流域与乍得盆地、伊朗至土库曼斯坦一带、墨西哥湾沿海平原、拉普拉塔平原中北部，所占面积比例为10.4%；微度影响区主要分布在南非高原北部、美国中央大平原北部，所占面积比例为 37.6%。

总体而言，全球水稻高温暴露高值区主要分布在热带与亚热带地区，包括中国季风区的中东部、印度半岛北部、西亚至中亚一带、撒哈拉以南 15 °N 附近地区、美国南部平原区、拉普拉塔平原中北部，GHST 值普遍在 10～20 及以上。从不同时期层面来看，高温暴露格局表现为以基准期高值区域为中心，范围逐步向周边地区扩展，GHST值普遍呈现出增加趋势。从不同情景组合层面来看，低排放情景组合下全球 GHST 值较基准期平均提升 1.8 倍以上；高排放情景组合下全球 GHST 值较基准期平均提升 3.3～5.2 倍。

从全球各大洲单元来看（图 3.23），基准期至未来中期内，亚洲高温暴露影响最高，三种情景组合与时期[图 3.23(a)～图 3.23(c)]的 GHST 均值分别为 2.5、5.9、8.3，大洋洲次之，欧洲高温暴露影响最低，三种情景组合与时期的 GHST 均值分别为 0.1、1.0、2.3。水稻高温暴露极重度影响区在亚洲所占面积比例最大，三种情景组合与时期下分别为 5.3%、12%、16.6%；重度影响区除基准期外在大洋洲所占比例最大，均大于 16%，微度影响区除高排放情景组合外在欧洲所占比例最大，均大于 63%。

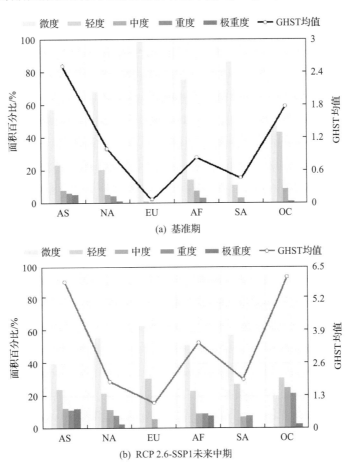

(a) 基准期

(b) RCP 2.6-SSP1未来中期

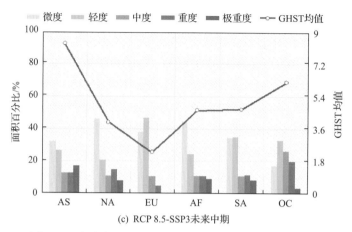

(c) RCP 8.5-SSP3未来中期

图 3.23 全球各大洲单元水稻高温暴露等级区面积百分比

图中字母表示：AS：亚洲；NA：北美洲；EU：欧洲；AF：非洲；SA：南美洲；OC：大洋洲

2）水稻脆弱性

A. 水稻生育期脆弱性曲线

依据设定的最优情景与高温情景，依次利用 SEPIC 模型在全球水稻实际种植网格（EarthStat 提供的 2000 年水稻分布数据）内进行产量模拟得到其损失率（LR），并计算对应的高温致灾强度指数（HSI），形成（13 361×30）个生育期敏感阶段与（13 361×20）个全生育期阶段的"高温强度-产量损失率"样本。根据 Logistics 回归模型，拟合得到全球水稻全生育期阶段（S0）、分蘖期（S1）、抽穗开花期（S2）与灌浆成熟期（S3）的高温脆弱性曲线（图 3.24）。

各生育期阶段的水稻高温脆弱性的曲线拟合优度（R^2）均在 0.9 以上，均方根误差普遍小于 2，其中各敏感阶段均小于 0.3。在各生育期阶段内，曲线拟合优度超过 0.9 的网格所占百分比分别为 97.6%（S0 阶段）、97.9%（S1 阶段）、98.6%（S2 阶段）与 98.8%（S3 阶段），说明所拟合的脆弱性曲线效果良好，能够较好地反映区域内致灾强度与损失率之间的脆弱性特征。

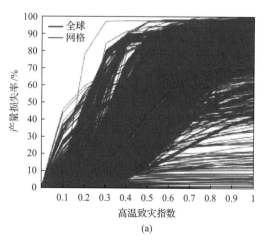

(a)

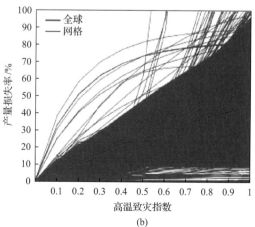

(b)

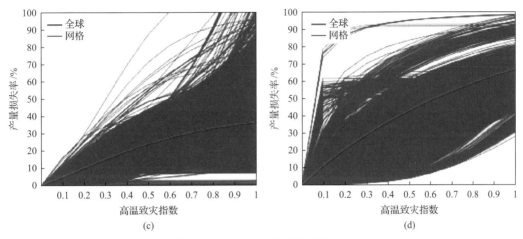

(c)   (d)

图 3.24　全球水稻高温脆弱性曲线

(a)生育期 S1 阶段；(b)生育期 S2 阶段；(c)生育期 S3 阶段；(d)生育期 S0 阶段

B. 全球网格单元水稻脆弱性特征

计算得到的全生育期阶段(S0)、分蘖期(S1)、抽穗开花期(S2)与灌浆成熟期(S3)的全球水稻实际种植网格单元的脆弱性指标值，并将各个网格的特征指标分别通过聚类分析划分为低(L)、中(M)、高(H)三个等级，各生育期阶段的脆弱性采用指标组合方式来综合表达，并将脆弱性分为微度(Ⅰ)、轻度(Ⅱ)、中轻度(Ⅲ)、中度(Ⅳ)、中重度(Ⅴ)与重度(Ⅵ)六个级别(表 3.7)。

表 3.7　水稻高温脆弱性等级划分

脆弱性等级	指标组合类型	脆弱性等级	指标组合类型	脆弱性等级	指标组合类型
Ⅰ	L-L-L	Ⅲ	L-L-M	Ⅴ	L-L-H
	L-M-L		L-M-M		L-M-H
	M-L-L		M-L-M		M-L-H
	M-M-L		M-M-M		M-M-H
Ⅱ	L-H-L	Ⅳ	L-H-M	Ⅵ	L-H-H
	H-L-L		H-L-M		H-L-H
	M-H-L		M-H-M		M-H-H
	H-M-L		H-M-M		H-M-H
	H-H-L		H-H-M		H-H-H

注：指标组合类型 "X-X-X" 中，第一个字段代表 T_1 指标，第二个字段代表 T_2 指标，第三个字段代表 T_3 指标。

在此基础上对不同生育期阶段网格单元内水稻脆弱性类型进行制图表达。

全球水稻全生育期阶段(S0)内高温脆弱性的区域分布特征：在 S0 阶段内，中度脆弱性区(Ⅵ级)分布最广，所占网格百分比为 50.3%；微度脆弱性区(Ⅰ级)与中、轻度脆弱性区(Ⅳ级)次之，所占网格百分比分别为 24.3%与 22.3%。

根据图 3.25(b)与表 3.8 可以看出全球水稻分蘖期(S1)内高温脆弱性的分布特征：在 S1 阶段内，重度脆弱性区(Ⅵ级)分布最广，所占网格百分比为 38.6%；中度脆弱性区(Ⅳ

级)与微度脆弱性区(Ⅰ级)次之,所占网格百分比分别为28.9%与23.7%。

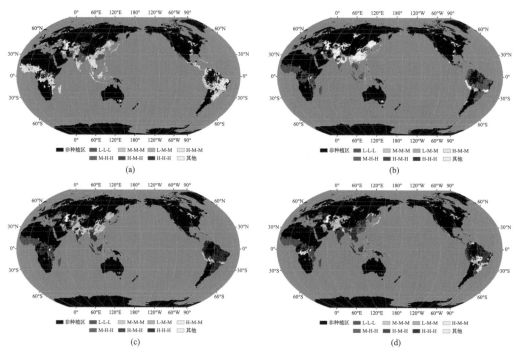

图3.25　全球网格单元水稻高温脆弱性特征类别

(a)S0阶段；(b)S1阶段；(c)S2阶段；(d)S3阶段

表3.8　全球网格单元水稻高温脆弱性主要特征类别占比　　　　　　　　　(单位：%)

生育期	水稻高温脆弱性等级							
	L-L-L	L-M-L	M-L-L	M-M-L	M-M-M	H-M-M	H-M-H	其他
S0	13.7	1.6	3.2	5.9	22.3	50.2	1.5	1.7
S1	23.2	2.8	28.2	3.8	1.9	37.3	1.3	1.5
S2	25.3	1.9	4.1	21.9	1.9	3.2	39.7	2.0
S3	23.4	4.1	8.1	14.5	8.8	12.9	23.4	4.80

　　根据图 3.25(c)与表 3.8 可以看出全球水稻抽穗开花期(S2)内高温脆弱性的分布特征：在 S2 阶段内,重度脆弱性区(Ⅵ级)分布最广,所占网格百分比为43.4%；微度脆弱性区(Ⅰ级)与中、轻度脆弱性区(Ⅲ级)次之,所占网格百分比分别为27.5%与26%。

　　根据图 3.25(d)与表 3.8 可以看出全球水稻灌浆成熟期(S3)内高温脆弱性的分布特征：在 S3 阶段内,重度脆弱性区(Ⅵ级)分布最广,所占网格百分比为50.8%；微度脆弱性区(Ⅰ级)与微度脆弱性区(Ⅲ级)次之,所占网格百分比为24.3%与12.9%。

3.3.3　基础设施暴露度和脆弱性预估

　　在全球变化基础设施暴露度和脆弱性预估过程中,本书研究选取了交通基础设施系统中的道路系统作为研究对象,主要分析了全球变化背景下全球道路网络里程暴露和脆弱性。

1. 全球道路里程数据预估

为了评估全球道路系统对气候变化的响应，开展全球变化道路系统的暴露度和脆弱性预估研究。本书研究基于全球各国道路里程统计历史数据，结合未来不同 SSPs，首先预估了未来不同 SSPs 路径下全球道路里程。

关于对未来道路里程的预估，各国学者根据本国的经济发展和交通状况，对如何合理确定区域道路网络发展规模提出了不同的方法，形成了一些用于预估道路网络合理规模的常规方法，如国土系数法、弹性系数法、时间序列法、连通度分析法以及广义费用法等(覃丽，2015；王富强等，2020；于江霞，2006)。大多数方法是通过对现有数据的分析，得到其发展规律，从而确定未来道路规模。常用与道路规模相关的因素有土地利用类型、经济发展和人口增长等。本书研究的对象为全球道路系统，针对研究对象的空间尺度大这一特点，本书研究选取了适用于大尺度道路规模预估的国土系数法，对未来全球道路规模进行预估(郭晓峰，2005)。国土系数法根据国土系数理论"道路长度(L)与人口(P)和区域面积(A)的平方根及其经济指标系数(K)成正比"，利用道路网络所在区域的面积、人口、经济水平等社会经济指标来计算区域内的合理理论道路里程。该模型中涉及的经济系数、人口和面积这三个相关参数直接反映了影响道路规模的三个最重要的方面，具有较强的实用性，预估结果可以真实地反映预估地区的实际需求。

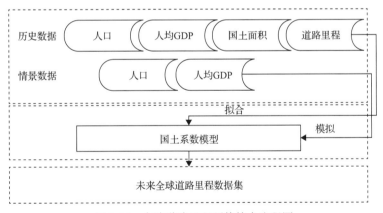

图 3.26　全球道路里程预估技术流程图

为了准确说明全球道路网络空间分布特征，本书研究对基准期(2010 年)全球道路网络里程数据进行了空间化处理，生产了全球 0.5°分辨率的道路里程数据(即每 0.5°×0.5°地理单元的道路公里数)。考虑到数据获取的难易程度，本书研究选取 2010 年作为基准期。在基准期道路数据的收集工作中，本书研究对比整合了美国哥伦比亚大学国际地球科学信息网络中心发布的全球道路数据集、加利福尼亚大学戴维斯分校的 Robert J. Hijmans 教授主持的生物地理信息数据库 DIVA-GIS 道路数据以及 OpenStreetMap 提供的全球道路数据，同时考虑了中国科学院地理科学与资源研究所资源环境科学数据中心提供的全国道路分布数据，整合了当前全球道路分布数据，来作为全球道路数据空间化的基础数据。在此基础上,生产了基准期全球 0.5°分辨率道路空间分布数据(图 3.27)。

图 3.27 全球 0.5°×0.5°分辨率道路网络空间分布(2010 年)

为了准确评估未来气候变化对道路系统的影响,本书研究预估了未来 2030 年和 2050 年在 3 个 SSPs 下的全球道路系统里程数据。基于国土系数理论,本书研究利用收集到的全球各国历年道路里程统计数据及各国人口、面积和人均 GDP 数据,确定了全球各国国土系数模型;结合姜彤等生产的 SSP1~SSP5 路径下全球 0.5°×0.5°分辨率的人口和 GDP 数据(Jiang et al., 2018),对未来(2030 年、2050 年)不同 SSPs 情景(SSP1、SSP2、SSP3)下的全球道路里程进行了预估,生产了不同 SSPs 情景下 2030 年和 2050 年 0.5°×0.5°分辨率的全球道路里程数据(图 3.28)。本书研究采用的中国境内的人口、人均 GDP、区域面积及道路里程等历史数据来源于国家统计局发布的《中国统计年鉴》的分省数据,部分数据为各省统计年鉴发布的地市级统计数据,时间尺度为 1986~2016 年。全球其他国家的人口、人均 GDP 和国土面积数据来源于世界银行发布的世界发展指标;道路里程统计数据主要来源于世界银行和国际道路联盟,并辅以东盟统计年鉴等国家和地区年鉴,时间尺度为 1989~2014 年。

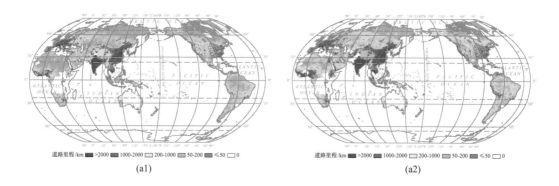

(a1)　　　　　　　　　　　　　　　　(a2)

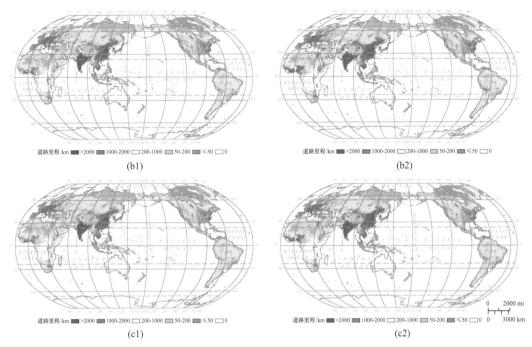

图 3.28　全球 0.5°×0.5°分辨率道路网络空间分布

(a)SSP1；(b)SSP2；(c)SSP3；(1)2030s；(2)2050s

选取欧洲西部五国、美国东北部和中国环渤海地区三个热点地区进行比较(表 3.9)，可以发现，中国环渤海地区增长幅度最大，且不同路径、不同年份增长幅度差异明显；而欧洲西部五国和美国东北部地区增长幅度均较小，尤其是美国东北部地区，与研究选取的基准期(2010 年)道路网络里程相比变化十分微小。

表 3.9　三个热点地区相对于基准期未来道路增长幅度　　　　　(单位：%)

地区	SSP1		SSP2		SSP3	
	2030 年	2050 年	2030 年	2050 年	2030 年	2050 年
中国环渤海地区	208.96	445.21	195.00	403.22	175.20	295.77
美国东北部	2.93	4.79	3.24	6.00	0.11	3.23
欧洲西部五国	17.20	38.25	15.78	33.84	11.87	17.85

该数据集的主要指标为道路里程，即单位面积内所覆盖道路网络的总里程，反映了未来不同 SSPs 下全球道路网络空间分布特征。总体来看，到 2030 年及 2050 年，各国道路总长度均呈明显增加趋势。到 2030 年，全球平均道路里程总长度为当前(2010 年)道路总长度的 3 倍左右，到 2050 年为当前水平的 4～5 倍；其中，美国和欧洲西部增幅最小，亚洲增幅最大，且尤以印度和中国增幅最为明显。SSP1 可持续发展路径下，道路规模增幅最大；SSP3 区域竞争路径下，全球将面临较高的气候变化挑战，道路规模增长最小(表 3.10)。

该数据集覆盖了全球 166 个国家和地区，反映了当前及未来道路在全球范围内的详细空间分布状况，提高了目前全球道路数据预估的分辨率，即由以往研究的国家尺度提高为 $0.5° \times 0.5°$。

表 3.10   未来全球道路增长规模(倍数)

年份	SSP1	SSP2	SSP3
2030	3.02	2.88	2.71
2050	5.48	4.52	3.77

2. 全球极端降水道路系统暴露度预估

本书研究采用 CMIP5 提供的 5 种气候模式输出的 1981～2099 年逐日降水数据，分析了 RCP 2.6、RCP 4.5 和 RCP 8.5 三种碳排放情景下，全球极端降水的时空变化特征；并结合全球道路里程预估数据，分析了基准期(2010 年)以及未来 2030s、2050s 在 5 年重现期极端降水条件下的全球道路系统暴露度。本书研究首先分析了不同 RCPs 情景下全球年最大 5 天累积降水值的序列变化。

1)极端降水阈值确定

极端气候事件重现期是指在一定数据记录统计时段内，大于或等于该气候要素在较长时期内重复出现的平均时间间隔，常以多少年一遇表达(张正涛等，2014)。广义极值分布理论综合了 Gumbel、Frechet 和 Weibull 三种极值分布模型，能够有效地避免以往单独采用一种极值分布函数的局限性，比传统方法更加可靠(齐哲娴和宋松柏，2016)。

本书研究以 5 天累积降水的极端情况来定义极端降水事件。首先，用 5 个模式输出的历史(1981～2005 年)日值降水数据，计算出每年 5 天累积降水的最大值。然后，将 5 个模型每年 5 天累积降水最大值合并为一个数据序列，进行广义极值分布拟合，得到广义极值分布函数的位置、尺度和形状参数值。

本书研究分析得到 RCP 2.6、RCP 4.5 和 RCP 8.5 三种情景下全球年最大 5 天累积降水值在历史(1981～2005 年)和未来(2006～2099 年)时间段上的序列变化(图 3.29)。结果表明，在 RCP 2.6 情景下，年最大 5 天累积降水值在 1981～2070 年呈现稳定的增加态势，但 2070 年之后，增加区域缓和甚至出现周期性的下降。而在 RCP 4.5 和 RCP 8.5 两种情

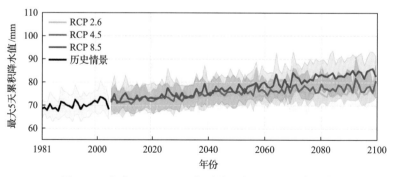

图 3.29   全球 1981～2099 年平均最大 5 天累积降水值

实线为 5 个模型的平均值；阴影部分为 5 个模型的方差

景下，年最大 5 天累积降水值都呈现显著增加的态势，但在不同时段上的变化趋势与幅度具有明显差异。其中，2006～2050 年，两种情景下年最大 5 天累积降水值呈现稳定的同步增加；而之后，虽然年最大 5 天累积降水值在两种情景下仍都稳定增加，但 RCP 4.5 情景下的增加趋势较 2006～2040 年明显趋于缓和，RCP 8.5 情景下的增加趋势明显高于 RCP 2.6 和 RCP 4.5 情景下的增加趋势。2095～2099 年，年最大 5 天累积降水值在 RCP 4.5 情景下呈现明显下降趋势，特别在 2096～2097 年下降趋势尤为明显；而在 RCP 8.5 情景下，年最大 5 天累积降水值仍稳定增加；RCP 2.6 情景下变化较小。总体而言，最大 5 天累积降水值呈现稳定增加态势，且在 RCP 8.5 情景下增加更明显，这表明未来极端气候事件频发。

由于 5 年一遇极端降水事件发生频率更高，影响范围更广，本书研究以 5 年一遇极端降水事件为例，分析了 RCP 2.6、RCP 4.5 和 RCP 8.5 三种情景下基准期、2030s 和 2050s 全球极端降水事件发生频率的空间分布特征（图 3.30）。整体来看，极端降水事件发生频率在数值和空间分布上都随时间呈现明显增加的态势。其中，在基准期极端降水事件发生频率大于 35% 的地区集中分布在亚洲西北部，其中北美洲和非洲也有零星分布，仅约占全球总面积的 4.72% 和 3.91%；在 2030s，发生频率大于 35% 的地区已分别增至全球总面积的 12.54% 和 8.58%。其中，北美洲、印度和亚洲北部地区增加尤为明显。另外，RCP 2.6 情景下非洲中西部、亚洲中东部极端降水事件发生频率明显高于 RCP 4.5 情景下的发生频率。在 2050s，极端降水事件高发生频率地区进一步扩张，其中发生频率大于 35% 的地区已分别增至全球总面积的 15.73% 和 19.84%；其中北美洲西北部和东北部、亚洲北部、非洲中西部以及印度地区和中国西南地区极端降水事件将尤为频繁。

相对于 RCP 4.5 情景下，极端降水事件高发地区在 RCP 8.5 情景下的各时间段都有明显增加。其中在基准期、2030s 和 2050s，极端降水发生频率大于 35% 的地区较 RCP 4.5 情景下分别增加了 1.78%、3.01% 和 9.10%。基准期，虽极端降水高发生频率地区在北美洲、非洲和欧亚地区较 RCP 4.5 情景下并无明显变化，但在澳大利亚北部地区，极端降水发生频率已经增至 40% 以上。2050s，中国东南部、北美洲中部、欧洲南部和印度大部分地区极端降水事件较 RCP 4.5 情景下增加尤为显著。值得注意的是，北美洲和欧亚大陆超过 2/3 的地区，5 年一遇极端降水事件的发生频率高至 35% 以上。

2) 全球极端降水道路系统暴露度分析

基于极端降水事件的发生频率和全球道路里程数据，本书研究在 0.5°×0.5° 栅格尺度上对全球未来情景下，极端降水的道路系统暴露度空间分布特征进行了分析（图 3.31）。该分析主要针对三种情景展开，即 RCP 2.6-SSP1、RCP 4.5-SSP2、RCP 8.5-SSP3。结果表明，气候变暖条件下，未来全球公路在极端降水事件下的暴露度将会持续增加，高暴露度地区主要分布在亚洲季风区，包括印度和中国东南沿海地区；另外，欧洲西南沿海地区和北美洲东部沿海地区道路系统暴露度也较高。在不同情景下，道路系统高暴露度地区的空间分布具有很强的一致性。

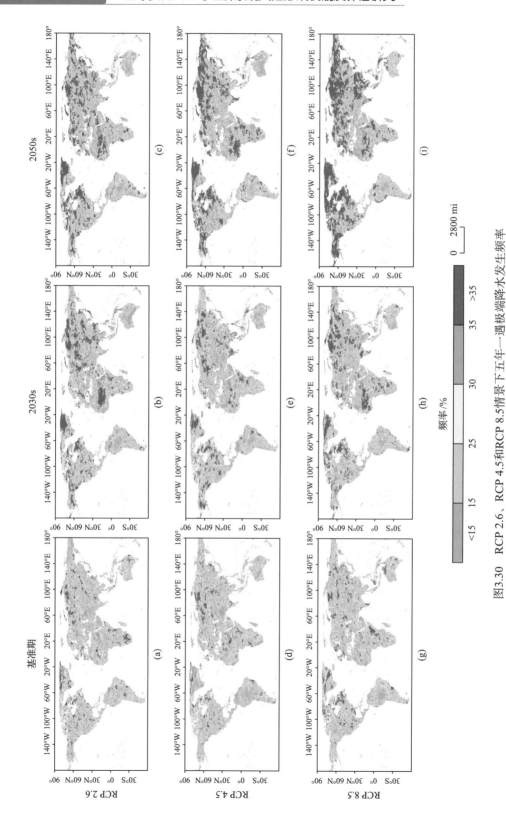

图3.30　RCP 2.6、RCP 4.5和RCP 8.5情景下五年一遇极端降水发生频率

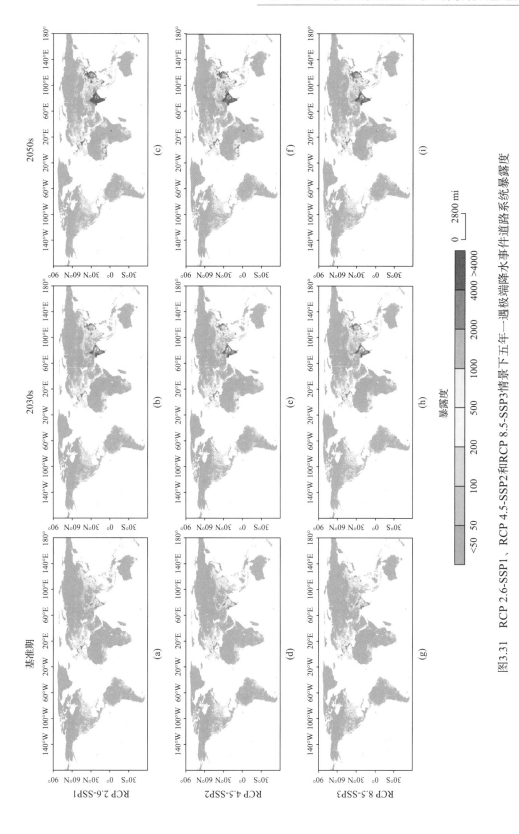

图3.31　RCP 2.6-SSP1、RCP 4.5-SSP2和RCP 8.5-SSP3情景下五年一遇极端降水事件道路系统暴露度

总体而言，中国东南沿海地区和印度地区道路系统暴露度尤其高，且高暴露度（>4000）地区随时间推移逐步由沿海地区向内陆地区扩张。以 5 年一遇极端降水事件为例，在基准期，道路系统高暴露度空间分布在 RCP 2.6-SSP1、RCP 4.5-SSP2 和 RCP 8.5-SSP3 三种情景下大致相同，主要集中在印度地区，分别仅仅约占全球总面积的 0.16%、0.16% 和 0.18%。而在 2030s，高暴露度地区在印度和中国东部沿海地区增加明显，在这三种情景下所占面积比例较基准期分别增加了 0.66%、0.61% 和 0.57%。值得注意的是，2050s，高暴露度地区在印度和中国进一步扩张，RCP 2.6-SSP1，RCP 4.5-SSP2 和 RCP 8.5-SSP3 三种情景下高暴露度地区已分别增至全球总面积的 1.93%、1.59% 和 1.20%，印度几乎所有地区的道路系统都呈现高暴露度的状态，中国道路系统高暴露度在东南沿海和西南地区也有明显增加。

在全球极端降水道路系统暴露度分析的基础上，本书研究选取了中国环渤海地区、美国东北部地区以及欧洲西部五国作为全球热点地区进行了极端降水道路系统暴露度分析（表 3.11）。结果表明，三个热点地区未来情景下极端降水道路系统暴露度相对于基准期（2010s）总体上有所增加。其中，中国环渤海地区暴露度增长幅度最大，不同情景下暴露度相较于基准期增长了 1.80~4.59 倍；美国东北部和欧洲西部五国增长幅度均不明显，尤以美国东北部增长最小，增长幅度最大的情景较基准期仅增长了 6%，甚至在 RCP 8.5-SSP3 情景下略有下降；欧洲西部五国不同情景下暴露度增长幅度在 4%~19%。三个地区在三种未来情景下均以 RCP 8.5-SSP3 情景下暴露度增长幅度最小，中国环渤海地区和欧洲西部五国以 RCP 2.6-SSP1 情景下暴露度增长幅度最大，RCP 4.5-SSP2 情景下次之，而美国东北部以 RCP 4.5-SSP2 情景下暴露度增长幅度最大，RCP 2.6-SSP1 情景下次之。

表 3.11　三个热点地区相对于基准期未来五年一遇极端降水道路系统暴露度增长幅度

（单位：%）

地区	RCP 2.6-SSP1		RCP 4.5-SSP2		RCP 8.5-SSP3	
	2030s	2050s	2030s	2050s	2030s	2050s
中国环渤海地区	213.59	458.56	204.34	427.78	180.29	304.57
美国东北部	2.95	4.83	3.25	6.01	−0.11	−3.23
欧洲西部五国	8.04	18.78	7.21	15.64	3.87	4.05

为了进一步探讨不同升温情景对道路系统暴露度的影响，本书研究分析了 RCP 2.6-SSP1，RCP 4.5-SSP2 和 RCP 8.5-SSP3 三种情景下道路系统暴露度差异（例如，用 RCP 8.5-SSP3 情景下的道路系统暴露度减去 RCP 4.5-SSP2 情景下的道路系统暴露度），（图3.32）的空间分异特征。结果表明，基准期中国东部地区和欧洲中西部地区道路系统暴露度在 RCP 4.5-SSP2 情景下较 RCP 2.6-SSP1 情景下明显减少，而印度沿海地区却较 RCP 2.6- SSP1 情景下有明显的增加。相比较而言，RCP 8.5-SSP3 情景下中国中东部和欧洲中西部道路系统暴露度较高。2030s，RCP 8.5-SSP3 情景下道路系统暴露度较 RCP 2.6-SSP1

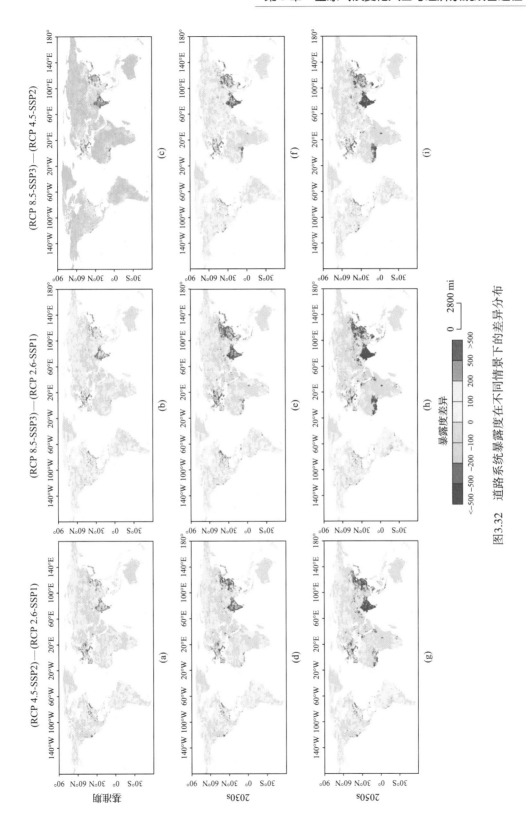

图3.32　道路系统暴露度在不同情景下的差异分布

和RCP 4.5-SSP2情景下增幅在500以上的地区在中国东部进一步增加；另外，RCP 2.6-SSP1和 RCP 4.5-SSP2 两种情景下印度中部和东北部道路系统暴露度也有明显增加，但大部分地区仍以减少为主。其中，RCP 8.5-SSP3 情景下道路系统暴露度较 RCP 2.6-SSP1和 RCP 4.5-SSP2 两种情景下增幅超过 500 的地区分别约占全球总面积的 0.78% 和 0.98%，而减幅超过 500 的地区分别约占全球总面积的 1.1% 和 0.98%。2050s，全球绝大多数地区道路系统暴露度在 RCP 2.6-SSP1 情景下最高，RCP 8.5-SSP3 情景下次之。综上所述，RCP 8.5-SSP3 情景下极端降水事件发生频率、空间分布以及道路系统暴露度都明显高于 RCP 4.5-SSP2 情景，该结果进一步强调各国采取环保措施，减缓气候变暖的必要性。

3. 全球道路系统脆弱性评估

建立全球道路系统脆弱性指标体系并确定脆弱性评估模型后，本书研究对全球道路系统脆弱性进行了定量评估。

根据道路系统孕灾环境敏感性的定义，本书研究收集了全球坡度、土壤及河网数据，评估了全球道路系统的孕灾环境敏感性。其中，全球坡度数据来源于 FAO 和国际应用系统分析研究所（IIASA）合作生产的 GAEZ v3.0（global agro-ecological zones）数据，全球土壤数据来源于开源地理信息共享平台 GeoNetwork，全球河网分布数据来源于 HydroSHEDS 网站（Lehner et al., 2013）。

本书研究首先对三个敏感性指标数据进行了处理：对于全球土壤数据，本书研究将全球 35 种土壤类型按照对道路网络稳定性的影响程度进行赋值，越不利于道路系统稳定性的土壤类型，则赋值越大；对于全球河网分布数据，本书研究计算了每 0.5°×0.5° 栅格大小的河网长度；最后将处理后的全球土壤、全球河网数据以及全球坡度数据统一为 0.5°×0.5° 栅格分辨率，与道路数据统一分辨率，分别进行归一化处理后，最终计算得到全球道路网络敏感性空间分布格局（图 3.33）。

敏感性
- 无数据
- 0~0.015
- 0.015~0.035
- 0.035~0.055
- 0.055~0.075
- 0.075~0.095
- 0.095~0.11
- 0.11~0.13
- 0.13~0.16
- 0.16~0.23
- 0.23~2.8

图 3.33　全球道路网络敏感性空间分布格局

结果表明，全球道路网络敏感性较低的地区主要分布在中国东南沿海地区、东南亚、美国中部、墨西哥、南美洲中部及东部以及非洲和澳大利亚部分地区，敏感性值均在 0.05 以下，这些地区大多土壤稳定性好且坡度较小。敏感性较高的地区主要分布在北美洲和南美洲的西海岸、格陵兰岛、青藏高原以及俄罗斯远东地区，敏感性值均在 0.1 以上，这些地区大多河流密布、地形坡度大或土壤稳定性差。

结合未来不同情景下全球 0.5°×0.5°分辨率的道路网络暴露情况以及经济发展情况，得到未来不同情景下全球道路系统脆弱性空间分布格局(图 3.34)。

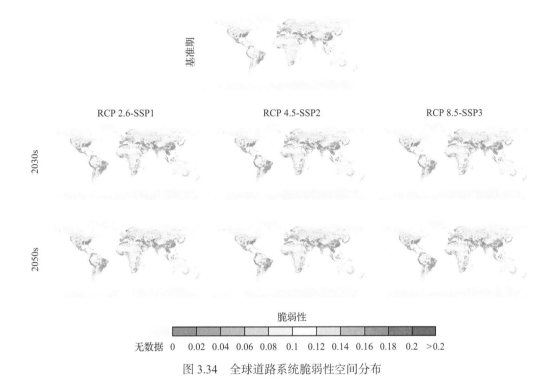

图 3.34　全球道路系统脆弱性空间分布

在脆弱性评估中，2030s 和 2050s 全球道路系统的脆弱性相较于基准期都有所增大，在三种路径下平均分别增大了 18.17% 和 18.83%，2050s 较 2030s 脆弱性有较小增长；从不同 SSPs 来看，SSP1 下脆弱性增长幅度最大，其次为 SSP2，SSP3 增长幅度最小。

从全球道路系统脆弱性空间分布格局来看，未来不同情景下全球道路系统脆弱性分布格局基本一致，脆弱性较高的地区主要分布在南北美洲西部高山地带、喜马拉雅山脉地区、中国中西部、中东部分地区、印度以及欧洲部分地区，这些地区道路系统的敏感性相对也较高；脆弱性较低的地区主要分布在中国东南沿海地区、东南亚各国以及南北美洲的东部地区。

对比中国环渤海地区、美国东北部以及欧洲西部五国三个热点地区可以发现，欧洲西部整体脆弱性最大，在基准期及未来两个时期均达到了 0.13；其次为美国东北部，中国环渤海地区最小。从时间变化趋势上来看，三个地区在 2030s 和 2050s 的脆弱性较基准期均有所增大；其中，中国环渤海地区增长幅度最大，不同情景下增长幅度为 1.82%～

4.03%；其次为欧洲西部五国，增长幅度为 0.48%～0.63%；美国东北部地区增长幅度最小，不同情景下增长幅度为 0.28%～0.36%。三个热点地区道路系统脆弱性在未来不同情景下的增长幅度均小于全球平均水平。从三个热点地区未来道路里程的发展趋势来看，中国环渤海地区同时也是三个地区中道路增长最快的地区；三个热点地区的脆弱性变化趋势与未来道路里程的变化趋势基本一致（表 3.12）。

表 3.12 三个热点地区相对于基准期未来道路系统脆弱性增长幅度（单位：%）

地区	RCP 2.6-SSP1		RCP 4.5-SSP2		RCP 8.5-SSP3	
	2030s	2050s	2030s	2050s	2030s	2050s
中国环渤海地区	2.05	4.03	2.00	2.92	1.82	2.44
美国东北部	0.31	0.36	0.30	0.31	0.28	0.28
欧洲西部五国	0.50	0.63	0.49	0.59	0.48	0.52

3.3.4 工业生产暴露度和脆弱性预估

1. 未来不同气候变化情景下全球极端降水工业生产暴露度预估

1）极端降水下的工业生产暴露度变化

基准期和 2030s、2050s 的极端降水工业暴露分布如图 3.35 所示，在全球范围内，暴露度高值区多集中在日本、韩国首尔，低值区多位于内陆地区，如欧洲东部地区。2030s 和 2050s 极端降水下的工业生产暴露度高值增大，2030s 暴露度高值区多集中在中国的长三角、珠三角、日本、韩国、印度等，2050s 暴露度高值区集中在北京、天津等。极端

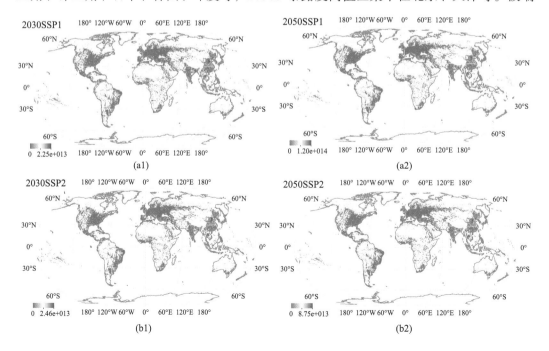

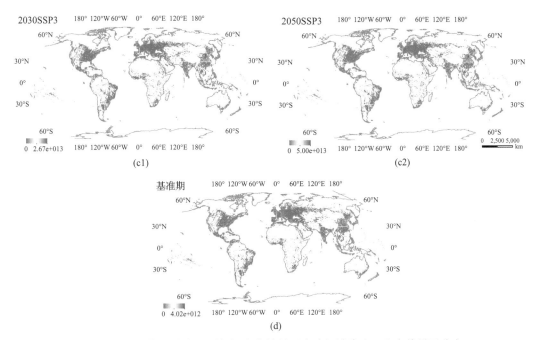

图 3.35　基准期和未来不同气候变化情景下全球极端降水工业产值暴露分布
(a) RCP 2.6-SSP1；(b) RCP 4.5-SSP2；(c) RCP 8.5-SSP3；(d) 基准期；(1) 2030s；(2) 2050s

降水下的暴露度，在空间上有从沿海发达城市到内陆城市扩张的趋势，如高值区从基准期中国的长三角、珠三角到 2030s 和 2050s 的北京、天津等地区。

2) 极端降水下工业经济暴露度变化影响分析

为了回答暴露度变化对风险影响的贡献问题，需要分析未来 2030s 和 2050s 相比基准期极端气候下工业经济暴露度变化的主要影响因子，剖析是气候变化还是工业产值本身的变化对暴露度变化贡献大。本书研究通过控制变量法来分析，相比基准期，假设极端气候指数不变和工业产值不变，分别计算未来 2030s 和 2050s 不同情景下的暴露度变化。

工业经济是影响极端降水下工业经济系统暴露度变化的主要因素。从表 3.13 可以看出，工业产值变化是极端降水气候下工业经济暴露度变化的主要贡献者 (90.74%~98.39%)；其次是工业产值变化和极端气候变化的共同作用 (1.47%~8.61%) 和气极端气

表 3.13　极端降水下工业经济暴露度变化影响分析　　　　　　　(单位：%)

	工业产值	极端降水	共同影响
RCP 2.6-SSP1，2030s	94.39	0.46	5.16
RCP 4.5-SSP2，2030s	98.39	0.14	1.47
RCP 8.5-SSP3，2030s	96.66	0.32	3.03
RCP 2.6-SSP1，2050s	95.43	0.20	4.37
RCP 4.5-SSP2，2050s	92.39	0.41	7.20
RCP 8.5-SSP3，2050s	90.74	0.65	8.61

候变化(0.14%～0.65%)。2030～2050 年，工业产值变化影响的相对贡献降低，共同作用的贡献升高。总之，极端气温和极端降水下的工业经济系统的全球暴露度变化主要归因于工业经济的影响。

3)极端降水下热点地区工业经济暴露度变化

选取的全球热点地区分别是欧洲、美国东北部以及中国京津冀地区。热点地区在基准期以及未来 2030s、2050s 不同气候变化情景下的极端降水工业暴露度均值变化见表 3.14。整体上看，相比基准期，三个热点地区在未来 2030s、2050s 不同气候变化情景下的极端降水暴露度均呈现明显的增大趋势。其中，京津冀地区极端降水下暴露度最大，美国东北部次之，欧洲的暴露度最小。2050s，对于欧洲地区，在 SSP3 情景下极端降水的暴露度变化最大，SSP1 情景次之，SSP2 情景下变化最小。欧洲暴露度高值区多集中在法国的巴黎以及德国的东部，低值区多位于德国的东北部和法国的东南部。美国东北部和中国的京津冀地区在 SSP1 情景下的变化最大。美国东北部极端降水下暴露度的高值区多集中在东部沿海地区，如新泽西州；低值区多位于西部内陆地区，未来弗吉尼亚的暴露度有增大趋势。京津冀地区暴露度的高值区多集中在北京和天津，低值区多位于京津冀的北部。

表 3.14　热点区极端降水下工业经济暴露度变化　　　　（单位：美元）

	欧洲	中国京津冀	美国东北部
基准期	1.25E+09	8.39E+09	6.38E+09
RCP 2.6-SSP1-2030s	4.39E+09	3.90E+11	3.79E+10
RCP 4.5-SSP2-2030s	4.45E+09	3.34E+11	3.17E+10
RCP 8.5-SSP3-2030s	3.57E+09	3.16E+11	2.63E+10
RCP 2.6-SSP1-2050s	5.62E+09	8.17E+11	4.46E+10
RCP 4.5-SSP2-2050s	4.60E+09	6.34E+11	3.67E+10
RCP 8.5-SSP3-2050s	7.02E+09	4.90E+11	3.54E+10

2. 极端降水对采矿业经济脆弱性影响

工业经济系统门类较多，有些部门对气候变化不太敏感，但是有些部门，如采矿业，对气候变化比较敏感。进入 21 世纪，伴随中国经济的飞速发展，中国采矿业经济也进入飞速发展阶段。但经济增长的同时，矿区的生态问题也愈加突出，特别是矿区生态环境脆弱，矿山地质灾害频发，导致采矿业面临很多问题。本书研究使用超越对数生产函数计算生产弹性，通过弹性来表示工业生产脆弱性，探讨极端降水对采矿业经济脆弱性的影响(Liu and Song, 2019；Liu et al., 2020a)。

1)气候变化对采矿业的影响

在 IPCC AR5 中，评估人员发现，研究气候变化对采矿业、制造业等工业部门影响的文献较少，相关研究存在很大的提升空间。在有限的研究中，气候变化对采矿业经济的影响被认为有利有弊。例如，对于某些未开采的高纬度地区来说，气温升高将加大冰层融化，这样会更加利于采矿业的生产活动，降低开采的难度；但是同样，对于某些冰层厚度适宜开采的矿区，气温升高会导致冰层融化，使冰路运输存在风险，而将冰路改成陆路又会增加运输成本(Zeuthen and Raftopoulos, 2018)。因此，气候变化对采矿业的影响仍然存在较大的不确定性。但总体来说，采矿业的作业方式以及开采环境决定了该行业面临很高的潜在气候风险(Dolan et al., 2018)。由于采矿业过度依赖自然环境，干旱、飓风、洪水等极易破坏采矿业的生产活动，采矿业发达的国家和地区对气候变化会更加敏感。例如，加拿大、希腊以及秘鲁等国家的采矿业在国内生产总值中占比非常高，产业链条较长，很多经济活动面对气候变化的脆弱性较高，容易遭受极端降水等极端气候事件的威胁(Ford et al., 2009; Gonzalez et al., 2018; Pearce et al., 2010)。对于采矿业而言，极端降水会给经济造成一系列的损失，如采矿业停产，公路、基础设施、电力等部门生产损失，生态环境破坏以及人员伤亡，矿场排水等费用支出增加等(Bonnafous et al., 2017)。

2)中国采矿业产值以及极端降水的变化

中国是世界上最大的能源生产国和消费国，煤炭、黄金、粗钢等多种矿产资源产量居全球首位。但受国家政策、资源竞争、市场需求、自然环境、气候变化等多种因素影响，中国采矿业整体发展速度逐渐放缓，与采矿业相关的固定资产投入以及研发投入也出现下降趋势(表3.15)

表3.15　2001~2016年采矿业及极端降水变化

年份	采矿业增加值/亿元	固定资产投入/亿元	劳动力/万人	R&D 经费投入/亿元	极端降水指数/mm
2001	2904.84	644.56	923.93	20.08	58.09
2002	3236.00	679.93	891.23	25.18	60.65
2003	7292.00	1775.20	929.68	30.34	60.43
2004	7628.30	2395.90	811.06	50.16	58.56
2005	10318.20	3587.40	868.46	52.68	62.19
2006	12082.90	4678.40	691.85	62.76	61.20
2007	13460.70	5878.80	705.49	82.23	62.03
2008	19629.40	7705.80	784.70	108.23	63.71
2009	16726.00	9210.80	770.84	166.90	59.32
2010	20936.60	11000.90	812.68	209.30	65.94
2011	26296.20	11747.00	804.25	252.58	58.81
2012	25093.00	13300.80	631.00	280.07	62.13
2013	25467.60	14650.80	737.00	273.89	67.90
2014	23417.10	14538.90	706.00	275.03	65.71
2015	19104.50	12970.80	710.62	247.39	66.72
2016	18260.40	10320.30	641.94	244.57	72.44

可以看出，全国采矿业增加值呈现先上升后下降的趋势，与采矿业全社会固定资产投入及采矿业 R&D 经费投入呈现相同的变化趋势。为了更好地分析 2001~2016 年采矿

业及极端降水的变化趋势,将 2001～2016 年分成 2001～2004 年、2005～2008 年、2009～2012 年以及 2013～2016 年四个阶段来分析。

其中,2001～2004 年采矿业增加值年增长率为 147.39%,采矿业全社会固定资产投入年增长率为 243.73%,R&D 经费投入年增长率为 149.76%,中国采矿业进入快速发展时期,同期的极端降水出现波动中小幅度增长的趋势。2005～2008 年,这一阶段较上一周期采矿业增加值、全社会固定资产投入及 R&D 经费投入年增长率增幅减缓,但采矿业增加值总额在不断增长,极端降水同样在波动中小幅增加。2009～2012 年,采矿业增加值、固定资产投入以及 R&D 经费投入的增幅都有明显的降低,但总规模不断扩大,投入和产出都不断增加,这也是近 16 年采矿业经济效益最好的阶段,这一阶段极端降水的变动幅度开始较大。2013～2016 年,所有指标出现负增长,增幅分别为-21.81%、-28.19%、-10.7%。采矿业从业人员在波动中呈现逐年降低的趋势,年增长率为负,降水强度总体上变化较为缓和,幅度较小,呈现稳中微增的趋势。

3)极端降水边际产出弹性分析

极端降水边际产出弹性的变化显示(表 3.16),采矿业对极端降水表现出明显的脆弱性。2001～2012 年,边际产出弹性逐渐增长,从 2013 年开始,边际产出弹性显示出下降的趋势,采矿业脆弱性增大。总体上看,边际产出弹性虽然在波动中增加,但一直表现为负值,意味着要素的边际收益是递减的。

表 3.16 2001～2016 年各要素的边际产出弹性变化

年份	采矿业资本产出弹性	劳动力产出弹性	技术进步产出弹性	极端降水产出弹性
2001	0.46	0.14	0.10	−0.13
2002	0.46	0.14	0.10	−0.13
2003	0.47	0.16	0.10	−0.11
2004	0.47	0.15	0.11	−0.09
2005	0.48	0.16	0.11	−0.09
2006	0.47	0.17	0.11	−0.08
2007	0.48	0.17	0.11	−0.07
2008	0.48	0.17	0.11	−0.07
2009	0.48	0.16	0.12	−0.06
2010	0.49	0.17	0.12	−0.05
2011	0.48	0.16	0.12	−0.05
2012	0.48	0.16	0.12	−0.05
2013	0.49	0.17	0.12	−0.05
2014	0.49	0.17	0.12	−0.05
2015	0.49	0.16	0.12	−0.05
2016	0.48	0.16	0.12	−0.06

对产出弹性进行拆分分析,资本和技术进步对极端降水的边际产出弹性的贡献值为正值,即对极端降水边际产出弹性增加贡献最大的是采矿业固定资产投入以及采矿业

R&D 经费投入。采矿业固定资产投入的变化轨迹幅度相对较大，说明对极端降水产出弹性的贡献度逐渐提高；技术进步的变化轨迹相对平缓，但从数值来看，其对极端降水的边际产出弹性为正值，且逐年增加。2001~2016 年劳动力以及降水强度的波动相对较小，变化轨迹非常平缓，拆分后的降水强度及劳动力部分对极端降水的边际产出弹性贡献值为负值，意味着极端降水的边际产出弹性与劳动力以及极端降水呈现负相关的趋势。

3.3.5　国内生产总值(GDP)

1. 全球 GDP 预估格网数据集

经济合作与发展组织(OECD)、国际应用系统分析研究所(IIASA)和波茨坦气候影响研究所(PIK)三大国际组织基于统一假设，根据经济增长的主要驱动因素来解释国家战略计划，发展的经济预估数据集是目前最常用的全球 GDP 预估数据集(SSP 数据库)(Cuaresma, 2015; Dellink et al., 2015; Jones and O'Neill, 2016; KC and Lutz, 2017; O'Neill et al., 2014)，为定量分析不同 SSPs 情景下气候变化对经济的影响提供了有力支撑(O'Neill et al., 2016, 2014; Riahi et al., 2017)。

本书选择 LandScan 高精度人口分布数据，分别构建了基于人口(Pop)、基于夜间灯光分布(Lit)和基于人口-灯光(Lit-Pop)的三种分布，从国别尺度对比了这三种 GDP 降尺度后精度选出最优的 Lif-Pop 分布，进而对基准期和未来 SSP1~SSP3 情景下国别尺度 GDP 预估结果进行降尺度。

1)精度验证

为比较不同降尺度方法效果并验证其结果精度，本书研究首先选用了 2005 年 LandScan 高精度人口分布结果、DMSP/OLS 灯光数据，同时选取了人口与夜间灯光数据相结合的 Lit-Pop 方法，对全球国家尺度 GDP 数据进行降尺度。同时，分别选取不同空间尺度 GDP 官方发布结果[包括世界银行发布的国家尺度 GDP(222 个国家)、OECD 州(省)级尺度 GDP(513 个)和美国人口调查局及中国县域统计年鉴的县级尺度 GDP 结果(5153 个)]为标准，对比和验证仅基于人口数据、城市夜间灯光数据和基于 Lit-Pop 方法的 GDP 降尺度精度。结果表明，GDP$_{Lit-Pop}$ 在州(省)级尺度和县级尺度上具有明显优势，精度明显的高于其他两种方法(图 3.36)。

2)GDP 时空分布规律

GDP 预估降尺度数据选用 2018 年 LandScan 人口空间分布结果和 2015 年 NPP/VIIRS 灯光数据相结合的 Lit-Pop 为底图，对未来不同 SSPs 情景下 2030 年和 2050 年全球 GDP 预估结果进行降尺度，结果如表 3.17 和图 3.37 所示。以 2019 年国民总收入(GNI)为标准划分不用收入国家类型，未来中高收入国家总 GDP 反超高收入国家。2030 年，中高收入国家总 GDP 超过 66 万亿美元，其中，SSP1 和 SSP3 情景下将达 83.6 万亿美元，相比下，高收入国家总 GDP 约 70 万亿美元，SSP1 和 SSP3 情景下达 70.28 万亿美元；到 2050 年，SSP1 情景下中高收入国家总 GDP 将达 136.08 万亿美元，远超过高收入国家。

相比之下，中等收入国家、中下等收入国家、下中等收入国家和低收入国家，其对应的 GDP 远不及高收入和中高收入国家，尤其低收入国家，2030 年总 GDP 约 0.5 万亿美元，到 2050 年约为 1.7 万亿美元(图 3.37)。预估结果揭示了未来全球不同国家 GDP 发展的不均衡性。

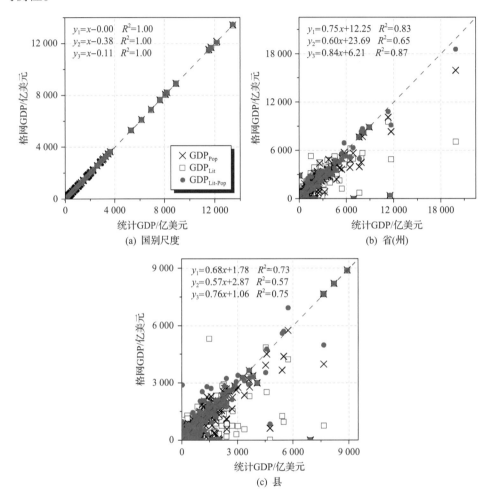

图 3.36   国家、省和县级尺度基准期 GDP 降尺度结果对比

表 3.17   不同收入类型国家 GDP 统计   （单位：万亿美元）

年份	情景	高收入	中高收入	中等收入	中下等收入	下中等收入	低收入
2005		37.01	10.73	0.27	1.14	0.55	0.09
2030	SSP1	70.28	83.63	0.95	5.93	2.67	0.58
	SSP2	62.28	66.36	0.84	5.06	2.29	0.47
	SSP3	70.28	83.63	0.95	5.93	2.67	0.58
2050	SSP1	95.07	136.08	1.95	14.90	8.69	2.72
	SSP2	85.06	101.78	1.64	11.27	6.33	1.71
	SSP3	68.63	76.92	1.46	7.96	4.51	1.11

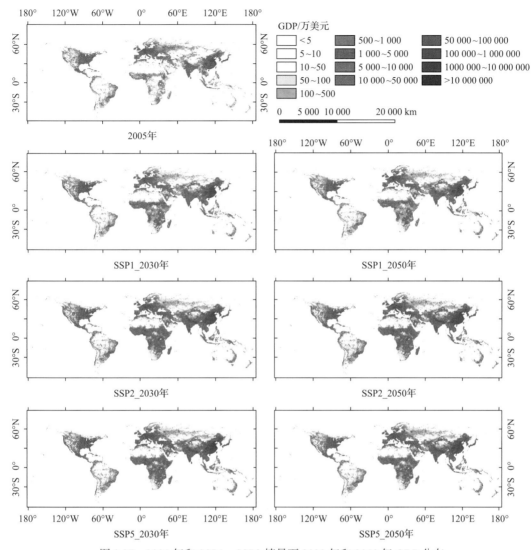

图 3.37 2005 年和 SSP1~SSP3 情景下 2030 年和 2050 年 GDP 分布

　　GDP降尺度结果与SSP数据库国别尺度总GDP基本一致,但呈现显著的时空差异,不同 SSP 情景下 GDP 空间分布具有相似性,但 GDP 差异更显著。空间特征显示,南美洲、非洲等经济欠发达地区经济增长速率远高于美国东部、西欧和中欧国家、印度及环渤海经济带地区等经济发达地区。到 2030 年,低收入国家和中低收入国家 GDP 相对于 2005 年增长倍数高达约 200 倍,中高收入国家如加拿大、英国、日本等 GDP 增长倍数高达约 250 倍,而高收入国家如美国、丹麦、挪威和德国等 GDP 增长倍数普遍小于 50 倍,尤其是经济高度发达地区,GDP 增加倍率更低,小于 10 倍。美国东北部,欧洲的德国、法国等,和中国环渤海经济带地区,GDP 值显著高于其他地区;而在干旱半干旱地区,如中亚国家、蒙古国、俄罗斯大部分地区及非洲等部分地区 GDP 普遍偏低。

2. 全球 GDP 干旱暴露度预估

选取 1986～2005 年干旱模拟数据为基准期(2000s)，2016～2035 年数据为 2030s、2046～2065 年数据为 2050s 结果，统计各时段不同程度干旱频率，并分别与 2005 年和 SSP1～SSP3 情景下 2030 年、2050 年 GDP 叠加，计算不同情景组合下 GDP 干旱暴露度。此外，未来气候变化和社会经济高速发展差异共同影响了 GDP 干旱暴露度时空分布变化特征，因此，本书研究进一步对 GDP 干旱暴露度变化进行归因，参考 Jones 等(2015)，重点分析气候变化对 GDP 干旱暴露度的影响。

1) GDP 干旱暴露度时空变化特征

全球 GDP 不同程度干旱暴露度空间分布如图 3.38 所示。基准期，高收入国家 GDP 不同程度干旱暴露度显著高于其他类型收入国家。其中，约 50%以上的 GDP 无干旱暴露风险，而其对特旱的暴露度约占高收入国家总 GDP 的 4.5%，略高于轻旱、重旱和重旱暴露度，如美国及欧洲多国。中高收入国家 GDP 对特旱的暴露度(约 1.8 万亿美元)约为重旱(约 0.8 万亿美元)的两倍，中低收入以下国家 GDP 对特旱的暴露度普遍偏小，而在蒙古国、越南、菲律宾等中低收入国家，GDP 特旱暴露度达 0.6 万亿美元，约占无旱情况的 25%。全球约 7.6 万亿美元 GDP 暴露于特旱风险中，约 4.2 万亿暴露于重旱风险中。

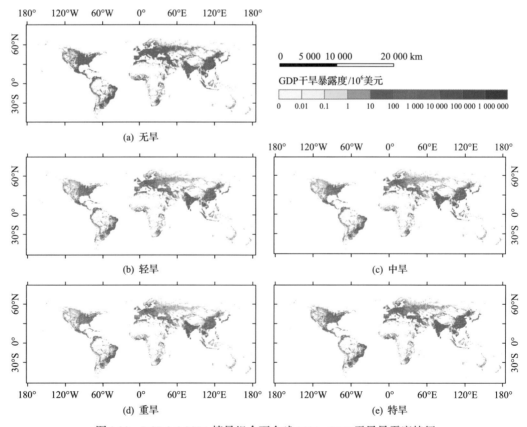

图 3.38　RCP 2.6-SSP1 情景组合下全球 2030s GDP 干旱暴露度特征

相较于基准期 GDP 干旱暴露度，RCP 2.6-SSP1 情景下，GDP 干旱暴露度显著增加，其中，GDP 对无旱情况的暴露度最为明显。到 2030s，GDP 特旱暴露度近 18 万亿美元，重旱暴露度近 8.4 万亿美元；到 2050s，GDP 特旱暴露度超过 45.5 万亿美元(约占总 GDP 的 8%)，重旱暴露度近约 19.6 万亿美元，即未来 GDP 干旱风险显著增加，即未来 GDP 干旱风险显著增加。在 RCP 4.5-SSP2 情景组合下，全球 GDP 特旱暴露度超过 12.9 万亿美元和 31.4 万亿美元，重旱暴露度达 7.5 万亿美元和 16.3 万亿美元。而在 SSP385 情景下，全球 GDP 特旱暴露度超过 15.0 万亿美元和 26.0 万亿美元，重旱暴露度近 8.9 万亿美元和 12.3 万亿美元。即随着碳排放增加，GDP 对重旱和特旱的暴露度增加，且随着时间推移，暴露度显著增加。

选择可持续发展路径下，未来 GDP 干旱暴露度的空间如图 3.38 和图 3.39 所示。在 2030s，约 68.1% 的 GDP 无干旱暴露度风险，主要分布于高收入和中高收入国家，如美国、欧洲、中国中部和东部、印度及南美洲东部沿海地区；到 2050s，约 65.1% 的 GDP 暴露于无旱风险。对比 2030s 和 2050s，中高收入国家如英、法、意、日、韩等，GDP 特旱暴露度较基准期显著增加，分别约是基准期的 300 倍和 200 倍，分别约占 2030 年全球总 GDP 的 3.7% 和 4.9%，分别约占中高收入国家 GDP 的 7.0% 和 9.3%。高收入国家 GDP 重旱、特旱暴露度较中高收入国家占比偏低，但其占高收入国家总 GDP 的比例(6.1% 和 12.4%)较中高收入国家(7.0% 和 9.3%)大。中等收入国家及中低收入国家乃至低收入国家 GDP 重旱、特旱暴露度占全球总 GDP 约 1%，但相对于该收入层次国家 GDP 占比分别约为 5% 和 10%。

到 2050s，中高收入国家 GDP 对重旱、特旱暴露度较全球总 GDP 占比显著增加(图 3.39)，其中重旱占比接近 7%，是高收入国家的 2.5 倍，GDP 特旱暴露度接近 12.5%，约为高收入国家 GDP 暴露度的一倍。但高收入国家 GDP 对特旱的暴露度占其总 GDP 的比例显著增至 15.7%，超过中高收入国家(12.0%)，即未来高收入国家 GDP 特旱风险高

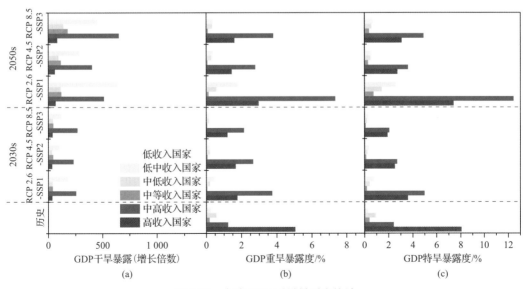

图 3.39　全球 GDP 干旱暴露度统计

于中高收入国家。同时，中等收入国家 GDP 特旱暴露度占比增至 23.45%，同时低收入和中低收入国家 GDP 特旱暴露度占比均超过 10%，即未来全球各国普遍面临更高的 GDP 特旱挑战，超过 10% 的 GDP 暴露于特旱风险中。

2）气候变化对 GDP 干旱暴露度影响

研究显示，未来社会经济高速发展是 GDP 干旱暴露度显著增加的根本原因，气候变化对 GDP 干旱暴露度影响贡献占比虽较小，相较于巨大的 GDP 暴露度体量，影响亦很显著。本书研究基于 Jones 等（2015）方法，定量评估全球气候变化对 GDP 干旱暴露度影响贡献的时空变化特征，接下来重点分析气候变化导致 GDP 对重旱和特旱暴露度变化的贡献（相对于 2000s 时期 GDP 干旱暴露度）。

气候变化因子对 GDP 干旱暴露度变化的贡献表现出显著的区域特征，且对高收入国家 GDP 重旱暴露度的贡献远高于其他收入类型国家。在 RCP 2.6-SSP1 情景下，气候变化在 2030s 对部分高收入国家表现出消极效应（加剧 GDP 重旱案暴露度，相对于基准期 GDP 重旱暴露度，气候变化的贡献 18.4%）。同时，气候变化因子对其他高收入国家表现为积极效应，即抑制了 GDP 干旱暴露度，其贡献高达-28.4%。到 2050s，气候变化消极效应和积极效应对高收入国家 GDP 干旱暴露的贡献分别为 13.4% 和-19.8%。气候变化影响的贡献在 RCP 4.5-SSP2 和 RCP 8.5-SSP3 两种情景组合下也表现出相似规律。总体而言，气候变化抑制了高收入国家 GDP 重旱暴露度（图 3.40）。

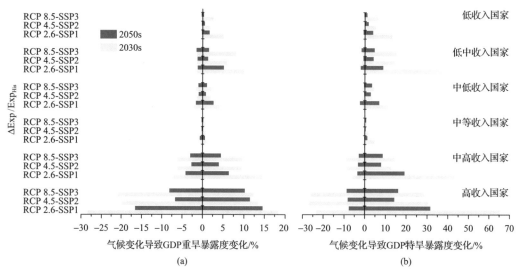

图 3.40　气候变化对 GDP 重旱(a)和特旱(b)暴露度影响贡献

对于中高收入国家，在 2030s 时段，气候变化在 RCP 2.6-SSP1 情景组合下对 GDP 重旱暴露的消极效应和积极效应分别为 14.4% 和-7.1%，在 RCP 4.5-SSP2 和 RCP 8.5-SSP3 情景下，贡献分别为 9.4%、-6.2% 和 9.6%、-6.3%，总体表现为气候变化增加中高收入国家 GDP 重旱暴露度的规律。到 2050s，气候变化影响贡献在不同情景组合下表现出相似性，但具体贡献均略低于 2030s，其总体规律具有相似性，即气候变化加剧中高收入国家 GDP 重旱暴露度。

在中等收入国家、中低收入国家、低中收入国家和低收入国家这 4 种类型中,气候变化贡献总体呈现加剧其 GDP 重旱暴露度和 GDP 特旱暴露度。其中,气候变化对低中收入国家贡献最高,整体呈现显著的消极效应,而对中等收入国家 GDP 重旱暴露度影响相对很小,其中气候变化的消极效应仅有 0.2%～0.3%,积极效应比例低于−0.1%。气候变化对中低收入和低收入类型国家 GDP 重旱和特旱暴露度影响相对较大,因而对其社会经济发展更为不利。

3) 热点地区 GDP 干旱暴露特征

未来气候变化显著影响 GDP 干旱暴露度,全球社会经济面临严峻的气候变化挑战。在经济高度发达且人口稠密的美国东北部、欧洲西部五国和中国环渤海地区这三个热点地区,气候变化对其 GDP 重旱和特旱暴露度影响贡献如图 3.41 所示。在美国东北部,气候变化对其 2030s 的 GDP 暴露度基本呈现积极贡献,相对基准期的 GDP 暴露度,气候变化贡献普遍超过−20%,部分地区气候变化影响超过−60%;到 2050s,气候变化对其中部地区 GDP 重旱暴露度偏向消极影响,即加剧 GDP 干旱暴露而对特旱暴露度普遍呈现消极贡献,南段和北段贡献超过 20%。在欧洲西部五国,气候变化在 2030s 的影响普遍呈现积极贡献,即减缓 GDP 暴露度,而到 2050s,气候变化影响转为消极贡献,特别是在德国,气候变化对 GDP 重旱和特旱暴露度的消极贡献显著。而在我国环渤海地区,

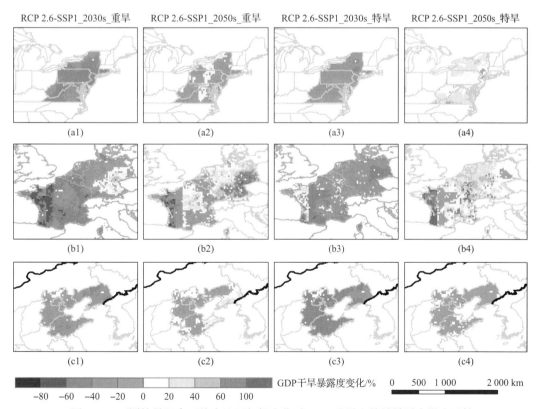

图 3.41　不同情景组合下热点地区气候变化对 GDP 重旱和特旱暴露度影响贡献

(a)～(c)分别对应美国东北部、欧洲西部五国和中国环渤海地区

气候变化普遍呈现积极贡献，其中，2050s 的特旱暴露度积极贡献接近-40%，而在沿海附近地区气候变化呈现消极贡献。这说明，气候变化的区域特征使得其对 GDP 重旱、特旱暴露度影响呈现积极与消极贡献，且在这些经济发达地区，气候变化影响多呈积极贡献，抑制 GDP 暴露度增加。

3. 全球 GDP 干旱脆弱性评估

根据 IPCC 提出的脆弱性概念与分析框架，本书研究构建了 GDP 脆弱性指标体系，优选了暴露度指标、敏感性指标和适应能力指标共计 22 个，通过估算 GDP 干旱脆弱性指数，来反映全球和热点地区基准期和未来不同 RCPs 与 SSPs 情景组合下，GDP 脆弱性变化时空特征。

1）全球 GDP 干旱脆弱性时空特征

不同情景组合下，GDP 干旱脆弱性存在一定差异，表现为随着碳排放增加，GDP 干旱脆弱性加剧。其中，在 RCP 2.6-SSP1 情景下，全球干旱脆弱性在 2030s 和 2050s 的变化较基准期不足 1%，在 RCP 4.5-SSP2 情景下，变化分别为 0.98%和 1.24%，而在 RCP 8.5-SSP3 情景组合下，GDP 干旱脆弱性变化最大，分别达 1.79%和 2.04%。

GDP 干旱脆弱性具有显著区域特征。局部小范围经济发达城市或气候变化影响严重地区，脆弱性变化相对显著。基于脆弱性指数，在 RCP 2.6-SSP1 情景下，非洲撒哈拉沙漠地区及印度大部分地区未来干旱脆弱性普遍变化显著，但增长幅度较小，相对于基准期，脆弱性增加不足 2%；在美国、我国南部及东北地区、南美洲东部沿海地区和西非等经济相对发达城市或受气候变化影响显著的地区，干旱脆弱性增加超过 10%，部分像元位置 GDP 脆弱性增加超过 15%。具体而言，在基准期，我国环渤海一带、蒙古国南部、印度及撒哈拉沙漠地区的埃及、利比亚，GDP 干旱脆弱性较大，其脆弱性指数超过 1.2；而 GDP 干旱暴露度较大的经济发达地区，如美国东北部地区、欧洲等，GDP 干旱脆弱性指数较小；此外，原 GDP 暴露度较小的地区如美国西部、俄罗斯等，其 GDP 干旱脆弱性相对较低，表现出显著差异性。在 GDP 高度脆弱地区我国环渤海一带与印度大部分地区，经济相对较为发达，面临的气候变化压力很大，降水不足但潜在蒸散发大，同时人口众多，人均资源贫乏，导致适应气候变化能力不足，因而 GDP 脆弱性较高（图 3.42）。哈萨克斯坦、蒙古国南部和非洲撒哈拉地区均属于干旱地区，降水稀少且潜在蒸散发大、极端干燥，同时经济欠发达，教医疗等支出有限，适应能力弱，从而导致对应的脆弱性指数明显高于其他地区。在美国西部、加拿大及俄罗斯等地区，虽然经济较为发达，但人口稀少，储蓄高，教育、医疗支出较大，适应能力强，对脆弱性抑制作用明显，因而脆弱性指数相对较小，GDP 干旱风险较小。

2）热点地区 GDP 干旱脆弱性时空特征

不同情景组合下，全球大部分地区不同时期 GDP 脆弱性增加普遍小于 1%，但局部小范围经济发达城市或气候变化影响严重地区，脆弱性变化相对显著。基于脆弱性指数，在 RCP 2.6-SSP1 情景下，非洲撒哈拉沙漠地区及印度大部分地区未来干旱脆弱性普遍变化显著，但增长幅度较小，相对于基准期，脆弱性增加不足 2%；在美国、我国南部及东北地区、南美洲东部沿海地区和西非等经济相对发达城市或受气候变化影响显著的地区，干旱脆弱性增加超过 10%，部分像元位置 GDP 脆弱性增加超过 15%。

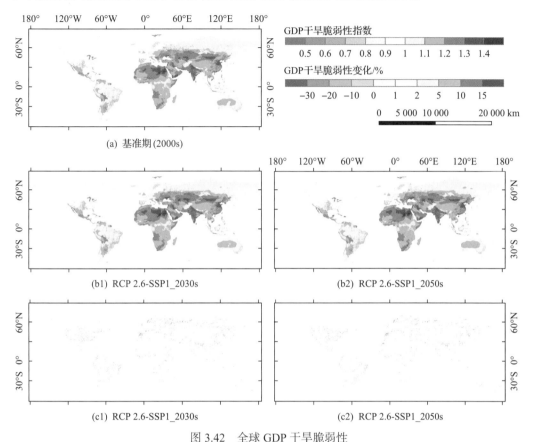

(a) 基准期(2000s)

(b1) RCP 2.6-SSP1_2030s (b2) RCP 2.6-SSP1_2050s

(c1) RCP 2.6-SSP1_2030s (c2) RCP 2.6-SSP1_2050s

图 3.42 全球 GDP 干旱脆弱性

(a)、(b1)、(b2)分别为基准期及 RCP 2.6-SSP1 情景组合下 2030s 和 2050s 的 GDP 干旱脆弱性指数分布；
(c1)和(c2)分别为对应的相对于基准期脆弱性变化

在美国东北部、欧洲西部五国和中国环渤海地区这三个热点地区，GDP 干旱脆弱性相对于基准期变化具有较为显著的区域特征。以可持续发展道路情景组合(RCP 2.6-SSP1)和高碳排放情景组合(RCP 8.5-SSP3)为例，气候变化导致热点区 GDP 干旱脆弱性普遍增加，大部分地区增加幅度小于 2%，而中国环渤海大部分地区，GDP 干旱脆弱性减缓约 2%。而在少数经济高度发达地区和城市，GDP 干旱脆弱性变化幅度较大，如在美国东北部地区和欧洲西部五国部分区域，脆弱性明显减缓，相对于基准期减缓比例超过 10%，但中国环渤海地区如北京、天津和辽宁部分地区(格网)，其 GDP 脆弱性将增加超过 15%。气候变化对不同地区 GDP 干旱脆弱性影响具有显著的区域特征，但在不同情景组合模式下差异不显著，且不同时段脆弱性差异较小(图 3.43)。

综上，在不同情景组合下，全球和热点地区 GDP 干旱脆弱性存在显著的空间相似性。这是由于一方面表征抑制能力的适应能力指标缺乏有效预估数据支撑，同时，未来气候变化背景下，各气象要素及社会经济相关结果经标准化后，原先具有显著差异的区域特征被削弱甚至抵消；此外，在计算脆弱性指数过程中，标准化后的指标的微小差异经空间累计和消抵，使得不同情景组合下 GDP 干旱脆弱性在不同时段虽存在差异，但差异极小。

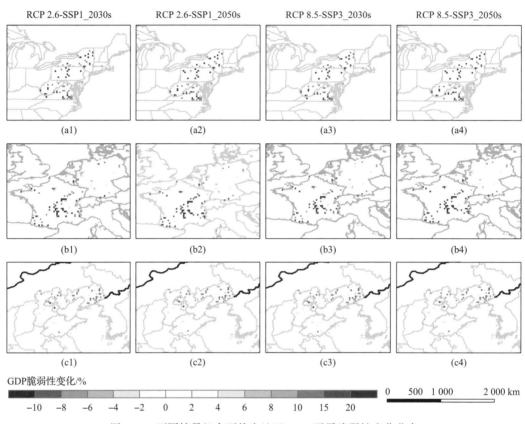

图 3.43　不同情景组合下热点地区 GDP 干旱脆弱性变化分布

(a)美国东北部；(b)欧洲五国；(c)中国环渤海地区

参 考 文 献

戴至修, 柳艳香, 王志. 等. 2017. 高速公路降雨致灾风险预警技术应用进展. 气象科技进展, 7(2): 39-45.

范兰, 吕昌河, 陈朝. 2012. EPIC 模型及其应用. 地理科学进展, 31 (5): 584-592.

方创琳, 王岩. 2015. 中国城市脆弱性的综合测度与空间分异特征. 地理学报, 70: 234-247.

郭晓峰. 2005. 国土系数法在公路网总里程预测中的应用. 公路, (2): 77-80.

黄晓军, 黄馨, 崔彩兰. 等. 2014. 社会脆弱性概念、分析框架与评价方法. 地理科学进展, 33: 1512-1525.

贾元童, 崔骁勇, 刘月仙. 等. 2020. 内蒙古自治区干旱脆弱性评价, 生态学报. 40(24): 1-13.

姜彤, 赵晶, 曹丽格. 等. 2018. 共享社会经济路径下中国及分省经济变化预测, 气候变化研究进展, 14, 50-58.

姜彤, 赵晶, 景丞. 等. 2017. IPCC 共享社会经济路径下中国和分省人口变化预估. 气候变化研究进展, 13: 128-137.

齐哲娴, 宋松柏. 2016. 广义极值分布序列经验概率的计算. 西北农林科技大学学报(自然科学版), 44(12): 219-225.

覃丽. 2015. 公路网规模预测的方法研究. 统计与管理, (7): 45-46.

王富强, 谢艳, 王敏军. 2020. 基于国土系数法的江西省普通国省道合理规模测算. 黑龙江交通科技, 43(3): 165-167.

王静爱, 张兴明, 郭浩, 等. 2016. 综合风险防范: 世界主要农作物旱灾风险评价与图谱. 北京: 科学出版社.

王岩, 方创琳, 张蔷. 2013. 城市脆弱性研究评述与展望. 地理科学进展, 32: 755-768.

王豫燕, 王艳君, 姜彤. 2016. 江苏省暴雨洪涝灾害的暴露度和脆弱性时空演变特征. 长江科学院院报, (4): 27-32, 45.

王志强. 2008. 基于自然脆弱性评价的中国小麦旱灾风险研究. 北京: 北京师范大学.

薛倩, 宋伟, 朱会义. 2018. 全球工业增加值公里网格数据集. 全球变化数据学报(中英文), 2(1): 13-21.

杨飞, 马超, 方华军. 2019. 脆弱性研究进展: 从理论研究到综合实践, 生态学报. 39: 441-453.

于江霞. 2006. 中国西部公路网规模研究. 西安: 长安大学.

袁海红 高晓路. 2014. 城市经济脆弱性评价研究——以北京海淀区为例. 自然资源学报. 29: 1159-1172.

袁海红, 牛方曲, 高晓路. 2015. 城市经济脆弱性模拟评估系统的构建及其应用. 地理学报. 70: 271-282.

张正涛, 高超, 刘青. 等. 2014. 不同重现期下淮河流域暴雨洪涝灾害风险评价. 地理研究, 33(7): 1361-1372.

郑菲, 孙诚, 李建平. 2012. 从气候变化的新视角理解灾害风险、暴露度、脆弱性和恢复力. 气候变化研究进展, 8(2): 79-83.

Akram N. 2013. Is climate change hindering economic growth of Asian economies? Asia-Pacific Development Journal, 19(2): 1-18.

Allen R G, Pereira L S, Raes D, et al. 1998. Crop evapotranspiration-guidelines for computing crop water requirements. FAO Irrigation and Drainage Paper 56, 300: D05109.

Bennett M M, Smith L C, 2017. Advances in using multitemporal night-time lights satellite imagery to detect, estimate, and monitor socioeconomic dynamics. Remote Sensing of Environment, 192: 176-197.

Berlemann M, Wenzel D. 2018. Hurricanes, economic growth and transmission channels. World Development, 105: 231-247.

Bhaduri B, Bright E, Coleman P, et al. 2007. Landscan USA: a high-resolution geospatial and temporal modeling approach for population distribution and dynamics. GeoJournal, 69: 103-117.

Bonnafous L, Lall U, Siegel J. 2017. A water risk index for portfolio exposure to climatic extremes: conceptualization and an application to the mining industry. Hydrology and Earth System Sciences, 21(4): 2075-2106.

Carrão H, Naumann G, Barbosa P. 2016. Mapping global patterns of drought risk: an empirical framework based on sub-national estimates of hazard, exposure and vulnerability. Global Environmental Change, 39: 108-124.

Chen J, Liu Y, Pan T, et al. 2017. Population exposure to droughts in china under 1.5℃ global warming target. Earth System Dynamics, 1-13.

Chen J, Liu Y, Pan T, et al. 2018. Population exposure to droughts in china under the 1.5 ℃ global warming target. Earth System Dynamics, 9(3): 1097-1106.

Chen J, Liu Y, Pan T, et al. 2020. Global socioeconomic exposure of heat extremes under climate change. Journal of Cleaner Production, 277: 123275.

Chen Q, Ye T, Zhao N, et al. 2020. Mapping China's regional economic activity by integrating points-of-interest and remote sensing data with random forest. Environment and Planning B Urban Analytics and City Science, 1-19.

Chen X, Lu Q, Peng Z, et al. 2015. Analysis of transportation network vulnerability under flooding disasters. Transportation Research Record: Journal of the Transportation Research Board, (2532): 37-44.

Chen Y, Zhang Z, Wang P, et al. 2016. Identifying the impact of multi-hazards on crop yielda case for heat stress and dry stress on winter wheat yield in northern China. European Journal of Agronomy, 73: 55-63.

Cheng L, Xu Y, Tao C. 2016. How much loss does factor misplacement bring to Chinese agriculture?-stochastic frontier model based on tranlog production function. Journal of management, 1(29): 24-34.

Cuaresma J C. 2015. Income projections for climate change research: a framework based on human capital dynamics. Global Environmental Change, 42: 226-236.

Cutter S L. 2003. The vulnerability of science and the science of vulnerability. Annals of the Association of American Geographers.

DeJonge K C, Ascough II J C, Ahmadi M, et al. 2012. Global sensitivity and uncertainty analysis of a dynamic agroecosystem model under different irrigation treatments. Ecological Modelling, 231: 113-125.

Dellink R, Chateau J, Lanzi E, et al. 2015. Long-term economic growth projections in the shared socioeconomic pathways. Global Environmental Change, 42: 200-214.

Demirel H, Kompil M, Françoise N. 2015. A framework to analyze the vulnerability of European road networks due to sea-level rise(slr) and sea storm surges. Transportation Research Part A: Policy and Practice, 81: 62-76.

Deryng D, Conway D, Ramankutty N, et al. 2014. Global crop yield response to extreme heat stress under multiple climate change futures. Environmental Research Letters, 9 (3): 034011.

Dolan C, Blanchet J, Iyengar G, et al. 2018. A model robust real options valuation methodology incorporating climate risk. Resources Policy, 57: 81-87.

Doll C N H, Muller J P, Morley J G, 2006. Mapping regional economic activity from night-time light satellite imagery. Ecological Economics, 57: 75-92.

Dong L, Liang H, Gao Z, et al. 2016. Spatial distribution of China's renewable energy industry: regional features and implications for a harmonious development future. Renewable and Sustainable Energy Reviews, 58: 1521-1531.

Easterling D, Meehl G, Parmesan C, et al. 2000. Climate extremes: observations, modeling, and impacts. Science, 289(5487): 2068-2074.

Elith J, Phillips S J, Hastie T, et al. 2011. A statistical explanation of MaxEnt for ecologists. Diversity and Distributions, 17 (1): 43-57.

Fell R. 1994. Landslide risk assessment and acceptable risk. Canadian Geotechnical Journal, 31 (2): 261-272.

Fischer E M, Knutti R. 2015. Anthropogenic contribution to global occurrence of heavy-precipitation and high-temperature extremes. Nature Climate Change, 5 (6): 560-564.

Flanagan B E, Gregory E W, Hallisey E J, et al. 2011. A social vulnerability index for disaster management. Journal of Homeland Security and Emergency Management, 8 (1): 1-22.

Ford J, Pearce T, Prno J, et al. 2009. Perceptions of climate change risks in primary resource use industries: a survey of the Canadian mining sector. Regional Environmental Change, 10 (1): 65-81.

Garssen J, Harmsen C, Beer J D. 2005. The effect of the summer 2003 heat wave on mortality in the netherlands. Eurosurveillance, 10 (7): 165-168.

Gasparrini A, Guo Y, Hashizume M, et al. 2015. Mortality risk attributable to high and low ambient temperature: a multicountry observational study. The Lancet, 6736 (14): 369-375.

Ghosh T L, Powell R D, Elvidge C, et al. 2010. Shedding light on the global distribution of economic activity. The Open Geography Journal, 3: 147-160.

Gonzalez F, Raval S, Taplin R, et al. 2018. Evaluation of impact of potential extreme rainfall events on mining in Peru. Natural Resources Research, 28 (2): 393-408.

Green B L, Korol M, Grace M C, et al. 1991. Children and disaster: age, gender, and parental effects on ptsd symptoms. Journal of the American Academy of Child & Adolescent Psychiatry, 30 (6): 945-951.

Groisman P, Karl T, Easterling D, et al. 1999. Changes in the probability of heavy precipitation: important indicators of climatic change. Climatic Change, 42 (1): 243-283.

Guo E, Zhang J, Wang Y, et al. 2019. Spatiotemporal variations of extreme climate events in Northeast China during 1960–2014. Ecological Indicators, 96: 669-683.

Hoerl A, Kennard R. 1970. Ridge regression: applications to nonorthogonal problems. Technometrics, 12 (1): 69-82.

Hong L, Ouyang M, Peeta S, et al. 2015. Vulnerability assessment and mitigation for the Chinese railway system under floods. Reliability Engineering & System Safety, 137: 58-68.

Huang J, Qin D, Jiang T, et al. 2019, Effect of fertility policy changes on the population structure and economy of China: from the perspective of the shared socioeconomic pathways. earths Future, 7: 250-265.

IPCC. 2013. Climate Change 2013: The Physical Science Basis. Contribution of Working Group I to the Fifth Assessment Report of the Intergovernmental Panel on Climate Change. Cambridge, UK, New York, USA: Cambridge University Press.

IPCC. 2014. Climate Change 2014: Impacts, Adaptation, and Vulnerability. Part A: Global and 248 Sectoral Aspects. Contribution of Working Group II to the Fifth Assessment Report of the 249 Intergovernmental Panel on Climate Change. Cambridge, UK, New York, USA: Cambridge University Press.

Jiang Q, Yue Y, Gao L. 2019. The spatial-temporal patterns of heatwave hazard impacts on wheat in northern China under extreme climate scenarios. Geomatics, Natural Hazards and Risk, 10 (1): 2346-2367.

Jiang T, Zhao J, Cao L, et al. 2018. Projection of national and provincial economy under the shared socioeconomic pathways in China. Climate Change Research, 14 (1): 50-58.

Jing-Song S, Guang-Sheng Z, Xing-Hua S. 2012. Climatic suitability of the distribution of the winter wheat cultivation zone in China. European Journal of Agronomy, 43: 77-86.

Jones B, O'Neill B C, Mcdaniel L, et al. 2015. Future population exposure to us heat extremes. Nature Climate Change, 5: 592-597.

Jones B, O'Neill B C. 2016. Spatially explicit global population scenarios consistent with the shared socioeconomic pathways. Environmental Research Letters, 11(8): 084003.

KC S, Lutz W. 2017. The human core of the shared socioeconomic pathways: population scenarios by age, sex and level of education for all countries to 2100. Global Environmental Change, 42: 181-192.

Kummu M, Taka M, Guillaume J H. 2018. Gridded global datasets for gross domestic product and human development index over 1990–2015. Scientific Data, 5: 180004.

Lehner B, Verdin K, Jarvis A. 2013. New global hydrography derived from spaceborne elevation data. Eos Transactions American Geophysical Union, 89(10): 93-94.

Leimbach M, Kriegler E, Roming N, et al. 2015. Future growth patterns of world regions-a GDP scenario approach. Global Environmental Change, 42.

Leyk S, Gaughan A E, Adamo S B, et al. 2019. The spatial allocation of population: a Review of large-scale gridded population data products and their fitness for use. Earth System Science Data, 11.

Li X, Yu L, Sohl T, et al. 2016. A cellular automata downscaling based 1 km global land use datasets (2010–2100). Science Bulletin, 61(21): 1651-1661.

Liu Y, Chen J, Pan T, et al. 2020a. Global socioeconomic risk of precipitation extremes under climate change. Earth's Future, 8(9).

Liu Y, Chen J. 2020. Socioeconomic risk of droughts under a 2.0℃ warmer climate: assessment of population and GDP exposures to droughts in China. International Journal of Climatology, 41: E380-E391.

Liu Y, Chen J. 2021. Future global socioeconomic risk to droughts based on estimates of hazard, exposure, and vulnerability in a changing climate. Science of the Total Environment, 751(2): 142159.

Liu Y, Song W, Zhao D, et al. 2020b. Progress in research on the influences of climatic changes on the industrial economy in China. Journal of Resources and Ecology, 11(1): 1-12.

Liu Y, Song W. 2019. Influences of extreme precipitation on China's mining industry. Sustainability, (11): 6719.

Liu Z, Anderson B, Yan K, et al. 2017. Global and regional changes in exposure to extreme heat and the relative contributions of climate and population change. Scientific Reports, 7: 43909.

Lobell D B, Bänziger M, Magorokosho C, et al. 2011. Nonlinear heat effects on African maize as evidenced by historical yield trials. Nature Climate Change, 1 (1): 42-45.

Mackay A. 2007. Climate change 2007: impacts, adaptation and vulnerability//Contribution of Working Group II to the Fourth Assessment Report of the Intergovernmental Panel on Climate Change. Journal of Environmental Quality, 37(6): 2407.

Mendas A, Delali A. 2012. Integration of MultiCriteria Decision Analysis in GIS to develop land suitability for agriculture: application to durum wheat cultivation in the region of Mleta in Algeria. Computers and Electronics in Agriculture, 83: 117-126.

Motuma M, Suryabhagavan K, Balakrishnan M. 2016. Land suitability analysis for wheat and sorghum crops in Wogdie District, South Wollo, Ethiopia, using geospatial tools. Applied Geomatics, 8 (1): 57-66.

Murakami D, Yamagata Y. 2019. Estimation of gridded population and GDP scenarios with spatially explicit statistical downscaling. Sustainability, 11: 1-18.

Naumann G, Barbosa P, Garrote L, et al. 2014. Exploring drought vulnerability in Africa: an indicator based analysis to be used in early warning systems. Hydrology and Earth System Sciences, 18（5）: 1591-1604.

Nordhaus C W D. 2011. Using luminosity data as a proxy for economic statistics, proceedings of the national academy of sciences of the United States of America, 108: 8589-8594.

O'Neill B C, Kriegler E, Riahi K, et al. 2014. A new scenario framework for climate change research: the concept of shared socioeconomic pathways. Climatic change, 122: 387-400.

O'Neill B C, Tebaldi C, Van Vuuren D P, et al. 2016. The scenario model intercomparison project （Scenariomip） for CMIP6. Geoscientific Model Development, 9: 3461–3482.

OECD/JRC. 2008. Handbook on Constructing Composite Indicators: Methodology and User Guide. OECD.

Papathoma-Köhle M, Kappes M, Keiler M, et al. 2011. Physical vulnerability assessment for alpine hazards: state of the art and future needs. Natural Hazards, 58 (2): 645-680.

Pearce T, Ford J, Prno J, et al. 2010. Climate change and mining in Canada. Mitigation and Adaptation Strategies for Global Change, 16（3）: 347-368.

Peduzzi P, Dao H, Herold C, et al. 2009. Assessing global exposure and vulnerability towards natural hazards: the Disaster Risk Index. Natural Hazards and Earth System Sciences, 9（4）: 1149-1159.

Phillips S J, Anderson R P, Schapire R E. 2006. Maximum entropy modeling of species geographic distributions. Ecological modelling, 190 (3-4): 231-259.

Phillips S J, Dudík M. 2008. Modeling of species distributions with Maxent: new extensions and a comprehensive evaluation. Ecography, 31 (2): 161-175.

Quan L B, Blahut J, van Westen C, et al. 2011. The application of numerical debris flow modelling for the generation of physical vulnerability curves. Natural hazards and Earth System Sciences, 11(7): 2047-2060.

Riahi K, van Vuuren D P, Kriegler E, et al. 2017. The shared socioeconomic pathways and their energy, land use, and greenhouse gas emissions implications: an overview. Global Environmental Change, 42: 153-168.

Robine J M, Cheung S L K, Roy S L, et al. 2008. Death toll exceeded 70, 000 in Europe during the summer of 2003. Comptes Rendus Biologies, 331（2）: 171-178.

Saseendran S, Ahuja L, Ma L, et al. 2008. Current water deficit stress simulations in selected agricultural system models. Response of Crops to Limited Water: Understanding and Modeling Water Stress Effects on Plant Growth Processes, 1: 1-38.

Schleussner C F, Lissner T K, Fischer E M, et al. 2015. Differential climate impacts for policy-relevant limits to global warming: the case of 1.5 c and 2 c. Earth System Dynamics Discussions, 6（2）: 2447-2505.

Shi X, Chen J, Gu L, et al. 2020. Impacts and socioeconomic exposures of global extreme precipitation events in 1.5 and 2.0℃ warmer climates. Science of The Total Environment: 142665.

Steduto P, Hsiao T C, Fereres E, et al. 2012. Crop Yield Response to Water. Rome: Food and Agriculture Organization of the United Nations.

Su B, Huang J, Fischer T, et al. 2018. Drought losses in China might double between the 1.5℃ and 2.0℃ warming. Proceedings of the National Academy of Sciences of the United States of America, 115（42）: 10600-10605.

Su P, Zhang A, Wang R, et al. 2021. Prediction of future natural suitable areas for rice under representative concentration pathways (RCPs). Sustainability, 13 (3): 1580.

Sun Y, Zhang X, Zwiers F W, et al. 2014. Rapid increase in the risk of extreme summer heat in eastern China. Nature Climate Change, 4（12）: 1082-1085.

Tao F, Zhang Z, Zhang S, et al. 2015. Heat stress impacts on wheat growth and yield were reduced in the Huang-Huai-Hai Plain of China in the past three decades. European Journal of Agronomy, 71: 44-52.

Thornes J, Rennie M, Marsden H, et al. 2012. Climate Change Risk Assessment for the Transport Sector. London: Adapting to Climate Change Programme, Department for Environment, Food and Rural Affairs （Defra）.

Tobias G. 2018. Continuous national gross domestic product（GDP）time series for 195 countries: past observations（1850-2005）harmonized with future projections according to the shared socio-economic pathways（2006-2100）. Earth System Science Data, 10: 847-856.

Trenberth K E, Fasullo J T. 2012. Climate extremes and climate change: the russian heat wave and other climate extremes of 2010. Journal of Geophysical Research: Atmospheres, 117（D17）.

UNISDR. 2004. Living with Risk: A Global Review of Disaster Reduction Initiatives. Review Volume 1. Geneva, Switzerland: United Nations International Strategy for Disaster Reduction.

Vaneckova P, Beggs P J, Dear R J D, et al. 2008. Effect of temperature on mortality during the six warmer months in sydney, australia, between 1993 and 2004. Environmental Research, 108（3）: 361-369.

Wang L, Li Y, Wang P, et al. 2016. Assessment of ecological suitability of winter wheat in Jiangsu Province based on the niche-fitness theory and fuzzy mathematics. Acta Ecologica Sinica, 36 (14): 4465-4474.

Watson R T, Zinyowera M C, Moss R H. 1996. Climate Change 1995. Impacts, Adaptations and Mitigation of Climate change: Scientific-Technical Analyses.

Williams J, Jones C, Kiniry J, et al. 1989. The EPIC crop growth model. Transactions of the ASAE, 32 (2): 497-0511.

Wu Y, Guo H, Zhang A, et al. 2019. Establishment and characteristics analysis of a crop-drought vulnerability curve: a case study of European winter wheat. Natural Hazards and Earth System Sciences Discussions, 1-20.

Yue Y, Li J, Ye X, et al. 2015. An EPIC model-based vulnerability assessment of wheat subject to drought. Natural Hazards, 78 (3): 1629-1652.

Yue Y, Wang L, Li J, et al. 2018. An EPIC model-based wheat drought risk assessment using new climate scenarios in China. Climatic change, 147 (3): 539-553.

Yue Y, Zhang P, Shang Y. 2019. The potential global distribution and dynamics of wheat under multiple climate change scenarios. Science of the Total Environment, 688: 1308-1318.

Zeuthen J, Raftopoulos M. 2018. Promises of hope or threats of domination: Chinese mining in Greenland. The Extractive Industries and Society, 5（1）: 122-130.

Zhao M, Cheng W, Zhou C, et al. 2017. GDP spatialization and economic differences in South China based on NPP-VIIRS nighttime light imagery. Remote Sensing, 9(7).

Zhao N, Cao G, Zhang W, et al. 2018. Tweets or nighttime lights: comparison for preeminence in estimating socioeconomic factors. ISPRS Journal of Photogrammetry and Remote Sensing, 146: 1-10.

Zhao N, Liu Y, Cao G, et al. 2017. Forecasting China's Gdp at the Pixel Level Using Nighttime Lights Time Series and Population Images. Mapping ences & Remote Sensing, 54: 407-425.

第4章 全球变化人口与经济系统
风险评估模型与模式[*]

4.1 气候平均状态变化和极端值变化对人口影响的风险评估模型

4.1.1 气候平均状态变化对人口影响的风险评估模型

1. 建模目标

未来气候变化会使热浪的频率和强度增加，从而对人体健康造成影响，探讨气温变化对人口死亡率的影响具有重要意义。本书研究基于半参数回归模型，利用面板数据，将气温变量划分为 10 个温度变化区间，统计各温度区间的天数，分析温度天数与人口死亡率间的关系，构建平均状态温度变化下人口死亡率风险评估模型，量化评估区域尺度未来典型浓度路径下 RCP 4.5 和 RCP 8.5 情景下的人口死亡率风险。

2. 建模的理论基础和模型形式

1）模型改进原理及思路

本书研究构建的平均温度变化下人口死亡率风险评估模型，避免使用极端值来研究人口死亡率的影响，结合平均温度指标，统计 10 个温度区间天数。温度天数指标曾应用于：马柱国等(2003)基于中国北方干旱和半干旱地区 1951~2000 年的极端温度天数，探究极端温度发生频率和强度的变化趋势；马德栗和陈正洪(2010)根据荆州 1954~2008 年逐日气温资料，分析主要界限温度初终日、持续天数等；Cardil 等(2014)分析南欧 1978~2012 年的高温天数，讨论高温天数增加对环境和能源需求以及一些经济因素的潜在影响；Liu 等(2017)分析中国 1980~2014 年 0 ℃以下温度段和 25 ℃以上温度段的天数变化情况，研究 1980 年以来中国大陆范围内气温变化对全球变暖的响应。

本书研究基于半参数回归模型，利用面板数据，将气温变量划分为 10 个温度变化区间，分别统计各温度区间的天数，以各温度区间温度天数为指标，探讨中国所有地级市气温变化与人口死亡率间的关系。

2）模型的基本形式

A. 模型构建

采用相关分析方法，建立半参数回归模型，即温度-人口死亡率风险模型。Engle 等

---

* 本章作者：李宁、杨赛霓、吴吉东、王瑛、周洪建、张正涛、刘远、黄承芳、陈曦、王芳、汪伟平、张新龙、贾梁、唐继婷、叶梦琪、刘文辉、唐茹玫、王霞、林齐根、马庆媛。

(1988)采用这种半参数回归模型讨论气象条件对供电量的影响,因为在高温和低温下功耗都会增加,所以温度和用电量之间的关系是高度非线性的,另外需要控制许多其他因素(如收入、价格和经济活动的总体水平)以及控制其他季节性影响(如假期和假日),因此估算这种关系变得很复杂,用半参数回归模型来描述该问题,可以轻松地适应变量的线性转换,更接近于真实,更能充分利用气象数据所提供的信息。本书研究采用的半参数回归模型如下:

$$Y_{ij} = f_i(t_{ij}) + \varepsilon_{ij}, \quad i,j = 1,\cdots,n \tag{4.1}$$

式中,未知的回归函数 f_i 可能非线性地依赖于已知的自变量 t_{ij};ε_{ij} 为随机误差项,均值为0。

B. 数据基础

气温数据。本书研究的气温数据集来自中国气象局公布的 2 142 个气象站点每日最高温和最低温,单位用°F[①]表示,时间范围为 2000～2015 年。将日最高温、日最低温进行平均,得到站点级别的日均气温数据。根据气象站点的位置,统计每个市区范围内各个气象站点的日均气温,再进行平均,得到市级别的日均气温数据。根据市级别的日均温数据,计算各个市每年<10°F, 10～20°F, …, >90°F十个温度区间的天数,简称温度天数,分别用 $T_0, T_{10}, \cdots, T_{90}$ 表示。

按照全国温度分异特点,将全国划分为热带地区、温带地区、寒温带地区、高原山地地区,在各个地区各选择一个代表站点,分别为:广州站(ID59481)、北京站(ID54511)、大兴安岭站(ID50136)、拉萨站(ID55593),统计各个站点的年最高温、年最低温、年均温,以及每年的十个温度天数,如图 4.1 所示。以图 4.1(a)ID54981 站为例,2005 年是16 年中最低温最低的年份,但低温天数(T_0)并不是最多的年份,该年的高温天数还较多;2008 年是 16 年中最高温最高的年份,这一年高温天数(T_{80}, T_{90})很多,但低温天数也偏多;而从年均温来看,这两年和其他年之间的差距很小。其他站点的数据也与此情况类似,这说明,温度天数指标相比年最高温、年最低温、年均温,可以更精确地反映一年里的温度情况。

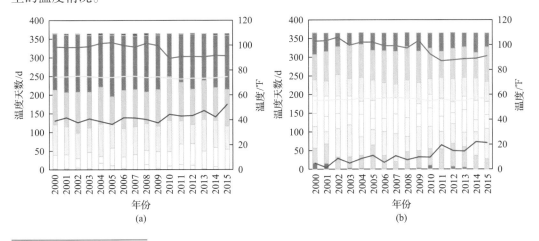

(a)　　　　　　　　　　　　　　　(b)

---

① 1°F ≈ −17.22 ℃。

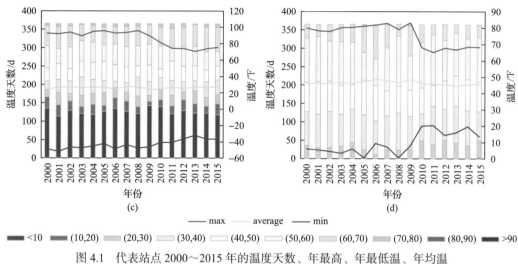

— max　— average　— min

■ <10　■ (10,20)　▨ (20,30)　▤ (30,40)　□ (40,50)　▨ (50,60)　▨ (60,70)　▨ (70,80)　▨ (80,90)　■ >90

图 4.1　代表站点 2000~2015 年的温度天数、年最高、年最低温、年均温

(a)热带地区；(b)温带地区；(c)寒温带地区；(d)高原山地地区

统计全国各市 2000~2015 年共 16 年的平均温度天数，结果如图 4.2 所示。图 4.2 分别为 T_0、T_{40}、T_{50}、T_{90}，图 4.2(a)代表低温天数，图 4.2(b)和图 4.2(c)代表气温波动较大的天数，图 4.2(d)代表高温天数。可以发现，温度天数这个指标可以很好地反映中

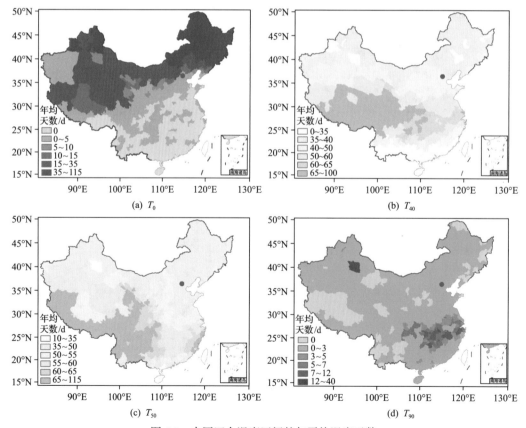

图 4.2　中国四个温度区间的年平均温度天数

国气温空间的变化情况：低温天数，在黄河以北地区较多；高温天数，主要分布在长江以南附近；青藏高原、云贵高原由于海拔原因，高温天数偏少，但 $40\sim50°F$、$50\sim60°F$ 的温度天数在全国最多。

人口死亡率数据。本书研究的市级人口死亡率(D)数据来自全国各市每年的统计年鉴，D 的定义如下：

$$D=M(某年死亡人口数) / P(某年总人口数) \quad (4.2)$$

本书研究收集了 2000~2015 年全国 343 个市 2000~2015 年共 16 年的人口死亡率数据，求年平均，结果发现，全国各市年均人口死亡率差异较大，死亡率较高的地区主要分布在西藏、青海、云南等省份，大多为 7‰以上，死亡率较低的地区主要分布在东南沿海，以及新疆等地区，大多在 6‰以下。全国平均人口死亡率 2015 年为 7.110‰，低于世界银行公布的美国 2015 年人口死亡率 8.440‰和全球 2015 年人口死亡率 7.593‰。

气候变化模式数据。未来气温数据来自美国国家航空航天局全球高分辨率统计降尺度气候评估数据集(NEX-GDDP)，该数据集汇编了 2006~2100 年 21 个 CMIP5 全球气候监测系统在两种 RCPs 情景(RCP 4.5 和 RCP 8.5)下的气候预测数据，以及 1950~2005 年每种模式的历史试验结果。数据集的空间分辨率为 0.25°(25 km×25 km)。RCP 4.5 和 RCP 8.5 分别是 2100 年达到 4.5 W/m² (相当于 538 ppm[①]二氧化碳浓度)和 8.5 W/m² (相当于 936 ppm 二氧化碳浓度)的两个辐射强迫路径，它们分别代表可能预期的情况和最严重的情况，被广泛用于分析气候变化。

本书研究采用上述两种情景下各 21 种模式的气温数据作为未来气候数据。根据中国 2142 个气象站点所在位置对应格点的日最低温、日最高温数据，计算得到这些气象站点在不同情景和气候模式下的日均温(日均温为日最低温和日最高温的平均值)，然后统计每个市区范围内所有气象站点的日均温，再进行平均，得到 343 个市级日均气温数据。

根据 NEX-GDDP 数据集中的历史日均温，计算各地 2000~2005 年各温度区间平均天数，与 2000~2005 年的相应实际观测值进行了比较。结果表明，模型历史值与实际观测值仍存在一定误差 E，如式(4.3)所示：

$$E = \sum_{1}^{6}(T' - T) / 6 \quad (4.3)$$

式中，T' 为模式历史数据的各市某年某个温度区间的天数；T 为实际观测的各市某年某个温度区间的天数；E 为各市某个温度区间的年平均误差。

本书研究不采用原始的 NEX-GDDP 数据集，而采用校正值，即对未来气温预测数据进行校正，将计算出的误差 E 加到各个模式数据的未来预测结果中。

3. 温度天数与中国人口死亡率的关系研究

1)温度天数与中国人口死亡率的关系

对全国所有市建立温度天数与人口死亡率的半参数回归模型，所有温度区间的解释

---

① 1 ppm = 10^{-6}。

变量都通过了 5% 水平下的显著性检验，结果如式 (4.4) 所示：

$$D = 0.296T_0 + 0.294T_{10} + 0.290T_{20} + 0.300T_{30} + 0.302T_{40}$$
$$+ 0.303T_{50} + 0.293T_{60} + 0.304T_{70} + 0.287T_{80} + 0.310T_{90} - 102.97 \tag{4.4}$$

式中，D 为某地某年的人口死亡率，T_0, T_{10}, …, T_{90} 为某地某年 <10℉, 10~20℉, …, >90℉ 十个温度区间的天数。-102.97 是随机误差项，充当固定效应向量，代表各地区之间不随时间变化的差异。其中，T 前面的系数越大，说明这个温度区间的天数对人口死亡率的影响程度越大。以日均气温的 10 个温度区间为横轴，各个 T 前面的系数为纵轴绘图，结果见图 4.3。

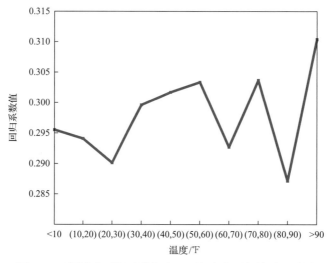

图 4.3　不同温度区间天数与人口死亡率的回归关系差异图

T_{90} 的影响系数最大，为 0.311，即高温天数对人口死亡率影响最大；但 T_{80} 的系数最小，为 0.287，即该温度天数对人口死亡率影响最小。这意味着，相比于 T_{80}，T_{90} 每增加 1 天，年均人口死亡率要上升 0.023 人/10^3 人。

此外，T_{50}、T_{70} 对人口死亡率的影响也较大，系数分别为 0.303、0.304，日均温位于该温度区间，通常是在 5 月、9 月，即春夏、夏秋交替之际。而 T_{20}、T_{60} 的系数较小，日均温位于该温度区间，通常是 1 月、10 月，气温相对稳定，对人口死亡率的影响较小。

2) 模型验证

根据前述回归结果，可知不同温度天数对于死亡率有不同的影响程度。由此，我们可以有两个推论：①死亡率变化大的区域，温度天数变化也大；②温度天数异常的年份，死亡率也会相对异常。

为了验证推论①，计算各地的人口死亡变率 RVD，公式如下：

$$\text{RVD} = \sum \frac{\left| D - \overline{D} \right|}{\overline{D}} / m \tag{4.5}$$

式中，D 为某年的死亡率；$\overline{D}$ 为多年平均死亡率；m 为年数，此处取 $m = 16$。

温度天数的相对变率 RVT_n 的计算公式如下：

$$\mathrm{RVT}_n = \frac{\sum \dfrac{\left|T_n - \overline{T_n}\right|}{T_n}}{m}, \quad n = 0,10,20,\cdots,90 \tag{4.6}$$

式中，T_n 为某年的 n 温度区间的天数；$\overline{T_n}$ 为多年平均 n 温度区间的天数；n 为 10 个温度区间，0 对应于 <10°F 温度区间，10 对应于 10～20°F 温度区间，其余类似；m 为年数，本书研究取 m=16。式中，若 $\overline{D}$ =0、$\overline{T_n}$ =0 时，则取 RVD、RVT_n 为 0。

依据 2000～2015 年人口死亡率的相对变率可以发现，东北地区、西北地区以及南方部分地区的人口死亡率相对变率较高，最高为 55.09%。分别计算 RVT_{50}、RVT_{70}、RVT_{90}，结果发现，RVT_{50} 高值区位于青海、云南南部，以及东南沿海地区；RVT_{70} 的高值区位于西藏东南部、青海等地；RVT_{90} 的高值区位于新疆、河南、山东，以及东南沿海地区。上述相对变率高值区和 2000～2015 年人口死亡率相对变率高值区基本吻合，即前述的推论①是成立的。

采用箱型图的方法，确定各个市的温度天数偏高年（简称偏高年），若某年的某温度天数处于所有年的上四分位数和最大值之间，则该年就被认为是偏高年。采用 ΔU 来反映异常年份的人口死亡率的变化情况，如式（4.7）所示：

$$\Delta U = \overline{D_u} - \overline{D_n} \tag{4.7}$$

式中，$\overline{D_u}$ 为异常年份的平均人口死亡率；$\overline{D_n}$ 为正常年份的平均人口死亡率。正常年份是指温度天数处于上四分位数和下四分位数之间。ΔU 为正，说明温度天数偏高的年份，人口死亡率也偏高，反之则相反。

由于 T_{50}、T_{70}、T_{90} 对死亡率有较大影响，因此分别计算确定 343 个地区 T_{50}、T_{70}、T_{90} 的异常高年份、正常年份，并计算对应的 ΔU，结果如图 4.4 所示。

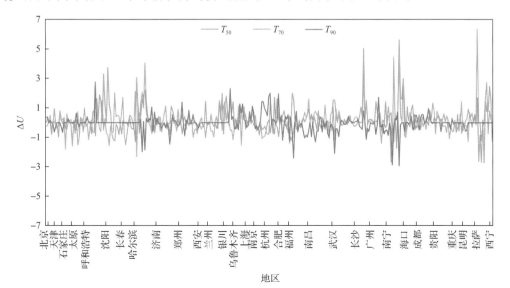

图 4.4　T_{50}、T_{70}、T_{90} 偏多年份相对正常年份的人口死亡率变化

在 T_{50} 偏高年份中，55.35%地区的人口死亡率高于正常年；在 T_{70} 异常高年份中，53.52%地区高于正常年；在 T_{50} 异常高年份中，66.36%地区高于正常年，即三个温度天数异常高的年份里，半数以上地区的人口死亡率都高于正常年。这一规律说明前述的推论②是成立的，因此，进一步验证了温度天数与人口死亡率之间是有密切关系的。

4. 气候变化与中国人口死亡率的未来预估

结合校正的 21 种气候模式数据，统计各模式所有地区的 10 个温度天数，再根据式(4.4)对各地区 2006～2050 年的人口死亡率进行预测，从而进行各模式预测一致性评估。相较于历史时期(2000～2005 年)，2/3 以上的模式预估结果均呈增加或减少趋势，则认为模式预测较一致，反之，则为不确定，结果如图 4.5 所示。

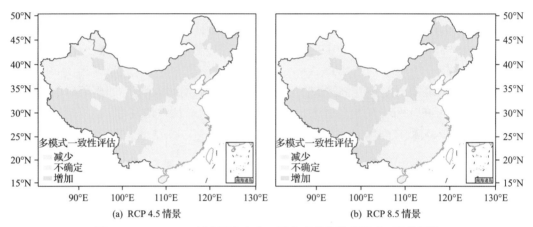

(a) RCP 4.5 情景　　　　　　　　　(b) RCP 8.5 情景

图 4.5　2006～2050 年中国未来人口死亡率变化的多模式一致性评估

由图 4.5 可知，在 RCP 4.5 情景下，共有 88.3%的地区呈现较一致的判断，其中预估未来人口死亡率会增加的市占 25.1%，这些地区主要位于中国西部，即传统的中国人口分界线(胡焕庸线)以西地区，以及黑龙江、云南两省；未来人口死亡率会降低的地区则主要位于胡焕庸线以东地区，以及新疆大部分地区；不确定的地区零星分布在西部。在 RCP 8.5 情景下，共有 89.5%的地区呈现一致的判断，主要是判断为人口死亡率会降低的地区略有增加，其他分布规律基本相同。

计算 2000～2050 年全国各个地区各年的人口死亡率，分别取每年全国各地区的最大值、最小值、平均值，得到图 4.6。图 4.6 中黑色线表示 2000～2005 年的全国平均人口死亡率，红色线表示 2006～2050 年的全国平均人口死亡率，灰色阴影部分由 2000～2005年全国最大人口死亡率和最小人口死亡率组成，淡蓝色阴影部分由 2006～2050 年全国最大人口死亡率和最小人口死亡率组成。

由图 4.6(a)可知，在 RCP 4.5 情景下，全国最大的人口死亡率在大部分气候模式下呈略微上升趋势，如 ACCESS1-0、CSIRO-MK3-6-0、GFDL-CM3 等模式。而最小的人口死亡率在所有气候模式下呈波动下降的趋势。因此，未来全国平均人口死亡率为3.518‰～7.356‰，呈下降趋势。

对比图 4.6(a)、图 4.6(b)可知，RCP 8.5 情景下的人口死亡率变化趋势和 RCP 4.5 情

景基本相同，但最大人口死亡率上升趋势更大。该情景下，未来全国人口死亡率为
3.524‰～7.417‰。

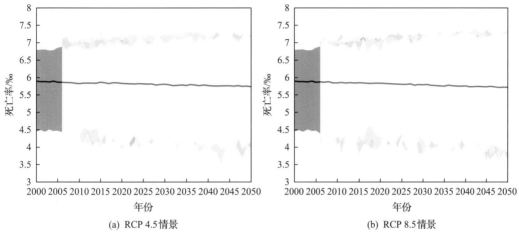

(a) RCP 4.5情景   (b) RCP 8.5情景

图 4.6 中国各地区最大、最小、平均人口死亡率模拟(2000～2050 年)

4.1.2 气候极端值变化(温度)对人口影响的风险评估模型

1. 建模目标

基于湿球黑球温度(WBGT)定义下的热浪，利用气候模式数据和未来人口数据模拟
结果，构建极端高温变化下影响人口的风险评估模型，量化并评估未来高排放情景下全
球及区域尺度下高温热浪影响人口的风险。

2. 建模的理论基础和模型形式

1)模型改进原理及思路

本书研究选用全球最普遍使用的热应力指数——WBGT 定义热浪。WBGT 可以代表
环境温度和湿度对人体热舒适度的影响，它与人体驱散多余代谢热从而避免热应力的能
力直接相关。WBGT 综合考虑了从太阳辐射吸收的热量以及与空气湿度相关的蒸发散热，
组合了自然湿球温度、黑球温度和干球温度 3 种要素。由于黑球温度难以获取，因此许
多学者都利用简化的 WBGT 指数开展高温热浪的相关研究(Li et al., 2017; Fischer and
Knutti, 2012; Willett and Sherwood, 2012; Chen et al., 2019)。该简化指数的计算只需干球
温度以及相对湿度，本书研究也利用该简化的 WBGT 指数定义热浪。

WBGT 综合考虑了温度和湿度协同作用的热应力指数，相较于单独的温度指标更能
表征热浪对人类社会的影响。基于 WBGT 指数定义热浪，利用 CMIP5 多模式气温和相
对湿度模拟数据以及 SSP3 情景下的人口数据，分析了未来高排放情景(RCP 8.5)下全球
及区域尺度热浪的人口暴露度相对于基准期的变化，并量化了造成暴露度变化的各影响
因素的贡献率。

2)模型的基本形式

A. 模型构建

当日平均 WBGT 超过基准时段内所有日平均 WBGT 的 99%分位值时，记为发生一次热浪事件。阈值的计算基于网格点，基准时段选取工业革命前控制试验最近的 100 年，值得注意的是，对于相对湿度模拟时段<100 年的模式，选取这些模式最近的所有年份。

热浪的人口暴露度为每个网格点的年均热浪天数与人口数量的乘积(Jones et al., 2015)。热浪天数即一年内发生热浪的总天数，与热浪事件是否跨年无关。未来热浪的人口暴露度变化受热浪天数和人口数量及分布变化的影响，即气候变化影响(保持人口数量不变，热浪天数变化)、人口因素影响(保持热浪天数不变，人口数量变化)以及气候和人口因素共同影响(热浪天数和人口数量均变化)，用公式可表示为

$$\Delta E = P_0 \times \Delta C + C_0 \times \Delta P + \Delta C \times \Delta P \tag{4.8}$$

式中，ΔE 为暴露度的变化(人·d)；P_0 和 C_0 分别为基准期的人口数量(人)和热浪天数(天)；ΔP 和 ΔC 分别为未来时段相对于基准期人口数量和热浪天数的变化。因此，$P_0 \times \Delta C$ 表示气候变化影响，$C_0 \times \Delta P$ 表示人口因素影响，$\Delta C \times \Delta P$ 表示气候和人口因素共同影响。各个因素对暴露度变化的贡献率分别为：$P_0 \times \Delta C/\Delta E$、$C_0 \times \Delta P/\Delta E$ 和 $\Delta C \times \Delta P/\Delta E$。

B. 数据基础

气候数据。气候模式模拟数据来自 CMIP5 提供的 14 个全球气候模式的逐日气温和近地面相对湿度模拟结果，包括工业革命前控制试验(piControl)模拟、基准期(1986～2005 年)以及高排放情景(RCP 8.5)下未来时期(2021～2100 年)模拟。仅选择 RCP 8.5 情景是因为该情景最能代表自 2006 年以来观测到的温室气体排放(Frolicher et al., 2018)。此外，考虑到全球地面观测数据存在站点分布不均、记录短缺、台站迁移和计算方法改变导致的资料非均一化等问题，研究利用了欧洲中期天气预报中心(ECMWF)提供的 ERA-Interim 再分析资料(1986～2005 年)，时间分辨率为 6 h(00:00、06:00、12:00 和 18:00 UTC)，空间分辨率为 0.5º×0.5º，用于评估气候模式的模拟能力。模式模拟数据和再分析资料都采用双线性插值方法统一插值到 0.5º×0.5º 的网格上。

人口数据。为更好地满足气候变化影响、适应和减缓 3 个领域的闭合研究(曹丽格等，2012)，IPCC 在 RCPs 的基础上，综合考虑了人口、经济发展、技术进步、资源利用等因素，提出了新的社会经济情景，即 SSPs，用来定量描述气候变化与社会经济发展路径之间的关系(曹丽格等，2012)。SSPs 一共包含 5 个基础框架(SSP1～SSP5)，并与 SRES、RCPs 互为关联和映射(张杰等，2013)。其中，SSP3 是局部发展或不一致发展，同时面临高的气候变化减缓挑战与适应挑战，映射 SRES A2 情景(曹丽格等，2012；Vuuren et al., 2012)。考虑到 RCP 8.5 情景驱动因素的基本假设，如人口和经济发展趋势以及技术变化，本书研究的人口格点数据选自 SSP3 情景，与 RCP 8.5 情景保持一致。人口格点数据来自 Murakami 和 Yamagata (2019)对 SSPs 数据降尺度处理之后的数据集，时间段选取 1980～2100 年，时间分辨率为 10 年，空间分辨率为 0.5º×0.5º，其中 1980～2010 年和 2020～2100 年的人口数据分别用于计算基准期和未来时期的人口暴露度。

3. 气候变化下的全球热浪人口暴露度预估研究

1) 全球热浪人口暴露度的空间分布

首先评估模式模拟热浪的能力, 暂时将热浪阈值的基准期设置为基准期(1986～2005年)。对于年均 WBGT 和热浪阈值来说, CMIP5 多模式集合平均与再分析资料之间的标准差之比和空间相关系数都分别达到 0.98 与 0.99, 可以看出, 模式集合能很好地模拟年均 WBGT 及热浪阈值的分布, 但是在热带地区高估了对年均热浪天数的模拟(图4.7)。之后把热浪阈值的基准期设置为工业革命前控制试验阶段, 计算热浪人口暴露度的变化及其影响因素。

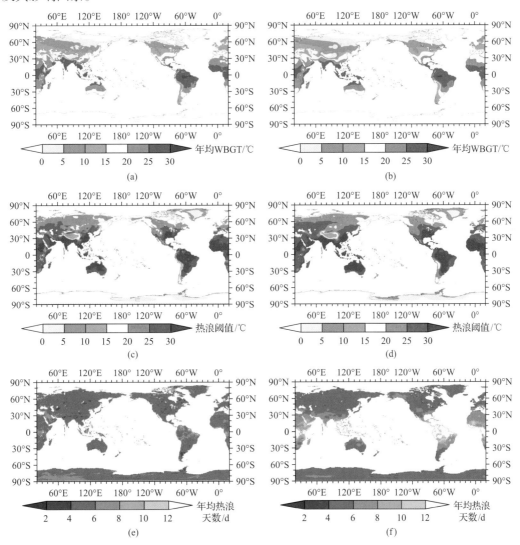

图 4.7　ERA-Interim(左侧)和 CMIP5 多模式集合平均(右侧)模拟的基准期(1986～2005 年)年均 WBGT、热浪阈值以及年均热浪天数的空间分布(陈曦等, 2020)

图 4.8 展示了全球年均热浪天数、人口数量及热浪的人口暴露度在历史和未来时期

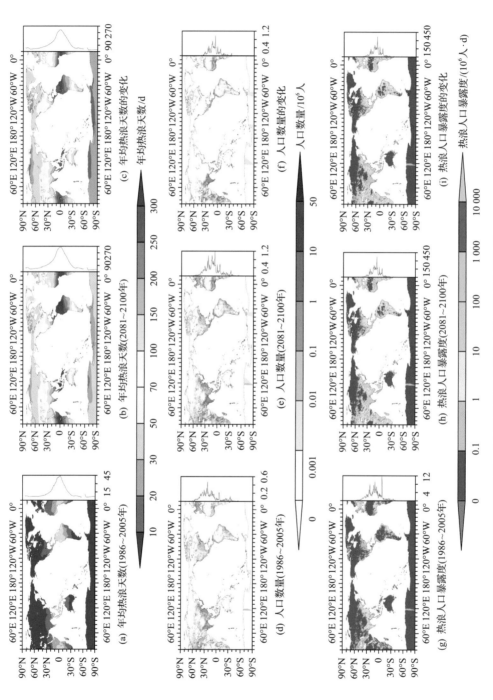

图4.8 全球年均热浪天数、人口数量以及热浪的人口暴露度在基准期(1986~2005年)和未来时期(2081~2100年)的空间分布、空间变化以及相应的纬向平均(陈曦等，2020)

的空间分布及其各自的变化。年均热浪天数及其变化的空间分布都表现出明显的纬向分布趋势：基准期中高纬度地区的年均热浪天数基本都＜10天，赤道及其附近地区的年均热浪天数大多≥30天；21世纪末期，年均热浪天数大幅度增加，尤其是热带地区，几乎全年都要遭受热浪的侵袭，而中高纬度地区的纬向年均热浪天数都≤90天。人口数量变化的空间分布显示，未来人口数量的增加主要发生在非洲撒哈拉沙漠以南、南亚以及中美洲地区；相反，大部分亚洲北部地区(包括中国)、欧洲、北美洲地区的人口数量增加不明显，甚至有减少的趋势。基准期热浪人口暴露度的分布主要受人口分布的影响，高值区主要分布在印度次大陆以及中国东部、东南沿海地区。2081～2100年，上述地区依旧是暴露度的高值区，但是许多其他地区也出现了≥1×10^4万人·天的暴露度，新增的高值区主要有印度尼西亚、部分非洲和中美洲地区，热带地区热浪人口暴露度的增加尤为明显。中高纬度地区如北美洲、欧洲未来热浪人口暴露度也表现出增加趋势，考虑到这些地区未来的人口数量增加不明显甚至减少，因而热浪人口暴露度的增加主要是因为热浪天数的增多。

2) 区域热浪人口暴露度变化及其影响因素

全球热浪人口暴露度的空间分布显示，不同地区、国家间的热浪人口暴露度差异很大。为定量分析比较区域热浪人口暴露度变化的差异，根据IPCC(2012)报告中的分区，将全球划分为26个区域(图4.9)，并按照每个区域的面积加权平均，纬度由低到高对每个区域进行编号。计算2081～2100年每个区域热浪人口暴露度相对于1986～2005年的变化，以及各影响因素导致的热浪人口暴露度的变化(图4.10)。

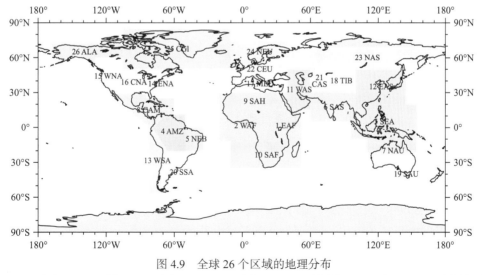

图4.9 全球26个区域的地理分布

图中：EAF：东非；WAF：西非；SEA：东南亚；AMZ：亚马孙；NEB：巴西东北部；SAS：南亚；NAU：澳大利亚北部；CAM：中美洲及加勒比海地区；SAH：撒哈拉；SAF：南非；WAS：西亚；EAS：东亚；WSA：南美洲西海岸；ENA：北美洲东部；WNA：北美洲西部；CNA：北美洲中部；MED：南欧和地中海；TIB：青藏高原；SAU：澳大利亚南部和新西兰；SSA：南美洲东南部；CAS：中亚；CEU：中欧；NAS：北亚；NEU：北欧；CGI：加拿大，格陵兰和冰岛；ALA：阿拉斯加和加拿大西北部

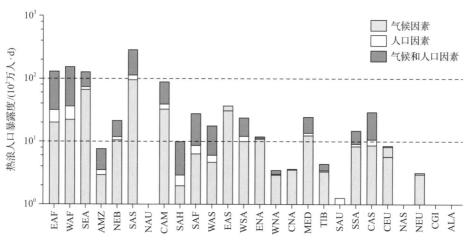

图 4.10   全球 26 个区域平均热浪人口暴露度变化及其影响因素(陈曦等，2020)

虽然 26 个区域的人口暴露度相较基准期都表现出增加趋势,但是不同区域之间的增加幅度差异显著。NAU、NAS、CGI、ALA 地区的平均热浪人口暴露度变化都小于 100 万人·天,而 EAF、WAF、SEA、SAS 和 CAM 的平均热浪人口暴露度变化都在 1×10^4 万人·天左右,其中 SAS 的热浪人口暴露度甚至接近 3×10^4 万人·天。对于绝大多数热带地区来说,气候和人口因素共同作用依旧是造成热浪人口暴露度变化的最主要原因,二者共同作用对 WAF 地区热浪人口暴露度变化的贡献率高达 77%,表明虽然热浪天数的增加是造成热浪人口暴露度增加的主要原因,但是热带地区人口的增加对热浪人口暴露度的变化同样也发挥了重要作用。相反,对于几乎所有中高纬度地区而言,气候变化影响对热浪人口暴露度变化的贡献最大。人口因素的影响依旧最小,对所有 26 个地区热浪人口暴露度变化的贡献率都不超过 10%。一些地区,如 EAS、CNA、CEU、NAS、NEU 和 CGI 由于未来人口数量的减少,人口因素以及气候和人口因素共同作用的贡献率甚至为负值,这导致总热浪人口暴露度的变化小于单独考虑气候要素影响的热浪人口暴露度的变化(图 4.10)。

3) 未来不同时段全球热浪人口暴露度变化及其影响因素

为了更细致地量化未来全球热浪人口暴露度的变化及其影响因素对热浪人口暴露度变化的贡献,将未来时期 2021~2100 年分为 4 个时段,分别是 2021~2040 年、2041~2060 年、2061~2080 年以及 2081~2100 年,计算这些时段内热浪人口暴露度相对于基准期(1986~2005 年)的变化及其影响因素导致的热浪人口暴露度变化(图 4.11)。

从全球平均来看,热浪人口暴露度在未来 4 个时段内呈现逐渐增加趋势,2081~2100 年的暴露度是 2021~2040 年的 4.25 倍,达到 3.4×10^3 万人·天。人口因素对热浪人口暴露度变化的影响最小,由人口因素导致的热浪人口暴露度变化始终维持在 200 万人·天左右,随着热浪人口暴露度的大幅增加,人口因素对热浪人口暴露度变化的贡献率逐渐降低,未来 4 个时段的贡献率分别为 14.7%、9.5%、7.7% 和 7.0%。气候变化因素以及气候和人口因素共同影响对热浪人口暴露度变化的贡献占据主导地位,并且在 21 世纪中期以后,气候和人口因素共同作用的影响超越了单独的气候变化影响。2081~2100 年,气候和人口因素共同作用造成的热浪人口暴露度变化占据了总暴露度变化的 58.8%，这意味着在高排放情景下，不断变化的人口和气候之间的协同作用对全球热浪人口暴露度的增加起到关键作用。

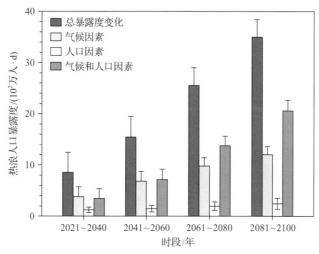

图 4.11　未来不同时段内全球平均热浪人口暴露度的变化及其影响因素(陈曦等，2020)

误差棒表示 14 个模式模拟未来热浪人口暴露度变化的标准差

4.1.3　气候极端值变化(降水)对人口影响的风险评估模型

1. 建模目标

全球气候变化情景下的滑坡灾害人口风险评估模型，是基于不同 RCPs 情景下多模式气候数据和不同 SSPs 情景下全球人口数据，来定量评估全球未来滑坡灾害发生的频率、强度、影响范围以及人口风险的变化情况。该模型将气候变化因素纳入滑坡灾害风险评估中，可以动态预估气候变化影响下滑坡灾害造成的人口伤亡风险，对于制定科学减轻滑坡灾害风险策略具有重要意义。

2. 建模的理论基础和模型形式

1)模型原理及思路

本书研究构建的气候变化下全球滑坡人口风险评估主要涉及三方面的研究内容：一是气候变化下全球滑坡灾害的危险性研究。地质灾害学理论指出，滑坡灾害的发生与滑坡内在敏感性因素(坡度、岩性、土壤湿度等)以及外界的触发因素(降雨、地震等)密切相关。基于该理论基础，本书研究构建了滑坡灾害风险评估模型，增加了未来多个模式气候数据的输入模块。利用不同 RCPs 情景下气候模式的降水数据，采用统计降尺度方法，将未来降雨数据降尺度到 1 km×1 km 栅格的数据库，构建百年一遇极端月降水指标，结合地震、坡度、岩性以及土壤湿度因素建立统计方程，模拟气候变化对滑坡灾害危险性的影响。

二是分析滑坡灾害下的人口暴露度与脆弱性指数。基于历史滑坡伤亡人口数据核算的滑坡灾害人口暴露度和脆弱性指数，是评估未来滑坡灾害人口风险的主要依据。已有的全球滑坡编目数据库(Petley, 2012; Kirschbaum et al., 2015; Lin et al., 2017)是建立在重大滑坡灾害事件上的，对于小型、非灾害性的滑坡事件记录较为缺乏，这不可避免地导致滑坡人口的脆弱性被低估。本书研究集成多个区域和全球滑坡灾害编目数据库，得到全球基准期不同国家的滑坡灾害伤亡人口。利用 SSPs 情景下的全球历史人口，结合历史滑坡危险性等级，计算基准期不同国家的年均滑坡灾害暴露人口。最后，利用全球滑坡编目数据库中不同国家的年平均伤亡人口和暴露人口，计算不同国家的年均滑坡灾害人口脆弱性指数。

三是评估气候变化下的全球滑坡人口风险。已有关于滑坡灾害人口风险的研究主要考虑滑坡静态影响因素评估全球滑坡的危险性。IPCC AR5 指出"全球气候系统的变暖是明确无疑的"(Diffenbaugh and Field, 2013; IPCC, 2014)，而气候变暖的热力学效应可能会增加极端降水事件发生的频率和强度(Kharin et al., 2013; Westra et al., 2014)，这可能导致气候变化背景下全球滑坡灾害及其风险预估呈现增加趋势(Gariano and Guzzetti, 2016)。因此，本书研究构建气候变化下的全球滑坡人口风险评估模型，利用不同 RCPs 情景下多气候模式未来降雨数据和不同 SSPs 情景下未来的人口数据，基于前面模拟的气候变化对滑坡灾害危险性的影响结果，结合不同国家基准期的年均滑坡灾害人口脆弱性指数，定量评估气候变化下全球滑坡灾害的人口风险。

2)模型的基本形式

已有关于全球滑坡人口风险的评估研究多采用滑坡危险性影响因素叠加法，本书研究将 Nadim 等(2006)与 Lin 等(2017)的研究方法相结合，改进滑坡灾害风险评估模型，增加了未来多个模式气候数据的输入模块。模型具体形式如下：

$$R = H \times Pop \times Vul = PhExp \times Vul \tag{4.9}$$

$$PhExp = \sum H_i \times Pop_i \tag{4.10}$$

$$H = (Sr \times Sl \times Sh) \times (Ts + Tp) \tag{4.11}$$

$$Vulproxy = K / PhExpnat \tag{4.12}$$

式中，R 为滑坡人口风险；H 为滑坡灾害的危险性；Pop 为人口数据；PhExp 为滑坡灾害暴露人口；Vul 为滑坡灾害人口脆弱性指数；H_i 为每个空间单元滑坡频次，其与滑坡灾害的危险性 H 密切相关；Pop_i 为每个空间单元总人口的 10%；Sr 为坡度等级；Sl 为岩性等级；Sh 为土壤湿度指数等级；Ts 为地震动因素等级；Tp 为 100 年一遇极端月降水等级；Vulproxy 为国家单元滑坡灾害人口脆弱性指数；K 为国家单元滑坡灾害造成的伤亡人口；PhExpnat 为国家单元计算的暴露人口。

在利用模型进行计算前，需要先对降水、坡度、土壤湿度指数、地震动、岩性以及人口数据进行预处理。本书研究采用 100 年一遇极端月降水 Tp(即 100 年重现期的极端月降水)指标来表征气候变化。因此，研究首先利用 Python 编程语言，以 10 年为间断点，

计算全球每个网格 12 个气候模式历史时期(1980～2005 年)和不同情景下未来时期
(2006～2100 年)预期的 100 年一遇极端月降水，并借鉴 Nadim 等(2006)的研究，将计算
结果划分为 5 个等级。其次，将全球坡度、岩性、土壤湿度指数、地震动以及人口数据
进行重采样，使空间分辨率与降水数据一致(1 km)，并借鉴 Nadim 等(2006)、Lin 等(2017)
等的研究，将坡度、土壤湿度指数、岩性因素划分为 5 个等级，将地震动因素划分为 10
个等级，具体分类如表 4.1～表 4.4。

表 4.1　100 年一遇极端月降水等级划分

100 年一遇极端月降水/mm	危险性	Tp
0～330	非常低	1
331～625	低	2
626～1 000	中等	3
1 001～1 500	高	4
>1 500	非常高	5

表 4.2　坡度、土壤湿度指数等级划分

坡度/(°)	危险性	Sr	土壤湿度指数	危险性	Sh
0～1	非常低	1	−1.0～−0.6	非常低	1
1～8	低	2	−0.6～−0.2	低	2
8～16	中等	3	−0.2～0.2	中等	3
16～32	高	4	0.2～0.6	高	4
>32	非常高	5	0.6～1.0	非常高	5

表 4.3　地震动等级划分

PGA475/(m/s)	Ts	PGA475/(m/s)	Ts
0.00～0.50	1	2.51～3.00	6
0.51～1.00	2	3.01～3.50	7
1.01～1.50	3	3.51～4.00	8
1.51～2.00	4	4.01～4.50	9
2.01～2.50	5	>4.50	10

表 4.4　岩性等级划分

岩性与地层	危险性	Sl
喷出火山岩-前寒武系、元古界、古生界和太古界 内生岩-前寒武系、元古界、古生界和太古界	非常低	1
旧沉积岩-前寒武系、太古界、元古界、古生界 内生岩-古生界、中生界、三叠系、侏罗系、白垩系	低	2

续表

岩性与地层	危险性	SI
沉积岩-古生界、中生界、三叠系、侏罗系、白垩系 喷出火山岩-中生界、三叠系、侏罗系、白垩系 内生岩-中新生界、新生界	中等	3
沉积岩-新生界、第四系 喷出火山岩-中新生界	高	4
喷出火山岩-新生界	非常高	5

3. 气候变化下的全球滑坡危险性研究

1) 数据来源

滑坡编目数据库是了解、跟踪以及分析滑坡灾害的首要环节。本书研究采用的全球滑坡编目数据是将北京师范大学减灾与应急管理研究院(ADREM, BNU)编制的世界地质灾害清单(Lin et al., 2017)与美国国家航空航天局(NASA)公开的全球滑坡数据库(GLC)(Kirschbaum et al., 2010)进行集成得到的。数据详细描述见表 4.5。

表 4.5 研究所涉及的数据

数据库	数据内容	数据用途
全球历史滑坡 编目数据库	包含 1980~2015 年造成人员伤亡的 11603 件 滑坡灾害性事件	核算全球滑坡灾害的人口脆弱性指数
全球降水数据	观测的历史时期降水数据 (NEX-GDDP)	分析历史时期滑坡灾害的危险性 模拟气候变化对滑坡灾害的危险性影响
滑坡危险性 影响因素	坡度 岩性 土壤湿度 地震动数据	分析滑坡灾害的危险性
人口数据	全球历史和未来人口数据(SSPs 情景)	评估未来全球滑坡灾害人口风险

注：本书研究的滑坡是指广义上的滑坡，包括崩塌和泥石流。

滑坡危险性评估部分采用 Nadim 等(2006)与 Lin 等(2017)的全球滑坡易发性评估模型的影响因素，包括滑坡灾害发生的内在因素(坡度、岩性、土壤湿度等)以及诱发因素(降雨、地震等)。各滑坡灾害危险性影响因素见表 4.5。其中，降水数据包括两个方面：一是观测的全球历史时期月降水数据。二是全球高分辨率统计降尺度气候评估数据集 NEX-GDDP 中的基准时期和未来时期的日降水数据。全球气候模式输出数据集提供了 21 个 GCMs 模式历史时期(1950~2005 年)的日降水数据和 RCP 4.5、RCP 8.5 气候情景下未来时期(2006~2100 年)的日降水数据，该数据集已被证明适合应用于全球不同地区的气候变化影响评估研究中(Mandapaka and Lo, 2018)。在本书研究中，为减少气候模式数据的冗余和不确定性，选取了来自不同机构的 12 个 GCMs 模式日降水数据，12 个 GCMs 模式的详细介绍见表 4.6。研究采用的坡度数据来源于 Isciences 发布的全球坡度数据集，该数据是对 NASA 发布的全球海拔数据集(SRTM30)进行的校正与坡度角推导，覆盖范围为 60°S～60°N，空间分辨率为 30″。岩性数据采用世界地质图委员会和联合国教育、科学及文化组织(UNESCO)出版的比例尺为 1∶2 500 万的世界地质图，该数据确定了沉积岩、喷出火山岩以及内生火山岩三种主要的地层类型。土壤湿度数据来源于特拉华大学气候研究中心发布的世界土壤水分指数数据集(Willmott and Feddema, 1992)，在该数据集中，土壤湿度标准化为–1.0～1.0，空间分辨率为 0.5°。地震动数据来自国际岩石圈计划(ILP)的全球地震危险性评估计划编制的全球地震灾害图(Giardini et al., 2003)，该数据显示了 50 年内超过概率为 10%的 PGA(即 475 年的重复周期)，空间分辨率为 0.1°。

表 4.6　研究选取的 12 个 GCMs 模式基本信息

模式	机构
ACCESS1-0	澳大利亚联邦科学和工业研究组织
BCC-CSM1-1	中国气象局北京气候中心
CanESM2	加拿大气候建模与分析中心
CESM1-BGC	美国国家海洋和大气管理局
MPI-ESM-LR	马克斯-普朗克气象研究所
NorESM1-M	挪威气象局
inmcm4	俄罗斯科学院数字数学研究所
MRI-CGCM3	日本气象研究所
GFDL-CM3	美国地球物理流体动力学实验室
CNRM-CM5	法国国家气象研究中心/欧洲研究中心和法国科学中心
CSIRO-MK-6-0	澳大利亚联邦科学与工业研究组织与昆士兰气候变化卓越中心合作
MIROC5	日本国立环境研究所，日本海洋地球科学中心

在人口数据中，本书研究采用的是与 RCPs 相对应的 SSPs 中的历史时期和未来预估人口数据，该数据集由国际应用系统分析研究所(IIASA)共享(表 4.6)。基于四种 RCPs 情景和五种 SSPs 情景，可以生成一个 4×5 的矩阵。然而，一些 RCP/SSP 组合(如 RCP 8.5/SSP1、RCP 2.6/SSP5 等)一方面仅有较少的全球气候模式数据，另一方面这些情景出现概率也较低，已有研究选取 RCP 4.5/SSP2 和 RCP 8.5/SSP3 这两种情景组合模式较多，已被广泛使用进行对比分析(IPCC, 2014; O'Neill et al., 2017)。其中，RCP 4.5/SSP2 情景代表碳排放适度、人口适度增长，而 RCP 8.5/SSP3 情景代表碳排放较高、人口快速增长、适应能力低(O'Neill et al., 2017; Liu Y J, et al., 2020)。

2)气候变化下的全球滑坡危险性分析

依据气候变化-滑坡灾害-人口风险评估模型，对不同气候模式的历史时期和不同情景下未来全球滑坡的危险性进行计算，计算后的滑坡危险性值划分为 5 个等级(表 4.7)。

表 4.7　滑坡危险性值等级划分

滑坡危险性值	滑坡危险性	等级
<50	低	1
51~130	比较低	2
131~250	中等	3
251~460	比较高	4
>460	高	5

　　基于模拟的全球历史时期(1970~2000 年)以及 RCP 4.5 和 RCP 8.5 情景下未来不同时期的滑坡危险性等级结果，发现无论是基准时期还是不同情景下的未来时期，滑坡灾害高危险区均主要分布在亚洲、美洲西海岸以及西欧。其中，亚洲地区主要包括喜马拉雅山带、高加索地区、中国的横断山区，以及俄罗斯的堪察加半岛。美洲主要包括科迪勒拉山系西侧。欧洲地区则主要包括阿尔卑斯山脉和亚平宁山脉。此外，大洋洲的新西兰，以及非洲的埃塞俄比亚高原也是滑坡灾害发生的高危险区。

　　表 4.8 为相较于历史时期，RCP 4.5、RCP 8.5 情景下，21 世纪中期与 21 世纪末期全球滑坡不同等级危险性分布面积的变化情况(结果为多模式集合平均)。从表 4.8 可以发现，与基准期相比较，21 世纪中期 RCP 4.5 与 RCP 8.5 情景下全球滑坡高危险性区域分布面积预估分别增长了 5.26%和8.77%，到了 21 世纪末期，RCP 4.5 与 RCP 8.5 情景下全球滑坡高危险性区域分布面积预估则分别增长了 5.34%和17.54%。此外，对于滑坡低危险性区域，RCP 4.5 与 RCP 8.5 情景下 21 世纪末期相较历史时期分别减少了 0.45%和2.48%。这说明受气候变化的影响，未来不同情景下全球滑坡的危险性预估是增加的。

表 4.8　不同情景下未来全球滑坡危险性等级面积基于历史时期的变化　　　　(单位：%)

滑坡危险性等级	2030~2060 年		2070~2100 年	
	RCP 4.5	RCP 8.5	RCP 4.5	RCP 8.5
低	−0.21	−1.48	−0.45	−2.48
比较低	0.62	7.08	1.77	11.61
中等	1.08	2.71	1.63	4.70
比较高	0.81	3.24	1.62	6.48
高	5.26	8.77	5.34	17.54

4. 气候变化下的全球滑坡人口风险研究

1)历史滑坡灾害人口暴露度与脆弱性分析

　　根据全球历史滑坡编目数据库，滑坡灾害风险评估模型中公式(4.12)，计算得到全球 81 个国家 1980~2015 年年均暴露人口与脆弱性指数(图 4.12)。可以发现，不同国家滑坡灾害的暴露人口差异显著，其中中国、印度、印度尼西亚和日本滑坡年均人口暴露度均超过 1 亿人。在图 4.12 展示的 76 个国家中，塞拉利昂、瓦努阿图、卢旺达、科特迪瓦、几内亚和马达加斯加的人口脆弱性最高，均超过 0.5×10^{-5}。此外，43% 的国家滑坡灾害人口脆弱性指数介于 $0.1 \times 10^{-5} \sim 0.5 \times 10^{-5}$，49% 的国家介于 $0.01 \times 10^{-5} \sim 0.1 \times 10^{-5}$。

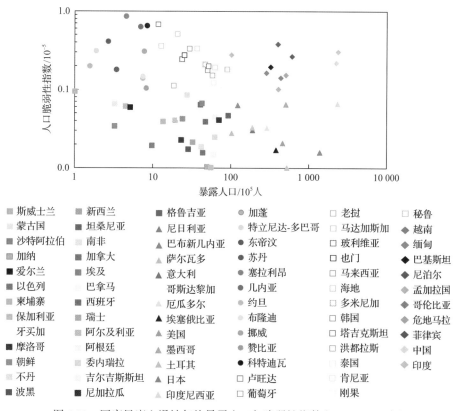

图 4.12　国家尺度上滑坡年均暴露人口与脆弱性指数（1980～2015 年）

2）气候变化下的滑坡灾害人口风险评估

A. 全球尺度

据建立的气候变化-滑坡灾害-人口风险评估模型，得出不同模式全球历史时期以及 RCPs/SSPs 情景下未来的滑坡灾害年均伤亡人口。气候变化下的全球滑坡灾害人口风险预估呈现显著的增长趋势（图 4.13）。到 21 世纪末，RCP 4.5/SSP2 与 RCP 8.5/SSP3 情景下的全球滑坡灾害年均伤亡人口由历史时期的 2 987 人分别增至 6 734 人和 10 079 人。此外，由图 4.13 可以发现，RCP 4.5/SSP2 情景下的全球滑坡灾害年均伤亡人口在 21 世纪末期预估呈现微许下降趋势。一方面是因为 RCP 4.5/SSP2 情景下 21 世纪末的 100 年一遇极端月降水强度有所下降；另一方面是到 21 世纪末，RCP 4.5/SSP2 情景下的全球总人口呈现缓慢下降趋势。

分析模拟的历史时期（1970～2000 年）与不同情景下未来不同时期的全球滑坡灾害年均伤亡人口发现，历史时期与未来时期，全球滑坡灾害人口高风险区主要分布在喜马拉雅山带、印度东北部和沿海地区、中国西南地区以及东南沿海地区、美洲西海岸、中美洲、巴西高原的东南部，以及非洲马达加斯加岛的东南侧。相较于历史时期，不同 RCPs/SSPs 情景下的未来不同时期，全球绝大多数地区滑坡灾害年均伤亡人口预估呈现增长趋势。其中，RCP 8.5/SSP3 情景下的人口风险增长比 RCP 4.5/SSP2 情景更明显，而 21 世纪末期(2070~2100 年)又比 21 世纪中期(2030~2060 年)增加更显著。

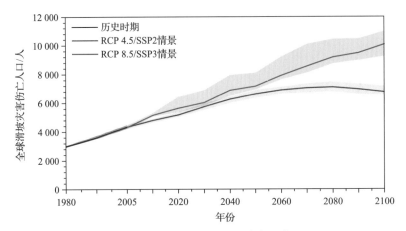

图 4.13　气候变化下全球滑坡灾害年均伤亡人口

实线为多模式集合平均的伤亡人口；阴影范围的上下限分别为多模式中伤亡人口的最高值和最低值

B. 大洲尺度

基于多模式历史时期和不同情景下未来全球滑坡灾害年均伤亡人口空间分布 (图 4.14)发现，全球滑坡灾害年均伤亡人口存在显著的区域差异。大洲尺度，对多模式历史时期(1970~2000 年)以及不同 RCPs/SSPs 情景下未来 21 世纪中期(2030~2060 年)和 21 世纪末期(2070~2100 年)的滑坡灾害人口风险进行分析，结果如图 4.14 所示。

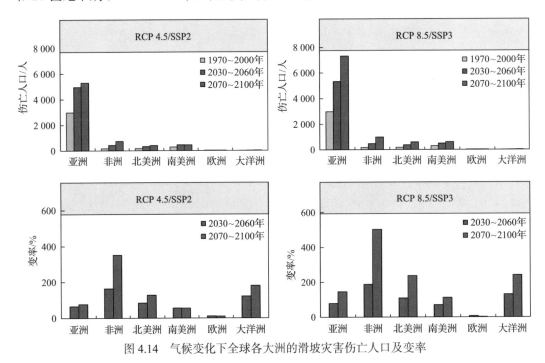

图 4.14　气候变化下全球各大洲的滑坡灾害伤亡人口及变率

从滑坡灾害年均伤亡人口总数角度看，气候变化下所有大洲的预估滑坡灾害年均伤亡人口在不同情景的不同时期均呈现增长态势，且 RCP 8.5/SSP3 情景下的滑坡灾害年均伤亡人口增长态势高于 RCP 4.5/SSP2 情景。其中，亚洲滑坡灾害的年均伤亡人口处于绝对首位，其次是南美洲、非洲、北美洲、欧洲以及大洋洲。以亚洲为例，历史时期亚洲的滑坡灾害年均伤亡人口超过了 2 000 人，而在 21 世纪末期 RCP 4.5/SSP2 与 RCP 8.5/SSP3 情景下的滑坡灾害年均伤亡人口则分别超过了 4 400 和 5 700 人。

从滑坡灾害年均伤亡人口变率角度看，气候变化下各大洲在不同情景的不同时期滑坡灾害人口变率预估均呈现正增长。以不同情景 21 世纪中期的滑坡灾害年均伤亡人口变率为例，非洲的滑坡灾害伤亡人口变率最为显著，其次是北美洲、南美洲、大洋洲、亚洲以及欧洲。与历史时期相比较，非洲在 RCP 4.5/SSP2 情景和 RCP 8.5/SSP3 情景下滑坡灾害伤亡人口变率分别超过了 163% 和 187%，需要特别关注，提高滑坡人口风险管理能力。

C. 国家尺度

气候变化下的全球滑坡灾害人口风险存在显著的区域差异，而这种差异也反映在国家层面上。就滑坡灾害年均伤亡人口绝对数而言，无论是历史时期还是不同情景下的未来时期，中国、印度、印度尼西亚、菲律宾以及尼泊尔等为滑坡灾害人口高风险国家。图 4.15 是相较于多模式历史时期，RCP 8.5/SSP3 情景下国家尺度上年均滑坡灾害伤亡人口变率的分布情况。从图 4.15 可以发现，21 世纪末期的滑坡灾害伤亡人口变率显著高于 21 世纪中期，约 80% 的国家滑坡灾害人口风险均呈现不同幅度的增长。其中，非洲国家的滑坡灾害伤亡人口变率普遍较高，如乌干达、刚果、赤道几内亚在 21 世纪中期 RCP 4.5/SSP2 和 RCP 8.5/SSP3 情景下，滑坡灾害伤亡人口增长率均超过了 200%，属于滑坡灾害人口高风险"潜力国"。南美洲的哥伦比亚、玻利维亚和圭亚那滑坡灾害年均伤亡人口变率也较高，均超过了 190%。欧洲如瑞典、芬兰、挪威和爱尔兰在 21 世纪末 RCP 8.5/SSP3 情景下，滑坡灾害年均伤亡人口增长率预估超过了 26%。此外，日本、乌克兰、立陶宛属于滑坡人口风险相对"稳定国"，这 3 个国家在 21 世纪中期的滑坡灾害人口风险变率均预估–20% 左右。

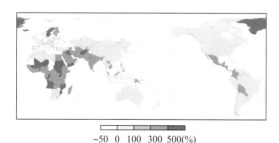

图 4.15　RCP 8.5/SSP3 情景下 21 世纪中期与 21 世纪末期相较于历史时期滑坡灾害伤亡人口变率空间分布图（多气候模式模拟结果集合平均）

(a) RCP 8.5/SSP3 情景_2030～2060 年；(b) RCP 8.5/SSP3 情景_2070～2100 年

4.2　气候平均状态变化和极端值变化对经济影响的风险评估模型

4.2.1　气候状态变化对交通基础设施影响的风险评估模型

1. 建模目标

构建气候变化下交通基础设施网络系统功能的灾害影响综合定量评估模型，可以动态厘定气候变化造成的气象灾害对基础设施带来的负面影响，识别出交通基础设施系统的关键性组件，提升交通基础设施系统的韧性。具体来说，需基于气候科学、系统科学、交通工程学和灾害学等理论与方法，推断未来气候变化下的灾害风险情景，构建综合的交通基础设施系统动态仿真模型，为揭示未来不同气候与社会经济发展情景组合下交通基础设施的系统性风险及其韧性提升策略设计提供量化分析工具。

2. 模型的基本形式

当前大多数研究都是集中于历史灾害事件对交通系统的影响，较少针对交通系统功能损失进行风险评估，也缺乏综合考虑气候变化因素下未来灾害导致的交通系统的大范围破坏和服务中断。本项研究运用系统科学、交通工程学和灾害学等多方面的理论，采用数学建模、仿真模拟等主要技术手段，构建气候变化对交通基础设施经济影响的风险评估模型。

气候变化的直接影响之一是将会加剧干旱及洪水灾害风险（Donat et al., 2016）；洪水强度的增加将对交通系统造成更大的干扰与阻碍（Evans et al., 2020）。这里以气候变化下洪水对交通基础设施影响的评估模型为例，介绍模型的具体形式。

具体的模型框架及计算流程如图 4.16 所示（Wang et al., 2020）。首先，构建一个多主体交通仿真模型来表示系统中的流量。根据交通需求情景生成一定数量的主体，包括始发地、目的地和路网中的路径。主体使用安全速度和道路车辆数量来更新速度，实时重新规划路径并最终离开系统。其次，使用五个全球气候模型和三个不同的 RCPs 来产生未来的径流情景。在这些未来径流情景的驱动下，可以使用 CaMa-Flood 模型来模拟未来的洪水（Hirabayashi et al., 2013）。洪水的面积和淹没深度将降低道路通行能力，如安全速度。最后，通过基于交通延误的旅行时间指标来估算未来洪水对中国公路运输系统造成的影响。

1）交通仿真模型

交通模型可以是宏观的、微观的或介观的。通常使用宏观模型来描述交通量、密度和速度之间的关系。开创性的经典流体动力学模型 LWR 已广泛用于描述交通密度与交通之间的关系。在微观模型中，车辆被指定为主体。微观模型中描述了每辆车的微观行为，如超车和换道。一些微观模型是基于主体的模型。介观模型侧重于单个车辆，但与微观模型相比，其对驾驶行为的描述不那么复杂。此外，介观模型不使用宏观模拟的流体动力学方法，广泛使用的介观模型是车距分布模型和元胞自动机模型。

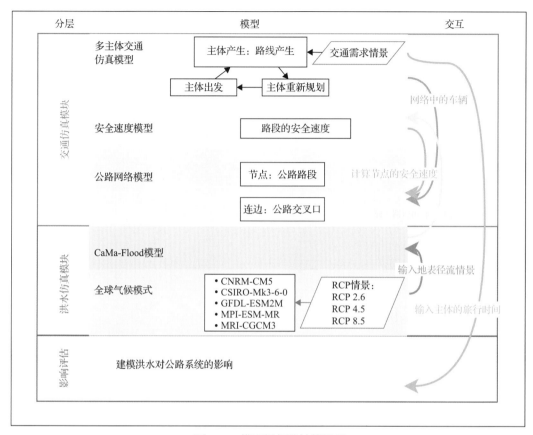

图 4.16　模型框架及计算流程

在本书研究中，我们使用了多主体模型来模拟流量并考虑用户需求和路线选择。为了测度未来洪水事件对运输系统的影响，我们使用了定量模型来评估洪水对安全速度的影响。

我们需要一个适当的交通模拟模型，该模型既要足够复杂以了解洪水下车辆的路线，又要足够简单以描述大型公路网的系统性能。为了满足这些要求，我们建立了一个多主体交通流仿真模型。在该模型中，系统中主体代表车辆，这些交互的主体构成多主体系统，通过对车辆重新规划路径和交通拥堵来分析洪水的影响。

为了描述洪水如何减慢车速，使得交通流量重新分配并导致级联拥堵，本书首先将路段表示为节点 N，并将交叉点表示为边 E 来构建公路运输网络 $G(N,E)$。在这种方法中，节点是研究对象，路段的安全速度是节点的一个属性。因此，高速公路系统被表示为一个网络，而主体则代表该高速公路网络中的车辆。我们使用主体的旅行延误来确定洪水对高速公路系统的影响程度。

具有目标节点的主体在出发节点处生成，并从一个节点移动到相邻节点，直到它们到达其分配的目标。主体 i 在洪灾条件 h 下选择路线 P 的成本效用 (U_h^i) 可通过沿选定路线 P 的每个节点的行驶时间之和来衡量式(4.13)。

$$U_h^i = \sum_{j \in P} \frac{L_j}{V_{j,h}^i} \tag{4.13}$$

式中，L_j 为节点 j 的长度；$V_{j,h}^i$ 为主体 j 的实际速度。在本书研究中，$V_{j,h}^i$ 的公式如下：

$$V_{j,h}^i = \min\left(V_{j,h}^0, V_{j,h}^s\right) \tag{4.14}$$

式中，洪水条件 h 下，主体 j 的最大速度为 $V_{j,h}^s$。安全速度是检查洪水对各个路段（节点）影响的关键变量。为了评估洪水对路段的不同影响，我们需要量化节点淹没水深与安全速度之间的关系。为此，我们调整了经验函数（Pregnolato et al., 2017），并将其应用于中国的公路系统（式 4.15）：

$$V_{i,h}^0 = \begin{cases} 0.0009h^2 - 0.5529h + c & \text{当} \quad h \leqslant 300 \text{ mm} \\ 0 & \text{else} \end{cases} \tag{4.15}$$

式中，h 为高速公路网络中淹没的洪水深度（mm）；c 为节点 i 的设计速度。式（4.15）根据车辆打滑和碰撞的物理实验得到，已在以前的研究中用于获得不同淹没条件下的汽车安全速度。

根据车辆跟驰模型（Krau, 1998），可以通过式（4.16）计算主体 j 在洪水条件 h 下的最大速度 $V_{j,h}^s$：

$$V_{j,h}^s = -bt_r + \sqrt{bt_r^2 + \upsilon_{l,j,h}^2 + 2bg_{j,h}} \tag{4.16}$$

式中，t_r 为驾驶员期望的（最小）行驶距离；b 为最大减速度；$\upsilon_{l,j,h}$ 为主体 j 的前车的实际速度。主体 j 和其前车 l 之间的距离 $g_{j,h}$ 可通过式（4.17）计算：

$$g_{j,h} = x_{l,j,h} - x_{j,h} - l \tag{4.17}$$

式中，$x_{j,h}$ 和 $x_{l,j,h}$ 分别为洪水条件 h 下主体 j 及其前车 l 的位置；l 为车辆长度。

将所有主体设置为自私的，即主体以最低的成本效用选择路线。假设生成的主体在一定的时间间隔内遵循泊松分布进入高速公路网络，也就是说，两个生成的主体之间的时间间隔 t 服从负指数分布。t 的累积概率分布函数为

$$F(t) = 1 - \mathrm{e}^{-\lambda t}, 0 \leqslant t < \infty \tag{4.18}$$

主体 i 进入系统的时间 τ_i 设置为

$$\tau_i = \sum_{j \leqslant i} -(1/\lambda)\ln(1 - R_j) \tag{4.19}$$

式中，λ 为平均车辆到达率（每秒车辆）；R_j 为代理 j 的随机数，其均匀分布在 $(0, 1)$。

2) 洪水仿真模型

洪水对交通系统的影响由洪水发生的位置、强度和持续时间所决定。未来洪水的这些参数在很大程度上取决于未来气候情景的输入。CMIP5 包含大量的气候模型数值模拟实验。这些实验来自世界气候研究计划(WCRP)耦合模型工作组(WGCM)、国际地圈生物圈计划(IGBP)和地球系统分析建模计划(IMES)。RCPs 为气候模式数值实验的基础。RCPs 由气候建模领域研发,用来定义未来基准情景。这些未来基准情景包括排放、浓度和土地利用路径。考虑到数据、模型和基准情景的不确定性,本书研究拟基于 RCP 2.6(低等排放情景)、RCP 4.5(中等稳定情景)和 RCP 8.5(高等排放情景)情景下,CMIP5 实验中六个全球气候模式(表 4.9)模拟的全球地表径流数据,使用 CaMa-Flood 洪水模型来预测未来的洪水情景,包括 2050 和 2100 年的洪水淹没深度和范围。

表 4.9　六种全球气候模式

气候模式	机构
BCC	中国气象局北京气候中心
CNRM-CM5	法国国家气象研究中心
CSIRO-Mk3-6-0	澳大利亚联邦科学与工业研究组织海洋与大气研究所
GFDL-ESM2M	美国地球物理流体动力学实验室
MPI-ESM-MR	德国马克斯普朗克气象研究所
MRI-CGCM3	日本气象研究所

资料来源:https://esgf-data.dkrz.de/search/cmip5-dkrz/.

CaMa-Flood 全称为基于流域的大尺度洪水淹没模型。该模型基于 1 km 空间分辨率的数字高程,对子网格尺度地形进行参数化,进而确定模型中水的存储、水位以及淹没区域。通过考虑平原流域中回水效应的扩散波方程,来计算垂直方向水的传输,这样能够有效地表示洪泛区淹没情况真实的动态变化。CaMa-Flood 模型是分布式的全球河网汇流模型,可以将陆面过程模式产生的地表径流,沿着预先设定的河网地图汇到海洋或内海中。它可以计算每个格点上洪泛区蓄水量、河流径流量、水深和淹没面积。蓄水量是唯一预报变量,其他变量则可以通过蓄水量计算。模型中每个格点上都有一个河道蓄水区和洪泛区蓄水区。洪泛区和河道是连续的蓄水区,水从河道溢出后储存在洪泛区。

模型中的河道蓄水区有 3 个参数:河道长度 L、河道宽度 W 和水坝高度 B。洪泛区蓄水区单位流域面积 A_c、洪泛区高程指标 D_f 可以用来描述洪泛区的水位。

基于式(4.20)和式(4.21),根据蓄水量 S 计算得到模型每个格点上河道蓄水量 S_r、洪泛区蓄水量 S_f、河道水位 D_r、洪泛区水位 D_f 和淹没面积 A_f。记 $S_{ini}=BWL$。

当水位 $S \leqslant S_{ini}$ 时，

$$S_r = S$$

$$D_r = \frac{S_r}{WL}$$

$$S_f = 0 \qquad (4.20)$$

$$D_f = 0$$

$$A_f = 0$$

当水位 $S > S_{ini}$ 时

$$S_r = S - S_f$$

$$D_r = \frac{S_r}{WL}$$

$$S_f = \int_0^{A_f} [D_f - D(A)]\mathrm{d}A \qquad (4.21)$$

$$D_f = D_r - B$$

$$A_f = D^{-1}(D_f)$$

对于模型中的每个格点分别参数化河道海拔 Z（水坝顶部的高程）以及到达下游格点距离 X。网格间水平传输沿着规定的河网地图，每个格点有且仅有一个下游格点。在每个格点上，河道水位 D_r 可以通过一个扩散波计算：

$$\partial D_r / \partial x + i_0 - i_f = 0 \qquad (4.22)$$

式中，x 为格点离河道的距离；i_0 为河床坡度；i_f 为摩阻坡度。扩散波方程是一维圣维南动量方程的简化，其中加速度和平流被忽略。

水面坡度 i_{sfc} 可以表示为

$$i_{sfc} = \frac{(Z_i - B_i + D_{r_i}) - (Z_j - B_j + D_{r_j})}{X_i} \qquad (4.23)$$

式中，i 和 j 分别表示为目标格点和它的下游格点。

其中摩阻坡度 i_f 为

$$i_f = n^2 v^2 H^{-\frac{4}{3}} \qquad (4.24)$$

式中，n 为曼宁粗糙系数；v 为流速；H 为水力半径，可以通过式（4.25）进行计算：

$$H = \max[D_{r_i}, (Z_j - B_j + D_{r_j}) - (Z_i - B_i)] \qquad (4.25)$$

这里，当下游水面高程大于上游水面高程时候，将发生回流。

因此，河道流量 Q 为

$$Q = Av = HWv = Q = Av = HWv = W\frac{i_{sfc}}{|i_{sfc}|}n^{-1}i_{sfc}^{\frac{1}{2}}H^{\frac{5}{3}} \qquad (4.26)$$

最终，对于每个格点的蓄水量 S_i，输入地表径流量 R_i，则有

$$S_i^{t+\Delta t} = S_i^t + \sum_{k}^{\text{upstream}} Q_k^t \Delta t - Q_i^t \Delta t + A_{ci} R_i^t \Delta t \tag{4.27}$$

式中，t 为时间；Δt 为时间步长；索引 k 表示每个目标格点的上游格点。

使用灵活的水路路径优化方法，结合全球流域数据库可以获得 CaMa-Flood 模型子格网参数和河网地图，求解上述公式得到淹没水深。

3）灾害影响评估模型

在洪灾期间，车辆行驶时间会增加甚至完全停止。通过将洪水场景加载到交通仿真模型中，可以评估所有车辆在起讫（OD）对之间的行驶时间变化，以评估洪水对整个高速公路系统的影响。

在场景 s 中，洪水对高速公路系统的影响 I_s 可以通过以下方式衡量：

$$I_s = \frac{\sum_{i=1}^{M} \sum_{j=1, j\neq i}^{M} T_{ij} \left(\overline{t}_{ij}^{\,a} - \overline{t}_{ij}^{\,b} \right)}{\sum_{i=1}^{M} \sum_{j=1, j\neq i}^{M} T_{ij} \left(\overline{t}_{ij}^{\,b} \right)} \tag{4.28}$$

式中，M 为通过高速公路网连接的区域的数量；T_{ij} 为区域 i 和区域 j 之间的行程量；$\overline{t}_{ij}^{\,b}$ 和 $\overline{t}_{ij}^{\,a}$ 分别为所有主体在区域 i 和区域 j 是否存在洪水时的平均旅行时间。

4.2.2　气候极端值变化对交通基础设施影响的评估模型

1. 建模目标

由于全球气候变暖，极端天气和气候事件的频率和强度呈上升趋势，《2019 年全球风险报告》表明，极端天气和气候事件将成为未来的主要危机（UNDRR, 2019）。气候变化预计将导致极端天气事件和相关自然灾害的频率和强度增加。已有研究发现，全球降水总量和极端降水将呈现出不同的变化趋势，已经出现了极端降水增加的趋势，这一趋势还可能在未来发生进一步的加强。为应对未来持续的气候变化，需要尽可能地明确区域降水总量与极端降水的发展变化。IPCC 已明确气候变化将导致极端温度发生的可能性增加，从而造成更为严重的后果。IPCC 的 SREX 指出（IPCC, 2012），自 1950 年以来，全球暖期的时长和频次都在增加。几乎可以肯定的是，每日极端温度的频率和幅度将在未来上升，而且热浪的频率、长度和强度很可能会增加。例如，20 年一遇的高温很可能在大部分地区变成两年一遇的高温。

近年来，中国的交通基础设施取得了长足的发展，截至 2020 年底我国高速公路总里程逾 16.4 万 km，居世界第一位，其发展建设日益网络化，跨越了不同的地貌和气候区域，为国民经济和人民生产生活不断带来便利。高速公路作为公路交通网络的主干，近

年来在城市客运、货运中所承担的客流比例逐渐加大，在社会经济建设中发挥的作用日益增大。而我国公路空间分布范围广的特性也导致其极易受自然灾害影响。客观评价极端天气事件对交通基础设施的影响就成为亟须解决的关键问题。

2. 建模的理论基础和模型形式

本书研究采用 NASA 发布的基于 CMIP5 中 21 个耦合模式（表 4.10）输出的高分辨率降尺度逐日数据集（NEX-GDDP）和 RCP 4.5 和 RCP 8.5 情形下气候预估的结果，分别研究极端高温（张新龙等，2020）与极端降水（贾梁，2021）可能对我国高速路网造成的影响。

表 4.10 未来情景数据

模式	机构，国家	模式	机构，国家
ACCESS 1.0	CSIRO-BOM, 澳大利亚	GFDL-ESM2G	GFDL, 美国
BCC-CSM1.1	BCC, 中国	IPSL-CM5A-MR	IPSL, 法国
BNU-ESM	GCESS, 中国	INMCM4	INM, 瑞士
CanESM2	CCCMA, 加拿大	MIROC5	MIROC, 日本
CCSM4	NCAR, 美国	MIROC-ESM	MIROC, 日本
CESM1-BGC	NSF-DOE-NCAR, 美国	MIROC-ESM-CHEM	MIROC, 日本
GFDL-CM3	GFDL, 美国	MPI-ESM-LR	MPI-M, 德国
GFDL-ESM2M	GFDL, 美国	MPI-ESM-MR	MPI-M, 德国
CNRM-CM5	CNRM-CERFACS, 法国	MRI-CGCM3	MRI, 日本
CSIRO-Mk3-6-0	CSIRO-QCCCE, 澳大利亚	NorESM1-M	NCC, 挪威
IPSL-CM5A-LR	IPSL, 法国		

极端温度的判定通常基于发生的概率或阈值。一般来说，极端温度是指在给定的时间范围内（天、月、季节、年），最高温度低于第 1、第 5 或第 10 百分位，或最低温度高于第 90、第 95 或第 99 百分位的天数或百分比。本书研究选择这个度量进行分析有两个原因。首先，这个最高温度最有可能影响基础设施，长时间的高温会影响到吸收热量较慢的交通基础设施。由于缺乏高温对交通基础设施影响的研究，本书研究选择使用气温这个简单的度量。

极端高温升高会对交通基础设施物理结构和功能造成影响，材料在高温下长期不稳定会导致更多的破坏，如路面隆起或轨道屈曲。高温同样会造成运输成本的提高。大多数热的影响是作用于交通基础设施，因为人、植物和动物能够适应气候的变化。

其次，对基础设施的影响是绝对的——它们取决于基础设施的设计。对于使用时间相对较长的交通基础设施来说，这种适应更加困难，修改和改造会付出一定代价。因此，交通基础设施随时间的适应性是一个主要的不确定性。本书研究的重点是识别受到极端高温影响的区域以及区域内的交通基础设施。

极端降水诱发的洪水、滑坡和泥石流等是影响高速公路系统的主要自然灾害，造成了严重的基础设施破坏和经济损失（Liu et al., 2018）。极端降水和由极端降水引起的自然灾害一方面会破坏局部公路的物理性质和拓扑结构，导致公路网络功能的减弱甚至造成公路系统大规模失效(Yang et al., 2016)，另一方面也会造成路面湿滑，从而降低路面的附着系数，减少路面的通行量和车辆行驶速度，增加交通事故的发生率，对公路造成功能与结构的双重冲击，可能会产生更为广泛的影响，对其他生命线系统的正常运行造成破坏。

选取单日最大降水量(1 天)、连续三日最大降水量(3 天)，采用分位数法确定阈值范围，分析了未来 2030 年和 2050 年的极端降水事件的年度分布与不同月份之间降水极值的分布，选取长度、节点等指标对未来的高速公路网络进行暴露分析，并利用复杂网络指标分析极端降水对重点区域的高速公路网络造成的影响，明确极端降水对我国高速公路的影响，可以为交通网络的合理改扩建，制定防灾减灾抗灾规划以及交通应急管理提供依据，为国家交通基础设施的健康发展提出建议。

3. 全球变化背景下极端灾害交通基础设施影响评估模型

1) 极端高温的影响

A. 极端高温预估

高温天气具有不确定性，一般可用强度和概率来描述高温天气。为分析交通设施对高温的暴露，需要获得极端高温事件出现概率，即某种极端高温的重现期。T 年一遇的年极端高温值出现的概率如式(4.29)所示：

$$P\left(x < x_t\right) = F\left(x_t\right) = \frac{1}{T} \tag{4.29}$$

式中，x 为年极端高温；$F(x)$ 为极端天气事件的概率分布函数。本书研究计算了重现期 5 年、20 年、50 年、100 年情景下的极端高温分布。

为模拟若干年一遇的极端天气事件，首先要确定极端高温的概率分布函数。为确定中国 2015 年、2030 年和 2050 年极端最高气气温，选用 Gumbel 分布对中国极端高温的渐近分布进行拟合。其分布函数为式(4.30)：

$$F(x) = e^{-e^{\frac{x-\mu}{\sigma}}} \tag{4.30}$$

式中，μ 为位置参数；σ 为尺度参数。

本书研究对分布函数进行线性变换，然后估计参数 μ 和 σ。式(4.30)做 2 次对数变换可得：$\ln\{-\ln[F(X)]\} = (x - \mu) / \sigma$。

首先筛选出 20 种模式数据的年最高温度，然后合并为一个数据序列。例如，将 2010～2020 年 10 年间 RCP 4.5 的 20 种模式数据年最高温度筛选出来，并合并成长度为 200(即 10×20)的序列。将样本数为 n 的序列从小到大排序，记 x_k 为排列为 k 的样本值，以经验分布函数：$F_n(x) = k / (n+1)$，$(k = 1, 2, \cdots, n)$，作为对应 $F(x)$ 的观测值，则 $\ln\{-\ln[k / (n+1)]\} = (x - \mu) / \sigma$。令 $y = \ln\{-\ln[k / (n+1)]\}$，则可得 $y = A + Bx$。使用最小二乘法求出 A 和 B，则 $\mu = -B/A$，$\sigma = 1/A$。

B. 公路暴露计算

本书研究设定当温度高于某一阈值时，高温就会对公路造成破坏性影响。本书研究中定义超过阈值的区域中的公路里程为公路对高温的暴露度。2015 年、2030 年、2050 年公路对极端高温的暴露度通过 ArcGIS 计算。本书研究以 2015 年为基准时间，预估 2030 年和 2050 年公路对高温的暴露度。

C. 公路暴露敏感性分析

不同的阈值条件下，公路暴露度变化显著。研究单一阈值下的公路暴露度不能得到公路暴露度随气温变化的规律，且中国所建三级公路绝大部分为半刚性沥青路面结构，沥青是典型的温度敏感性材料，不同温度对公路的影响也会不同，因此本书研究分析比较 35～50 ℃不同阈值下的公路暴露度敏感性。

极端高温分布计算结果。图 4.17 显示了 RCP 4.5 和 RCP 8.5 两种情景下 5 年、20 年、50 年和 100 年 4 种重现期中国极端高温的空间分布和极端高温高于 40 ℃区域比例和面积的统计分析（图 4.17）。在两种 RCPs 情景下，和基准时间相比，中国极端高温超过 40 ℃的区域面积随着时间呈增长态势。以重现期为 5 年为例（图 4.18），在基准时间 2015 年，北京、天津、河北、河南、江西及新疆等地局部地区极端高温均超过 40 ℃[图 4.18（a）、图 4.18（b）]，约占全国总面积的 3.5%；2030 年，超过 40 ℃区域面积在以上地区的基础上进一步增大[图 4.18（c）、图 4.18（d）]，RCP 4.5 情景下，极端高温超过 40 ℃区域约占全国总面积的 6.8%，而在 RCP 8.5 情景下，极端高温超过 40 ℃区域面积约占全国总面积的 9%（图 4.17）。2050 年，华北、华中及西北大部极端高温将超过 40 ℃[图 4.18（e）、图 4.18（f）]，RCP 4.5 情景下，极端高温超过 40 ℃区域约占全国总面积的 13%，RCP 8.5 情景下，这一面积约占全国总面积的 19%（图 4.17）。高温对基础设施的影响将日益显著，特别是在华北、华中及西北地区。

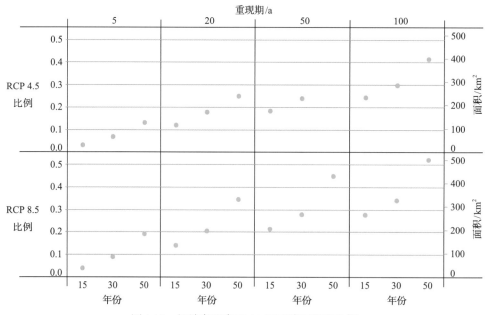

图 4.17　极端高温高于 40 ℃区域面积和比例

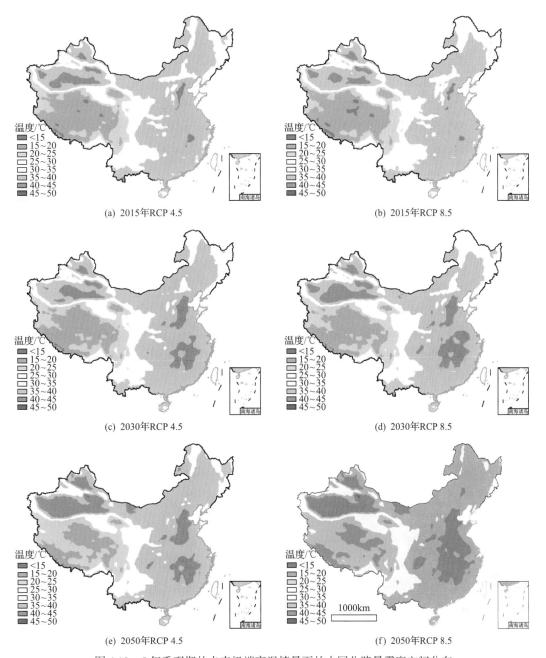

图 4.18　5 年重现期的未来极端高温情景下的中国公路暴露度空间分布

比较两种 RCPs 情景，在任何时间段、重现期，在 RCP 8.5 情景下，我国极端高温高于 40 ℃区域面积明显高于 RCP 4.5 情景，且随着时间的增长差异逐渐扩大。例如，重现期为 5 年时，2015 年 RCP 8.5 情景下极端高温高于 40 ℃的区域面积比 RCP 4.5 情景多 36.3 km^2，2030 年多 86.4 km^2，2050 年多 183.7 km^2。

极端高温下的公路暴露度。不同重现期下，中国极端高温未来情景下的公路暴露度空间分布表明，未来我国公路暴露区域范围由华北向南逐渐增加，由数个小区域逐渐相互连接成为一个大区域，且公路暴露度东部区域较西部区域严重，且京津冀最为严重（图4.18）。

以重现期为5年为例，基准时间2015年，北京南部、天津西部、河北中南部、河南北部、江西中北部及新疆中东部极端温度为40~45℃[图4.18(a)、图4.18(b)]，这些地区公路密度高，因此暴露度高；新疆中东部地区极端温度也超过了40℃，但该地区公路较为稀疏，因此高温暴露度不大。未来情景下，暴露于极端温度超过40℃的公路将会大幅增加。与基准时间相比，2030年，在RCP 4.5情景下，除以上地区外，山东西部、山西南部、湖北东部及湖南东部暴露度较高，并且江西和新疆高于40℃的地区明显增多[图4.18(c)]，RCP 8.5情景与RCP 4.5相比，重庆西部公路基础设施将大量暴露于超过40℃的极端高温之下，湖北西部和湖南东部公路的暴露区域面积均有所增加[图4.18(d)]。2050年，在RCP 4.5情景下，北京、天津、河北中南部、山东东部、河南中北部、安徽中部、湖北西部、湖南西部、重庆西部、新疆及内蒙古西部的公路将暴露于超过40℃的极端高温之下[图4.18(e)]，这将为公路基础设施的建设和维护带来更大的挑战；RCP 8.5与RCP 4.5情景相比，京津冀地区作为热点区域暴露里程基本没有变化，其他区域公路的暴露里程与暴露的最高温度均有所增加，特别是河南、湖北、湖南及江西变化明显[图4.18(f)]。

从变化趋势来看，不同高温阈值下的公路暴露度具有显著差异（图4.19）：暴露度随着温度阈值的提高逐渐下降，下降的速率均呈先增大后减小的趋势，拐点集中在37~42℃。重现期为5年时阈值为41℃或者42℃，重现期为20年时阈值为43℃或44℃，重现期为50年和100年时阈值为45℃或者46℃。因此，若能将路面材料对高温的敏感温度提高到45℃或者46℃，将能有效地减少高温天气对公路的破坏性影响。

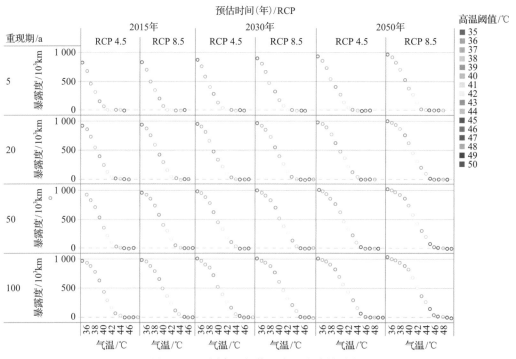

图4.19　不同高温阈值下中国公路暴露度

D. 小结

公路基础设施生命周期较长，了解未来公路暴露度在未来气候变化下的演化具有重要意义。本书研究通过对中国地区未来极端高温的预估，定量计算了可能受极端高温影响的公路基础设施里程的时空格局变化。在 RCP 4.5 和 RCP 8.5 两种情景下，利用多种气候模式数据对中国公路的极端高温暴露度进行了分析，得出以下主要结果。

(1) 中国极端高温呈上升趋势，2050 年与 2030 年的中国极端高温分布差异大于 2030 年与 2015 年的差异。RCP 8.5 与 RCP 4.5 情景的高温面积差异随着未来年份的增长不断扩大。

(2) 不同阈值下的公路暴露度具有显著差异，暴露度随着影响温度阈值的提高逐渐下降，暴露度下降的速率均呈先增大后减小的趋势。

(3) 相比于基准时间 (2015 年)，中国公路的极端高温暴露度无论在何种情景都将增长，且随着时间增长，新增暴露度不断加快。RCP 4.5 情景下，2050 年新增暴露公路约是 2030 年的 2.3 倍，RCP 8.5 情景下，2050 年新增公路暴露度约是 2030 年的 2.5 倍。当阈值为 37～41 ℃时，新增公路暴露度最多。

(4) 结果表明，未来我国公路暴露度区域范围由华北向南逐渐增长，由数个小区域逐渐变为一个大区域，且公路暴露度东部区域较西部区域严重。

2) 极端降水的影响

A. 极端降水预估

本书研究采用 NASA 发布的基于 CMIP5 中 21 个耦合模式输出的高分辨率降尺度逐日数据集 (NEX-GDDP)。该数据集能够更好地刻画中国极端降水的空间分布，预估的中国未来极端降水变化的不确定性范围相比 CMIP5 直接输出结果明显减少，使得预估结果更加可靠。本书研究采取的数据包括 RCP 4.5 和 RCP 8.5 两种情景，数据的空间分辨率均为 $0.25° × 0.25°$。

为了显示极端降水在全国范围内的总体分布情况，本书研究选取第 95 分位数降水量作为极端降水阈值，分别选取 2026～2035 年和 2046～2055 年作为 2030 年和 2050 年极端降水的计算范围。本书研究将超过极端降水阈值区域的高速公路视为暴露于极端降水、受到极端降水的影响，阈值以内区域的高速公路功能和物理结构都没有受到极端降水的影响。

B. 公路网络分析指标

为分析高速公路网络处于极端降水影响下网络结构性质和功能的变化，本书研究选取暴露长度和暴露节点数作为物理暴露指标，其中度数大于 2 的节点是关键节点，在高速路网中表示交叉路口；选取连通性、最大连通子图相对大小和距离效率作为网络功能评价指标。其中，连通性是从网络各节点之间连通程度的角度评价网络功能的指标。然而，对于高速公路网络来说，网络的连通性仅仅考虑了网络中节点之间是否相互连接，还需要考虑网络中不同边的属性以及网络完整性的变化，本书研究选择最大连通子图的相对大小和距离效率来评估高速公路网络的整体变化和距离属性。其中，最大连通子图相对大小表示处于极端降水阈值以内的最大连通子图节点数与初始网络最大连通子图节点数的比值。

最大连通子图相对大小表示为 G，使用 G_E 表示最大连通子图相对大小损失，表示为 $G_E = 1 - G$。

连通性可以表示为

$$C(G) = \frac{1}{N(N-1)} \sum_{i,j \in V, i \neq j} c_{ij} \tag{4.31}$$

式中，$C(G)$ 为网络节点连通性；N 为网络节点总数；V 为网络节点集合；如果节点 i 可以到达节点 j，则 c_{ij} 为 1，反之为 0。

距离效率可以表示为

$$E(G) = \frac{1}{N(N-1)} \sum_{i,j \in V, i \neq j} \frac{1}{d_{ij}} \tag{4.32}$$

式中，$E(G)$ 为网络全局效率；N 为网络节点总数；V 为网络节点集合；d_{ij} 为节点 i 到节点 j 的最短路径距离。

C. 计算结果

选取 RCP 4.5 和 RCP 8.5 情景，统计 2026～2035 年和 2046～2055 年的第 95 分位数降水表示 2030 年和 2050 年极端降水阈值。表 4.11 显示了不同情景下，极端降水事件的阈值。从表 4.11 中可以看出，RCP 4.5 和 RCP 8.5 情景中，2050 年阈值均大于 2030 年阈值，在年份相同的情况下，2030 年阈值均小于 2050 年，极端降水阈值随着年份与不同 RCPs 情景持续增大。

表 4.11　分位数法阈值统计表

情景	降水量/mm	情景	降水量/mm
3 天_2030 年_RCP 4.5	154.8396867	1 天_2030 年_RCP 4.5	89.05084
3 天_2050 年_RCP 4.5	159.60283	1 天_2050 年_RCP 4.5	91.67415
3 天_2030 年_RCP 8.5	181.73191	1 天_2030 年_RCP 8.5	111.8071
3 天_2050 年_RCP 8.5	197.4770267	1 天_2050 年_RCP 8.5	121.31319

图 4.20 是每种不同情景下月降水最大值分布箱体图，统计 10 年间月最大降水时间分布。由图 4.20 可知，降水最大值基本集中在 6～8 月，每年 5～9 月最大降水值显著高于年内其他月份，1～4 月降水最大值普遍偏小，降水最大值的分布与我国东南部洪水期主要集中在 6～8 月这一规律一致。在 RCP 4.5 情景下，11 月降水最大值超过 10 月和 12 月，而对于 RCP 8.5 情景则不存在上述情况。总体来看，RCP 8.5 情景降水最大值普遍大于 RCP 4.5 情景，2050 年最大降水普遍高于 2030 年。

中国高速公路极端降水暴露度分析。图 4.21 中显示了中国高速公路极端降水下的暴露度分布总体情况。高速公路暴露度较高区域主要集中在两广交界地带和江西、湖北、安徽三省交界地带。全国暴露里程基本超过 1 万 km，藏南地区由于高速公路建设相对落后，高速公路暴露度在这一地区的情况并不明显，海南高速公路主要呈环岛状分布，而海南的极端降雨值基本超过阈值，高速公路暴露长度占比较大。

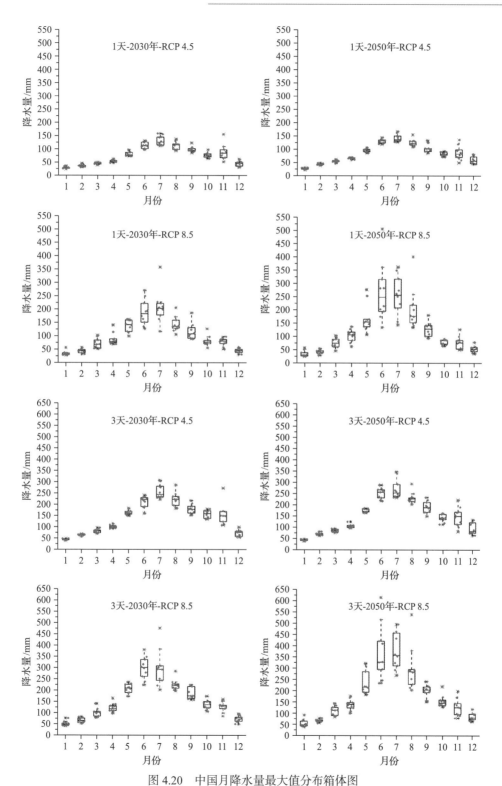

图 4.20　中国月降水量最大值分布箱体图

箱体表示第 25 和第 75 百分位数间的范围；箱体中的黑色实线表示多模式模拟值的中位数；
上下两端的虚线表示模式集合的上下限

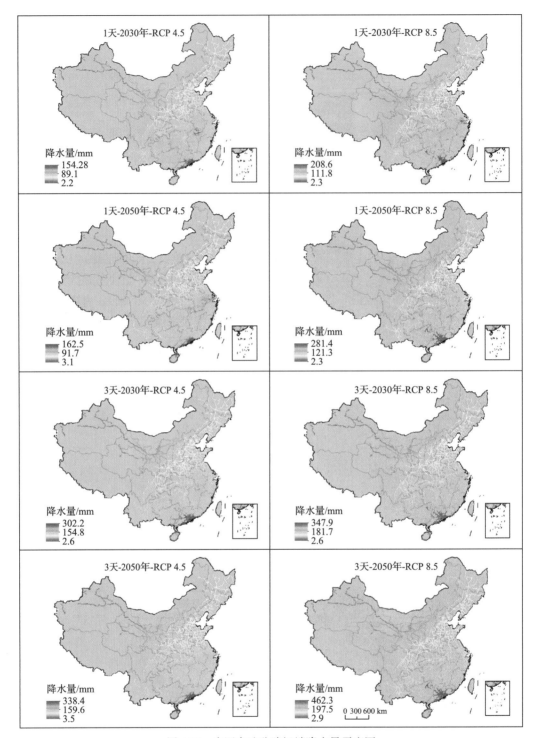

图 4.21　中国高速公路极端降水暴露度图

　　图 4.22 显示了在不同情景下极端降水影响区域路网指标，包括长度、节点、关键节点数和最大连通子图相对大小损失，为便于比较，图 4.22 中使用了暴露部分占初始高速

公路网络的比例，进行了归一化处理。比较可得，处于极端降水暴露下的长度、节点数和关键节点数占比基本小于 10%，最大连通子图相对大小损失相对较高，在单日最大降水和 RCP 8.5 情景中达到 20% 以上，而在 2030 年对应情景下达到 30% 以上，高速公路网络完整性受到较大影响。

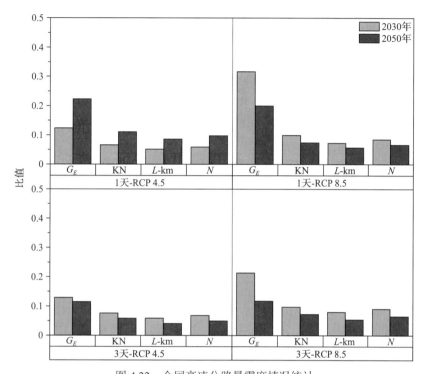

图 4.22　全国高速公路暴露度情况统计

G_E 为最大连通子图相对大小损失；KN 为关键节点数；L 为暴露长度；N 为节点数

暴露重点区域高速公路多阈值极端降水分析。 由于两广地区的暴露度情况在全国处于较高状态，为进一步分析两地高速公路暴露度情况并发现两地高速公路网络功能随极端降水值变化的敏感性，分别设置阈值不同的极端降水分析两广地区高速公路暴露度及网络结构受影响程度随阈值的变化情况。选取网络暴露长度、节点数、最大连通子图相对大小、网络连通性和距离效率分别进行分析统计，为便于分析，采取百分比的方式进行比较。

图 4.23 表示不同情景下的高速公路网络暴露度指标变化情况，随着阈值的不断增加，暴露的里程和节点数也逐渐减少，较为均匀的下降。对于相对连通子图大小、连通性和距离效率也随着极端降雨阈值的不断增大而减小，在阈值前期的变化中，高速公路网络的三项指标会随着阈值的增大而缓慢变小，除 1 天-2050 年-RCP 4.5 情景外，当阈值达到 95 分位数阈值的 1.07～1.57 倍时，受影响比例下跌幅度变大，说明在极端降水暴露计算时，在暴露里程和暴露节点没有发生突变的情况下会出现网络结构突变的情况。当处于 95 位数阈值时，广东高速公路有 50%～80% 的里程和结点处于暴露状态，此时网络的功能指标有 80% 以上均处于受影响状态，且受到的影响较为严重。

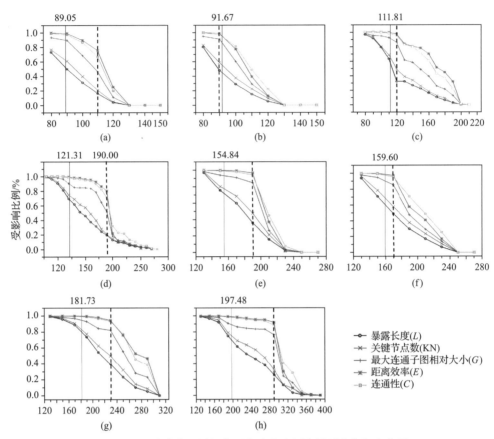

图 4.23　极端降水不同阈值下高速公路网络暴露度指标变化图

(a) 1 天-2030 年-RCP 4.5；(b) 1 天-2050 年-RCP 4.5；(c) 3 天-2030 年-RCP 8.5；(d) 1 天-2050 年-RCP 8.5；(e) 3 天-2030 年-RCP 4.5；(f) 3 天-2050 年-RCP 4.5；(g) 3 天-2030 年-RCP 8.5；(h) 3 天-2050 年-RCP 8.5。红色竖线表示 95 分位数阈值

D. 小结

综上所述，未来我国极端降水，时间上主要集中在 6～8 月，空间上主要集中在我国南部，两广、海南、江西、安徽和福建等地区，相应区域高速公路暴露情况相对较为严重，高速公路暴露情况与极端降水分布、高速公路区域密度密切相关。我国高速公路在极端降水情景的暴露情况整体会呈现好转趋势，但极端降水阈值和降水最大值会随着时间推移而增大，从而间接说明我国部分区域高速公路遭遇更为严重的极端降水的可能性在增大。

通过分析两广地区不同极端降水对高速公路的影响，发现 95 分位数阈值法选择极端降水条件下，相关地区高速公路受到极端降水的影响较大。在极端降水与阈值不断增加的过程中会出现网络功能突变的情况，表明提高高速公路对极端降水的响应能力，能够有效地维持高速公路的网络性能。

4.2.3　气候平均状态变化对交通基础设施影响的评估模型

1. 数据基础

我们从 OpenStreetMap 数据集(https://www.openstreetmap.org)中选择了五种主要道路

和四种类型的高速公路链接作为高速公路数据集。中国高速公路网由 342 799 个节点(路段)和 329 802 个连边(交叉点)组成。

为了估算区域间 OD 矩阵,从 2016 年《2016 年公路旅客运输量快报数据》收集了 2016 年各省的客运量,并从 2017 年《中国统计年鉴》中获得了 2016 年各省的人口和人均 GDP 统计年鉴。

2. 主要结果

不同气候情景下的洪水对公路影响分析结果表明:①对于不同的全球气候模型,公路系统的相关洪灾损害与代表性集中路径的强迫水平或未来年份不呈线性关系;②不同年份的洪灾对高速公路的区域连通性影响不尽相同;③洪水的影响可能对公路网造成巨大破坏,如到 2030 年,当高速公路系统受到未来洪水的干扰时,各省之间约有 84.5%的路线无法通达。

图 4.24 所示为受 2030 年最大洪灾影响的中国部分省份之间日行车时间变化率热图。行显示了出发地省份,列则显示了目的地省份。每种颜色的亮度对应于洪水影响的大小,与正常情况相比,从出发地到目的地区域的旅行时间增加,旅行时间的变化率乘以 100。0 表示旅行的变化率时间小于 0.01,空白框代表起点和终点不能连通。

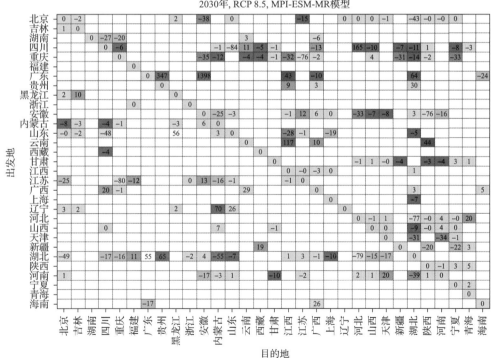

图 4.24　受 2030 年最大洪灾影响的中国部分省份之间日行车时间变化率热图

3. 敏感性与不确定性分析

由于气候变化,适应策略对于减轻未来的洪灾危害至关重要。本研究提出的洪水对交通影响评估方法提供了一种定量评估工具,以评估适应措施的有效性。在本书研究中,通过将未来路基增加 5 m 来创建假设的适应措施,并比较采用和不采用该措施的洪水对中国公路系统的影响。图 4.25(a)为给定模型、图 4.25(b)为给定 RCPs 和图 4.25(c)为给定年份的淹没道路节点百分比。当采用适应措施时,淹没道路节点比率的平均值显著下降,如 MPI-ESM-MR 模型从 35.4 下降到 8.2。在 RCP 4.5 方案中,由于最大淹没率从 61.0 降低到 18.2,因此适应措施可以大大减轻洪水风险。2030 年,自适应措施带来了巨大的好处:被淹路节点比率的最大值、平均值和最小值分别从 61.0 更改为 16.8、30.8 更改为 6.6、3.8 更改为 0.4。此外,当淹没的道路节点之比的方差从 90.2 减小到 15.1 时,洪水破坏的不确定性也降低。

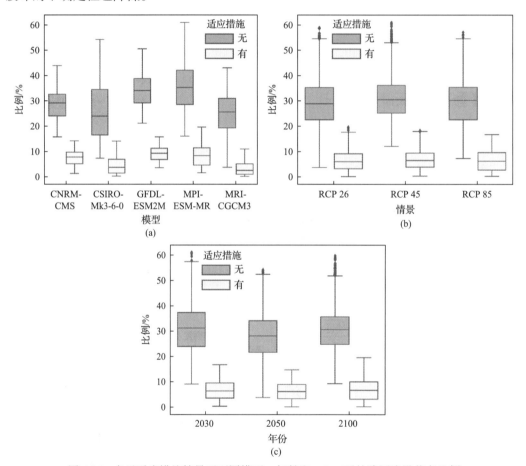

图 4.25　有无适应措施情景下不同模型、年份和 RCPs 下的路网淹没节点比例

综上所述,在这项研究中,我们建立了一种新的综合模型,用于评估各种气候变化情景中的洪水对公路系统功能的影响。我们首先使用五个已建立的全球气候模型,三个 RCPs 和 CaMa-Flood 模型来估算未来的洪水径流情况,以确定未来洪水的时空分布。然后,使用多主体交通仿真模型来对驾驶员的行为模式进行建模,以模拟交通系统对洪水的响应。最后,通过基于交通延迟的功能指标来量化未来洪水可能对中国公路系统造成的影响。使用这种综合模型,我们定量地分析了未来几年中国洪水导致的整个中国公路

网交通延误的变化。

我们确定了三起典型洪水事件,它们在2030年、2050年和2100年破坏了大多数网络部分。综合模型通过以下两种方式改进了先前洪水对公路系统影响的研究:①在路段脆弱性分析中,将经验函数应用于量化安全道路速度与淹没深度之间的关系。该函数代替了洪水下道路的二进制状态变化;②构建了一个多主体交通仿真模型,以更真实地反映交通流量。该模型考虑了用户需求和路线选择,以反映系统层面的变化(如出行时间)。该模型能够根据淹没深度改变安全速度来动态模拟洪水条件下交通状况的时空变化。该方法可用于整个高速公路系统和区域之间定向交通的洪水定性影响评估。

公路基础设施的数量和范围依然在增长。由于城市化的复杂多变,我们暂不能考虑大规模改变的未来道路系统的影响。洪水模拟中不确定性的另一个主要来源是气候情景。目前仅通过三个RCPs并应用了不同的全球气候模型来捕获气候变化。由于生育率、死亡率、移民和教育等因素的影响,未来人口变化存在很大的不确定性;同时,由于未来的运输系统对自动化的更多依赖以及道路系统和其他运输方式的重大变化,在评估未来洪水对道路运输系统的影响时,需要考虑人口和运输方式的变化。为改善模拟结果的真实性并进一步优化方法,在未来的综合模型建模中也应考虑交通信号机制以及公路坡度的影响。

4.2.4 气候极端值变化对直接经济影响的风险评估模型

1. 建模目标

构建资本存量作为经济暴露度表征指标的全球变化情景下台风和暴雨洪涝灾害直接经济损失评估模型,可以动态预估气候变化造成的气象灾害的直接经济损失风险,降低评估结果的不确定性,增加模型评估结果的可解释性。具体来说,基于区域灾害系统理论,构建能够反映区域灾害系统中致灾因子危险性、承灾体暴露度和脆弱性驱动要素变化的灾害直接经济损失风险评估模型,可以为揭示灾害的直接经济损失在未来不同情景下的变化特征、评估未来全球变化可能造成的经济影响风险提供模型。

2. 建模的理论基础和模型形式

1) 模型改进原理及思路

本书研究构建的气候变化直接经济损失风险评估模型具有以下特点:一是与传统超越概率风险评估模型思路不同,这里的气候变化直接经济损失风险评估模型是基于区域灾害系统中致灾因子和承灾体未来变化的情景预估,而构建的全球变化背景下的情景风险评估模型。传统风险评估模型基于历史灾害事件进行超越概率类型的风险评估,缺点在于很难考虑未来风险驱动要素特征的变化,包括气候变化和社会经济变化对区域灾害系统各个要素的影响特征,特别是脆弱性特征考虑欠缺,使得气候变化背景下风险评估的结果存在很大不确定性。

二是评估模型充分考虑了区域灾害系统的构成要素。由于区域灾害系统的复杂性,以及对灾害损失影响机理和过程等认识的不足,已有灾害直接经济损失评估模型误差较大,其中对区域灾害系统的合理刻画不足是造成上述模型评估结果不确定性的重要因素。本书研究基于区域灾害系统理论,考虑致灾因子危险性、承灾体暴露度和脆弱性风险构成三要素,基于极端自然灾害事件灾情记录,模拟量化历史灾害三要素,构建灾害事件损失与风险三要素的定量关系,以便用于气候变化极端值变化的直接经济损失风险预估。

三是与传统灾害风险分析基于 GDP 指标表征经济暴露度不同,本书研究采用固定资产存量作为经济暴露度的表征指标。首先,GDP 指标通常被用来作为经济暴露度的表征指标,而 GDP 是一个"流量"指标,仅代表从资产中获得的年或季度平均收益,自然灾害造成的直接经济损失可能大于地区年度 GDP;其次,基于行政单元的资产统计数据与基于栅格单元的高分辨率致灾因子强度分布数据存在空间不匹配的问题,这种不匹配也是导致灾害暴露度估计以及灾害风险评估结果不确定性的重要来源。因此,本书研究以固定资产存量作为经济暴露度的表征指标,为了提高暴露度分析的准确性,需要将行政单元的固定资产存量评估值转化为更精细化的栅格图。具体来说,基于经济学中的资产盘存法和 GIS 空间化技术结合多源遥感数据,构建基于固定资产存量的高时空分辨率(主要年份 1 km×1 km 栅格)数据库;以固定资产存量作为经济暴露度表征指标,改进基于多元统计分析方法的灾害直接经济损失宏观评估模型。

2) 模型的基本形式

以往的全球风险评估多采用指数法,即对风险三要素选取相应的表征指标相乘获得一个指数值,但是指数值仅表征风险的相对高低,不能表征实际的期望损失值。同时,风险三要素的相乘也缺乏实际的物理意义。为了改进以往气候变化全球风险评估模型中存在的这些问题,本书研究尝试从灾害事件尺度改进极端值风险评估模型。

在灾害风险科学中风险三要素理论的基础上,借鉴经济学中生产函数以及经济弹性的概念构建的台风直接经济损失评估模型形式如下:

$$D_{\text{loss}} = H^{\alpha} \times E^{\beta} \times V^{\gamma} \times \eta \tag{4.33}$$

式中,D_{loss} 为极端灾害事件(如台风)的期望损失;H、E 和 V 分别为致灾因子强度、承灾体暴露度和社会脆弱性;η 为截距项;α、β 和 γ 分别为 H、E 和 V 的弹性系数。

根据以往研究,考虑了灾害损失与致灾因子强度、暴露度和脆弱性的非线性关系;从生产函数角度,将致灾因子强度、暴露度和脆弱性作为损失的"投入"因子,而 Dloss 表示负向"产出"影响,即由这些"投入"因子造成的直接经济损失。

式(4.33)可以转换为广义线性回归模型形式:

$$\ln(D_{\text{loss}}) = \alpha \ln H + \beta \ln E + \gamma \ln V + \eta \tag{4.34}$$

上述模型形式中,致灾因子强度 H 可以根据气候变化情景预估进行评估,E 和 V 与未来社会经济发展变化密切相关,可以通过 SSPs 情景进行预估,从而将气候变化和社会经济变化两大类型的驱动因子引入风险评估模型中,以开展气候变化极端值变化造成的直接经济损失风险评估。

3. 固定资产存量价值空间化技术

固定资产存量价值是指建筑物、基础设施和设备等的经济价值(Wu et al., 2018b)。为了解决基于栅格的致灾因子危险性数据与基于行政单元的经济统计数据之间的空间不匹配问题，本书研究旨在利用固定资产存量价值空间化的方法生成中国固定资产存量价值公里格网图，以提供特定的风险输入数据，即固定资产存量价值的空间分布可以与不同的灾害情景相叠加，以进行直接经济损失估算。

灾害风险是由致灾因子、暴露度和脆弱性组成的函数，自然灾害造成的经济损失在很大程度上取决于致灾因子强度影响下资产价值的空间分布(暴露度)。本书研究以行政统计单元的固定资产存量价值评估为起点，采用自上而下(或降尺度)的方法，将中国县级固定资产存量价值展布到 1 km×1 km 栅格单元上，生成中国 1 km 分辨率固定资产存量分布图，为风险分析提供基础数据(Wu et al., 2018b)。该方法的核心是选择合适的代用数据表达资产的空间分布信息。

1) 固定资产存量价值空间化技术

根据地理学第一定律，选取不同来源的人口密度、夜间灯光、道路网密度、GDP 密度、土地利用类型等九种备选代用数据，通过相关分析确定各个数据与资产价值空间分布的关系。最终优选出 LandScan 人口密度、道路网密度和夜间灯光指标分别来表征建筑物、基础设施和其他固定资产价值的空间分布信息。进一步通过 GIS 技术，将估计出的不同类型固定资产价值空间展布到规则的栅格单元上(图 4.26)，以实现与致灾因子强度空间分布的合理匹配。具体空间化模型形式如下：

$$K(x, y) = \text{Ancillary}(x, y) \times \text{Invest}R_{\text{county}} \times K_r \times p \qquad (4.35)$$

式中，$K(x, y)$ 为栅格单元 (x, y) 的资产存量价值；$\text{Ancillary}(x, y)$ 为栅格单元 (x, y) 代用指标相对密度值；$\text{Invest}R_{\text{county}}$ 为最近 15 年县级固定资产投资占地市总固定资产投资的比例；K_r 为地市固定资产存量值；p 为资产份额(包括房屋类、基础设施类或其他类)。

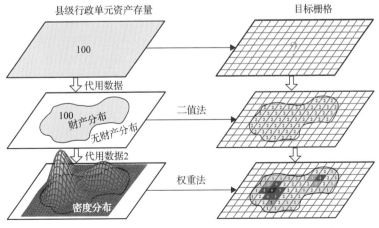

图 4.26　固定资产存量价值空间化思路(Wu et al., 2018b)

2）中国固定资产存量价值空间分布图

中国固定资产存量价值空间化主要需要两类数据：一是行政单元固定资产价值总值，由于没有正式发布的相关数据，这里基于 Wu 等（2014）对中国地级行政单元 1978~2012 年固定资产存量价值的评估结果和评估方法，本书研究根据最新统计数据将地级行政单元固定资产存量价值评估序列更新到 2015 年，为格网单元空间化提供初始值；二是固定资产价值密度分布的辅助数据，经过筛选，这里选择人口密度、道路网密度和夜间灯光分别代表房屋建筑、基础设施和其他资产价值（如制造企业的仪器和设备）的空间分布密度辅助信息（Wu et al.，2018b），其中人口密度图采用美国橡树岭国家实验室 LandScan 2015 年数据，道路网密度根据 OpenStreetMap 数据进行插值获取，2015 年夜间灯光数据来源于美国国家海洋和大气管理局。

固定资产价值空间化主要包括以下步骤：首先，地级单元固定资产价值总额按 44%、19% 和 37% 的比例分解为房屋建筑、基础设施和其他资产价值三大类；其次，基于过去 15 年（2001~2015 年）县级固定资产投资总额占所在地级行政单元同期固定资产投资总额的比例，将地级行政单元固定资产价值数据降尺度到县级行政单元；再次，根据三类固定资产价值及其空间密度辅助信息，将各类固定资产价值分配到公里格网栅格单元上；最后，三类资产价值栅格单元相加，获得中国公里格网单元固定资产价值分布图（Wu et al.，2018b）。

经过评估，中国 2015 年固定资产存量总值估计为 218.37 万亿元（当年价），资产集中分布在中国发达地区，如长三角和珠三角地区。中国固定资产价值空间分布公里格网图有利于解决致灾因子栅格数据与基于行政单元的经济统计数据之间的空间不匹配问题，也有助于降低灾害风险分析中暴露度数据在空间上分布情况的不确定性。

从方法层面来说，该研究根据人口分布、经济活动强度和道路网密度等空间分布信息来表征不同类型资产的空间分布，使资产价值空间分布模拟更合理。从研究结果来说，固定资产价值空间分布数据有利于更合理的灾害风险评估，也可以为进一步揭示致灾因子、承灾体各要素对风险的贡献研究提供支撑。

4. 全球变化背景下台风灾害直接经济损失风险评估模型

1）中国台风直接经济损失评估模型参数标定

基于上述灾害直接经济损失评估模型形式，这里以中国台风灾害为例，标定模型参数（Ye et al.，2020）。其中，台风中心最低气压（P）、台风中心附近最大风速（W）表征台风致灾因子强度（H）指标；固定资产存量价值（K）表征承灾体暴露度（E）指标；人均 GDP（I）和非钢混结构建筑比例（B）表征承灾体脆弱性（V）指标。

A. 数据来源

这里以中国台风灾害为例，基于中国 2000~2015 年 114 次台风灾害事件，选取台风中心最低气压、台风中心附近最大风速表征台风致灾因子强度指标，固定资产存量价值表征承灾体暴露度指标，人均 GDP 和非钢混结构建筑比率表征承灾体脆弱性，通过分析优选风险各个要素指标，以进一步进行广义线性回归，标定模型参数，需要的数据见表 4.12。

表 4.12　台风直接经济损失模型参数构建需要的数据（Ye et al., 2020）

数据类型	时间	分辨率	数据来源
热带气旋轨迹	2000～2015 年	事件，每 6 小时	上海台风中心（https://tcdata.typhoon.org.cn）（Ying et al., 2014）
TRMM 多卫星降水数据	2000～2015 年	0.25°×0.25°，每 3 小时	美国国家航空航天局（https://disc.gsfc.nasa.gov/datacollection/TRMM_3B42RT_7.html）（Huffman, 2016）
热带气旋造成的经济损失	2000～2015 年	事件尺度	中国气象局《全国气候影响评价》
固定资产存量价值	2000～2015 年	县级尺度	Wu 等（2014, 2018b）
GDP 和人口	2000～2015 年	县级尺度	中国统计年鉴（data.cnki.net）
固定资产投资价格指数	2000～2015 年	省级尺度	中国统计年鉴（data.cnki.net）
GDP 平减指数	2000～2015 年	国家尺度	世界银行（http://data.worldbank.org/data-catalog/world-development-indicators）

热带气旋（也可称为台风）轨迹数据集由中国气象局上海台风研究所（CMA-STI）根据气象观测资料整编完成，以文本文件格式获取（tcdata.typhoon.org.cn）。每个热带气旋路径记录由从生成到消亡每 6 小时间隔的热带气旋点组成，主要包括以下指标：热带气旋的国际和国内编号、英文名称，以及路径记录中各个热带气旋点的强度标记、中心位置（经度、纬度）、中心最低气压（hPa）、2 min 平均近中心最大风速（MSW, m/s）和 2 min 平均风速（m/s）。我们将这些记录转换为 shapefile 格式，每个热带气旋轨迹都描绘为起点和终点之间的一条线。特别是热带气旋期间观察到的最大风速，通常被认为是热带气旋强度的表征指标。

2000～2015 年的中国历史台风灾害损失数据来自于中国气象局国家气候中心编著的《全国气候影响评价》（CMA, 2015）。这些直接经济损失数字是通过重置成本估算的，这里根据中国固定资产投资价格指数调整到 2015 年的价格水平，以确保经通胀调整后的数据具有可比性。然后，我们使用 2015 年汇率（1 美元= 6.2284 元人民币）将直接经济损失转换为美元。

2000～2015 年，中国大陆地区 114 次热带气旋造成 1 301 亿美元的直接经济损失。每个热带气旋造成的直接经济损失范围从 100 万美元到 100 亿美元不等（图 4.27）。

总体而言，25 个超强台风带来 462 亿美元的直接经济损失，紧随其后的是 24 个强台风造成的直接经济损失 447 亿美元，17 次热带风暴造成的直接经济损失 9 亿美元。平均而言，每个热带风暴造成的经济损失约为 1 亿美元，每个强热带风暴和每个台风造成的平均经济损失分别增加到 6 亿美元和 10 亿美元，强台风和超级台风造成的经济损失增加到 18 亿美元和 19 亿美元。

Parker 等（1987）基于经济学中"流量"（flow）和"存量"（stock）的差异提出，存量损失对应于灾害中的直接经济损失，是一个时间点上的量值；流量损失对应于间接经济损失，其大小具有时间维度（吴吉东，2018；吴吉东等，2018）。在自然灾害损失或风险的研究中，GDP 是最常用的经济暴露度指标。但是，GDP 是一个"流量"指标，只代表资产创造的平均年生产率收益，更适用于灾后一段时间内产业中断造成的间接经济损失的

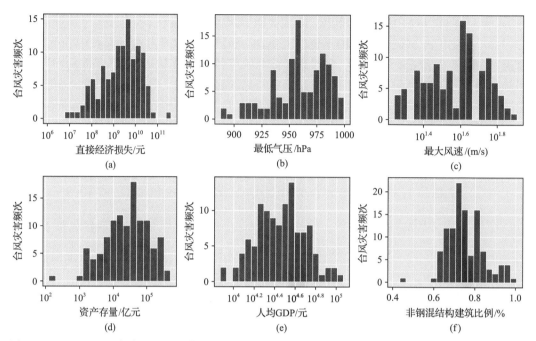

图 4.27 2000~2015 年中国 114 次台风灾害的直接经济损失、致灾因子强度(台风中心最低气压和最大风速)、资产存量和脆弱性(人均 GDP 和非钢混结构建筑比例)指标的分布图(Ye et al., 2020)

评估。并且考虑到自然灾害造成的损失可能超过当年的 GDP，如 2010 年的海地地震(De Bono, 2013)，固定资产存量价值相比于 GDP 更适合表征承灾体的暴露度(Gunasekera et al., 2015; UNISDR, 2015; Wu et al., 2018b; Wu et al., 2019)。因此，本书研究使用"存量"指标——资产存量价值作为台风灾害暴露度的评价指标。

2000~2015 年中国县级资产存量价值数据通过以下步骤计算：①Wu 等(2014, 2018b)选取夜间灯光数据、LandScan 人口数据和道路网密度数据作为代用指标，利用永续盘存法(perpetual inventory method, PIM)，在统计数据的基础上构建了中国 344 个地级行政区的资产存量价值数据集。②在此数据集的基础上，利用县级 GDP 乘以该县所在地级行政区的资本产出比得到县级的资产存量价值，其中，县级 GDP 来自于中国经济社会大数据研究平台，地级行政区的资本产出比来自 Wu 等(2014)。③利用中国各省的固定资产投资价格指数，将县级资产存量数据调整至 2015 年价格水平。

对于每一个台风灾害事件，将构建的台风影响范围和县级资产存量数据进行空间叠加分析(Ye et al., 2019)，将县行政范围的中心位于台风影响范围内的县作为该次台风灾害的受灾县，然后将这些台风影响范围内的县级资产存量价值加和作为该次台风灾害的资产存量暴露度。如图 4.28 所示，以 2013 年 9 月 22 日在广东省登陆的超强台风"天兔"为例，展示了通过线性插值后的热带气旋点及其相应的风速，基于简化的 Holland 风场模型构建的以 17.2 m/s 为阈值的台风风场(Ye et al., 2019)，以及台风降水量的空间分布，最终联合台风风场和雨场重建了超强台风"天兔"的影响范围。图 4.28 中的粉色菱形为根据此方法模拟得到的超强台风"天兔"影响范围内的受灾县。

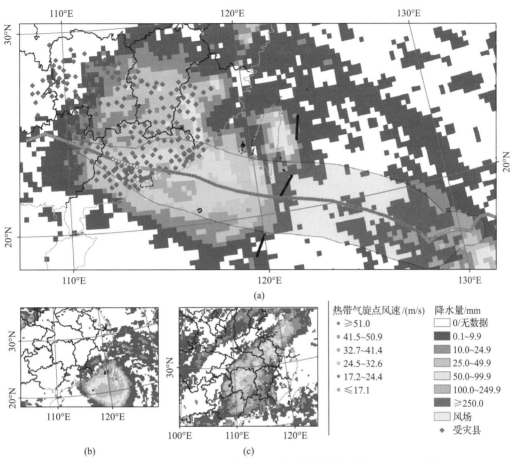

图 4.28　2013 年 1319 号超强台风"天兔"的影响范围(Ye et al., 2020)

(a)为超强台风天兔于 2013 年 9 月 22 日在中国广东省登陆时的降水分布;

(b)和(c)分别为登陆前后(21 日和 23 日)的降水分布

对于台风降水范围的提取,首先,在 ArcGIS 中将 TRMM 3B42RT 的逐 3 h 降水数据合成日降水量,再提取日降水量在 25 mm 以上的区域(陈海燕等, 2011)。本书研究为台风路径建立 500 km 缓冲区,将缓冲区内降水量≥25 mm 的区域作为台风的降水影响范围(Ye et al., 2020)。

基于 114 场历史台风风场和降雨场的重建提取的台风影响范围,结合县级资产存量数据,可以计算每场台风的固定资产价值暴露度。114 场历史台风的固定资产价值暴露度平均值和标准偏差分别为 4 870 亿美元和 1 542 亿美元。平均来说,暴露于热带风暴的资产价值约为 2 574 亿美元,超强台风影响范围内的平均资产价值暴露度为 15 120 亿美元。

本书研究使用人均 GDP 和非钢混结构建筑比例作为表征脆弱性的指标。人均 GDP 是表征经济系统是否易受到灾害影响、与地区社会经济发展程度有关的脆弱性指标(Peduzzi et al., 2012;Wu et al., 2018a)。2000~2015 年中国县级人均 GDP 数据通过以下步骤计算获得:①县级总 GDP 除以总人口得到县级人均 GDP;其中,县级 GDP 和人口数据来自于中国经济社会大数据研究平台中各省的人口普查资料(表 4.12)。②利用世界银行发布的中国 GDP 平减指数将县级人均 GDP 数据调整至 2015 年价格水平。

非钢混结构建筑比例是衡量受灾区域建筑环境相对脆弱性的一个指标。台风对房屋建筑的破坏程度与建筑结构密切相关，使用更结实的材料(如钢和混凝土)加固建筑物外壳，可以有效降低台风引发的强风、暴雨、海浪等对房屋建筑的损坏(Aghababaei et al., 2018)。中国各省的人口普查数据中提供了 2000 年和 2010 年各地区按住房承重类型划分的家庭户户数，承重类型包括钢及钢筋混凝土结构、混合结构、砖木结构和其他结构。经过数据整理，全国在 2000~2015 年受台风灾害影响的省级行政区共有 24 个：2000 年，天津、河南、云南的数据为省级尺度，河北、辽宁、湖南、广西、贵州的数据为地级尺度，北京、山西、内蒙古、吉林、黑龙江、上海、江苏、浙江、安徽、福建、江西、山东、湖北、广东、海南、陕西的数据为县级尺度；2010 年，河北、内蒙古、辽宁、吉林、黑龙江、河南、湖南、广西、贵州的数据为地级尺度，北京、天津、山西、上海、江苏、浙江、安徽、福建、江西、山东、湖北、广东、海南、云南、陕西的数据为县级尺度。本书研究假设 2000~2005 年和 2006~2015 年这两个时间段内，各地区的非钢混结构建筑比例保持不变，分别用 2000 年和 2010 年的非钢混结构建筑比例数据作为这两个时间段内各地区每年的非钢混结构建筑比例。由于存在两次普查数据的空间尺度不同且部分省级行政区没有县级数据的问题，因此将省级和地级的数据等比例降尺度到县级。

每个台风灾害事件的人均 GDP 和非钢混结构建筑比例都是受台风影响范围内所有县的平均值。114 场历史台风影响范围内的人均 GDP 平均值和标准差分别为 4691.0 美元和 3111.4 美元。对于热带气旋强度类别，人均 GDP 平均值从台风的 4475.8 美元到超强台风的 6269.9 美元。

B. 模型参数标定及不确定性分析

针对风险三要素，我们根据 Akaike 信息准则(AIC)和拟合优度系数比较了由五个变量(P、W、K、I 和 B)的不同组合形成的四个回归模型(PKI、PKB、WKI 和 WKB)(表 4.13)，选取不同的表征指标进行广义线性回归，结果见表 4.13。无论是从 AIC 信息准则还是拟合优度都能看出，台风中心附近最大风速、固定资产存量价值、人均 GDP 三要素组合下的拟合效果相对最优(即 WKI 模型)，11 次台风直接经济损失的对数模拟值与实际值的相关系数达到 0.65，台风中心附近最大风速的参数值为 1.90[0.98, 2.42]，表示在其他因子不变的情况下，最大风速增加 100%，台风灾害的直接经济损失增加 225%[97%, 435%]。固定资产价值系数为 0.84[0.66, 1.02]，这意味着在台风致灾因子影响区域中资产价值若加倍会使直接经济损失增加 79%[58%, 103%]。人均 GDP 的系数为-1.13[-1.55, -0.71]，表明人均 GDP 翻倍会使直接经济损失减少 54%[39%, 66%]。正如上述在风险评估的理论框架中所讨论的那样，台风中心附近最大风速、资产价值暴露和人均 GDP 分别代表了台风致灾因子的强度、暴露度和脆弱性，它们对于解释台风引起的直接经济算至关重要。标定后的台风直接经济损失评估模型如下：

$$\ln L = 18.52 + 1.70\ln W + 0.84\ln K - 1.13\ln I \tag{4.36}$$

式中，L 为台风造成的直接经济损失；W 为台风事件尺度的最大风速；K 为台风影响范围内的资产存量价值；I 为台风影响范围内的平均人均 GDP。

表 4.13　基于广义线性模型估计的台风直接经济损失模型参数 (Ye et al., 2020)

系数	PKI 模型	PKB 模型	WKI 模型	WKB 模型
常数项	144.86*** (82.01, 211.85)	140.47*** (75.09, 210.60)	18.52*** (14.45, 22.62)	11.12*** (8.50, 13.78)
$\ln P$	−17.44** (−27.19, −8.29)	−17.90*** (−28.08, −8.41)		
$\ln W$			1.70*** (0.98, 2.42)	1.80*** (1.06, 2.55)
$\ln K$	0.91*** (0.73, 1.09)	0.66*** (0.50, 0.81)	0.84*** (0.66, 1.02)	0.62*** (0.46, 0.78)
$\ln I$	−1.23*** (−1.66, −0.79)		−1.13*** (−1.55, −0.71)	
$\ln B$		4.37*** (1.83, 6.83)		4.00*** (1.52, 6.31)
AIC	4838.9	4855.0	4832.5	4847.5
R^2	0.63	0.55	0.65	0.58

注: 括号中为 95%置信区间; R^2 表示直接经济损失对数模拟值与对数实际值的拟合优度; ***显著水平为 0.001, **显著性水平为 0.01, *显著性水平为 0.05; P 表示台风中心最低气压, W 表示台风中心附近最大风速, K 表示固定资产存量价值, I 表示人均 GDP, B 表示非钢混结构建筑比例。

为了分析 114 场历史台风样本选择对损失评估模型参数估计的影响,我们选取不同的子集用于 WKI 模型参数的敏感性分析(表 4.14)。在 2006~2015 年仅对台风进行模型拟合后,最大风速和资产价值的系数值分别增加到 229%[91%, 476%]和 92%[66%, 122%],而人均 GDP 系数不变。结果表明,将研究期更改为 2006~2015 时的系数与 2000~2015 年的整个研究期相比,差异不大。考虑到自 1990 年以来,2013 年的台风造成了中国大陆地区最高的直接经济损失,我们删除了该年的所有样本,并重新估计 WKI 模型参数,最大风速系数和人均 GDP 系数分别提高到 253%[119%, 475%]和 61%[47%, 71%],资产价值系数略微降低到 77%[57%, 99%]。这些发现表明,没有哪一年的台风事件是主导回归系数值的。此外,我们排除了前 5%损失的台风事件,并重新拟合了 WKI 模型,最大风速、资产价值和人均 GDP 的系数分别变为 278%[134%, 514%]、60%[40%, 82%]和 57%[44%, 68%]。

表 4.14　WKI 回归模型的系数敏感性分析 (Ye et al., 2020)

系数	2000~2015 年样本	2006~2015 年样本	去除 2013 年的 2000~2015 年样本	去除前 5%台风损失较大的 2000~2015 年样本
常数项	18.52*** (14.45, 22.62)	17.62*** (12.54, 22.69)	19.99*** (15.98, 23.97)	19.33*** (15.26, 23.35)
$\ln W$	1.70*** (0.98, 2.42)	1.72*** (0.93, 2.52)	1.82*** (1.13, 2.52)	1.92*** (1.23, 2.62)
$\ln K$	0.84*** (0.66, 1.02)	0.94*** (0.73, 1.15)	0.82*** (0.65, 0.99)	0.68*** (0.49, 0.87)
$\ln I$	−1.13*** (−1.55, −0.71)	−1.13*** (−1.68, −0.57)	−1.35*** (−1.77, −0.92)	−1.23*** (−1.64, −0.83)
样本数	114	74	101	108

注: 不确定性由括号中 95%的可信区间给出; ***表示在 0.001 水平上显著。

从表 4.15 可以看出，仅考虑风险三要素的一个或两个要素进行回归的效果不如同时考虑风险三要素回归效果好，也就是说，同时考虑台风灾害风险三要素对于提高台风灾害直接经济损失评估模型精度具有重要意义。

表 4.15　不同回归模型的系数敏感性分析（Ye et al., 2020）

	W 模型	K 模型	WK 模型	WI 模型	KI 模型
常数	9.41*** (6.24, 12.62)	16.29*** (15.34, 17.31)	9.83*** (7.24, 12.46)	9.37*** (5.29, 13.43)	25.30*** (22.04, 28.53)
$\ln W$	3.07*** (2.19, 3.95)		1.99*** (1.21, 2.78)	3.06*** (2.14, 3.98)	
$\ln K$		0.69*** (0.53, 0.85)	0.54*** (0.38, 0.70)		1.05*** (0.87, 1, 23)
$\ln I$				0.01 (−0.41, 0.43)	−1.34*** (−1.80, −0.88)
R^2	0.37	0.39	0.53	0.37	0.56

在风险框架内，台风灾害造成的直接经济损失如何随着台风强度、经济暴露度和脆弱性而变化仍然是一个具有挑战性的问题。这里我们以中国为例，基于负二项式回归模型，在台风事件水平上量化了台风直接经济损失与其风险三要素的关系。由结果可知，除了台风强度，人为因素决定的经济暴露度和脆弱性对台风风险至关重要。基于经验回归模型，可以在全球变暖的情况下使用 SSPs 的气候模型来预估未来台风风险。

2）基于情景的中国台风灾害风险评估

中国未来台风直接经济损失风险评估基于上述标定后的评估模型，结合未来台风活动模拟情景数据和社会经济发展情景进行预估。

表 4.16　未来台风活动预估所用气候模式、所属机构（国别）、分辨率及缩写

气候模式	所属机构（国别）	大气模式分辨率	缩写
CNRM-CM3	CNRM（法国）	T63, L45	CNRM
ECHAM5	MPI（德国）	T63, L31	ECHAM
GFDL-CM2.0	NOAA GFDL（美国）	2.5°×2.5°，L24	GFDL
MIROC3.2 (medres)	UT, JAMSTEC（日本）	T42, L20	MIROC

注：CNRM 法国国家气象研究中心；MPI 德国马普研究所；NOAA GFDL 美国国家海洋大气局地球物理流体动力学实验室；UT, JAMSTEC 日本国立海洋研发机构。

A. 数据来源

排放情景下的未来台风活动模拟数据。本书研究使用的未来台风活动模拟数据来自于 Emanuel 等（2008）。该数据集基于 SRES A1B 排放情景（Nakicenovic et al., 2000），使用世界气候研究计划（WCRP）推动的"耦合模式比较计划"阶段 3（CMIP3）的 4 个全球气候模式（global climate models, GCMs），预测 2081～2100 年的未来气候条件。CMIP3 的结果被 2007 年出版的 IPCC AR4 引用。本书研究使用的 4 种气候模型分别是：CNRM CM3（Guérémy et al., 2005）、ECHAM 5（Cubasch et al., 1997）、GFDL CM2.0（Manabe et al.,

1991）和 MIROC 3.2（Hasumi and Emori, 2004）。

社会经济情景数据。2000 年，IPCC 发布了 SRES，该报告首次将温室气体排放和社会经济发展关联起来（Nakicenovic et al., 2000）。2010 年，IPCC 在 RCPs 的基础上，提出了新的社会经济情景，即 SSPs（Kriegler et al., 2010；van Vuuren et al., 2012）。社会经济情景在模拟气候变化，评估其影响、减缓和适应能力，以及气候政策制定等方面发挥着重要作用（van Ruijven et al., 2014；张杰等，2013）。

本书研究使用的 SSPs 情景来自于全球环境研究中心（Center for Global Environmental Research, CGER）（http://www.cger.nies.go.jp/en/），CGER 提供了在 SSP1、SSP2 和 SSP3 情景下，全球 1980～2100 年 GDP 和人口的预估数据，空间分辨率为 0.5°×0.5°。SSP1 为可持续路径，SSP2 为中间路径，SSP3 为区域竞争路径（姜彤等，2018）。

B. 中国台风灾害致灾因子危险性预估

本书研究使用的未来台风活动模拟数据基于 SRES A1B 排放情景，在此排放情景中，温室气体的浓度在 2100 年达到 720 ppm 的峰值，此后保持不变。预计到 2100 年，全球气温将上升 2.5 ℃～4.5 ℃，海平面将上升约 40 cm，但这一结果没有考虑到陆地冰层融化的影响。

目前对于台风强度、频次预估的研究结果仍存在很大的不确定性（Knutson et al., 2019）。未来台风活动预测的可靠性取决于三个主要因素：①对预测变化背后的物理机制的科学理解水平；②预测模型的鲁棒性，以及模型进行相关环境因素预测和台风活动预估的能力；③是否能够从观测数据中获得足够的证据表明未来台风活动的变化。

中国台风强度预估。本书研究使用的中国未来台风活动模拟数据基于 SRES A1B 排放情景，这里设置台风路径的起始风速为 40 节，未达到此风速将不被考虑为台风路径。上述四种气候模式均有 15 000 个台风模拟路径（西北太平洋 3000 个路径）。本书研究仅提取该数据集中在中国登陆的台风路径，分析未来我国台风的强度和频数的变化。图 4.29 提供了利用四种气候模式预估的 2081～2100 年台风最大风速的重现期，以及其与 1950～2015 年最佳路径的最大风速重现期的对比。结果表明：①CNRM、ECHAM 和 GDFL 模式的预估结果类似，2081～2100 年，在相同重现期下，预估的台风风速小于历史最佳路径的风速；②MIROC 模式的预估结果与另外三个模式相反，2081～2100 年，在相同重现期下，预估的台风风速大于历史最佳路径的风速；③四个模式的模拟结果均通过了 90%的置信度检验。

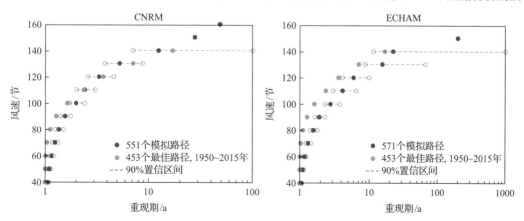

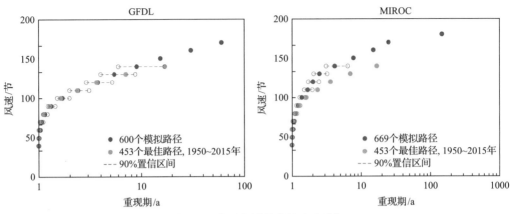

图 4.29　中国台风最大风速重现期

图 4.30 的结果显示，台风最佳路径的平均最大风速为 67.92 节；CNRM 模式下的台风平均最大风速为 75.58 节，相比于最佳路径增加了 11.27%；ECHAM 模式下的台风平均最大风速为 68.60 节，相比于最佳路径增加了 1.00%；GFDL 模式下的台风平均最大风速为 71.87 节，相比于最佳路径增加了 5.80%；MIROC 模式下的台风平均最大风速为 78.36 节，相比于最佳路径增加了 15.36%。

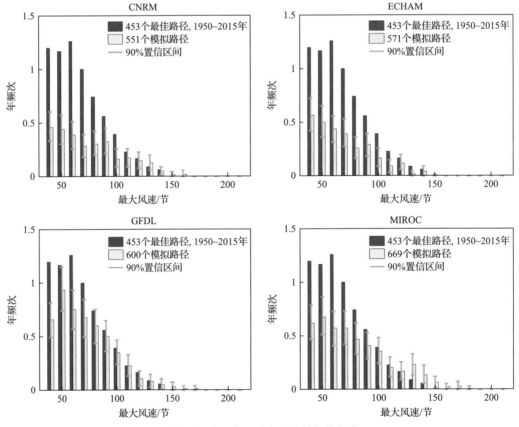

图 4.30　中国台风最大风速的年均频次

C. 中国台风灾害 GDP 暴露度预估

在重建历史台风灾害影响范围的基础上，评估基准期(1990～2010 年)的 GDP 和资产存量价值。基于 SSP1、SSP2 和 SSP3，预估 21 世纪(2020～2100 年)的 GDP 增长率(图 4.31)。由于缺少资产存量价值预估的研究，这里假设资产存量价值和 GDP 的未来增长轨迹是一致的，使用 SSPs 情景下的 GDP 增长率直接分析资产存量的预估值。

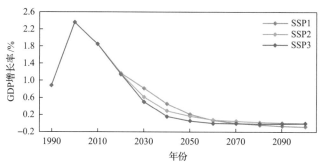

图 4.31　不同 SSPs 情景下中国 GDP 增长率

图 4.32 表明，1990～2015 年，我国易受台风灾害影响地区经历了经济的爆发式增长，而在不同 SSPs 情景下，未来 2020～2100 年的增长模式有明显差异。在 SSP1 和 SSP3 情

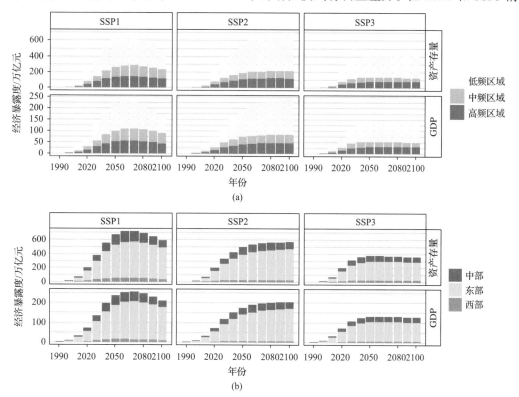

(a)

(b)

图 4.32　1990～2100 年基于 SSPs 情景的未来台风灾害暴露度预估(Ye et al., 2019)

国内生产总值暴露度变化根据从 CGER 下载的 GDP 情景的全球数据集计算的；假设资产价值与 GDP 的增长率一致，资产价值以[2015 年资产价值/2015 年 GDP]乘以当年 GDP 计算；低频、中频和高频区域分别表示年均受台风灾害频次<0.5 次、0.5～1 次和>0.5 次的县域

景下，资产存量和 GDP 暴露度在 2020～2050 年的急剧增长之后，分别于 2060 年和 2050 年开始下滑。到 2100 年，SSP2 情景下的资产存量和 GDP 暴露度最高，分别达到 702.6 万亿元和 242.0 万亿元，其次是 SSP1 情景(资产存量约 487.1 万亿元，GDP 约 172.9 万亿元)和 SSP3(资产存量 409.5 万亿元，GDP 约 141.3 万亿元)。

根据模型参数标定结果可知，台风中心附近最大的弹性系数为 1.70%[0.98%, 2.42%]，表示在损失的其他影响因素固定不变的情况下，台风风速每增加 1%，将导致直接经济损失增加 1.70%[0.98%, 2.42%]。上述研究结果显示，21 世纪后期(2081～2100 年)，CNRM 模式下的台风平均最大风速相比于基准期(1950～2015 年)增加了 11.27%，将导致我国的台风灾害直接经济损失风险增加 19.16%[11.04%, 27.27%]；ECHAM 模式下的台风平均最大风速相比于基准期增加了 1.00%，将导致我国的台风灾害直接经济损失风险增加 1.70%[0.98%, 2.42%]；GFDL 模式下的台风平均最大风速相比于基准期增加了 5.80%，将导致我国的台风灾害直接经济损失风险增加 9.86%[5.68%, 14.04%]；MIROC 模式下的台风平均最大风速相比于基准期增加了 15.36%，将导致我国的台风灾害直接经济损失风险增加 26.11%[15.05%, 37.17%]。

资产存量(K)的弹性系数为 0.84%[0.66%, 1.02%]，表示当其他解释变量不变时，暴露于台风灾害影响范围内的资产存量价值每增加 1%，会导致直接经济损失增加 0.84%[0.66%, 1.02%]。21 世纪后期(2081～2100 年)，SSP1 情景下，台风灾害影响范围内的平均资产存量价值相比于基准期(1990～2010 年)的增长率为 18.9 倍，将导致我国的台风灾害风险增加 1587.6%[1247.4%, 1927.8%]；SSP2 情景下，台风灾害影响范围内的平均资产存量价值相比于基准期的增长率为 16.6 倍，将导致我国的台风灾害风险增加 1394.4%[1095.6%, 1693.2%]；SSP3 情景下，台风灾害影响范围内的平均资产存量价值相比于基准期的增长率分别为 10.3 倍，将导致我国的台风灾害风险增加 865.2%[679.8%, 1050.6%]。

人均 GDP(I)的弹性系数为–1.13% [–1.55%, –0.71%]，表示当其他解释变量不变时，人均 GDP 每增加 1%，直接经济损失将减少 1.13% [0.71%, 1.55%]。考虑到社会经济的发展，人均收入水平上升，设防水平不断提高，有利于降低台风致灾因子强度增加和暴露度增加的负面影响。

由以上分析可知，四种气候模式预估的登陆中国台风强度(以最低风速表示)都将增加，尤其是资产暴露度的增加可能会导致台风灾害造成的直接经济损失迅速增加，暴露度变化造成的增加幅度远大于台风强度的变化，而降低暴露度和脆弱性是减缓这种损失风险增加的重要途径。同时，由于所使用的未来台风预估路径基于概率视角进行模拟，不能获取不同台风路径发生的时间，因此无法基于上述标定的损失评估模型进行年代际台风情景损失风险预估。另外，在未来台风路径预估方法成熟的前提下，结合全球不同地区历史台风灾害标定模型参数，可以推广到全球台风直接经济损失风险的预估。

5. 全球变化背景下暴雨洪涝灾害直接经济损失风险评估模型

1) 中国暴雨洪涝灾害直接经济损失评估模型参数标定

暴雨洪涝灾害是指长时间降水过多或区域性持续强降水以及局地短时强降水引起的

江河洪水泛滥等灾害，是造成农业或其他财产损失和人员伤亡的一种灾害。本书基于历史数据，侧重研究全球气候变化影响最直接的降水因子对暴雨洪涝风险的影响。

基于上述灾害直接经济损失评估模型形式，这里以中国暴雨洪涝灾害为例，标定模型参数。其中，极端降水天数(D)用来表征暴雨洪涝灾害致灾因子强度(H)指标；固定资产存量价值(W)表征承灾体的暴露度(E)指标；人均 GDP(I)表示脆弱性(V)指标。

A. 数据来源

本书研究利用 2004～2016 年降水和社会经济两大类数据，优选极端降水致灾阈值（Disaster-triggering Daily Precipitation Threshold, DDPT）和致灾范围，选取极端降水日数表征暴雨洪涝灾害致灾因子强度指标，固定资产价值表征暴露度，人均 GDP 表征承灾体的脆弱性，构建、分析两种广义线性回归模型，优选暴雨洪涝灾害损失模型，标定模型参数。具体所用数据如表 4.17 所示。

表 4.17　暴雨洪涝灾害直接经济损失模型构建所需数据

分类	名称	时间	分辨率	数据来源
降水灾害损失数据	CN05.1 格点化降水数据集	1961～2016	0.25°×0.25°，日	中国气象局气候研究开放实验室（吴佳和高学杰，2013）
	暴雨洪涝灾害直接经济损失数据	2004～2016	省级尺度	《中国气象灾害年鉴》(data.cnki.net)
社会经济数据	人均 GDP	2004～2016	省级尺度	《中国统计年鉴》(data.cnki.net)
	固定资产存量价值栅格图	2015	30′×30′	Wu 等 (2018b)
	居民消费价格指数	2004～2016	国家尺度	《中国统计年鉴》(data.cnki.net)
	固定资产投资价格指数	2004～2016	国家尺度	《中国统计年鉴》(data.cnki.net)
	GDP 平减指数	2004～2016	国家尺度	世界银行(http://data.worldbank.org/data-catalog/world-development-indicators)

CN05.1 格点化降水数据集来源于中国气象局气候研究开放实验室，该数据集基于2400 余个气象台站观测资料进行插值生成，空间分辨率为 0.25°×0.25°。基于该数据，优选极端降水阈值组合，确定对应的致灾范围，获取 2004～2016 年极端降水日数，表征致灾因子。为提高降水数据的有效性和统一性，我们将日降水值大于 0.1 mm 视为有效降水数据。

中国暴雨洪涝灾害直接经济损失数据来源于中国气象局编著的《中国气象灾害年鉴》，在探究极端降水致灾阈值部分，这些数据用于计算各省（自治区、直辖市）洪涝灾害直接经济损失率。这里获取的损失数据均为当年价格，利用居民消费价格指数，调整到2010 年价格水平，确保调整后的数据具有可比性。

致灾降水阈值的确定对于暴雨洪涝灾害预警及风险评估至关重要。已有研究很少从暴雨洪涝灾害直接经济损失角度，综合考虑降水强度与灾害直接经济损失的关系，优选中国大陆地区致灾降水阈值。因此，首先基于中国大陆 1961～2012 年逐日降水格点数据和 2004～2012 年各省（自治区、直辖市）暴雨洪涝灾害直接经济损失数据，选取极端降水日数指标表征降水致灾强度，结合固定阈值法和百分位法构建 1600 种阈值方案，根据年极端降水日数与暴雨洪涝灾害直接经济损失相关关系,优选相关系数最高(0.45, n=279, P<0.01)的阈值组合,即 99.3%降水百分位数与 10 mm 绝对阈值确定的致灾降水阈值组合更符合灾害经济实际损失(图 4.33)。从各省(自治区、直辖市)极端降水致灾阈值统计数值(表 4.18)来看,大部分省(自治区、直辖市)DDPT 在 25~50 mm,DDPT 平均值低于25 mm 的省份有 7 个,高于 50 mm 的省份有 5 个;DDPT 平均值最高的是海南(71 mm),DDPT 数值最高的是广东(87 mm)。

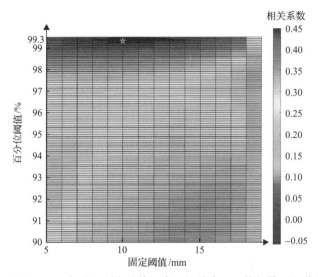

图 4.33　2004~2012 年中国所有阈值组合的极端降雨日数与暴雨和洪水的直接
经济损失率之间的相关系数(n = 279)(Liu W et al., 2020)

表 4.18　中国 31 个省(自治区、直辖市)极端降水致灾阈值(DDPT)统计数值
(格点平均值)(Liu W et al., 2020)

极端降水致灾阈值(DDPT)/mm	省(自治区、直辖市)	DDPT 统计数值					
		中值/mm	最小值/mm	最大值/mm	众数/mm	平均值/mm	CV/%
DDPT<25	新疆	10	10	15	10	10	4
	青海	10	10	18	10	10	15
	西藏	10	10	23	20	11	18
	甘肃	10	10	35	10	15	40
	内蒙古	15	10	28	10	16	28
	宁夏	15	11	26	13	16	26
	黑龙江	22	16	25	23	21	10
25≤DDPT≤50	山西	26	19	32	28	26	11
	吉林	25	20	40	25	26	15
	四川	26	10	62	16	29	48
	陕西	28	17	53	27	29	25

极端降水致灾阈值(DDPT)/mm	省(自治区、直辖市)	DDPT 统计数值					
		中值/mm	最小值/mm	最大值/mm	众数/mm	平均值/mm	CV/%
25≤DDPT≤50	河北	32	17	44	32	30	24
	云南	31	16	44	30	32	14
	北京	34	24	41	33	35	13
	辽宁	35	22	51	32	35	18
	天津	37	34	40	37	37	5
	河南	40	29	54	37	40	16
	贵州	41	26	51	44	40	13
	山东	40	33	49	37	40	9
	重庆	42	35	52	41	42	8
	上海	45	41	46	45	44	4
	湖北	47	31	59	56	46	17
	江苏	46	40	50	46	46	5
	湖南	48	40	57	48	47	6
	浙江	46	41	62	44	48	11
	安徽	46	41	65	46	49	13
DDPT>50	广西	52	35	76	52	52	12
	江西	54	43	65	55	53	9
	福建	54	48	70	54	54	6
	广东	61	47	87	53	61	16
	海南	71	65	81	67	71	6

2004~2016 年暴雨洪涝灾害暴露度的计算分为两大步骤：①固定资产存量数据的聚合和价格调整。基于分辨率为 30″×30″的 2015 年中国固定资产存量栅格底图，首先将其聚合到 0.25°×0.25°分辨率，然后参考 Wu 等(2014)指出的 1990 年以来中国资本存量年均增长速率达 14%，依次生成 2004~2016 年中国资本存量价值分布栅格图，最后利用固定资产投资价格指数将固定资产存量数据调整至 2010 年价格水平。②暴雨洪涝灾害危险范围的确定。基于优选的极端降水致灾阈值，年极端降水日数大于或等于阈值的栅格划为危险范围。③暴雨洪涝灾害危险范围与固定资产存量空间叠加，计算各省暴露度。

所得的 31 个省(自治区、直辖市)2004~2016 年平均固定资产暴露度最高的为江苏，达 96629.39 亿元，其次为山东和广东。其中，2016 年江苏的固定资产暴露度最高，为 187876.34 亿元，约是同年西藏固定资产暴露度的 36 倍。

我们使用 2004~2016 年各省(自治区、直辖市)人均 GDP 指标用于表征脆弱性，并利用世界银行发布的中国 GDP 平减指数将各年人均 GDP 调整到 2010 年价格水平。

B. 模型参数标定及不确定性分析

基于上述选取的风险三要素，我们构建了两种基于广义线性模型的历史暴雨洪涝灾害直接经济损失模型[式(4.37)、式(4.38)]。

$$模型一 \quad \ln L = a_1 + b_1 \ln D + c_1 \ln W - d_1 \ln I \quad (4.37)$$

$$模型二 \quad \ln L = a_2 + b_2 \ln\left(\sum_{i=1,j=1}^{pro(i \cdot j)} D_{ij} \cdot W_{ij}\right) - d_2 \ln I \quad (4.38)$$

通过整体拟合和分区拟合，所得的拟合模型参数结果见表 4.19。根据 Akaike 信息准则（AIC）和拟合优度系数对比拟合结果可知：①同样的样本数量，两种模型的拟合效果相近，但是模型一拟合效果优于模型二；②模型一的整体拟合中，381 个样本的对数模拟值与实际值的相关系数达到 0.46，极端降水日数的参数值为 2.11[1.65, 2.58]，表示在其他因子不变的情况下，极端降水日数增加 100%，暴雨洪涝灾害的直接经济损失增加 331%[213%, 498%]；固定资产存量参数值为 0.94[0.74, 1.14]，表示在其他因子不变的情况下，固定资产存量增加 100%，暴雨洪涝灾害的直接经济损失增加 92%[67%, 120%]；人均 GDP 的参数值为–0.97[–1.21, –0.70]，表示在其他因子不变的情况下，人均 GDP 增加 100%，暴雨洪涝灾害的直接经济损失减少 49%[39%, 57%]。分区拟合中，样本数量最少的温带大陆性气候的模型拟合效果较差，极端降水日数指标不显著，温带季风气候和亚热带季风气候的模型拟合效果较好，各样本集的对数模拟值与实际值的相关系数分别达到 0.29 和 0.55。

表 4.19　基于广义线性回归模型构建的暴雨洪涝灾害直接经济损失模型参数

系数项	模型一				模型二			
	整体拟合	分区拟合			整体拟合	分区拟合		
		亚热带季风	温带季风	温带大陆		亚热带季风	温带季风	温带大陆
样本数量	381	182	121	78	381	182	121	78
常数	1.78 (−0.82, 4.39)	1.36 (−2.49, 5.32)	0.47 (−6.15, 7.12)	3.22 (−4.47, 10.75)	0.19 (−2.48, 2.85)	0.92 (−2.90, 4.79)	−6.87 (−13.31, −0.29)	3.51 (−4.89, 11.59)
$\ln D$	2.11*** (1.65, 2.58)	1.56*** (0.99, 2.14)	2.82*** (2.21, 3.45)	1.01 (−0.63, 2.64)				
$\ln(D \cdot W)$					1.13*** (0.97, 1.28)	0.99*** (0.72, 1.24)	1.62*** (1.27, 1.95)	1.19*** (0.77, 1.58)
$\ln W$	0.94*** (0.74, 1.14)	0.95*** (0.62, 1.25)	0.84*** (0.42, 1.28)	1.41*** (0.94, 1.85)				
$\ln I$	−0.97*** (−1.21, −0.70)	−0.86*** (−1.15, −0.52)	−0.79** (−1.30, −0.24)	−1.64** (−2.64, −0.65)	−0.99*** (−1.23, −0.71)	−0.81** (−1.09, −0.49)	−1.10*** (−1.62, −0.54)	−1.39** (−2.46, −0.32)
残差	446.64	211.31	140.28	90.86	450.32	212.00	142.91	91.64
AIC	6806.6	3463.7	2091.2	1229.6	6837.0	3468.0	2112.9	1234.7
R^2	0.46	0.29	0.55	0.42	0.43	0.27	0.48	0.41

注：括号中为 95%置信区间；R^2 表示直接经济损失对数模拟值与对数实际值的拟合优度；***显著性水平为 0.001，**显著性水平为 0.01；D 表示极端降水日数，W 表示固定资产存量价值，I 表示人均 GDP，$D \cdot W$ 表示极端降水日数乘固定资产存量。

此外，通过对比两种模型在整体、分区情况下的暴雨洪涝灾害拟合损失与实际损失（图 4.34）可知，①对于常规灾情年份，两种模型的拟合损失数值和年际间波动变化均与实际损失接近；②对于极端灾情年份，如 2010 年，两种模型的拟合损失数值远低于实际损失，如整体拟合中，模型一 2010 年拟合总损失约为 1 386 亿元，模型二为 1 226 亿元，实际总损失为 3 505 亿元，分别为两个拟合结果的 2.53 和 2.86 倍。

因此，暴雨洪涝灾害直接经济损失评估模型采用模型一的整体拟合结果，具体如下：

$$\ln L = 1.78 + 2.11\ln D + 0.94\ln W - 0.97\ln I \qquad (4.39)$$

式中，L 为暴雨洪涝灾害造成的直接经济损失；D 为极端降水日数；W 为固定资产存量价值；I 为人均 GDP。

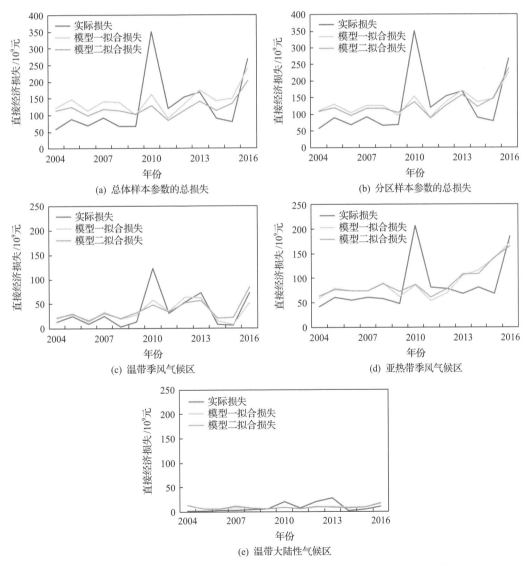

图 4.34　两种模型在整体、分区情况下的暴雨洪涝灾害拟合损失与实际损失对比

从暴雨洪涝灾害成灾机理角度，利用暴雨洪涝历史损失与致灾因子危险性、承灾体的暴露度和脆弱性的交叉关系，基于经验方法模型，构建、优选参数化、综合化的损失评估模型，可以更全面、更灵活地评估地区暴雨洪涝灾害损失，为探究适用于多地区的宏观尺度灾害风险评估模型提供基础。

2) 基于情景的暴雨洪涝灾害风险评估

基于上述的历史暴雨洪涝灾害损失模型，结合未来不同 RCPs 情景下的降水变化和不同 SSPs 情景下的社会经济变化，我们初步预估中国大陆未来暴雨洪涝灾害风险。这里均选取 RCP 8.5 情景下的预估数据用于结果展示。

A. 数据来源

未来暴雨洪涝灾害风险预估利用两类数据(表 4.20)，即：①降水数据：本书研究利用的未来降水格点数据来源于 Xu 和 Wang (2019)，该数据集通过 Bias Correction and Spatial Downscaling (BCSD) 方法，将 21 种气候模式的降水数据分辨率统一到 0.25°×0.25°。本书研究使用的 5 种气候模式分别是 CanESM2、GFDL-CM3、IPSL-CM5A-LR、MIROC-ESM 和 MIROC-ESM-CHEM，选取的两种排放情景分别是 RCP 4.5 和 RCP 8.5。②社会经济情景数据：本书研究使用的 SSPs 情景来自于 Huang 等(2019)和 Jing 等(2020)，该数据集提供了 SSP2 和 SSP3 情景下，全球未来 2010～2100 年 GDP 和人口的预估数据，空间分辨率为 0.5°×0.5°，且 GDP 数据已调整到 2010 年价格水平。

表 4.20　未来暴雨洪涝灾害风险预估所使用的数据

分类	名称	时间	分辨率	来源
降水	CMIP5 降水数据集 (5 个，分别是 CanESM2、GFDL-CM3、 IPSL-CM5A-LR、MIROC-ESM、MIROC-ESM-CHEM)	2006～2100	0.25°×0.25°， 日尺度	Xu 和 Wang (2019)
社会经济 数据	GDP 数据(SSP2、SSP3)	2010～2100	0.25°×0.25°， 年尺度	Huang 等(2019) 和 Jing 等(2020)
	POP 数据(SSP2、SSP3)			

B. 未来中国暴雨洪涝灾害致灾因子危险性预估

本书研究选取 1986～2005 年作为危险性基准期，历史 CN05.1 数据作为历史实际数据，利用之前计算的极端降水致灾阈值方法，选取极端降水日数表征未来致灾因子危险性；未来降水变化时期主要选取 2046～2065 年(2050 s)和 2076～2095 年(2090 s)两个时间段，用于比较不同 RCPs 情景下未来极端降水日数的变化。通过对比未来两个时期(2050 s 和 2090 s)5 个模式的预估极端降水日数同基准期(1986～2005 年)的极端降水日数的变化可知：①未来两个时期 CanESM2 模式拟合的极端降水日数整体偏高，MIROC-ESM 和 MIROC-ESM-CHEM 两个模式的拟合结果相近；②青藏高原地区，CanESM2、GFDL-CM3 和 IPSL-CM5A-LR 三个模式的极端降水日数拟合结果明显高于其他两个模式，IPSL-CM5A-LR 模式极端降水日数增多更明显；③同一模式下，2090 s 的极端降水日数明显高于 2050 s。

C. 未来暴雨洪涝灾害暴露度预估

利用上述极端降水范围确定方法，设定历史基准期为 2010 年，固定两个情景组合：RCP 4.5-SSP2 和 RCP 8.5-SSP3，预估未来 2050 年、2090 年不同情景的固定资产暴露度变化倍数。由于缺少资产存量价值预估的研究，这里假设未来资产存量价值和 GDP 的增长轨迹一致。

图 4.35 表示 RCP 8.5 情景下，2050 年和 2090 年 5 个模式预估的中国固定资产暴露度同基准期暴露度比较变化。结果表明：①2050 年，CanESM2 模式增长倍数最小，约为 3.89 倍，2090 年 IPSL-CM5A-LR 模式增长倍数最小，约为 6.32 倍；②MIROC-ESM 和 MIROC-ESM-CHEM 两个模式增长倍数相近。

图 4.35 结果表明：①同一个模式下，2090 年固定资产暴露度增长倍数明显高于 2050 年；②2090 年，浙江、青海、甘肃和河南的固定资产暴露度增长倍数均超过 10 倍，这四个省份未来遭遇极端暴雨洪涝灾害可能性高于其他省份。

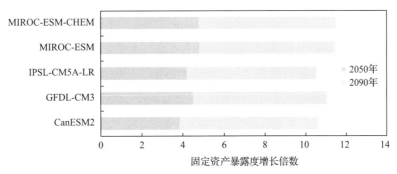

图 4.35 中国固定资产暴露度增长倍数（RCP 8.5 情景下，同 2010 年相比）

D. 未来暴雨洪涝灾害风险预估

基于上述的损失模型构建、未来三要素指标的预估计算，得到中国未来拟合暴雨灾害风险结果（图 4.36）。结果表明：①RCP 8.5 和 SSP3 情景下，中国未来遭遇暴雨洪涝灾害风险随着时间变化呈现明显波动上升的趋势，最高预估风险损失可达 7040 亿元，不确定性也在增大；而 RCP 4.5 和 SSP2 情景下，中国未来遭遇暴雨洪涝灾害风险随着时间变

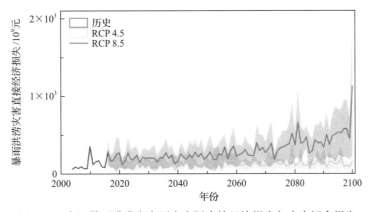

图 4.36 中国暴雨洪涝灾害历史实际直接经济损失与未来拟合损失

化呈现波动下降的趋势, 2100 年预估风险损失为 11 179 亿元。②2046 年以前, 两种 RCPs 情景拟合的暴雨洪涝灾害风险数值相近, 且变化趋势不明显。③2076 年以后, RCP 4.5 情景下预估的暴雨洪涝灾害风险开始呈现波动下降趋势, 而 RCP 8.5 情景下的灾害风险上升明显。需要说明的是, 这里的暴雨洪涝灾害风险评估是基于设防水平随着经济发展水平也同样提高的前提假设而做的, 也就是说, 评估了未来 RCP 和 SSP 组合下中国可能造成的最低损失情景, 若随着经济发展设防水平和当前比没有得到提高, 则暴雨洪涝可能造成的损失将远大于这里的损失评估值。

4.2.5 气候平均状态变化对间接经济影响的风险评估模型

1. 建模目标

建立未来气候变化情景下中国作物减产导致的间接经济影响评估模型, 以系统评估中国三大作物(水稻、玉米、小麦)单产对气候变化响应为基础, 构建模型输入条件。采用适应性多区域投入产出(adaptive multi-regional input-output, AMRIO)模型, 评估气候变化冲击中国七大地区作物产量造成的经济波及影响, 同时分析了这一经济波及影响的空间分布不均衡等差异性特征, 实现"气候变化-作物产量-经济影响"链式定量评估。

2. 建模的理论基础和方法

通过统计回归分析方法, 获取在未来 2020-2100 年 RCPs 情景下的作物减产中心趋势, 以此为农业行业的直接损失基础数据, 将直接损失的数据与投入产出表耦合形成间接影响模型的输入条件, 通过适应性区域投入产出 AMRIO 模型, 按步长迭代计算, 模拟作物减产导致的未来 2020～2100 在 RCPs 情景下的经济波及效应, 并分析其不确定性。

投入产出模型是综合分析经济活动中投入与产出之间数量依存关系(特别是分析和考察国民经济各部门在产品生产与消耗之间的数量依存关系)的一种经济数学模型。它由投入产出表和根据投入产出表平衡关系建立起来的数学方程组两部分构成。

1)建模需要的直接损失评估的理论基础

统计回归分析方法, 获取在未来 2020～2100 年 RCPs 情景下的作物减产中心趋势。该方法是总结已发表文献中的结果范围取得评估结果的共识。本书研究遵循英国循证保护中心制定的系统评估指南(Conservation CFEB, 2013), 其主要包括四个要素, 即①数据库总体：三种主要作物(水稻、小麦和玉米)产量；②外界干扰：根据 19 个 GCMs 关于温度和降水量的预估值确定 2020～2099 年的气候要素变化；③可比性：统一各个研究的作物产量变化基准期(1961～1990 年), 使得不同文献结果具有可比性；④输出结果：气候变化下作物产量变化的中心趋势。文件搜索的关键词是"作物/小麦/水稻/玉米""气候变化""中国""产量", 依据科学数据库(Web of Science、Science Direct、Google Scholar 和 CNKI 等)和其他数据库(FAO 等)。文献检索重点关注 IPCC AR4 发表以来的研究, 文献检索截至 2019 年 1 月 18 日, 共获得 1 245 篇文献。

研究文献的入选标准包括：①本书研究侧重于气候变化对作物单产(即单位面积产

量)的影响，并没有考虑作物总产量，剔除了洪水、干旱和虫害等任何极端气候事件的影响。②为识别地区差异，本书研究根据《第三次气候变化国家评估报告》将我国划分为七个地区。研究文献匹配到地区级别，排除空间尺度模糊的数据。③为了确定对气候变量(如温度、降水和 CO_2)的响应，本书研究排除考虑人类活动对作物产量影响的文献，如作物品种、灌溉和耕作制度的适应。文献筛选工作由三名研究人员根据以上标准独立进行，以确保所采用的接受/拒绝标准的一致性。最终选取了 55 篇已通过同行评审的文献资料，获得了 667 个作物单产变化结果。

本书研究基于常用的统计回归模型(Challinor et al., 2014; 解伟等, 2019)，构建了不同的作物和地区的普通最小二乘模型：

$$\Delta Y_{ijmn} = \alpha_0 + \alpha_1 \times \Delta T_{mn} + \alpha_2 \times \Delta P_{mn} + \alpha_3 \times CO_{2i} + \varepsilon_{ijmn} \tag{4.40}$$

式中，ΔY_{ijmn} 为在第 i 个研究的排放情景 n 下，作物 j 在时间段 m 内的单产变化率的中心趋势(%)；ΔT_{mn} 和 ΔP_{mn} 分别为在排放情景 n 下的时间段 m 内的温度升高(℃)和降水变化(%)；CO_{2i} 为一个二元变量，表示第 i 项研究是否考虑 CO_2 肥效作用(0 代表未考虑，1 代表考虑)；α_1、α_2 和 α_3 为回归系数；ε 与 α_0 为回归干扰项。

2) 间接损失评估的理论基础

为了评估气候变化冲击作物生产造成的总体经济影响，本书研究采用 AMRIO 模型捕获气候变化引起的作物产出下降造成的经济波及效应。AMRIO 模型的基本框架为适应性区域投入产出(adaptive regional input-output, ARIO)模型，ARIO 模型由 Hallegatte (2008)提出，以应用于自然灾害经济影响的评估(Hallegatte, 2014；李宁等, 2017)。近年来，随着气候变化的影响日益突出，该模型及其衍生版本(Hallegatte et al., 2011; Zhang et al., 2018; Liu Y et al., 2020)已经广泛应用于评估气候变化带来的经济影响。该模型通过以下等式将投入产出表、供给侧和需求侧连接起来，以地区 r 经济部门 i 为例：

$$Y^r(i) = \sum_{s=1}^{n} \sum_{j=1}^{m} A^{rs}(i,j) Y^s(j) + \sum_{s=1}^{n} F^{rs}(i) + \sum_{s=1}^{n} \sum_{j=1}^{m} D^{rs}(i,j) \tag{4.41}$$

式中，$i,j = 1,\cdots,m$ 代表所有经济部门；$r,s = 1,\cdots,n$ 代表我国不同地区；Y 为总产出向量(间接经济影响)；A 为投入产出表；D 为外部冲击输入，本书研究中为气候变化造成的直接经济影响，即农业部门的产出下降，以作物生产的百分比变化来衡量；随后可以计算我国每个地区每个经济部门的生产和消费量，以及作物减产导致的生产瓶颈。

3) 评估方法

模型假设

(1)由于未来人口政策和经济结构变化的不确定性，以及 AMRIO 模型基于 2012 年中国多区域投入产出表，本书研究将我国各地区人口和经济的规模和结构固定为 2012 年的值。同时，本书研究采用无量纲指标(如百分比变化)计算影响，以消除未来经济增长对模拟结果的干扰，保证了总体结果的无偏。

(2)为了降低由于将外生变量引入模型而导致的不确定性，AMRIO模型具有三个假设：①不同地区的土地面积保持2012年的水平不变，不考虑由此造成的农业部门产出变化；②将气候变化对农业的影响引入模型之后，最终经济体系的需求平衡仍以2012年的水平为参考；③可以替代不同地区相同部门提供的产品或服务，不同地区贸易环节的配给方案呈比例变化。

3. 研究区与数据基础

1) 研究区概况

本书研究参考《气候变化国家评估报告》中的划分方法，根据行政区划将我国34个省级行政区(由于缺乏数据，不包括香港、澳门和台湾地区)划分为七个地区：东北地区(黑龙江、吉林和辽宁)，华北地区(北京、天津、内蒙古、河北和山西)，西北地区(陕西、宁夏、甘肃、青海和新疆)，华中地区(河南、湖北和湖南)，华东地区(山东、江苏、安徽、上海、浙江、江西和福建)，华南地区(广西、广东和海南)和西南地区(四川、重庆、贵州、云南和西藏)。

2) 模型的数据

A. 气候要素数据

由于纬度、海陆分布以及海拔等原因，中国不同地区的气候要素变化幅度存在差异。为了识别我国不同地区的气候要素变化趋势，本书研究基于CMIP5中的19个GCMs(表4.21)，选取其2020～2100年的月平均温度和降水量(http://www.ipcc-data.org/index.html)。CMIP5采用4种RCPs情景预估未来气候变化。由于19个GCMs的空间分辨率不同，本书研究通过反距离加权法将变量插值到1°×1°的网格上。最后，根据我国七个地区的经纬度对变量进行平均，从而获得七个地区的温度和降水变化趋势。

表4.21 本书研究选取的19个GCMs的基本概况

模型	国家	分辨率	排放情景			
			RCP 2.6	RCP 4.5	RCP 6.0	RCP 8.5
BCC-CSM1-1	中国	64×128	1	1	1	1
BNU-ESM	中国	64×128	1	1	0	1
CanESM2	加拿大	64×128	1	1	0	1
CCSM4	美国	192×288	1	1	1	1
CESM1-CAM5	美国	192×288	1	1	1	1
CNRM-CM5	法国	128×256	1	1	0	1
CSIRO-Mk3-6-0	澳大利亚	96×192	1	1	1	1
GFDL-CM3	美国	90×144	1	1	0	1

模型	国家	分辨率	排放情景			
			RCP 2.6	RCP 4.5	RCP 6.0	RCP 8.5
GFDL-ESM2G	美国	90×144	1	1	1	1
GFDL-ESM2M	美国	90×144	1	1	1	1
HadGEM2-ES	英国	145×192	1	1	1	1
IPSL-CM5A-LR	法国	96×96	1	1	1	1
IPSL-CM5A-MR	法国	143×144	1	1	1	1
MIROC5	日本	128×256	1	1	1	1
MIROC-ESM-CHEM	日本	64×128	1	1	1	1
MIROC-ESM	日本	64×128	1	1	1	1
MPI-ESM-LR	德国	96×192	1	1	0	1
MPI-ESM-MR	德国	96×192	1	1	0	1
NorEM1-ME	挪威	96×144	1	1	1	1

注:"1"代表模型中包含对应排放情景数据;"0"代表模型中不包含对应排放情景数据。

B. 经济数据

多区域投入产出(MRIO)表根据国家统计局 2012 年发布的我国 26 个省(自治区)(除了西藏和台湾)和 4 个直辖市的投出产出表编制而成。原始的 MRIO 表包含 30 个经济部门、5 类最终需求(包括农村居民消费、城市居民消费、政府消费、固定资产形成和存货变动)和 4 类增加值(包括劳动者报酬、生产净税、固定资本折旧和企业盈余)。考虑到数据可用性以及与前期研究保持一致,将 MRIO 表中的 26 个省(自治区)合并为 7 个地区。

AMRIO 模型的外生变量包括贸易周转天数和超额生产参数。基于经济系统需求平衡保持不变的假设,贸易周转天数参考我国统计年鉴中省级的货物周转量和货运量;超额生产参数参考我国农业年鉴中的第一产业固定资产投资额。

4. 主要评估结果

1)气候变化下中国不同地区作物产量变化的中心趋势分析

将搜集到的 667 个中国七大地区的单产变化数据与对应情景下温度变化(ΔT)、降水变化率($\Delta P/P$)和是否考虑 CO_2 肥效作用的二元变量代入回归方程中,并根据作物类型分别建立小麦、水稻和玉米的回归方程,以区分不同作物对气候变化的响应(图 4.37)。

回归结果显示,不同地区主要作物对温度变化的响应程度可将我国七大地区分为三类,东北和西北地区的主要作物对升温影响最为敏感,华北、华中、华东和西南地区次之,华南地区受升温影响不明显。

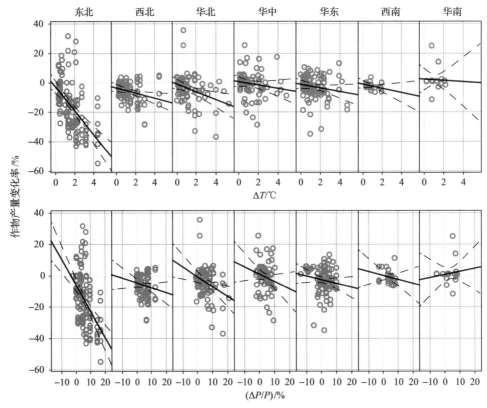

图 4.37　中国七大地区温度变化和降水变化率与作物产量变化率的关系
曲线表示 95%置信区间(Liu Y et al., 2020)

东北地区文献数据主要为水稻和玉米，每升温 1 ℃主要作物平均单产下降 12.7% ($t = -3.5$, $P=0.001$)。根据不同作物的回归模型，玉米对温度升高的敏感性为–8.0%/℃ ($t = -2.3$, $P=0.026$)，水稻对升温的敏感性略高，为–9.0%/℃，但该结果不显著($t = -0.9$, $P=0.399$)。降水量每升高 1%主要作物平均单产上升 1.7%($t=2.0$, $P=0.046$)，CO_2 肥效也显示出正效应($t=4.0$, $P<0.001$)，尤其是对水稻的正效应更为明显。相对于其他地区，东北地区作物对气候变化的响应最为敏感。生长期的变化是其原因之一，东北地区的升温幅度最大，不论是玉米还是水稻，其生长期相对于其他地区缩短更多。西北地区主要作物为小麦和玉米，水稻种植区分布较少。回归结果表明，温度每升高 1 ℃，主要作物平均单产下降 6.9%($t = -4.6$, $P<0.001$)，其中小麦对升温敏感性最高，为–8.3%/℃ ($t = -4.3$, $P<0.001$)，水稻和玉米次之，分别为–3.6%/℃ ($t = -0.7$, $P=0.487$)和–2.4%/℃ ($t = -1.1$, $P = 0.272$)。降水对西北地区主要作物单产的正效应显著，降水量每增加 1%，主要作物平均单产增加 1.3%($t = -2.8$, $P=0.006$)。升温情景下，西北地区土壤蒸散量增加是作物减产的主要原因之一，作物用水效率在未来将会有不同程度的下降。

华北、华中、华东和西南地区分布着我国三大主要粮食产区——黄淮海平原、长江流域和四川盆地，这些地区也是气候变化的敏感区。这四个地区主要作物单产对升温的敏感性相似，每升温 1 ℃减产 2.6%~4.9%。其中，华北地区($t = -4.2$, $P<0.001$)和华中地

区($t = -3.4$, $P=0.002$)小麦减产趋势较显著，华中地区水稻单产变化存在不确定性。华东和西南地区小麦和水稻单产受升温影响均呈现减产趋势，但由于文献数据量较少，因此作物级别的回归模型结果均不显著。降水量增加对这四个地区作物单产影响以正效应为主，但不确定性较大。除华东地区以外，CO_2肥效对作物单产的正效应明显（$P<0.001$）。

模型结果表明，在温度升高情景下，华南地区作物单产下降，但该结果并不显著（$P=0.747$），数据量较少可能是其原因之一。此外，气候变化影响下，气候带加速北移，华南地区产量不稳定性增大，高产年和低产年概率明显增加，单产预测值的较大波动。该结论与有些学者的研究结论相同（姚凤梅等，2007）。

2）气候变化冲击我国作物生产造成的经济影响

A. 国家尺度的经济影响

气候要素（平均气温和降水）的变化不可避免地对农业产生影响，通过产业关联波及影响整体经济，尤其是农业在国民经济中占有重要地位的国家（我国农业增加值占 GDP 的 7.2%～9.6%）。大量研究已证实了气候变化对我国农业的直接影响，本书研究估算了这种影响对我国经济的波及影响（图 4.38）。RCP 2.6 的结果表明，将升温限制在低排放情景下可以最大限度地降低气候变化的经济波及影响，同时在该排放情景下气候变化对经

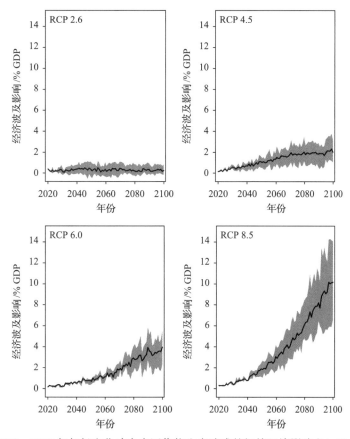

图 4.38　2020～2099 年气候变化冲击中国作物生产造成的间接经济影响（Liu Y et al., 2020）

阴影部分表示 95%置信区间

济系统可能产生正影响。然而，RCP 4.5、RCP 6.0 和 RCP 8.5 的模拟结果表明，21 世纪末（2090～2099 年）气候变化造成的农业歉收对我国整体经济波及的负影响分别将达到 2.0%（0.9%～3.1%）、3.6%（1.8%～4.9%）和 9.7%（5.9%～13.6%）。

间接经济波及影响（economic ripple effect, ERE）的变化趋势表明，气候冲击农业对我国整体经济的影响在 2040 年后开始迅速增加，且不同 RCPs 下差异明显。综合所有 RCPs 下的结果，估计了间接 ERE 作为直接经济损失（direct economic damage, DED）函数的条件分布（表 4.22）。发现 DED 达到 GDP 的 1%意味着 ERE 达到 GDP 的 17.8%。这种响应近似于一个二次函数，具有高度统计学意义（$R^2=0.889$）。该结果表明，气候变化带来的农业冲击可能带来比农业本身影响更大的经济波及，因此整体经济下滑是不可忽视的，应该重视由单一部门损失导致的经济波及效应，它对 GDP 的影响远远大于 DED。

表 4.22 间接 ERE 作为 DED 函数的条件分布（Liu Y et al., 2020）

多项式次方	ERE		
	一次函数	二次函数	三次函数
DED	11.272***	1.524*	0.570
	(0.308)	(0.682)	(1.247)
DED^2	—	16.176***	20.205***
		(1.063)	(4.532)
DED^3	—	—	−4.094
			(4.481)
常数项	−0.704***	0.144	0.183
	(0.0853)	(0.0856)	(0.0957)
样本量.	317	317	317
Adj. R^2	0.808	0.889	0.889

注：括号中的值表示标准误差；统计显著性：*（$P<0.10$）、***（$P<0.01$）。

类似影响的评估已在世界范围内开展，2080 年后（SRES A2 和 B2）气候变化对农业的冲击会造成欧洲 0.2%～1.0%的社会福利损失；2080～2099 年美国的农业歉收将造成 GDP 下滑 0.9%～1.5%；Dellink 等 2019 年评估了 2060 年全球多个地区的气候变化冲击农业生产造成的经济影响，印度经济预计下滑约 2.7%，非洲经济将下滑 1.7%～1.8%。分别对比上述研究与同时期的我国经济影响可以发现，我国遭受的经济影响高于欧洲和美国，与印度和非洲相当。这表明发展中经济体遭受的影响更为严重，因为这些国家中气候引发的作物单产损失更大，还因为其经济结构决定着农业在总产值中占有相对较高的比例。因此，气候变化对不同国家产生的影响并不均衡，这种非均衡影响也可能存在于国家内，特别是对于我国这样纬度差异巨大的国家。

B. 地区尺度的经济影响

中国七大地区的结果（ERE 相对地区 GDP 的占比）表明了 RCP 2.6 低排放情景下气候变化对西北地区的正影响，这是由于该情景下西北地区的农业产量增加（图 4.39）。然而，随着温度升高，气候变化对我国经济的正影响有限，且每个地区 ERE 的变化趋势均出现了较大波动，尤其是东北和华南地区。与系统评估和 Meta 回归分析结果类似，东北地区未来产量的大幅度下降也影响到了当地经济，预计 2080～2099 年（4 个 RCPs）的 ERE 达

到东北地区 GDP 的 14.9%～66.0%。华南地区的变异主要在 2060 年之后，尤其是 RCP 6.0
和 RCP 8.5 下，华南地区的 ERE 增速加快，然而，前期的研究中并未显示华南地区农业
产出 2060 年后的明显下降。因此，华南地区 ERE 的异常升高可归因于地区间的经济联
系，即使该地区农业未遭受严重影响，其他地区供给和需求的变化也会反映在该地区，
重创其整体经济。

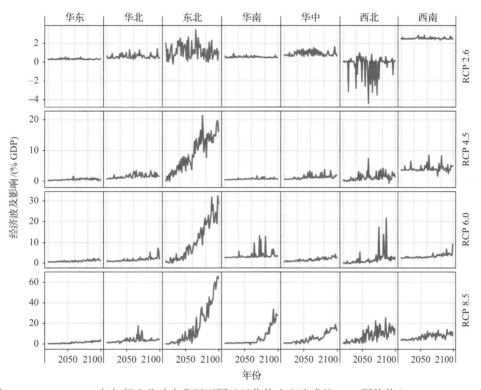

图 4.39　2020～2099 年气候变化冲击我国不同地区作物生产造成的 ERE 预估值(Liu Y et al., 2020)

5. 模型的敏感性与不确定性分析

本书研究的不确定性可以分解为未来产量变化和 AMRIO 模型的不确定性。未来产
量变化的不确定性是由气候变量(温度和降水)、作物产量对气候变量的定量响应关系以
及这些因素相互作用产生的不确定性驱动的。在每个 RCPs，采用蒙特卡罗抽样方法确定
气候要素(RCP 2.6、RCP 4.5、RCP 6.0、RCP 8.5：19 个 GCMs 预估结果)和作物产量对
气候要素的定量响应关系(1000 次重采样)的不确定性。AMRIO 模型的不确定性来源于
引入的外生变量，本书研究设置了外生变量的变化区间(标准参数基础上分别上、下调
30%)，定义为不同的验证组，各组参数值以 5%间隔取值。

6. 主要创新性

开展了"气候变化—作物产量—经济影响"链式研究，识别了中国七大地区未来气
候变化由于作物减产产生的间接 ERE 及其不均衡分布。

7. 主要结论

(1)我国七大地区间作物单产受气候变化影响差异性显著。东北和西北地区作物单产对气候变化响应较为敏感,每升温 1 ℃,平均单产分别下降 12.7%和 6.9%;华北、华中、华东和西南地区次之,其减产趋势为 2.6%/℃~4.9%/℃,而华南地区作物响应程度并不显著。此外,CO_2 肥效作用对作物产量的正面影响接近 10%。小麦单产对气候变化的响应最为明显,其次是水稻和玉米。

(2)地区间的 ERE 在气候变化经济影响的评估中不容忽视。气候变化引起的 ERE 约为 DED 的 18 倍。在 RCP 8.5 高排放情景下,21 世纪末作物产量下降引起的 ERE(5.9%~13.6%)相当于基准年(2012 年)我国农业总产出(7.2%~9.6%)。然而,在 RCP 2.6 低排放情景下,ERE 对 GDP 的影响却降低至–0.1%~0.7%(负值表示收益)。因此,采取严格的减排措施可以获得巨大的经济收益。

(3)气候变化经济影响在我国七大地区间的分布并不均衡。东北地区由于作物减产较大,从而承受了气候变化带来的大部分经济影响。2060 年后,华南地区遭受的经济影响较为严重,但同期的农业生产没有明显下降趋势。因此,一个地区遭受经济影响并不一定来源于当地作物减产,而是有可能来源与其他地区的 ERE。

8. 不足

本书研究未考虑气候变化对森林生态系统、牲畜和农业劳动生产率的影响,因此评估结果并不是对气候变化农业影响的最终估计;此外,考虑 CO_2 肥效的作物产量变化数据并未输入经济模型,虽然 CO_2 肥效作用可以补偿变暖导致的作物减产,但是这种影响在现有的实验室研究和田间试验中可能被高估。尽管存在上述局限性,但相比以往研究,本书研究旨在推动政府及相关决策者应当注意气候变化的总体后果及其经济影响的差异性,开展了"气候变化—作物产量—经济影响"链式研究,并识别了我国七大地区影响的不均衡分布。

4.2.6 气候极端值变化对间接经济影响的风险评估模型

1. 建模目标

暴雨对城市尺度的短时剧烈冲击造成的直接损失将导致间接研究损失,由此对省域尺度甚至国家尺度经济系统造成波及影响。本研究增加劳动力模块和区域经济波及效应模块,评估劳动力受灾影响的模拟以及损失的跨区域波及效应。

2. 建模的理论基础和方法

1)直接损失评估的理论基础

间接损失评估模型的输入条件是经济行业部门的直接经济损失,在一般的灾情统计中只有总的直接损失统计。2016 年 7 月武汉市发生的特大暴雨洪涝灾害,促使武汉市政府在全国首次启动由国家统计局与民政部国家减灾中心 2012 年编制的《特别重大自然灾害损失统计制度》，该制度规定了详细的分部门灾情统计规范，得到了较为权威与详细的分部门受灾人口与直接经济损失数据，有效降低了输入数据信息不全带来的间接损失评估结果的不确定性。

2)间接损失评估的理论基础

传统的投入产出(IO)模型是综合分析经济活动中投入与产出之间数量依存关系(特别是分析和考察国民经济各部门在产品生产与消耗之间的数量依存关系)的一种经济数学模型。它由投入产出表和根据投入产出表平衡关系建立起来的数学方程组两部分构成，依据的是投入产出原理。本书研究在投入产出模型的基础上，发展 ARIO 模型。

A. ARIO 模型的理论基础及核心公式

ARIO 自适应单区域投入产出模型(adaptive regional input-output, ARIO)是以传统的 IO 模型为理论基础，在保留列昂惕夫逆矩阵优点的同时，综合考虑灾后各经济部门生产容量的变化、生产瓶颈的处理以及各部门之间因减产停产、产业关联影响造成的生产约束等经济响应特性，政府与企业的救助力度等外生变量对经济系统应对冲击的适应性行为，将灾害引起的经济损失划分为生产部门的资本损失与家庭部门损失，以月为步长，实时动态模拟从灾害发生到重建完毕时间段内经济系统供需平衡的变化，刻画灾害对地区的间接经济的影响。该模型目前已成功运用至 2005 年美国 Katrina 飓风(Hallegatte, 2008)、印度孟买洪水(Hallegatte et al., 2011)的间接经济影响评估。归纳 ARIO 模型的理论框架如图 4.40 所示。

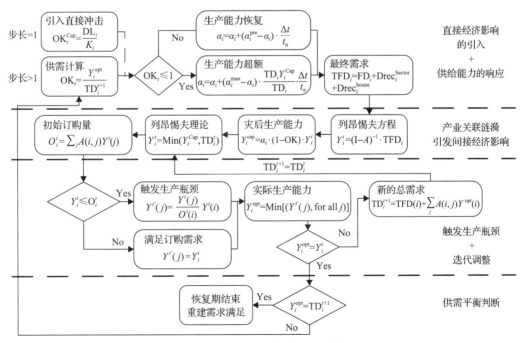

图 4.40　ARIO 模型理论框架(张正涛, 2018)

B. ARIO 模型核心公式

ARIO 模型的理论算法围绕灾害发生后对灾区经济供给侧与需求侧的响应与适应性

行为展开评估,其模型的核心公式为:

$$Y(i) = \overbrace{\sum_j A(i,j)Y(j)}^{\text{中间需求}} + \overbrace{\text{LFD}(i) + E(i) + \text{HD}(i) + \sum_j D(j,i)}^{\text{最终需求合计(TFD)}} \qquad (4.42)$$

等式左侧表示各部门灾后供给,右侧表示对各部门的灾后需求。式中,$\sum_j A(i,j)Y(j)$ 为各部门中间需求合计;TFD 为最终需求合计,包括当地最终需求 LFD,出口 E、HD 为表示家庭部门灾后重建需求;D 为灾后各部门的重建需求。在模型循环过程中,供需平衡是判断灾后恢复期结束、完全恢复的最终标准。

3) 评估方法

模型输入参数设置。模型所需外生参数如表 4.23 所示,其中灾后最大超额生产能力 $\alpha^{\max}$ 设为 101.2%,由于无法获取实际灾后政府与保险企业的重建救助资金,因此本书研究选取武汉市用于治理城市排水系统等防灾减灾措施所投资的 140 亿元,该投资在 2016 年 7 月 6 日武汉暴雨洪涝(以下简称"武汉 706 暴雨洪涝")灾后恢复过程发挥了重要作用,本书研究假设将 140 亿投资作为灾后恢复过程中的重建资金,并按 2015 年武汉市 GDP 换算百分比,其原因一是通过评估结果可对比分析武汉市 140 亿元的防灾救灾投资对本次灾害所起的作用,用以验证投资效果;二是本书研究关注的重点在于劳动力灾后受损及恢复以及经济波及的影响程度,并非超额生产能力本身。灾后生产能力提高到最大值所需适应时间 t_α 设置为 120 天,表示重建资金从发行到发挥最大效果所需的时间。存货模块所需参数 d_j^i、Ψ、t_s 的取值均来源于文献 Hallegatte(2014)。替代需求灾区内外周转天数、综合道路维修天数,以及平均物流贸易天数。劳动力恢复的特征时间与总时长均通过新闻调查等方式判定。

表 4.23 **AMIL 模型参数值及其参数描述**(Zhang et al., 2018)

参数名称	参数描述	取值
a^b	灾前生产能力	100%
$a^{\max}$	灾后最大超额生产能力	101.2%
τ_α	灾后生产能力提高到最大值所需适应时间	120 天
d_j^i	各部门能充分满足生产所需要达到的 d 天存货量	90 天
t_s	灾后现有存货到目标存货所需时间	30 天
Ψ	存货特征参数	0.84
τ^s	替代需求由灾区转向灾区外所需适应时间	30 天
τ^r	替代需求由灾区外转回灾区所需适应时间	15 天
δ_{TP}	劳动力快速恢复时间点	7 天
δ_{RP}	劳动力稳定恢复时间点	30 天
δ	劳动力灾后完全恢复所需总时长	90 天

直接损失与参数带入模型。将直接损失与参数整合，代入上述模型组，进行迭代计算。

3. 研究区与数据基础

1) 研究区概况

武汉市(29°58′N～31°22′N, 113°41′E～115°05′E)作为中国"一带一路"倡议的节点城市之一，位于长江干流与一级支流汉江的交汇处，面临较高的暴雨洪涝灾害风险，因此武汉市政府 2013 年投资 140 亿元，实施《武汉市中心城区排水设施建设三年攻坚行动计划》，旨在未来 3 年内完善武汉市防灾减灾工程(主要为排水系统的改造与升级)以及优化暴雨洪涝灾后救助措施。

武汉市作为湖北省省会，是我国中部经济发展程度最高的城市之一，同时也是我国中部六省中唯一的副省级城市，2016 年人口已达到 1076.62 万人，是城市化发展较为发达、人口高度集中的特大城市，武汉市第二产业较为发达，第二产业以钢铁、光缆制造与加工、汽车制造业为支柱，贸易出口比重较大，对湖北省乃至全国经济均有较高的辐射影响力。此外，武汉市依江而建，位于长江干流与汉江汇流区域，城市人口受暴雨洪涝灾害风险较大，且武汉市随城市化快速发展，市内现代建筑已具有较强抵抗暴雨洪涝灾害的能力。因此，劳动力供给减小相比存量受损对灾后经济的影响可能更为严重，符合本书研究建模目的中突出劳动力供给减小和区域波及产生的间接损失的评估目标。

2) 研究区灾情

选择"武汉 706 暴雨洪涝"作为实证案例，是因为该次灾害是武汉市遭受损失最为严重的单次灾害。2016 年中国各地区均遭受较强暴雨洪涝袭击，长江流域中下游高于年降水量 80%，使长江流域发生 1998 年以来最大洪水，其中"武汉 706 暴雨洪涝"是遭受损失最为严重的单次灾害。基于《特别重大自然灾害损失统计制度》对"武汉 706 暴雨洪涝"的灾情信息统计，武汉市共计造成 87.4 亿元直接经济损失，近 100 万人口受灾。

3) 模型的数据

A. 直接经济损失、受灾人口等灾情数据

"武汉 706 暴雨洪涝"对武汉市造成的分部门详细的直接经济损失来源于民政部国家减灾中心首次依据《特别重大自然灾害损失统计制度》的标准进行系统收集与统计。此外，结合灾情统计部门数与《国民经济行业分类》(GB/T4754—2017)，将直接经济损失的部门数划分为 20 个，统计了各部门的产业类型、直接经济损失、受灾人口等数据。

"武汉 706 暴雨洪涝"使武汉市遭受直接经济损失最大的 5 个部门分别为农业(S1)41.51 亿元，交通运输、仓储和邮电业(S7)12.81 亿元，水利、环境和公共设施管理业(S14)11.28 亿元，居民(S20)10.79 亿元，制造业(S3)6.44 亿元，相比武汉市遭受的 87.4 亿元总直接经济损失，其占比分别达到 47.50%、14.65%、12.91%、12.35%、7.37%。由此可见，灾害对武汉市的直接冲击主要集中于对暴雨洪涝暴露度较大的部门，表现为作物受淹造成大量作物减产绝产、设备与厂房等也因地势较低遭到损毁；城市交通中断、道路损毁以及依赖交通的邮电业遭到阻断；基础公共设施如公园内绿地、牌匾、墙体等公共设施、水利基础设施如城市管网被淹等；居民房屋、停车场、家中资产被淹或丢失等。对于受灾人口而言，遭受损失最大的5个部门则为交通运输、仓储和邮电业(S7)，制造业(S3)，批发和零售业(S6)，建筑业(S5)，教育业(S16)，相比总受灾人口95.7万人，其占比分别为22.72%、14.12%、12.41%、9.99%、9.10%，其中，交通运输、仓储和邮电业与制造业直接经济损失与受灾人口受灾程度均位于前5，在资本与劳动力两方面受损均较为严重，考虑到制造业为武汉市支柱产业，若灾后因资本及劳动力同时不足无法满足灾后恢复需求，可能引发存货不足现象，而制造业供给能力的波动可能会对区域外经济造成波及影响。此外，由于建筑业的工作性质需长期暴露于户外，因此该部门劳动力受影响较为严重，而建筑业对灾后恢复重建具有重要作用，若灾后建筑业因劳动力不足发生供给下降，则政府部门与建筑公司均可能临时向灾区外劳动力市场引进劳动力。

B. 固定资产存量数据

武汉市20个部门的固定资产存量数据因无法从统计局获取，所以基于武汉市各部门全社会固定资产投资，采用永续盘存法计算(刘丽等，2019)，全社会固定资产投资与固定资产投资价格指数均来源于武汉市各年统计年鉴(http://www.whtj.gov.cn/)。

C. 多区域投入产出表

由于统计局未公布市级投入产出表，故武汉市无法获取投入产出表官方数据。本书研究结合现有统计数据，与澳大利亚研究小组合作，利用行业生态实验室(industrial ecology laboratory, IELab)(张正涛等，2020)技术估算2013年武汉市、湖北省、中国三区域非竞争性投入产出表，同时依据《国民经济行业分类》标准，将部门统一至19个部门。

4. 主要的评估结果

1)总经济影响结果

武汉市的直接经济损失和间接经济影响及其武汉市的直接经济损失对湖北省、全国造成的波及经济影响最终值评估结果如表4.24所示。

表4.24　"武汉706暴雨洪涝"对武汉市、湖北省、全国造成的总经济影响(张正涛等，2020)

地区	直接经济损失/亿元	间接经济影响/亿元	总经济影响/亿元	间接经济影响/总间接经济影响合计/%	间接经济影响/总经济影响合计/%	总经济影响/直接经济损失
武汉	87.40	5.55	92.95	18.59	4.73	1.06
湖北省其他地区	—	15.57	15.57	52.15	13.28	1.18
全国其他地区	—	8.73	8.73	29.26	7.45	1.10
合计	87.40	29.85 总间接经济影响合计	117.25 总经济影响合计	100	25.46	1.34

注：总间接经济影响合计表示三地区间接经济影响的和(29.85亿元)；总经济影响合计表示三地区总经济影响的和(117.25亿元)；最后一列数值表示总经济影响与直接经济损失(87.40)的比值，如武汉1.06=92.95/87.40。

"武汉706暴雨洪涝"造成的总经济影响为117.25亿元,其中包括直接经济损失87.40亿元,以及灾害导致部门产出下降和产业关联导致产出下降形成的总间接经济影响29.85亿元。而总间接经济影响占总经济影响的25.46%,超过四分之一,同时,总经济影响与总间接经济影响的比值达到1.34,该值表示若"武汉706暴雨洪涝"每造成100元的直接经济损失,灾害还将额外产生34.2元的间接经济影响。其结果证实了间接经济影响巨大,不容忽视。

总经济影响中,灾区武汉市遭受的间接经济影响为5.55亿元,占总间接经济影响的18.59%。武汉市对灾区外的湖北省波及的间接经济影响最大,为15.57亿元,占总间接经济影响的52.15%,而向全国波及的间接经济影响为8.73亿元,占比29.26%,表明武汉市本次灾害在省内乃至全国范围具有较强的经济影响力与辐射力,对湖北省的经济波及影响已达到灾区遭受的间接影响的近3倍,灾区外遭受的间接波及经济影响不容忽视。此外,武汉市遭受的5.55亿元的间接经济影响为考虑劳动力供给减小后的结果,若不考虑劳动力供给的变化,该值为4.71亿元,相差0.84亿元,说明灾后劳动力供给的恢复对于减灾非常重要。

2)灾害恢复路径

AMIL模型不仅能够评估其最终结果,更能动态地刻画从灾害发生时到恢复至灾前水平过程的路径,如图4.41所示。

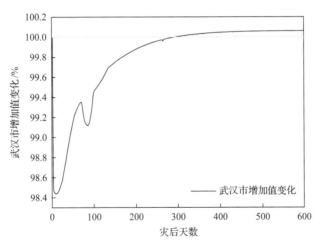

图 4.41　武汉市灾后增加值变化动态恢复路径(Zhang et al., 2018)
黑色实线为武汉市灾后增加值(VA)曲线,Y=1 为其灾前水平,曲线与 Y=1 围成的阴影面积为
武汉市遭受的间接经济影响值,其中浅灰色为受损部分,深灰色为受益部分

由图4.41可知,武汉市灾后增加值(或间接损失值)由于受存量不足以及劳动力供给减小的影响,相比灾前下降至98.53%。之后生产开始逐渐恢复,但由于灾害发生后的一段时期内(约为10天)的首要任务为救援受灾人口以及财产,因此产出恢复较慢。约10天后,武汉市经济进入快速恢复阶段,然而在恢复两个月后(灾后第72天),武汉市整体经济再次发生波动,该波动持续时间约为1个月(27天),至灾后第99天恢复到正常。该波动可能是由存货不足引发:由于灾后道路中断,汽运、铁路、航运受阻,基础设施

破坏以及劳动力不足等，灾后制造业(S3)为满足生产及额外重建需求，对存货的需求量大于其存储量，至灾后两个月后出现存货不足，其生产能力首先出现下降，而制造业不仅在武汉市整体经济中的影响力较大，同时也对灾后重建恢复的贡献较大，因此制造业产出下降后会迅速通过产业关联波及至其他部门，进而使武汉市整体经济出现波动，最终使武汉市总产出下降 0.23%。之后武汉市经济继续恢复并在灾害发生近 1 年后(292 天)恢复至灾前水平，恢复期结束。根据动态恢复路径可知，灾害发生后对于经济的物理破坏是瞬时的，但若要修复隐藏于产业关联背后的隐形损失，需长时间的恢复。此外，在武汉市经济恢复至灾前水平后，政府与保险企业的救助资金对灾后恢复的投资，使武汉市灾后经济超过灾前水平，并逐渐收敛于 1.0，表明政府对排水系统等的防灾救灾投资使武汉市针对暴雨洪涝灾害具有更高的防灾能力，同时由于系统的升级、设备的更新，经济的生产效率得到可持续的提高。

3)劳动力供给因灾减小对灾后经济影响

"武汉 706 暴雨洪涝"发生后，考虑劳动力供给减小的情况，武汉市灾后生产能力为灾前的 98.53%，若不考虑劳动力供给减小的情况，武汉市灾后生产能力为灾前的 98.94%，相差 0.31%(图 4.42)，表明不考虑劳动力供给减小会低估灾害造成的经济损失。灾后紧急救援结束后，武汉市经济进入快速恢复阶段，考虑劳动力供给减小并且同时考虑区域外劳动力引入情况下，灾后各部门劳动力快速恢复以满足灾后生产与重建需求，并在灾后约两个半月(第 72 天)逐渐达到资本生产需求，但此时仍低于未考虑劳动力情况的曲线，即仍未完全满足资本生产需求。

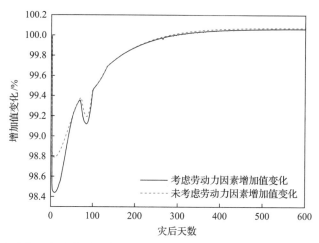

图 4.42　考虑与不考虑劳动力情况下武汉市灾后恢复路径对比(Zhang et al., 2018)

同时，受灾初期为满足生产与重建需求对存货的消耗大于其存储量，因此出现存货不足现象，并由首先出现存货不足的制造业(S3)通过产业关联迅速波及其他部门，如住宿和餐饮业(S8)、金融保险业(S10)、房地产业(S11)和水利、环境与公共设施管理(S14)等，从而导致整体产出下降。然而，在这一过程中，在考虑劳动力恢复的情况下，劳动力仍未完全满足资本生产需求，因此，此阶段中武汉市整体产出下降幅度更大(0.23%)，相比未考虑劳动力供给减小情况下的下降幅度 (0.1858%) 将多出 0.0483%。

当存货不足结束时，即灾后第 3 个月 (第 99 天)，资本生产恢复足够的劳动力，此时生产能力的唯一限制只有资本受损，因而考虑与未考虑劳动力情况下的恢复路径将保持一致。总之，在整个灾后恢复阶段，考虑劳动力供给减小及恢复情况下武汉市遭受的间接经济影响为 5.55 亿元，而不考虑劳动力情况下则遭受 4.71 亿元，相差的 0.84 亿元为劳动力对灾后恢复的经济影响，占比为 15.11%，即若不考虑灾后劳动力供给减小及恢复的影响，则将低估间接经济影响 15.11%，并且随直接经济损失的增大，其低估比重也将增大。

部门的灾后经济影响在考虑与不考劳动力情况下的差异性如图 4.43 所示。

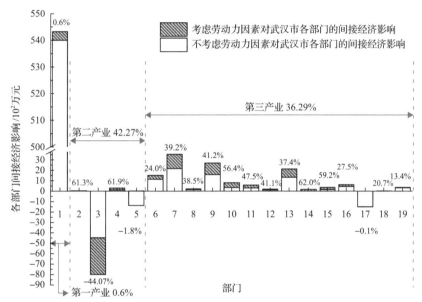

图 4.43　劳动力对武汉市各部门经济的影响 (Zhang et al., 2018)

图中百分比表示由于劳动力供给减小对间接经济影响值的影响程度

由图 4.43 可知，农业 (S1) 遭受的间接经济影响最大，但劳动力对农业的间接经济影响程度较小，主要是其间接经济影响的来源主要是由资本破坏 (主要包括农作物减产或绝产造成的损失) 造成的，并且在灾后救援过程中需要满足骤增的食品需求。由于农作物的破坏具有不可逆性质，因此劳动力供给减小对其影响相对较小。

第二产业中，劳动力供给减小对间接经济影响的程度均大于对第一产业与第三产业的影响，特别是制造业 (S3)，政府重建救助资金与重建需求，使制造业在灾后恢复过程中实际上整体是获益的 (Y 值为负值，表明灾后增加值相比灾前水平增加了)，即灾后恢复期内制造业的增加值 (VA 值) 的累积和大于相同时间段内未受灾时的 VA 值的累积和，然而如果考虑劳动力供给减小，灾后劳动力不足导致无法满足资本生产需求，从而导致该部门整体获益的程度将大幅下降，降幅为 44.07%。

第三产业中，劳动力供给减小对其间接经济影响的程度仍较大，且影响第三产业中的所有部门，就平均而言，因受灾人口导致的劳动力不足对武汉市第三产业的间接经济影响程度达 36.29%。其中，信息传输、计算机服务和软件业(S9)，金融业(S10)，房地产业(S11)，租赁和商务服务业(S12)，水利、环境和公共设施管理业(S14)，居民服务和其他服务业(S15)遭受的间接经济影响因劳动力不足均增加 40%以上，尤其是部门 S10(56.14%)以及部门 S14(62.02%)。造成以上第三产业受劳动力影响较大的原因可能为：①第三产业具有服务性质，该性质导致其部门产出中劳动力具有重要作用；②服务业所处的建筑环境多对洪涝灾害具有较强的抵抗能力，但对人的影响却比较大；③服务业中劳动力对产出的贡献较大，各部门劳动力不足会通过产业关联更加剧这一损失。此外，虽然第三产业整体受到的间接经济影响较小，但政府与保险部门应关注第三产业各部门劳动力供给减小对其经济产生的影响，一旦发生较大等级的灾害后，劳动力不足的情况可能将产生更大的经济影响。

总之，通过比较考虑劳动力与不考虑劳动力对经济影响的差异，来揭示劳动力在灾后恢复过程中的重要性，得出劳动力在评估灾害造成的经济影响时是不容忽略的。

4) 多区域经济波及效应

在区域经济一体化背景下，区域间经济关联也越发密切，武汉市作为我国中部经济发达的特大城市，经济影响力较大，若武汉市经济因灾出现波动，必会对其他地区造成影响。

湖北省因"武汉 706 暴雨洪涝"遭受的经济波及影响值为 15.57 亿元(表 4.24)，是武汉市间接经济影响的 2.81 倍，而全国其他地区因灾遭受的经济波及影响值则是武汉市的 1.57 倍，此外，"武汉 706 暴雨洪涝"造成的总经济影响与直接经济损失的比值为 1.34，其中武汉市该比值为 1.06，湖北省其他地区为 1.18，全国其他地区 1.10，表明"武汉 706 暴雨洪涝"每造成 100 元的直接经济损失的同时，将额外造成 34.2 元的间接经济影响，其中武汉市遭受 6.4 元、湖北省其他地区遭受 17.8 元，全国其他地区遭受 10 元。遭受间接经济影响最大的地区为湖北省其他地区而非灾区武汉市，该结果强调了经济波及影响在灾害造成的总损失中的重要性，并能够帮助政府与企业更全面地了解灾害造成的损失。

5) 波及影响的部门差异

为进一步分析灾区外各部门受"武汉 706 暴雨洪涝"的影响程度，揭示受影响较大的部门，本书研究将 19 个部门的模拟结果合并为 7 个，结果如表 4.25 所示。"武汉 706 暴雨洪涝"对湖北省其他地区的经济波及影响中,损失最大的部门为制造业(D2, S3)(6.52 亿元)，其次为农林牧渔业(D1, S1)(5.08 亿元)和建筑业(D4, S5)(1.85 亿元)。针对制造业，传统制造业(钢铁、水泥)以及先进制造业(汽车、化学、电缆等)是武汉市的支柱产业，同时也是武汉市最大的出口部门，部门的经济影响力在湖北省与全国都发挥着重要作用，因此，一旦武汉市制造业因资本受损与劳动力供给因灾减小造成产出波动，必会通过产业关联与贸易联系波及至灾区外。此外，湖北省的主导产业也为第二产业，第二产业 GDP 占湖北省 GDP 的 55.3%,受距离等成本因素以及质量等产品因素的影响，湖北省依赖武汉市提供设备与原材料，故湖北省制造业对"武汉 706 暴雨洪涝"相比其他部门更加敏感。虽然制造业受益于灾后重建与恢复需求，但首先，直接受益部门为武汉市制造业，湖北省主要为其提供替代生产需求，主要包括生产所缺的原材料与设备等；

其次，由于武汉市灾后早期生产能力的下滑，对湖北省的供给能力减小会进一步通过产业关联的放大对湖北省造成损失，该损失大于其获益程度。此外，针对湖北省建筑业造成的损失，其原因主要包括：①劳动力短期流入灾区武汉市；②武汉市供给侧产出下降；③产业关联的影响。

表 4.25　湖北省与全国其他地区各部门遭受经济波及影响结果 (张正涛等，2020)

合并的部门	部门名称(原始序号)	经济影响/亿元
D1	农林牧渔业(S1)	5.08
D2	制造业(S3)	6.52
D3	采矿业(S2) 电力、热力、燃气和水生产与供应业(S4)	0.14
D4	建筑业(S5)	1.85
D5	批发零售业(S6)	0.36
D6	交通邮电业(S7)	0.53
D7	其他服务业(S8~S19)	0.76

"武汉 706 暴雨洪涝"对全国其他地区的经济波及影响与对湖北省情况类似，但波及影响的程度要小于湖北省，其主要原因则为贸易联系受距离因素制约，随距离越远，影响程度趋于减少。但武汉市的优势产业仍在全国具有竞争优势，如制造业(如钢铁、电缆行业)，因此全国制造业(D2)因灾受到的波及影响最大，为 6.52 亿元。

除上述部门外，湖北省与全国各部门均受到一定程度的影响。随着区域经济一体化与贸易的发展，经济发展程度较高的地区因灾造成经济剧烈波动会影响整个区域经济，甚至对区域经济的影响会高于灾区遭受的损失。因此，对多区域经济波及效应的研究能够更加清晰地理解自然灾害造成的间接经济影响，完善政府的防灾减灾策略，使其能够针对性地保护和警告可能遭受更大损失的地区与产业。

5. 模型敏感性与不确定性分析

验证参数的上下限阈值则根据基准参数向上、向下各调节 30%，并按照 5% 的间隔，共设置 13 组。最后将 13 组参数组合代入 AMIL 模型，根据参数最大值与最小值评估所得曲线，构成"武汉 706 暴雨洪涝"评估结果的不确定性范围(图 4.44)，说明 AMIL 模型具有较好的稳定性。

6. 主要创新性

通过建立 AMIL 模型，揭示城市暴雨洪涝影响劳动力数量而产生的间接经济损失及向灾区外波及的经济影响。

7. 主要结论

利用 AMIL 模型将"武汉 706 暴雨洪涝"对劳动力与存量的破坏结合，强调劳动力灾后受损及其恢复对灾后间接经济影响评估的影响，同时评估区域间产业关联与贸易联系对灾区外的经济波及效应。

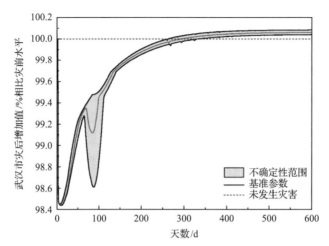

图 4.44　"武汉 706 暴雨洪涝"评估结果的不确定性范围即 AMIL
模型的稳定性检验(Zhang et al., 2018)

　　与不考虑劳动力造成的经济影响相比，劳动力供给减小将导致武汉市多损失 0.84 亿
元，占武汉市总间接经济影响 5.55 亿元的 15.14%，并且在不同部门造成的影响程度存在
差异：①制造业虽受益于灾后重建需求及政府救助，但如果考虑到劳动力供给减小，部
门的获益程度将下降 44%；②服务业受影响程度不仅较大——服务业因劳动力供给减小
平均遭受 36.29% 的间接经济影响，且影响范围较大的服务业中 6 个部门遭受的经济影响
超过 40%。在充分满足资本生产需求的情景下，AMIL 模型进一步考虑从灾区外劳动力
市场引入短期劳动力：武汉市共需从区域外引入 5 万劳动力满足灾后劳动力损失造成的
生产与重建需求，其占总受灾人口的 4.5%，而引入的劳动力则进一步导致农业需增加
0.07% 的产出需求。此外，在区域经济一体化背景下，未受灾地区遭受的间接经济影响
(24.29 亿元)比灾区武汉市(5.55 亿元)高出 3.38 倍，其中包括湖北省 15.57 亿元(制造业
遭受 6.52 亿元，占湖北省总间接经济影响的 41.88%)与全国 8.73 亿元(制造业遭受 2.94
亿元，占全国总间接经济影响的 33.68%)。

　　实证研究表明，灾害造成的经济波及影响是不可忽略的，在灾害造成的经济影响中
劳动力供给减小是重要组成部分。评估结果能够提醒政府重视灾害的波及影响及其受灾
人口变化导致的间接损失。

4.3　全球变化对人口与经济影响的风险评估模式集成

4.3.1　评估模型集成

1. 评估模型的模块化整合

针对研究目标，建立并整合以下模型有三大模块。

1）未来全球变化情景下人口影响的评估模块

未来平均温度对中国人口死亡率的影响风险评估模型，评估区域尺度未来 RCP 4.5 和 RCP 8.5 情景下人口死亡率风险。

未来干旱对京津冀受灾人口暴露的影响评估模型，评估不同未来情景下人口在干旱灾害下的暴露情形。

未来高温热浪对全球受灾人口暴露的影响评估模型，同时考虑极端温度与湿度的热应力，量化评估未来高排放情景下的全球及区域尺度下高温热浪影响人口风险。

未来极端降水对全球受灾人口的影响的风险评估模型，量化评估不同未来情景下滑坡导致的人口死亡风险。

气候变化中国人口迁移评估模型，评估人口的迁移状况。

2）未来全球变化情景下对中国经济系统影响的评估模块（热点地区，RCP 2.6、RCP 4.5、RCP 6.0 和 RCP 8.5，以及 SSPs）

洪水对中国高速公路网络系统功能的综合灾害影响评估模型，评估洪水淹没高速网路系统功能受阻、区域交通流量的变化和不同适应措施下的影响差异。

极端高温与极端降水事件影响下中国高速公路暴露评估模型，识别对公路可能造成破坏性影响的时间和地点，评估未来中国高速公路的高温和降水事件的暴露。

台风灾害事件的直接损失评估模型，利用气候模式预估未来台风致灾因子强度、频次的变化；基于 SSPs 数据，预估中国台风影响范围内的 GDP 和资产存量暴露度的未来时空发展趋势。

主要农作物减产的间接经济影响评估模型，评估中国经济部门之间的波及影响。

增温导致的全球间接经济影响评估模型，评估国家之间的间接经济波及影响。

3）中国灾害事件的直接损失和间接影响模块（热点地区）

暴雨洪涝灾害事件直接损失评估模型，利用历史灾害直接经济损失与风险三要素的非线性关系，评估中国的直接损失。

劳动力受灾冲击的间接经济影响评估模型，评估武汉暴雨灾害灾后劳动力减少和恢复对湖北省及中国的间接经济影响。

2. 集成平台构建

平台定位与功能。本研究构建的集成平台定位于全球变化人口与经济系统风险评估模型软件集成，以 SOA 松耦合分层架构，采用面向对象的开发语言和主流的 B/S 开发类库及软件系统集成技术，对全球变化人口与经济系统（主要农作物减产、交通基础设施损害、国内生产总值减少与经济影响）风险评估模型进行集成，构建统一入口管理、统一系统框架、可扩充并具高兼容性、以评估全过程成果数据集聚与服务为核心内容的集成方式，集全球多区域风险评估模型与多尺度风险评估模型于一体，形成全球变化人口与经济系统风险评估模式，实现全球变化人口与经济系统风险评估模式和评估结果集成。

平台系统框架。全球变化人口与经济系统风险评估模式（模型集成平台）以多模型集成为特色，构建了数据层、技术层、模型层、集成层和门户层，实现对全球变化人口、农作物、交通基础设施、直接经济损失和经济影响评估模型的加载、调用(接口服务)、监控等服务流管理；在统一入口条件下，实现多个评估模型的整体应用服务(图4.45)。

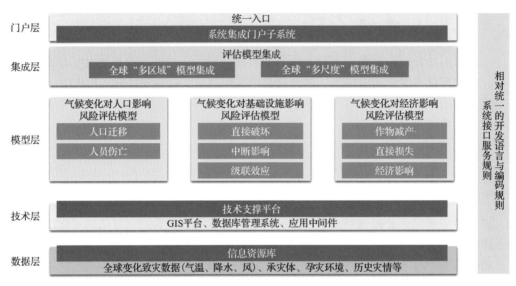

图 4.45　全球变化人口与经济系统风险评估模式系统框架

平台系统与技术架构。①平台系统架构方面(图4.46)，通过对平台用户信息、权限等的统一化管理，实现平台统一入口登录；通过制定多源数据、接口规范，便于实现不同评估模型(人口、经济系统)的集成，同时标准化的服务可与其他应用系统对接；通过模型服务管理实现全球变化人口与经济系统风险评估各区域模型、多尺度模型的注册、

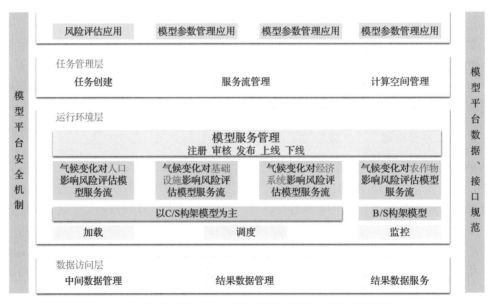

图 4.46　全球变化人口与经济系统风险评估模式系统架构

审核、发布、上线、下线功能；在评估任务管理中通过资源动态调配、灵活配置任务，形成针对任务过程的服务流，同时模型对任务过程的适配性，保障异质异构模型(C/S 模型、B/S 模型)实现服务化；模型平台采用微服务形式，实现模型服务力度细化，同时微服务将应用和服务分解成更小的、松散耦合组件，更利于平台升级和功能扩展。基于上述内容，保障构建统一入口管理、统一系统框架、可扩充并具高兼容性的全球变化人口与经济系统风险评估模式。②平台技术架构方面(图 4.47)，在项目各课题单位基础设施支撑的基础上，应用云存储和云计算技术，实现课题间数据和结果的流转与共享，支撑整个平台运行；数据层采用关系型数据库(RDBMS)、元数据(Redius)、分布式文件数据库(DFS)进行数据以及服务的存储；数据访问层对外提供 WebService 或者 REST 服务；任务运行环境通过模型注册、任务配置进入任务执行环节，C/S 模型服务封装与 B/S 模型相结合，采用微服务的形式，将任务封装到 Docker 分任务运行。前端采用 Html5/jason，后台采用.NET/JAVA/C/C++。平台模型数量见表 4.26。

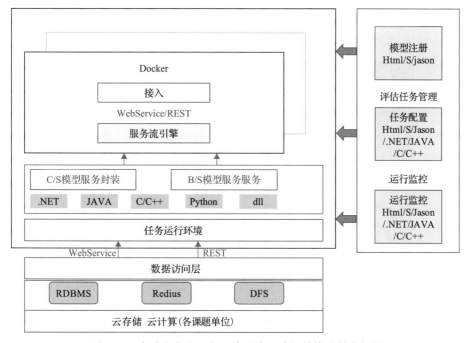

图 4.47 全球变化人口与经济系统风险评估模式技术架构

表 4.26 平台模型数量

序号	评估内容	模型数量	模型空间尺度
1	暴雨滑坡伤亡人口	3 组	全球尺度
2	农作物减产	24 个	2 个全球尺度、22 个地区尺度
3	基础设施	3 组	中国尺度
4	直接经济损失	2 组	中国尺度
5	间接经济损失	1 组	全球尺度、中国尺度

平台特点与创新。①突出综合性，平台集成内容涉及人口与经济系统多要素。平台集成内容以全球变化人口与经济系统风险评估模型为主，包括人口迁移和伤亡风险、主要农作物减产风险、交通基础设施损害风险、国内生产总值减少风险和经济影响风险等内容，涉及人口、第一产业、第二产业和区域经济影响等多方面，综合性高。②突出前沿性，平台集成的评估模型以全球变化极端值、波动值和平均值的风险评估模型为特色，强调不同领域在多个气候变化情景与社会经济发展情景下的风险。③突出高分辨率，集成平台以全球 50 km×50 km 网格和热点地区 30 km×30 km 网格为单元输出风险评估结果，较高分辨率将显著提升评估结果的指导价值与针对性。④突出专业化与便捷性，集成平台构建以主流的 B/S 开发类库为主体，兼顾 C/S 构架，既能满足专业评估模型和地图制图对运行环境的需求，也能满足多数评估模型在浏览器端随处随时可用的需求。⑤突出可扩展性，集成平台从全球变化多区域风险评估模型、全球变化多尺度风险评估模型 2 个角度开展模型集成，尤其是区域评估模型集成中，适用于特定区域的评估模型数量多，平台将对未能集成在平台的模型保留接口服务，满足成熟模型的再接入。

平台界面。目前，已初步完成全球变化人口与经济系统风险评估模式（模型集成平台）框架搭建，相关界面如图 4.48～图 4.51 所示。

图 4.48　全球变化人口与经济系统风险评估模式首页

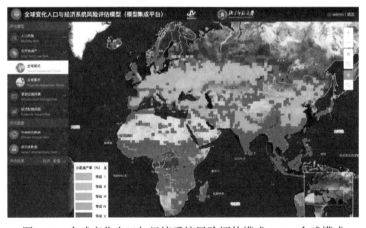

图 4.49　全球变化人口与经济系统风险评估模式 1——全球模式

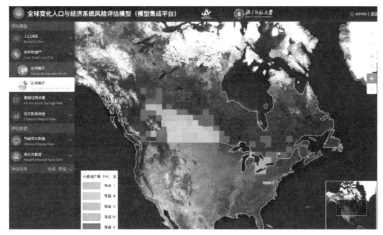

图 4.50 全球变化人口与经济系统风险评估模式 2——区域模式(北美洲案例 1)

图 4.51 全球变化人口与经济系统风险评估模式 2——区域模式(北美洲案例 2)

4.3.2 评估模式集成

本节提出全球变化风险评估的理论和方法，构建集气候要素(气温、降水、风等)均值变化、波动和极端值变化于一体的全球变化对承灾体产生的人口风险(伤亡、受灾风险)与经济系统风险(主要农作物减产、交通网络损害、国内生产总值减少等)定量评估模型，满足不同情景(RCP 2.6、RCP 4.5、RCP 6.0 和 RCP 8.5，以及 SSPs)下，全球尺度中分辨率(50 km×50 km)、热点区高分辨率(30 km×30 km)，近(2030 年)、中(2050 年)期全球变化人口与经济系统风险定量评估的要求；系统集成全球多区域评估模型和多尺度评估模型，形成全球变化人口与经济系统风险评估模式。

它是一个数学上可靠并产生物理真实结果的灾害风险评估模式，将不同种类致灾因子及强度与承灾体的人口和劳动力影响，交通网络功能、资本存量和经济系统行业影响特点最好地联系起来，不同情景(RCP 2.6、RCP 4.5、RCP 6.0 和 RCP 8.5，以及 SSPs)和未来近期、远期整合在一起，用更合理的人文或自然变化导致承灾体的系统平衡产生变化而带来的风险的量值,来理解气候变化可能导致的风险机理。每个模块都描述了建立模型的关键步骤,基于一套明显且合理的假设,它的结果是可重复的,每个模型都经过了良好的实践例证(图 4.52)。

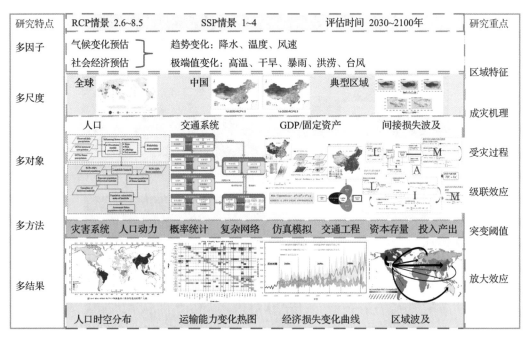

图 4.52　全球变化人口与经济系统风险评估模式

参 考 文 献

曹丽格, 方玉, 姜彤, 等. 2012. IPCC 影响评估中的社会经济新情景(SSPs)进展. 气候变化研究进展, 8(1): 74-78.

陈海燕, 严洌娜, 娄伟平, 等. 2011. 热带气旋致灾因子综合影响强度评估指标研究. 热带气象学报, 27(1): 139-144.

陈曦, 李宁, 张正涛, 等. 2020. 全球热浪人口暴露度预估——基于热应力指数. 气候变化研究进展, 16(4): 424-432.

贾梁. 2021. 未来极端降水对我国高速公路影响分析. 北京: 北京师范大学.

姜彤, 赵晶, 曹丽格, 等. 2018. 共享社会经济路径下中国及分省经济变化预测. 气候变化研究进展, 14(1): 50-58.

李宁, 张正涛, 陈曦, 等. 2017. 论自然灾害经济损失评估研究的重要性. 地理科学进展, 36(2): 256-263.

刘丽, 李宁, 张正涛, 等. 2019. 中国省域尺度 17 部门资本存量的时空特征分析. 地理科学进展, 38(4): 546-555.

马德栗, 陈正洪. 2010. 荆州主要界限温度初终日、持续天数和积温的变化. 长江流域资源与环境, 19(S2): 72-78.

马柱国, 符淙斌, 任小波, 等. 2003. 中国北方年极端温度的变化趋势与区域增暖的联系. 地理学报, S1: 11-20.

吴吉东, 何鑫, 王菜林, 等. 2018. 自然灾害损失分类及评估研究评述. 灾害学, 33(4): 157-163.

吴吉东. 2018. 经济学视角的自然灾害损失评估理论与方法评述. 自然灾害学报, 27(3): 188-196.

吴佳, 高学杰. 2013. 一套格点化的中国区域逐日观测资料及与其他资料的对比. 地球物理学报, 56(4): 1102-1111.

解伟, 魏玮, 崔琦. 2019. 气候变化对中国主要粮食作物单产影响的文献计量 Meta 分析. 中国人口·资源与环境, 29(1): 79-85.

姚凤梅, 张佳华, 孙白妮, 等. 2007. 气候变化对中国南方稻区水稻产量影响的模拟和分析. 气候与环境研究, 12(5): 659-666.

张杰, 曹丽格, 李修仓, 等. 2013. IPCC AR5 中社会经济新情景(SSPs)研究的最新进展. 气候变化研究进展, 9(3): 225-228.

张新龙, 杨赛霓, 贾梁. 2020. 中国极端高温未来情景下的公路暴露度分析. 灾害学, 35(2): 224-229.

张正涛, 崔鹏, 李宁, 等. 2020. 武汉市"2016.07.06"暴雨洪涝灾害跨区域经济波及效应评估研究. 气候变化研究进展, 16(4): 433-441.

张正涛. 2018. 自然灾害间接经济影响评估模型的构建及多尺度应用. 北京: 北京师范大学.

Aghababaei M, Koliou M, Paal S G. 2018. Performance assessment of building infrastructure impacted by the 2017 hurricane harvey in the Port Aransas Region. Journal of Performance of Constructed Facilities, 32(5): 4018069.

Cardil A, Molina D M, Kobziar L N. 2014. Extreme temperature days and their potential impacts on southern Europe. Natural Hazards and Earth System Science, 14(11): 3005-3014.

Challinor A J, Watson J, Lobell D B, et al. 2014. A meta-analysis of crop yield under climate change and adaptation. Nature Climate Change, 4(4): 287-291.

Chen X, Li N, Liu J W, et al. 2019. Global heat wave hazard considering humidity effects during the 21st century. International Journal of Environmental Research and Public Health, 16(9): 3005-3014.

CMA. 2015. China Climate Impact Assessment. Beijing: China Meteorological Press.

Conservation CFEB. 2013. Guidelines for Systematic Review in Environmental Management. Version 4.2. Environmental Evidence: www.environmentalevidence.org/Documents/Guidelines/Guidelines4.2.pdf. 2017.8.23.

Cubasch U, Voss R, Hegerl G C, et al. 1997. Simulation of the influence of solar radiation variations on the global climate with an ocean-atmosphere general circulation model. Climate Dynamics, 13(11): 757-767.

De Bono A. 2013. Global Exposure Database for GAR 2013. Geneva, Switzerland: UNISDR.

Dellink R, Lanzi E, Chateau J. 2019. The sectoral and regional economic consequences of climate change to 2060. Environmental and Resource Economics, 72(2): 309-363.

Diffenbaugh N S, Field C B. 2013. Changes in ecologically critical terrestrial climate conditions. Science, 341(6145): 486-492.

Donat M G, Lowry A L, Alexander L V, et al. 2016. More extreme precipitation in the world's dry and wet regions. Nature Climate Change, 6(5): 508-513.

Emanuel K, Sundararajan R, Williams J. 2008. Hurricanes and global warming-results from downscaling IPCC AR4 simulations. Bulletin of the American Meteorological Society, 89(3): 347-367.

Engle R, Granger C, Rice J, et al. 1988. Nonparametric estimation of the relation between weather and electricity Sale. Janer Statict Assoc, 81: 310-320.

Evans B, Chen A S, Djordjević S, et al. 2020. Investigating the effects of pluvial flooding and climate change on traffic flows in Barcelona and Bristol. Sustainability, 12(6): 1-18.

Fischer E M, Knutti R. 2012. Robust projections of combined humidity and temperature extremes. Nature Climate Change, 3(2): 126-130.

Frolicher T L, Fischer E M, Gruber N. 2018. Marine heatwaves under global warming. Nature, 560(7718): 360-364.

Gariano S L, Guzzetti F. 2016. Landslides in a changing climate. Earth-Science Reviews, 162: 227-252.

Giardini D, Grunthal G, Shedlock, K, et al. 2003. The GSHAP global seismic hazard map. Seismological Research Letters, 71(6): 679-689.

Guérémy J, Déqué M, Braun A, et al. 2005. Actual and potential skill of seasonal predictions using the CNRM contribution to demeter: coupled versus uncoupled model. Tellus A: Dynamic Meteorology and Oceanography, 57(3): 308-319.

Gunasekera R, Ishizawa O, Aubrecht C, et al. 2015. Developing an adaptive global exposure model to support the generation of country disaster risk profiles. Earth-Science Reviews, 150: 594-608.

Hallegatte S, Ranger N, Mestre O, et al. 2011. Assessing climate change impacts, sea level rise and storm surge risk in port cities: a case study on Copenhagen. Climatic Change, 104(1): 113-137.

Hallegatte S. 2008. An adaptive regional input-output model and its application to the assessment of the economic cost of Katrina. Risk Analysis: An International Journal, 28(3): 779-799.

Hallegatte S. 2014. Modeling the role of inventories and heterogeneity in the assessment of the economic costs of natural disasters. Risk Analysis, 34(1): 152-167.

Hasumi H, Emori S. 2004. K-1 Coupled GCM(MIROC) Description. Tokyo: Center for Climate System Research, University of Tokyo.

Hirabayashi Y, Mahendran R, Koirala S, et al. 2013. Global flood risk under climate change. Nature Climate Change, 3(9): 816-821.

Huang J L, Qin D H, Jiang T, et al. 2019. Effect of fertility policy changes on the population structure and economy of China: From the perspective of the Shared Socioeconomic Pathways. Earth's Future, 7: 250-265.

Huffman G J. 2016. TRMM (TMPA-RT) near real-time precipitation L3 3-hour 0.25 degree×0.25 degree v7//Macritchie K. Greenbelt, Md: Goddard Earth Sciences Data and Information Services Center (GES DISC).

IPCC. 2012. Managing the Risks of Extreme Events and Disasters to Advance Climate Change Adaptation. A Special Report of Working Groups I and II of the Intergovernmental Panel on Climate Change. Cambridge: Cambridge University Press.

IPCC. 2014. Climate Change 2014: Synthesis Report. Geneva, Switzerland: Contribution of Working Groups I, II and III to the Fifth Assessment Report of the Intergovernmental Panel on Climate Change (pp. 151).

Jing C, Tao H, Jiang T, et al. 2020. Population, urbanization and economic scenarios over the Belt and Road region under the Shared Socioeconomic Pathways. Journal of Geographical Sciences, 30(1): 68-84.

Jones B, O'neill B C, Mcdaniel L, et al. 2015. Future population exposure to US heat extremes. Nature Climate Change, 5 (7): 652-655.

Kharin V V, Zwiers F W, Zhang X, et al. 2013. Changes in temperature and precipitation extremes in the CMIP5 ensemble. Climatic Change, 119: 345-357.

Kirschbaum D B, Adler R, Hong Y, et al. 2010. A global landslide catalog for hazard applications: method, results, and limitations. Natural Hazards, 52(3): 561-575.

Kirschbaum D B, Stanley T, Zhou Y. 2015. Spatial and temporal analysis of a global landslide catalog. Geomorphology, 249: 4-15.

Knutson T, Camargo S J, Chan J C, et al. 2019. Tropical cyclones and climate change assessment: Part II. Projected response to anthropogenic warming. Bulletin of the American Meteorological Society, 7: 65-89.

Krau S. 1998. Microscopic Modeling of Traffic Flow: Investigation of Collision Free Vehicle Dynamics. Cologne: Vniversity of Cologne.

Kriegler E, O'Neill B, Hallegatte S, et al. 2010. Socio-Economic Scenario Development for Climate Change Analysis. Working Papers.

Li C, Zhang X, Zwiers F, et al. 2017. Recent very hot summers in Northern Hemispheric land areas measured by wet bulb globe temperature will be the norm within 20 years. Earth's Future, 5(12): 1203-1216.

Lin L, Lin Q, Wang Y. 2017. Landslide susceptibility mapping on a global scale using the method of Logistic regression. Natural Hazards and Earth System Sciences, 17(8): 1411-1424.

Liu K, Wang M, Cao Y, et al. 2018. A comprehensive risk analysis of transportation networks affected by rainfall-induced multihazards. Risk Analysis, 38(8): 1618.

Liu W, Wu J, Tang R, et al. 2020. Daily precipitation threshold for rainstorm and flood disaster in the Mainland of China: an economic loss perspective. Sustainability, 12: 407.

Liu X, Du Z B, Du J, et al. 2017. Response of mainland China to global warming based on changes of days within specific temperature ranges. Journal of Shandong University of Science and Technology (Naturnal Science), 36: 19-26.

Liu Y J, Chen J, Pan T, et al. 2020. Global socioeconomic risk of precipitation extremes under climate change. Earth's Future, 8(9).

Liu Y, Li N, Zhang Z, et al. 2020. Climate change effects on agricultural production: the regional and sectoral economic consequences in China. Earth's Future, 8(9): 1-11.

Manabe S, Stouffer R J, Spelman M J, et al. 1991. Transient responses of a coupled ocean-atmosphere model to gradual changes of atmospheric CO_2. Part I. Annual mean response. Journal of Climate, 4(8): 785-818.

Mandapaka P V, Lo E. 2018. Assessment of future changes in Southeast Asian precipitation using the NASA Earth Exchange Global Daily Downscaled Projections data set. International Journal of Climatology, 38(14): 5231-5244.

Murakami D, Yamagata Y. 2019. Estimation of gridded population and GDP scenarios with spatially explicit statistical downscaling. Sustainability, 11: 2106.

Nadim F, Kjekstad O, Peduzzi P, et al. 2006. Global landslide andavalanche hotspots. Landslides, 3 (2)：159-173.

Nakicenovic N, Alcamo J, Grubler A, et al. 2000. Special Report on Emissions Scenarios (SRES), A Special Report of Working Group III of the Intergovernmental Panel on Climate Change. Cambridge: Cambridge University Press.

O'Neill B C, Kriegler E, Ebi K L, et al. 2017. The roads ahead: Narratives for shared socioeconomic pathways describing world futures in the 21st century. Global Environmental Change, 42: 169-180.

O'Neill B C, Kriegler E, Riahi K, et al. 2014. A new scenario framework for climate change research: the concept of shared socioeconomic pathways. Climatic Change, 122: 401-414.

Parker D J, Green C H, Thompson P M. 1987. Urban Flood Protection Benetits: A Project Appraisal Guide. England: Gower Technical Press.

Peduzzi P, Chatenoux B, Dao H, et al. 2012. Global trends in tropical cyclone risk. Nature Climate Change, 2 (4)：289-294.

Petley D N. 2012. Global patterns of loss of life from landslides. Geology, 40: 927-930.

Pregnolato M, Ford A, Wilkinson S M, et al. 2017. The impact of flooding on road transport: a depthdisruption function. Transportation Research Part D: Transport and Environment, 55: 67-81.

Riahi K, Rao S, Krey V, et al. 2011. RCP 8.5: a scenario of comparatively high greenhouse gas emissions. Climatic Change, 109 (1)：33-57.

Stewart M G, Deng X. 2015. Climate impact risks and climate adaptation engineering for built infrastructure. ASCE-ASME Journal of Risk and Uncertainty in Engineering Systems, Part A: Civil Engineering, 1 (1)：04014001.

UNDRR. 2019. Global Assessment Report on Disaster Risk Reduction. New York: UNDRR.

UNISDR. 2015. Global Assessment Report on Disaster Risk Reduction. Making Development Sustainable: the Future of Disaster Risk Management (UNISDR Geneva).

van Ruijven B J, Levy M A, Agrawal A, et al. 2014. Enhancing the relevance of shared socioeconomic pathways for climate change impacts, adaptation and vulnerability research. Climatic Change, 122 (3)：481-494.

van Vuuren D P, Riahi K, Moss R, et al. 2012. A proposal for a new scenario framework to support research and assessment in different climate research communities. Global Environmental Change, 22 (1)：21-35.

Wang W, Yang S, Stanley H E, et al. 2019. Local floods induce large-scale abrupt failures of road networks. Nature Communications, 10, 2114.

Wang W, Yang S, Gao J, et al. 2020. An integrated approach for assessing the impact of large-scale future floods on a highway transport system. Risk Analysis, 40 (9)：1780-1794.

Westra S, Fowler H J, Evans J P, et al. 2014. Future changes to the intensity and frequency of short-duration extreme rainfall. Reviews of Geophysics, 52: 522-555.

Willett K M, Sherwood S. 2012. Exceedance of heat index thresholds for 15 regions under a warming climate using the wet-bulb globe temperature. International Journal of Climatology, 32 (2)：161-177.

Willmott C J, Feddema J J. 1992. A more rational climatic moisture index. The Professional Geographer, 44(1): 84-88.

Wu J, Han G, Zhou H, et al. 2018a. Economic development and declining vulnerability to climate-related disasters in China. Environmental Research Letters, 13(3): 1-10.

Wu J, He X, Li Y, et al. 2019. How earthquake-induced direct economic losses change with earthquake magnitude, asset value, residential building structural type and physical environment: an elasticity perspective. Journal of Environmental Management, 231: 321-328.

Wu J, Li N, Shi P. 2014. Benchmark wealth capital stock estimations across China's 344 prefectures: 1978 to 2012. China Economic Review, 31: 288-302.

Wu J, Li Y, Li N, Shi P. 2018b. Development of an asset value map for disaster risk assessment in China by spatial disaggregation using ancillary remote sensing data. Risk Analysis, 38(1): 17-30.

Xu L, Wang A. 2019. Application of the bias correction and spatial downscaling algorithm on the temperature extremes from CMIP5 multimodel ensembles in China. Earth and Space Science, 6(12): 1-10.

Yang S, Yin G, Shi X, et al. 2016. Modeling the adverse impact of rainstorms on a regional transport network. International Journal of Disaster Risk Science, 7(1): 77-87.

Ye M, Wu J, Wang C, et al. 2019. Historical and future changes in asset value and GDP in areas exposed to Tropical Cyclones in China. Weather, Climate, and Society, 11(2): 307-319.

Ye M, Wu J, Liu W, et al. 2020. Dependence of tropical cyclone damage on maximum wind speed and socioeconomic factors. Environmental Research Letters, 15: 094061.

Ying M, Zhang W, Yu H, et al. 2014. An overview of the China meteorological administration Tropical Cyclone Database. Journal of Atmospheric and Oceanic Technology, 31(2): 287-301.

Zhang Z, Li N, Xu H, et al. 2018. Analysis of the economic ripple effect of the United States on the world due to future climate change. Earth's Future, 6(6): 828-840.

第 5 章　全球变化人口与经济系统风险全球定量评估*

5.1　全球变化人口与经济系统风险评估数据平台

5.1.1　全球气候变化人口与经济系统风险评估数据库

本节收集整理了涵盖全球 DEM、地形等环境要素，全球标准站点和网格的气温、降水、风的观测数据及再分析数据等气候变化要素、人口数量和 GDP 等人口与社会经济要素，历史气象洪涝灾害损失等内在的数据；并集成了项目自主研发的全球变化人口与经济系统风险评估的气候变化要素、暴露要素和风险数据(表 5.1)，初步形成了全球变化人口与经济系统风险数字平台(www.grisk.info)。数据库系统平台界面如图 5.1 所示。

表 5.1　具有自主知识产权的全球变化人口与经济系统风险数据

数据大类	数据子类	数据时段/年	数据未来情景	数据描述
未来气候变化要素预估数据	气温	1986~2005 2016~2035 2046~2065	RCP 2.6 RCP 4.5 RCP 8.5	年均温、冬季均温、夏季均温 年波动、冬季波动、夏季波动 最高气温、冷夜日数、暖昼日数
	降水	1986~2005 2016~2035 2046~2065	RCP 2.6 RCP 4.5 RCP 8.5	年降水、冬季降水、夏季降水 年波动、冬季波动、夏季波动 日最大降水、连续 5 日最大降水、中雨日数
	风	1986~2005 2016~2035 2046~2065	RCP 2.6 RCP 4.5 RCP 8.5	年平均风速、冬季平均风速、夏季平均风速 年波动、冬季波动、夏季波动 大风日数
未来暴露度预估数据	人口数量	1986~2005 2016~2035 2046~2065	SSP1 SSP2 SSP3	年总人口
	GDP	1986~2005 2016~2035 2046~2065	SSP1 SSP2 SSP3	年末总 GDP
	农业(玉米、小麦、水稻)	1986~2005 2016~2035 2046~2065	RCP 2.6 RCP 4.5 RCP 8.5	年玉米、小麦、水稻产量

　* 本章作者：史培军、徐伟、叶涛、杨建平、陈波、韩钦梅、张峻琳、廖新利、刘苇航、陈说、牟青洋、刘甜、井源源、刘钊、王铸。

续表

数据大类	数据子类	数据时段/年	数据未来情景	数据描述
未来暴露度预估数据	工业增加值	1986~2005 2016~2035 2046~2065	SSP1 SSP2 SSP3	年末工业增加值
	全球道路系统	1986~2005 2016~2035 2046~2065	SSP1 SSP2 SSP3	年末道路里程
	高温人口暴露	1986~2005 2016~2035 2046~2065	RCP 2.6-SSP1 RCP 4.5-SSP2 RCP 8.5-SSP3	年高温人口暴露
	暴雨人口暴露	1986~2005 2016~2035 2046~2065	RCP 2.6-SSP1 RCP 4.5-SSP2 RCP 8.5-SSP3	年暴雨人口暴露
	洪涝 GDP 暴露	1986~2005 2016~2035 2046~2065	RCP 2.6-SSP1 RCP 4.5-SSP2 RCP 8.5-SSP3	年洪涝 GDP 暴露
未来气候变化风险数据	高温死亡人口风险	1986~2005 2016~2035 2046~2065	RCP 2.6-SSP1 RCP 4.5-SSP2 RCP 8.5-SSP3	年高温死亡人口
	洪涝死亡人口风险	1986~2005 2016~2035 2046~2065	RCP 2.6-SSP1 RCP 4.5-SSP2 RCP 8.5-SSP3	年洪涝死亡人口
	气候变化农作物风险	1986~2005 2016~2035 2046~2065	RCP 2.6 RCP 4.5 RCP 8.5	单产均值、波动、极端
	洪涝 GDP 损失风险	1986~2005 2016~2035 2046~2065	RCP 2.6-SSP1 RCP 4.5-SSP2 RCP 8.5-SSP3	年洪涝 GDP 损失

图 5.1　数据库系统平台界面

5.1.2　全球气候变化人口与经济系统风险评估数字地图平台

本节开展了全球气候变化要素和全球变化人口与经济系统暴露度预估、全球变化人口与经济系统风险定量评估，并初步编制了全球变化人口与经济系统风险数字地图平台（平台网址：http://www.grisk.info）。地图平台包含全球政区、全球卫星影像、全球地形、全球土地利用、全球气候带等孕灾环境图组，全球气温、降水和大风均值、变化和极端值全球气候变化要素图组，全球总人口、GDP、农作物（玉米、小麦、水稻）、工业增加值、道路系统以及人口和 GDP 暴露等承灾体及暴露图组，全球高温死亡人口风险、全球农作物减产损失风险、全球洪水死亡人口风险、全球洪水 GDP 损失风险等风险图组，共约 1200 幅图，地图图目如表 5.2 所示。地图采用 WSG84 投影，空间分辨率为 0.25°×0.25°，部分样图如图 5.2 所示。

地图平台具有地图展示、漫游、缩放、下载、自定义设置图层颜色、用户登录等功能，系统功能界面如图 5.3 所示。

表 5.2　全球气候变化人口与经济系统风险评估地图集图目

地图大类	图名
孕灾环境图组	全球政区、全球卫星影像、全球地形、全球土地利用、全球气候带等
气候变化要素图组	全球年均温、全球年均温变化、全球冬季均温、全球冬季均温变化、全球夏季均温、全球夏季均温变化
	全球年均温变率、全球年均温变率变化、全球冬季均温变率、全球冬季均温变率变化、全球夏季均温变率、全球夏季均温变率变化
	全球年最高温、全球年最高温变化、年冷夜日数、年冷夜日数变化、年暖昼日数、年暖昼日数变化
	全球年降水、全球年降水变化、全球冬季降水、全球冬季降水变化、全球夏季降水、全球夏季降水变化
	全球年降水变率、全球年降水变率变化、全球冬季降水变率、全球冬季降水变率变化、全球夏季降水变率、全球夏季降水变率变化
	全球日最大降水、全球日最大降水变化、连续 5 日最大降水、连续 5 日最大降水变化、年中雨日数、年中雨日数变化
	全球年平均风速、全球年平均风速变化、全球冬季平均风速、全球冬季平均风速变化、全球夏季平均风速、全球夏季平均风速变化、全球年平均风速变率、全球年平均风速变率变化、全球冬季平均风速变率、全球冬季平均风速变率变化、全球夏季平均风速变率、全球夏季平均风速变率变化、全球大风日数
承灾体及暴露图组	全球总人口、全球总人口变化
	全球 GDP、全球 GDP 变化
	全球年玉米产量
	全球年小麦产量
	全球年水稻产量
	全球工业增加值

续表

地图大类	图名
承灾体及 暴露图组	全球道路系统
	全球高温人口暴露
	全球暴雨人口暴露
	全球洪水 GDP 暴露
	全球高温玉米暴露
	全球高温小麦暴露
	全球高温水稻暴露
风险图组	全球高温死亡人口风险
	全球洪水死亡人口风险
	全球玉米单产均值风险、全球玉米单产年际波动风险、全球玉米极端低产风险
	全球小麦单产均值风险、全球小麦单产年际波动风险、全球小麦极端低产风险
	全球水稻单产均值风险、全球水稻单产年际波动风险、全球水稻极端低产风险
	全球洪水 GDP 损失风险

注: 除孕灾环境图组外, 其他图组包括 3 个时段: 历史基准期(1986~2005 年)和未来(2016~2035 年、2046~2065 年);包括 2 个未来时期分别与历史基准期对比;未来时期包括 3 个 RCP 情景:RCP 2.6(洪水没有该情景)、RCP 4.5 和 RCP 8.5;未来时期包括 3 个 SSP 情景:SSP1、SSP2 和 SSP3;未来情景的暴露和风险有 3 个 RCP-SSP 组合情景:RCP 2.6-SSP1(洪水没有该情景)、RCP 4.5-SSP2 和 RCP 8.5-SSP3。

(a) 2030s全球SSP2情景人口预估结果

(b) 2050s全球RCP 4.5情景水稻单产均值风险

(c) 2030s全球RCP 8.5-SSP3洪涝GDP损失风险

图 5.2　全球变化人口与经济系统风险数字地图集界面示例

图 5.3　全球变化人口与经济系统风险数字地图平台界面主要功能

5.2　全球变化人口与经济系统风险定量评估与制图

5.2.1　全球死亡人口风险定量评估与制图

1. 全球高温死亡人口风险定量评估与制图

1）研究数据

本书研究利用 NASA 于 2015 年 6 月发布的全球高分辨率气候评估数据集（NEX-GDDP），选用日最大温度作为计算高温热浪的指标，结合本研究生产的未来人口暴露数据以及已有文献中的高温热浪人口死亡脆弱性曲线，完成了未来全球高温热浪死亡人口风险的定量评估与制图工作。考虑到未来发生的可能性，本书研究选择三种合理的情景组合，即 RCP 2.6 和 SSP1、RCP 4.5 和 SSP2、RCP 8.5 和 SSP3，研究时段为 1986～2005 年（基准期，2000s）、2016～2035 年（2030s）、2046～2065 年（2050s）。为了减少年际变化的影响，便于统计与制图，本研究中所有地图展示的均是年代平均值（即 20 年平均值），由于 NEX-GDDP 数据集包含了 21 个模式的温度预估数据，因此，本研究中展示的结果也是多模式集合预估的结果。

2）评估方法

在本书研究中，一次热浪事件被定义为至少连续三天日最高温度超过高温阈值的天气过程。在每个栅格点上，取基准期（2000s）日最高温度序列的 95%分位数作为该点的高温阈值（若 95%分位数温度值低于 25℃，则高温阈值为 25℃）。根据每个格点的高温阈值计算出历史基准期（2000s）和不同情景下（RCP 2.6、RCP 4.5、RCP 8.5）未来时段（2030s、2050s）的年平均热浪持续天数（D）以及热浪期间年平均日最大温度（T）。年平均热浪持续天数和热浪期间日最大温度分别作为热浪强度和人口脆弱性的评价指标。研究中用到各指标的计算方法如下。

A. 热浪持续天数（D）计算方法

本书研究选取了 3 个时间段进行不同年代热浪强度变化的比较，每个时间段均计算了 20 年的平均值，其中某一年的热浪持续天数计算如式（5.1）所示：

$$D = \frac{\sum\limits_{i=1}^{21} D_i}{21} \tag{5.1}$$

式中，D 为某一年多模式集合的热浪天数；D_i 为该年累计的热浪持续天数；i 为第 i 个（$i=1, 2, 3, \cdots, 21$）全球气候模式。

B. 热浪人口死亡率（V）计算方法

本书研究利用已有文献中的波士顿、布达佩斯、达拉斯、里斯本、伦敦和悉尼六个城市的高温人口死亡脆弱性曲线(Gosling et al., 2007)，再结合纬度、高程、气候类型等因素，把 IPCC SREX 报告中建议的 26 个区域重新划分为六组(IPCC, 2012)，将六条脆弱性曲线分别应用到六组区域中，代入热浪期间年平均日最大温度(T)可以计算得到全球热浪人口死亡率网格，热浪期间年平均日最大温度(T)和人口死亡率(V)的计算公式如式(5.2)所示：

$$T_i = \frac{\sum\limits_{j=1}^{n} T_{\max}}{n} \tag{5.2}$$

式中，T_i 为某一年第 $i(i=1, 2, 3, \cdots, 21)$ 个全球气候模式的热浪期间平均最大温度，其中 $T_{\max}$ 为某一次热浪事件 j 发生时的最大温度；n 为该位置一年内发生的热浪次数。

$$V_i = a\mathrm{e}^{b+c/T} + d \tag{5.3}$$

式中，V_i 为某一年第 $i(i=1, 2, 3, \cdots, 21)$ 个全球气候模式的热浪人口死亡率；a、b、c、d 均为常数项，不同区域取值不同。

C. 热浪人口死亡风险(R)计算方法

基于灾害风险研究的理论框架，本书研究定义的人口死亡风险是致灾因子强度、人口暴露度和人口脆弱性的函数。其中，致灾因子强度的评价指标选择热浪持续天数，人口暴露度的评价指标选用年度全球人口总数，人口脆弱性的评价指标则用高温热浪人口死亡率(V)表示。全球高温热浪人口死亡风险的计算公式如式(5.4)所示：

$$R = \frac{\sum\limits_{i=1}^{21} (D_i \times V_i \times P)}{21} \tag{5.4}$$

式中，R 为某一年多模式集合的热浪人口死亡风险；D_i 为第 $i(i=1, 2, 3, \cdots, 21)$ 个模式的年累计热浪持续天数；V_i 为第 i 个模式的年热浪人口死亡率；P 为该年总人口数。研究先利用式(5.4)计算了某个时间段 20 年每年的热浪死亡人口风险值，然后求取了 20 年的平均值进行年代间死亡风险变化值的计算。

D. 模式间不确定分析

本书研究选择变异系数(coefficient of variation, CV)作为评价模式间死亡风险结果不确定性的指标，计算公式如式(5.5)所示：

$$\mathrm{CV} = \frac{\sigma}{\mu} \tag{5.5}$$

式中，σ 为 21 个模式预估值的标准差；μ 为 21 个模式预估值的平均值，本研究计算了网格级别的模式间不确定性。

3)结果分析

A. 热浪持续天数时空变化特征

从全球热浪年代平均持续天数(图 5.4 和图 5.5)来看,三个排放情景的高值区(年均热浪持续天数>150 天)分布略有不同。RCP 2.6 情景下,高值区主要集中在北半球,如南美洲北部、阿拉伯半岛以及亚洲南部地区。RCP 4.5 和 RCP 8.5 排放情景下,高值区空间分布较为一致,主要集中在赤道附近的非洲中部、印度尼西亚和南美洲北部地区,热浪持续天数空间分布呈现由高值区向南北方向递减的特征。

对全球平均热浪持续天数进行统计,总体上,在历史基准期(1986~2005 年),全球平均热浪持续天数为 25.3 d/a。在 2030s(2016~2035 年)时,全球平均热浪持续天数在 RCP 2.6、RCP 4.5 和 RCP 8.5 排放情景下分别增加至 43.4 d/a、44.7 d/a 和 47.1 d/a,在 2050s

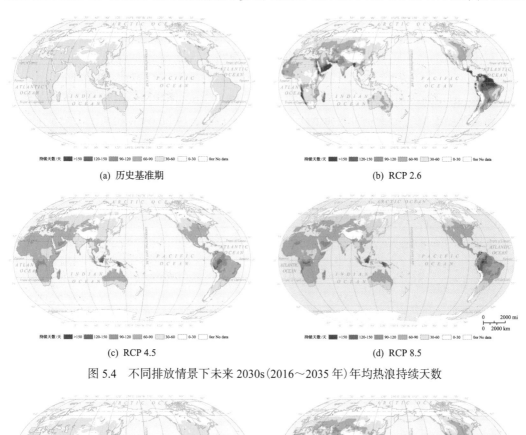

(a) 历史基准期　　　　　　　　　　　　　(b) RCP 2.6

(c) RCP 4.5　　　　　　　　　　　　　(d) RCP 8.5

图 5.4　不同排放情景下未来 2030s(2016~2035 年)年均热浪持续天数

(a) 历史基准期　　　　　　　　　　　　　(b) RCP 2.6

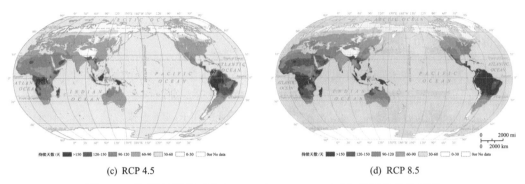

(c) RCP 4.5　　　　　　　　　　　　　　　(d) RCP 8.5

图 5.5　不同排放情景下未来 2050s(2046～2065 年)年均热浪持续天数

(2046～2065 年)时，全球平均热浪持续天数在 RCP 2.6、RCP 4.5 和 RCP 8.5 排放情景下分别增加至 48.9 d/a、63.8 d/a、79.0 d/a。从结果可以看出，未来 2050s 热浪持续天数大大增加，特别是在 RCP 8.5 高排放情景下，年均热浪天数比历史基准期增加了 3 倍。

对不同大洲平均热浪持续天数进行统计，历史基准期，非洲的热浪持续时间最久，为 39.4 d/a，其次是大洋洲，为 36.2 d/a，北美洲热浪持续天数最短，为 14.3 d/a。未来 2050s 时，南美洲热浪持续天数增加最明显，在 RCP 2.6、RCP 4.5 和 RCP 8.5 排放情景下，南美洲热浪持续天数分别增加至 98.5 d/a、115.7 d/a、149.0 d/a，相对于历史基准期分别增加了 1.8 倍、2.3 倍和 3.3 倍。大洋洲在 2050s 时期增加最少，在 RCP 2.6、RCP 4.5 和 RCP 8.5 排放情景下年均热浪持续天数分别为 60.3 天、79.1 天、97.0 天，与历史基准期相比分别增加了 70%、1.2 倍和 1.7 倍。其他大洲年均热浪持续天数见表 5.3。

表 5.3　全球及各大洲不同情景不同时期的年均热浪持续天数　　　　　(单位：天)

大洲	基准期	RCP 2.6		RCP 4.5		RCP 8.5	
		2030s	2050s	2030s	2050s	2030s	2050s
亚洲	23.4	39.2	43.2	39.5	54.9	41.2	66.7
非洲	39.4	57.8	67.8	71.9	104.4	76.3	131.0
欧洲	19.0	32.5	35.6	31.5	41.3	33.0	49.5
北美洲	14.3	23.7	26.1	23.5	32.3	24.6	39.4
南美洲	34.8	87.2	98.5	72.6	115.7	79.1	149.0
大洋洲	36.2	51.9	60.3	61.1	79.1	61.6	97.0
全球	25.3	43.4	48.9	44.7	63.8	47.1	79.0

注：南极洲不在统计范围内。

分别统计全球和大洲尺度的年均热浪持续天数不同取值区间面积占比(图 5.6)，结果表明，历史基准期，全球年均热浪天数取值均在 60 天以下，其中有 59.4%的陆地年均热浪持续天数在 30～60 天。相对于历史基准期，在不同排放情景下，未来 2050s 年均热浪持续天数高值区(＞120 d/a)面积明显增大。各大洲中南美洲和非洲热浪增加趋势明显，特别是南美洲，在 RCP 8.5 排放情景下，未来 2050s 时期热浪持续天数大于 120 d/a 的范围增加明显，约占其面积的 70%。

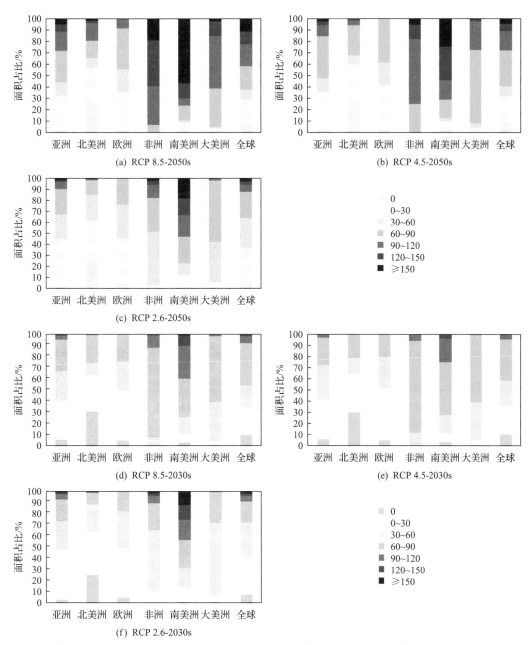

图 5.6　不同排放情景下未来 2050s 和 2030s 年均热浪持续天数不同取值区间面积占比

B. 热浪死亡人口风险时空变化特征

统计全球、大洲以及国家尺度的高温热浪死亡人口风险，结果表明，在全球网格尺度上，在不同时期、不同情景组合下，热浪死亡人口风险的空间分布格局较为一致，热浪死亡人口高风险区主要分布在 0°～40°N，包括印度半岛、西亚、地中海沿岸地区、北美洲东部和非洲中部地区(图 5.7 和图 5.8)。相比于历史基准期，未来 2050s 时期热浪死亡人口风险显著增加。

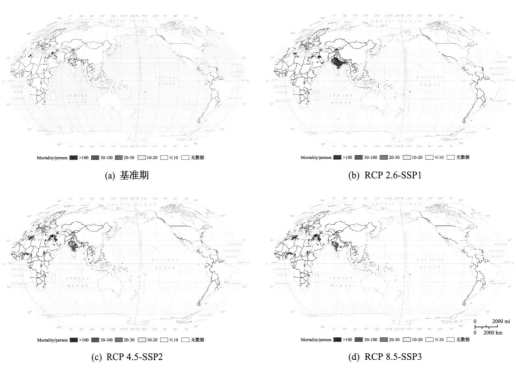

(a) 基准期

(b) RCP 2.6-SSP1

(c) RCP 4.5-SSP2

(d) RCP 8.5-SSP3

图 5.7　不同情景组合下未来 2030s(2016~2035 年)热浪死亡人口风险

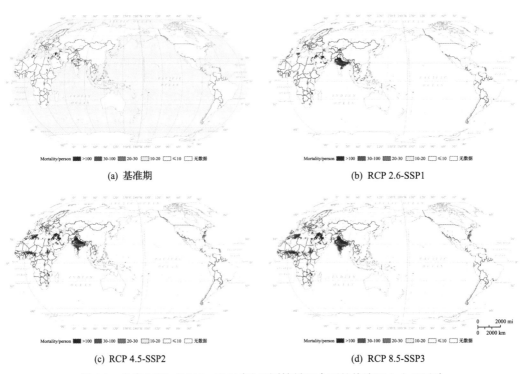

(a) 基准期

(b) RCP 2.6-SSP1

(c) RCP 4.5-SSP2

(d) RCP 8.5-SSP3

图 5.8　未来 2050s(2046~2065 年)不同情景组合下的热浪死亡人口风险

总体而言，基准期(1986~2005 年)全球热浪死亡人口约为每年 28.96 万人，而在 RCP 8.5-SSP3、RCP 4.5-SSP2 和 RCP 2.6-SSP1 情景组合下，2050s(2046~2065 年)年平均热浪死亡人口风险分别增加至 260.37 万人、161.79 万人和 256.70 万人，2030s (2016~2035 年)年平均热浪死亡人口风险分别增加至 89.54 万人、81.13 万人和 183.61 万人。在大洲尺度对风险结果进行统计，结果显示，在 RCP 8.5-SSP3 情景下，2050s 期间风险显著增加，其中亚洲年均热浪死亡人口风险为 149.62 万人，占全球死亡人口风险的 57.5%，其次是非洲，年均热浪死亡人口风险为 85.53 万人，占全球死亡人口风险的 32.8%。其余各大洲及全球各时期的死亡人口风险见表 5.4。

表 5.4 全球及大洲不同情景组合、不同时期的年均热浪死亡人口风险 (单位：万人)

大洲	基准期	RCP 2.6-SSP1		RCP 4.5-SSP2		RCP 8.5-SSP3	
		2030s	2050s	2030s	2050s	2030s	2050s
亚洲	16.31	127.63	179.53	45.44	92.13	49.51	149.62
欧洲	1.62	7.01	9.61	3.80	6.28	3.87	8.53
北美洲	2.55	7.93	11.15	6.18	11.09	6.10	12.89
南美洲	0.51	3.66	4.92	1.33	2.32	1.51	3.62
大洋洲	0.04	0.17	0.24	0.10	0.18	0.10	0.18
非洲	7.93	37.21	51.25	24.28	49.79	28.45	85.53
全球	28.96	183.61	256.70	81.13	161.79	89.54	260.37

将未来热浪死亡人口风险栅格减去基准期死亡人口风险栅格可以得到全球未来死亡人口风险变化的空间分布栅格，如图 5.9 所示。不同情景组合下热浪死亡人口风险变化的分布特征一致，增加较为明显的区域主要集中在地中海沿岸、印度半岛、非洲中部以及美国东部。总体而言，与基准期相比，在 RCP 8.5-SSP3、RCP 4.5-SSP2 和 RCP 2.6-SSP1 情景组合下，全球范围内 2050s 年平均热浪死亡人口风险分别增加了约 8.0 倍、4.6 倍和 7.8 倍，而 2030s 年平均热浪死亡人口风险则分别增加了 2.1 倍、1.8 倍、5.3 倍。在大洲尺度的统计结果显示，在 RCP 8.5-SSP3 情景下，各大洲死亡人口风险增加最多，相对于基准期，2050s 期间亚洲热浪死亡人口风险增加了 8.2 倍，南美洲增加了 6.1 倍，

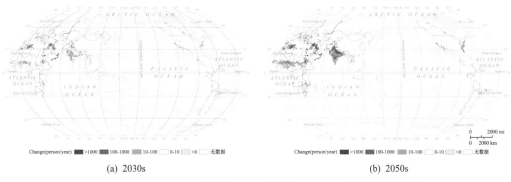

(a) 2030s (b) 2050s

图 5.9 RCP 8.5-SSP3 情景下的未来热浪死亡人口风险变化分布图

欧洲增加了 4.2 倍，非洲、北美洲和大洋洲分别增加了 9.8 倍、4.1 倍和 3.0 倍。

同时在国家尺度对热浪死亡人口风险进行了统计并排序，全球死亡风险排名前 10 的国家主要分布在北非和西亚，并集中在 30°N 左右。与基准期相比，各国在不同情景组合下的热浪死亡率均有所增加，特别是在 2050s，其中 4 个国家(印度、巴基斯坦、埃及和摩洛哥)在 RCP 2.6 情景下死亡人口风险增加显著，其余 6 个国家(阿尔及利亚、叙利亚、美国、土耳其、伊拉克、沙特阿拉伯)在 RCP 8.5 情景下死亡人口风险增加显著。未来热浪死亡人口风险最大的是非洲，在 RCP 8.5-SSP3 情景下，2050s 期间年均热浪死亡人口数可达 85.53 万人，而死亡人口风险增加最大的是埃及，在 RCP 8.5-SSP3 情景下，相对于基准期，2050s 期间死亡人口风险增加了近 14 倍。

表 5.5　不同排放情景下不同时期热浪死亡人口风险统计表　　(单位：万人/a)

国家	基准期	RCP 2.6-SSP1		RCP 4.5-SSP2		RCP 8.5-SSP3	
		2030s	2050s	2030s	2050s	2030s	2050s
印度	7.24	54.74	68.16	16.33	29.73	18.10	43.74
阿尔及利亚	2.88	7.65	10.45	8.83	17.55	10.92	31.43
叙利亚	2.36	19.60	39.63	8.47	19.48	8.95	35.13
美国	2.27	7.01	10.02	5.44	9.87	5.32	11.10
巴基斯坦	2.06	21.32	27.38	5.20	10.07	5.69	14.32
土耳其	1.43	7.38	10.27	4.59	10.17	4.85	18.71
伊拉克	1.19	6.98	9.55	4.43	9.50	5.06	17.58
埃及	1.01	13.10	18.89	3.79	8.16	4.29	15.58
摩洛哥	0.48	6.59	6.75	1.32	2.48	1.58	4.49
沙特阿拉伯	0.42	3.77	5.70	1.73	4.05	1.84	6.11

注：表中所示为全球排名前 10 的国家。

4) 讨论

本书研究计算了基准期、2030s 和 2050s 不同情景组合下多模式集合的热浪死亡人口风险，结果显示，热浪死亡人口风险在未来将会大幅度增加，特别是在北半球中低纬度地区，高风险区集中在非洲中部、北美洲东部、印度半岛、阿拉伯半岛以及地中海沿岸区域，这些区域大都是人口密度较高的区域。这些区域大量的人口暴露，加上本身热浪持续天数较高，设防水平不够，导致死亡人口风险相对较高。

风险是致灾因子强度、人口暴露度和人口脆弱性共同作用的结果，高精度的人口和气象数据、合理的热浪定义和准确的全球各地区脆弱性曲线是评估全球热浪死亡风险的基础。本书研究采用了全球高分辨率数据集，在一定程度上弥补了研究数据的不足。在计算热浪强度时，由于阈值的不同，热浪的持续时间和区域也不同，因此阈值可能影响死亡人口风险的大小和分布。本书研究采用相对阈值法定义了热浪，这可以消除纬度差异带来的影响，适合于全球范围的评估，但是该方法并没有考虑当日温度与阈值之间的梯度差，可能会导致大大估计了中低纬度地区的热浪强度，导致中低纬度地区的风险估计偏高。同时本研究在计算人口脆弱性时，仅考虑了温度这一个影响，并没有考虑人口适应性问题，由于中低纬度地区常年温度较高，生活在那里的人们会对高温具有较高的适应性，而在我们的研究中并没有考虑这些，因此结果可能大大高估了中低纬度的热浪死亡人口风险。在脆弱性计算中，由于全球人口脆弱性曲线是有限的，没有详细的死亡率数据来分析世界各地不同地区的脆弱性，同时，参考的脆弱性曲线为日最高气温对应的死亡率，未考虑热浪的累积效应，这可能会影响死亡人口风险的计算精度，进而导致全球范围内死亡人口风险时空格局的不确定性。

　　由于本书研究热浪死亡人口风险的结果采用的是多模式集合预估的结果，因此本书研究也评估了模式间计算结果的不确定性，如图 5.10 所示。在 RCP 2.6 情景下，不同模式计算的结果误差更高，特别是在北半球中纬度地区，西亚和地中海沿岸地区模式间的不确定性更大。在 RCP 4.5 和 RCP 8.5 情景下，模式间的不确定性空间分布一致，亚洲东部、北美洲东部以及南美洲北部的不同模式间的误差更大。而风险结果的误差分布存在明显的界限感，特别是非洲 30°N 两侧的区域，不确定性明显不同，这也与脆弱性曲线分区不合理有关。通过与死亡人口风险分布图进行对比，高死亡风险区(非洲中部、印度半岛、阿拉伯半岛)结果相对可靠，不同模式计算的误差较小。

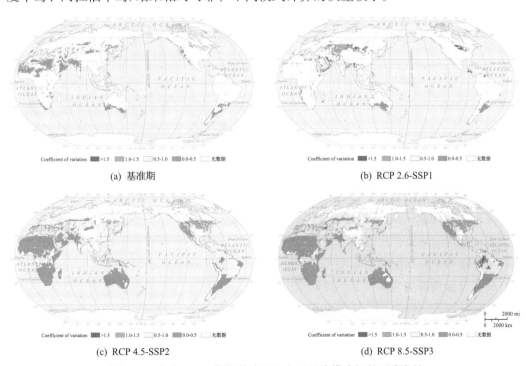

(a) 基准期　　　　　　　　　　　　　　　(b) RCP 2.6-SSP1

(c) RCP 4.5-SSP2　　　　　　　　　　　　(d) RCP 8.5-SSP3

图 5.10　未来 2050s 期间热浪死亡人口风险模式间的不确定性

2. 全球洪水死亡人口风险定量评估与制图

1)研究数据

洪水淹没数据：由 AOGCM 模式的径流数据驱动 CaMa-Flood 模型得到全球河道型洪水淹没数据。数据为栅格类型，分辨率为 2.5′×2.5′，栅格内的值代表像元内的年最大淹没深度和淹没比例（淹没面积占像元面积的比例）。淹没数据包括 1986～2005 年（2000s）、2016～2035 年（2030s）和 2046～2065 年（2050s）这三个时间段，RCP 4.5 和 RCP 8.5 这两个情景。

人口数据：包括来自社会经济数据和应用中心（Socioeconomic Data and Applications Center, SEDAC）的 2000 年和 2015 年的全球人口格网数据（gridded population of the world, GPW）第四版的人口数据，分辨率为 2.5′，3.1.1 节中的 SSP2 和 SSP3 情景数据，包括 2000s、2030s 和 2050s 这三个时间段的年均人口，空间分辨率为 0.5°×0.5°。为了与气候情景模式相对应，考虑到未来发生的可能性，选择两种合理的情景组合，即 RCP 4.5-SSP2 和 RCP 8.5-SSP3。

灾情数据：全球主要洪水事件的死亡人数，该数据来自紧急事件数据库（emergency events database, EM-DAT）。

2)评估方法

本书研究主要评估了 RCP 4.5-SSP2 和 RCP 8.5-SSP3 组合情景下，2016～2035 年和 2046～2065 年的河道型洪水死亡人口风险，并编制了不同单元尺度下的全球河道型洪水风险图。将 2016～2035 年每年的风险结果求平均作为 2030s 的风险结果，2046～2065 年每年的风险结果求平均作为 2050s 的风险结果。研究技术路线如图 5.11 所示。

A. 数据预处理

通过查看淹没数据的深度值和被淹没的范围，本研究认为 Lim 等（2018）生产的全球洪水淹没数据不能直接用于本书研究，主要的问题是没有剔除水体部分，并且淹没深度存在异常值，需要对原始的淹没数据进行校正。首先利用全球主要的湖泊数据对原淹没数据进行掩膜去掉大范围水体的影响，在这之后大部分深度异常的网格单元都被解决了，但是还剩下小部分异常值，对此，本研究通过设定阈值的办法来解决。根据已有的一些研究成果，通过综合评判，本书研究将洪水淹没数据的深度阈值定为 6 m，超过 6 m 的值调整为 6。

人口情景数据空间分辨率为 0.5°，为了和洪水淹没数据的空间分辨率保持一致，方便后续人口暴露度的分析，需要将其降尺度到 2.5′。GPW 人口数据集提供的空间分辨率选项中包括 2.5′，故本研究选择 GWP 作为降尺度的基准，并假设基准期的人口分布与 2000 年的 GPW 数据一致，未来时期的人口分布与 2015 年的 GPW 数据一致。降尺度就是将人口情景数据中一个网格单元的数据分为 12×12 个网格单元，分配的权重由同一范围内的 GPW 的值决定。

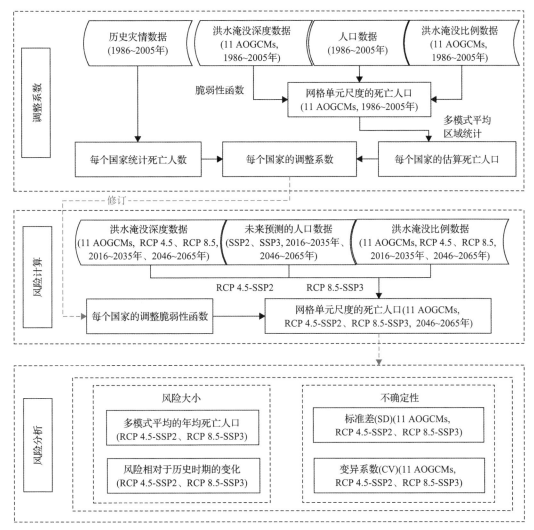

图 5.11　全球河道型洪水死亡人口风险评估技术路线

B. 基准期死亡人口估计

河道型洪水死亡人口脆弱性函数如式(5.6)所示(Jonkman et al., 2008)，基于该函数，使用基准期的淹没数据和人口数据可以估算出基准期每年的洪水死亡人数[式(5.7)和式(5.8)]。

$$V(d) = \Phi\left[\frac{\ln(d) - 7.60}{2.75}\right] \tag{5.6}$$

式中，Φ 为累积正态分布；d 为淹没水深。

$$PL_{his\_i\_j} = V(d_{his\_i\_j}) \times P_{his} \times f_{his\_i\_j} \tag{5.7}$$

$$PL_{his} = \frac{1}{11 \times 20} \sum_{j=1}^{20} \sum_{i=1}^{11} PL_{his\_i\_j} \tag{5.8}$$

式中，i 为 11 个 AOGCMs 的顺序；j 为 20 年的顺序；his 为基准期（1986～2005 年）；$PL_{his\_i\_j}$、$d_{his\_i\_j}$ 和 $f_{his\_i\_j}$ 分别为基准期第 j 年第 i 个 AOGCM 模式的估算死亡人口、淹没水深和淹没比例；P_{his} 为基准期的年均人口数量；PL_{his} 为基准期多模式平均后的年均死亡人口；$V(d)$ 为脆弱性函数。

C. 调整系数的计算

直接用式(5.6)中的脆弱性函数估算死亡人数的结果与统计的死亡人数之间存在差距，所以需要对脆弱性函数进行修订。考虑到不同地区的差异性，本书研究在国家尺度上对各个国家的脆弱性函数进行了修正。对于正常的国家[基准期死亡人数和用式(5.6)估算的死亡人数均大于 0]来说，调整系数的计算方法如式(5.9)所示；如果某个国家基准期记录的总死亡人数为 0，那该国家的调整系数是所有正常国家计算出的调整系数的最小值；如果某个国家基准期记录的死亡总人数大于 0，但估计死亡总人数等于 0，那该国家的调整系数为所有正常国家计算出的调整系数的均值。调整后的脆弱性函数如式(5.10)所示：

$$K_c = \frac{1}{20} \times \frac{\sum_{j=1}^{20} SPL_{his\_c\_j}}{PL_{his\_c}} \tag{5.9}$$

式中，K_c 为国家 c 的调整系数；PL_{his_c} 为基准期国家 c 的估算的年均死亡人数，由式(5.8)所得；$SPL_{his\_c\_j}$ 为第 j 年国家 c 的统计死亡人数。

$$Adj V_c(d) = K_c \times V(d) \tag{5.10}$$

D. 未来洪水死亡人口及其相对于基准期的变化

根据调整脆弱性曲线，结合洪水淹没数据和人口数据，未来时期国家 c 在栅格尺度上的洪水死亡人口可以按照式(5.11)进行估算。然后针对每个模式的结果，分别求 20 年的年均死亡人口[式(5.12)]，即将 2016～2035 年这 20 年的结果取平均值作为 2030s 年的年均死亡人口，2046～2065 年这 20 年的结果取平均作为 2050s 的年均死亡人口，将它们用以计算模式间的不确定性。最后对 11 个模式的结果求平均以减低模式间的不确定性[式(5.13)]。

$$PL_{fut\_i\_j} = Adj V_c(d_{fut\_i\_j}) \times P_{fut} \times f_{fut\_i\_j} \tag{5.11}$$

$$PL_{fut\_i} = \frac{1}{20} \sum_{j=1}^{20} PL_{fut\_i\_j} \tag{5.12}$$

$$PL_{fut} = \frac{1}{11} \sum_{i=1}^{11} PL_{fut\_i} \tag{5.13}$$

式中，$PL_{fut\_i\_j}$、$d_{fut\_i\_j}$ 和 $f_{fut\_i\_j}$ 分别为未来时期（2030s 或 2050s）第 j 年第 i 个 AOGCM 模式的估算死亡人口、淹没水深和淹没比例；P_{fut} 为未来的年均人口数量；PL_{fut_i} 为未来第

i 个模式的年均死亡人口；PL_{fut} 为未来时期多模式平均后的年均死亡人口。

未来洪水死亡人口相对于基准期的变化用绝对变化［式(5.14)］和相对变化衡量［式(5.15)］。

$$\Delta PL = PL_{fut} - PL_{his} \tag{5.14}$$

$$\Delta PL = \frac{PL_{fut} - PL_{his}}{PL_{his}} \tag{5.15}$$

E. 模式不确定性

本研究选取两个指标用于衡量不同模式结果的不确定性，分别是标准差［式(5.16)］和变异系数［式(5.17)］。标准差反映了数据集的离散程度，而变异系数去除了均值大小对标准差的影响，能够更方便地比较不同地区之间模式的不确定性。

$$SD = \sqrt{\frac{\sum_{i=1}^{11}(L_i - L)^2}{11}} \tag{5.16}$$

式中，L_i 为第 i 个模式的年均洪水死亡人口（PL_{his_i} 或 PL_{fut_i}）；L 为多模式平均的年均死亡人口（PL_{his} 或 PL_{fut}）。

$$CV = \frac{SD}{L} \tag{5.17}$$

3）评估结果

在全球范围内，2030s 时期 RCP 4.5-SSP2 情景下的年均洪水死亡人数约为 2.14 万人，RCP 8.5-SSP3 情景下的年均死亡人数约为 2.32 万人；与基准期相比分别增加了 57% 和 69%。2050s 期间，RCP 4.5-SSP2 情景下的洪水年均死亡人数约为 2.57 万人，RCP 8.5-SSP3 情景下为 3.15 万人；与基准期相比分别增加了 88% 和 1.31 倍。

A. 未来时期洪水死亡人口风险

图 5.12 为 0.25°×0.25° 网格单元的全球河道型洪水年均死亡人口风险的空间分布图，即每个单元格的值表示 20 年死亡人口风险的平均值。在空间分布上，不同情景下的河道型洪水死亡人口风险空间分布相似。风险较高的地区主要集中在东亚、南亚和东南亚。其中，中国东部沿海地区和恒河流域附近是洪水死亡人口风险最高（>2 人）的地方。就整体情况而言，2050s 洪水死亡人口风险高于 2030s；2030s 时期的风险在 RCP 4.5-SSP2 和 RCP 8.5-SSP3 两种情景下的区别不是很大，但是 2050s 时期，RCP 8.5-SSP3 情景下的风险明显高于 RCP 4.5-SSP2 情景。

对死亡人口的结果进行国家单元的分区统计后，表 5.6 展示了洪水死亡人口风险排前十的国家。印度、孟加拉国、中国、海地和印度尼西亚的死亡人数较多，基准期年均死亡人口在 $0.57×10^3$～$1.69×10^3$ 人，2030s 时期 RCP 4.5-SSP2 和 RCP 8.5-SSP3 情景下，年均死亡人口分别在 $1.95×10^3$～$3.74×10^3$ 人和 $1.73×10^3$～$3.94×10^3$ 人；2050s

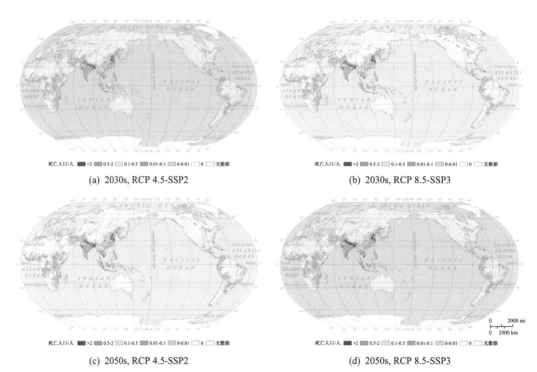

(a) 2030s, RCP 4.5-SSP2 (b) 2030s, RCP 8.5-SSP3

(c) 2050s, RCP 4.5-SSP2 (d) 2050s, RCP 8.5-SSP3

图 5.12　全球河道型洪水年均死亡人口风险（0.25°×0.25°网格）

表 5.6　洪水死亡人口风险排前十的国家　　　　　（单位：10^3 人）

国家	基准期	2030s		2050s	
		RCP 4.5-SSP2	RCP 8.5-SSP3	RCP 4.5-SSP2	RCP 8.5-SSP3
印度	1.69	3.74	3.94	5.32	7.81
孟加拉国	0.57	2.18	2.27	2.72	3.51
中国	1.50	2.35	2.36	2.52	3.00
海地	1.98	2.03	2.51	2.49	2.28
印度尼西亚	0.92	1.95	1.73	2.14	3.16
巴基斯坦	0.34	0.48	0.58	0.47	0.65
索马里	0.31	0.55	0.53	0.51	0.67
阿尔及利亚	0.29	0.45	0.45	0.35	0.43
越南	0.23	0.32	0.36	0.47	0.61
美国	0.22	0.35	0.31	0.38	0.31

时期两种情景下年均死亡人口分别在 $2.14×10^3$～$5.32×10^3$ 人和 $2.28×10^3$～$7.81×10^3$ 人。巴基斯坦、索马里、阿尔及利亚、越南和美国的死亡人口较低，基准期年均死亡人口在 $0.22×10^3$～$0.34×10^3$ 人，2030s 时期 RCP 4.5-SSP2 和 RCP 8.5-SSP3 情景下，年均死亡人口分别在 $0.32×10^3$～$0.55×10^3$ 人和 $0.31×10^3$～$0.58×10^3$ 人；2050s 时期两种情景下年均死亡人口分别在 $0.35×10^3$～$0.51×10^3$ 人和 $0.31×10^3$～$0.67×10^3$ 人。在大多

数国家,2050s 时期的死亡人数高于 2030s,RCP 8.5-SSP3 情景的死亡人数高于 RCP 4.5-SSP2
情景。

B. 未来洪水死亡人口风险相对于基准期的变化

图 5.13 为未来洪水死亡人口风险相对于基准期的变化(绝对变化)。总的来说,相对
于基准期,洪水死亡人口风险增加的地方较多,增加较大的地方主要分布在恒河流域和
其他一些沿海地区,尤其是恒河下游孟加拉湾附近的平原。2030s 时期,洪水死亡人口
风险相对于基准期有所降低的地区面积较多,其中 RCP 4.5-SSP2 情景死亡人口风险降低
的地区在恒河中游部分较为集中。2050s 时期,洪水死亡人口风险相对于基准期降低的
地区较 2030s 时期少,分布也非常分散,特别是 RCP 8.5-SSP3 情景下几乎找不到分布较
为集中的区域。

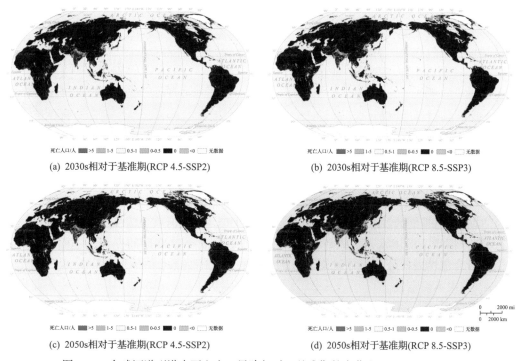

死亡人口/人 ▉ >5 ▉ 1-5 ▉ 0.5-1 ▉ 0-0.5 ▉ 0 ▉ <0 ☐ 无数据
(a) 2030s相对于基准期(RCP 4.5-SSP2)

死亡人口/人 ▉ >5 ▉ 1-5 ▉ 0.5-1 ▉ 0-0.5 ▉ 0 ▉ <0 ☐ 无数据
(b) 2030s相对于基准期(RCP 8.5-SSP3)

死亡人口/人 ▉ >5 ▉ 1-5 ▉ 0.5-1 ▉ 0-0.5 ▉ 0 ▉ <0 ☐ 无数据
(c) 2050s相对于基准期(RCP 4.5-SSP2)

死亡人口/人 ▉ >5 ▉ 1-5 ▉ 0.5-1 ▉ 0-0.5 ▉ 0 ▉ <0 ☐ 无数据
(d) 2050s相对于基准期(RCP 8.5-SSP3)

图 5.13　全球河道型洪水死亡人口风险相对于基准期的变化(0.25°×0.25°网格)

表 5.7 列出了死亡人口风险排前十的国家其未来洪水死亡人口风险相对于基准期的变
化(相对变化)。其中,孟加拉国是变化最大的国家,2030s 时期 RCP 4.5-SSP2 和 RCP 8.5-
SSP3 情景下,其死亡人口比基准期分别增加了 2.82 倍和 2.98 倍;2050s 时期两种情景下
分别增加了 3.76 倍和 5.16 倍。其次是印度,2030s 时期 RCP 4.5-SSP2 和 RCP 8.5-SSP3
情景下,死亡人口比基准期分别增加了 1.22 倍和 1.34 倍;2050s 时期两种情景下分别增
加了 2.15 倍和 3.63 倍。印度尼西亚排第三,2030s 时期两个情景下死亡人口比基准期分
别增加了 1.13 倍和 89%;2050s 时期两种情景下分别增加了 1.33 倍和 2.45 倍。中国排在
中等位置,2030s 时期两种情景下死亡人口比基准期分别增加了 56%和 57%;2050s 时期

两种情景下分别增加了 68% 和 1.00 倍。在这十个国家中，只有美国属于发达国家，2030s 时期两种情景下死亡人口比基准期分别增加了 59% 和 44%，2050s 时期分别为 76% 和 41%，且 RCP 8.5-SSP3 情景下的死亡人口增加值小于 RCP 4.5-SSP2 时期。

表 5.7   死亡人口风险排前十的国家其未来洪水死亡人口风险相对于基准期的变化（相对变化）

国家	2030s 相对于基准期的变化		2050s 相对于基准期的变化	
	RCP 4.5-SSP2	RCP 8.5-SSP3	RCP 4.5-SSP2	RCP 8.5-SSP3
印度	1.22	1.34	2.15	3.63
孟加拉国	2.82	2.98	3.76	5.16
中国	0.56	0.57	0.68	1.00
海地	0.03	0.27	0.25	0.15
印度尼西亚	1.13	0.89	1.33	2.45
巴基斯坦	0.40	0.67	0.36	0.88
索马里	0.79	0.75	0.67	1.20
阿尔及利亚	0.54	0.54	0.18	0.48
越南	0.40	0.55	1.03	1.64
美国	0.59	0.44	0.76	0.41

4) 讨论

本书研究在国家单元上修订了现有的洪水死亡人口脆弱性函数，利用 CaMa-Flood 模型得到的未来 RCP 4.5 和 RCP 8.5 情景下的洪水淹没数据、未来 SSP2 和 SSP3 情景下的人口预估数据、基准期的洪水损失数据等，评估了 2030s 和 2050s 在 RCP 4.5-SSP2 和 RCP 8.5-SSP3 组合情景下的洪水死亡人口风险，分析了其相对于基准期的变化。下面将对风险结果的不确定性进行分析，并讨论了影响结果的几点因素。

A. 模式不确定性

图 5.14 为全球河道型洪水年均死亡人口风险结果的模式不确定性，为了去除不同地区死亡人数不同的影响，采用了变异系数来衡量不确定性。四种情况下，变异系数的范围均在 0~4。不确定性较高的地方主要集中在北美洲、欧洲、印度半岛，大部分沿海地区的不确定性都较低。

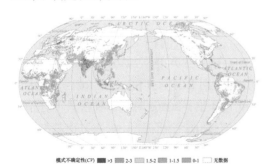

模式不确定性(CV) ■ >3 ■ 2-3 ■ 1.5-2 ■ 1-1.5 □ 0-1 □ 无数据

(a) 2030s, RCP 4.5-SSP2   (b) 2030s, RCP 8.5-SSP3

(c) 2050s, RCP 4.5-SSP2　　　　　　　　　　(d) 2050s, RCP 8.5-SSP3

图 5.14　全球河道型洪水死亡人口风险结果的模式不确定性（0.25°×0.25°网格）

表 5.8 为全球河道型洪水风险前十的国家其结果的模式不确定性，为了方便对不同的国家进行比较，采用变异系数来衡量不确定性。2030s 时期，RCP 4.5-SSP2 情景下，不确定性最高的是孟加拉国，其次是印度尼西亚，最低的是美国；RCP 8.5-SSP3 情景下，不确定性最高的是孟加拉国，其次是阿尔及利亚，最低的是中国。2050s 时期，RCP 4.5-SSP2 情景下，不确定性最高的是巴基斯坦、孟加拉国和印度尼西亚，最低的是中国；RCP 8.5-SSP3 情景下，不确定性最高的是印度尼西亚，其次是孟加拉国，最低的是越南。美国作为发达国家、中国作为发展中国家中经济发展最快的国家，其结果的不确定性在两种情景下都比较低。

表 5.8　全球河道型洪水死亡人口风险前十的国家其结果的模式不确定性（用变异系数衡量）

国家	2030s 的变异系数		2050s 的变异系数	
	RCP 4.5-SSP2	RCP 8.5-SSP3	RCP 4.5-SSP2	RCP 8.5-SSP3
印度	0.48	0.44	0.71	0.64
孟加拉国	0.75	0.81	0.82	0.83
中国	0.38	0.28	0.31	0.43
海地	0.60	0.48	0.56	0.69
印度尼西亚	0.68	0.65	0.82	1.04
巴基斯坦	0.55	0.54	0.82	0.68
索马里	0.40	0.33	0.36	0.36
阿尔及利亚	0.61	0.69	0.70	0.68
越南	0.39	0.38	0.32	0.31
美国	0.36	0.31	0.35	0.33

B. 影响结果的因素

本书研究只对洪水淹没数据中的异常值进行了粗略校正。造成洪水淹没数据中存在异常值的原因有很多，其中一个原因是没有去除水体的影响，即淹没水深值中可能包含了河道的深度，但由于无法完全剥离出河道，本研究只采用掩膜法将一些位于主要湖泊河流区的异常值进行了掩膜，剩余的异常值则采用阈值法进行粗略校正。

和其他的研究结果相比，部分国家(地区)结果被高估。造成这一结果的原因有三：
①淹没数据是用最大降水值来估计的，即淹没深度和分值是根据特大洪水来计算的。
②本研究假设脆弱性函数在未来不会发生变化。事实上，脆弱性可能会随着社会经济的
发展和对灾害认识的提高而降低。按照目前的脆弱性程度，死亡率将被过高估计。③本
研究假设设防水平处于当前水平，未来不能改变。事实上，洪水设防能力将随着社会经
济的发展而增强，如果保持在目前水平，未来的死亡人数将被高估，洪水频率和人口暴
露将增加。

5.2.2　全球农作物风险定量评估与制图

农作物生产是受气候变化风险威胁的重要对象之一。气候变化对农作物单产影响研
究通常关注气候变化可能造成的农作物单产平均值的变化。而从风险防范的角度而言，
单产的年际波动和极端低产也具有重要的意义。升温、降水格局变化和极端事件频率增
加改变了作物年际波动，并进一步传递到加工、交易和消费环节，已经并将持续对粮食
安全构成严峻挑战(IPCC, 2014; O'Neil et al., 2017)。理解气候变化影响粮食安全的机制
并评估其风险，是采取风险知晓的适应与防范的重要前提(IPCC, 2014; UNDRR, 2019)。
IPCC AR5 认为，"不分析"或"不报告"气候变化导致的单产年际波动变化是亟待解决
的问题(Porter et al., 2015)。IPCC 发布的《气候变化与土地特别报告》则指出，评估农作
物气候变化引起的单产年际波动和极端低产风险是构筑气候变化背景下粮食生产系统韧
性的关键一步(IPCC, 2019)。

为此，本研究围绕全球三大主粮作物小麦、玉米和水稻的单产风险，利用全球高分
辨率气候模式数据进行多模式驱动，构建了四个全球格网作物模型的集合模拟器，通过
多模式-多模型集合模拟，评估了未来不同时期、两种排放情景下(RCP 4.5 和 RCP 8.5)
三大作物单产年际变率和极端低产相对于基准期的变化。研究结果表明，总体而言，气
候变化减少了中高纬度地区的作物生产风险，但增加了低纬度地区的风险。就各作物而
言，中高纬度地区小麦年际变率增大，但极端低产风险降低。热带地区的玉米的年际变
率减小，但其极端低产风险增大。非洲和巴西的水稻年际变率增加，而东南亚地区年际
变率减小；除乌克兰和中国东北等小部分地区外，大部分地区的水稻极端低产风险增大。
与其他研究相比，本研究关于单产年际变率和极端低产水平的结果进一步丰富了对气候
变化农作物单产风险形成机理的认识，可为更准确地制定基于量化风险的适应性政策提
供依据。

1. 研究数据

1)气候数据

用于训练模型的气候数据集取自水与全球变化(water and global change, WATCH)项
目，空间分辨率为 0.5°×0.5°，包含日最高气温、日最低气温和日降水速率三个气候要
素，时间跨度为 1971~2001 年。用于预估的气候数据使用了 2 个排放情景，包括 RCP 4.5
(中低排放情景)和 RCP 8.5(高排放情景)，空间分辨率均为 0.25°×0.25°。RCP 4.5、

RCP 8.5 情景气候数据为高分辨率统计降尺度数据集 NEX-GDDP，下载自美国 NASA（url:https://www.nasa.gov/nex/）（Thrasher et al., 2012）。该数据集中包括了基准期（1950～2005 年）和两种情景下（RCP 4.5、RCP 8.5）预估时期（2006～2100 年）的数据。

2）土壤数据

土壤数据来源自协调世界土壤数据库（Harmonized World Soil Database v1.2，HWSD），包括土壤各层的理化性质，如有机质含量、pH 和阳离子交换量等。

3）管理数据

管理数据来源于多领域间影响模型比较计划（ISI-MIP）第 Ⅰ 阶段中 pDSSAT、pAPSIM、GEPIC 和 EPIC-IIASA 四个作物模型（Müller et al., 2019）对应的灌溉数据、氮磷肥施用速率和总量数据、生育期数据（播种日期、成熟日期等）和产量要素数据（如灌溉和雨养耕作系统下的单产）。

4）作物分布数据和统计单产数据

使用作物空间分配模型（spatial production allocation model, SPAM; You and Wood, 2006）所提供全球小麦、玉米和水稻在雨养和灌溉两种耕作系统下的分布数据作为融合的参考底图。选取 FAO 发布的基于国家单元统计的 1986～2005 年小麦、玉米和水稻单产数据作为校正的参考数据。

2. 评估方法

1）总体评估框架

在本书研究中，全球变化农作物单产风险指由全球气候系统变化造成的水稻、小麦、玉米三大主粮作物单产的年际波动和极端低产变化的不确定性。评估工作主要利用全球高空间分辨率（0.25°）气候强迫数据进行作物单产的多模式集合（MME）模拟实现。为实现 MME 模拟，提高运算效率和空间分辨率，本研究构建了全球网格作物模型（GGCM）的代用模拟器。具体步骤如下（图 5.15）：①开发基于 GGCM 的代用模拟器；②在高空间分辨率上对全球小麦、玉米和水稻的单产进行 MME 预测；③使用在国家尺度上报告的单产校正模拟的全球单产，以更好地捕捉真实的年际单产变化；④统计单产变化风险。

2）全球格网作物模型集合模拟器

本书研究使用了机器学习的方法来开发 GGCM 的代用模拟器（Folberth et al., 2019），即对特定的 GGCM 输入和输出数据集训练机器学习模型，以复制作物模型的复杂机理过程。训练过程使用了被广泛认为显著影响作物单产的变量作为预测变量（Folberth et al., 2019），包括气候、土壤类型和管理措施等。其中，气候数据考虑了月和生育期两种变量，土壤性质和管理措施则是场地特有的变量。由于极限梯度提升算法在拟合优度、交叉验证误差和计算效率方面的性能都优于随机森林算法（Folberth et al., 2019），因此使用其模拟了四种全球格网作物模型（pDSSAT、pAPSIM、GEPIC 和 EPIC-IIASA）在雨养和灌溉两种耕作系统下的小麦、玉米和水稻的输入-输出关系。训练时，随机分为包含 75% 和

25%样本的训练集和验证集(Yue et al.,2019)。

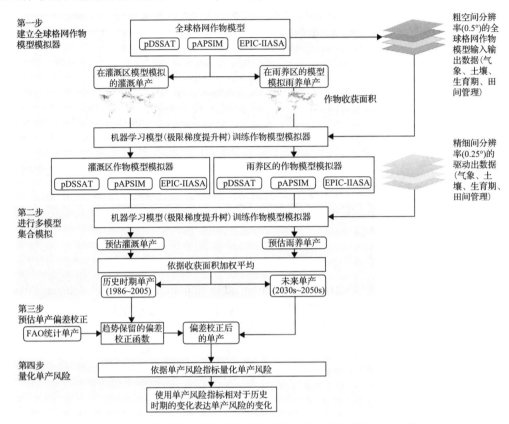

图5.15　全球变化农作物单产风险评估技术流程图(以小麦为例)

3)农作物单产仿真

在 RCP 4.5 和 RCP 8.5 情景下,对 1986~2005 年(基准期)、2016~2035 年(2030s)和 2046~2065 年(2050s)进行了全球尺度 0.25°格网的 MME 单产预测。与单模式相比,MME 方法已被证明是再现气候变化主要影响的可靠方法(Asseng et al., 2015; Frieler et al.,2017),可实现对空间异质性和模型间不确定性的分析(Martre et al.,2015)。在本研究中,对于每一种作物,都有 315 个处理,即 21 个 GCMs×3 个代用模拟器×5 个时期(基准期、RCP 4.5-2030s、RCP 4.5-2050s、RCP 8.5-2030s 和 RCP 8.5-2050s),每个时期的长度为 20 年。仿真中假定未来时期的种植日期、土壤性质和管理措施随时间保持不变。将模拟得到的雨养和灌溉单产依据 10 km 的作物种植面积数据(You and Wood, 2006)在格网上完成加权平均,最终得到三大作物的模拟单产,并使用 FAO 的国家单产报告数据对其进行偏差校正。

4)单产风险指标

过去,常使用单产(减产)的概率密度分布或累积概率分布的方法来描述单产风险(Coble et al., 2010; Ye et al., 2015)。本书研究使用不同时期的单产年际变率(每个 20 年模拟期内的多年标准差)和极端低产(每个 20 年模拟期内的第 10 个百分位数)作为描述单产风险的指标。为了表达气候变化在其中的贡献，使用两项指标在未来特定时段和情景下的值相对于历史基准期的百分比变化进行描述。

3. 评估结果

1)小麦

从 RCP 8.5 情景下 2050s 全球小麦单产年际变率相对于基准期的变化来看(图 5.16)，北半球中纬度地区(如美国中部和北部、俄罗斯西部、地中海地区等)的小麦单产年际变率增加，增幅超过 40%。其中，俄罗斯西部以温带大陆性气候为主，升温更加明显，导致小麦单产年际变率增加；而欧洲南部和地中海地区的小麦单产年际变率增加则可能是升温导致的降水减少造成的。而 30°N 纬线附近地区的小麦单产年际变率减少，如印度中部和美国南部。从南半球来看，各地区小麦单产年际变率增加和减少的面积相当，但是增幅(20%~40%)大于降幅(−20%~0%)，如非洲南部和南美洲南部。

从全球十大小麦生产国的单产年际变率来看(图 5.17)，俄罗斯、法国和德国的小麦单产年际变率较大；位于小麦总产前三的中国、印度和美国的小麦单产年际变率处于中等水平；巴基斯坦的小麦单产年际变率最小。随着升温幅度的增大(如更高的浓度路径或更远的未来)，各国的小麦单产年际变率都将增大，但受影响程度各异。其中，中国的小麦单产年际变率在较低浓度路径下(RCP 4.5)不会明显增加，但在较高浓度路径下(RCP 8.5)将会略微增加(未超过 0.4 t/hm²)。法国的小麦单产年际变率在 RCP 4.5-2030s、RCP 4.5-2050s 和 RCP 8.5-2030s 这三个时期基本持平，但当升温达到一定程度后(RCP 8.5-2050s)，小麦单产年际变率会剧烈增大。

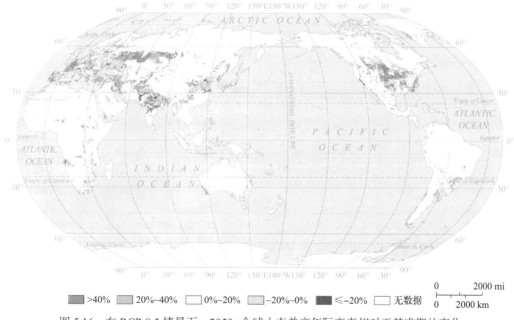

>40%　20%~40%　0%~20%　−20%~0%　≤−20%　无数据

图 5.16　在 RCP 8.5 情景下，2050s 全球小麦单产年际变率相对于基准期的变化

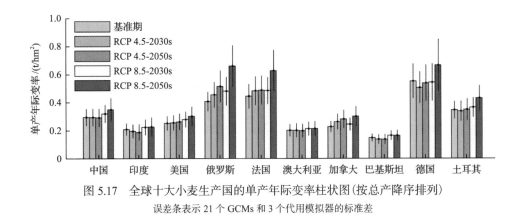

图 5.17　全球十大小麦生产国的单产年际变率柱状图(按总产降序排列)

误差条表示 21 个 GCMs 和 3 个代用模拟器的标准差

从 2050s 全球小麦 10 年一遇极端低产(图 5.18)相对于基准期的变化来看,全球尺度上呈现明显的纬向分异格局。在 30°N 以北区域,除中国中部和美国南部外,10 年一遇极端低产呈现大范围的上升,多数区域增幅可达 20%以上,主要原因是升温带来的有效积温增加。低纬度地区(如印度、中国西南部等)的极端低产将会更低,主要原因是受高温限制。其中,印度小麦极端低产减少最为明显,主要是因为在 RCP 8.5 情景下,虽然印度小麦生育期的温度和降水都呈增加趋势,但是温度的增加趋势比降水明显(张学珍等,2019),导致了其极端低产减少(≤-20%)。对于南半球,澳大利亚和南美洲的小麦极端低产以减少为主,而非洲南部的小麦极端低产以增加为主。

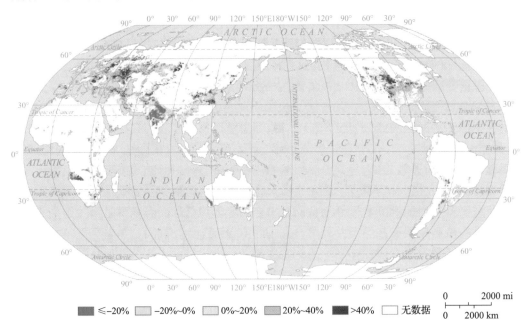

图 5.18　在 RCP 8.5 情景下,2050s 全球小麦 10 年一遇极端低产相对于基准期的变化

从全球十大小麦生产国的 10 年一遇极端低产来看(图 5.19),小麦极端低产最高的国家为法国和德国,高达 4~6 t/hm²,而最低的国家是澳大利亚、加拿大和巴基斯坦,

可低至 1 t/hm^2。小麦极端低产的变化与升温之间的关系在各国间并不统一。随着升温幅度的增大，大部分国家总体呈上升趋势，但印度和澳大利亚的小麦极端低产呈下降趋势。例如，升温幅度的增加将使印度小麦极端低产更低，但会给高纬度产区的小麦带来有利影响，其极端低产在 RCP 4.5-2030s、RCP 4.5-2050s、RCP 8.5-2030s 和 RCP 8.5-2050s 这四个时期稳定上升。

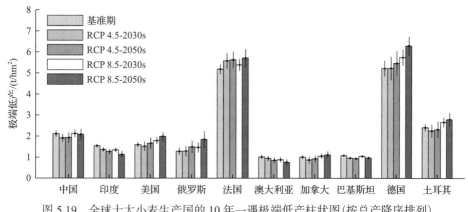

图 5.19　全球十大小麦生产国的 10 年一遇极端低产柱状图（按总产降序排列）

误差条表示 21 个 GCMs 和 3 个代用模拟器的标准差

2）玉米

从 RCP 8.5 情景下 2050s 全球玉米单产年际变率相对于基准期的变化来看（图 5.20），对于北半球，中纬度大部分地区单产年际变率增加，如欧洲、中国华北平原、美国中部

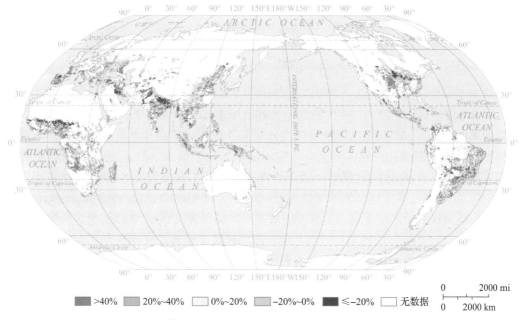

图 5.20　在 RCP 8.5 情景下，2050s 全球玉米单产年际变率相对于基准期的变化

等。北美五大湖地区的玉米单产年际变率减小。其中，中国华北平原的玉米主要为夏季灌溉作物，其单产年际变率增加主要受到温度和降水的共同影响，如生育期高温限制和降水减少。北半球低纬度地区的玉米单产年际变率总体减小，如非洲撒哈拉以南地区、印度北部、中国南部等，其中，非洲玉米单产年际变率的变化主要与厄尔尼诺-南方涛动（ENSO）导致的降水变化有关（彭俊杰，2017）。对于南半球，玉米单产年际变率总体以增加为主，但是有少部分地区的玉米单产年际变率减小，如南美洲中部。

从全球十大玉米生产国的单产年际变率来看（图5.21），智利和加拿大的玉米单产年际变率较高，均高于0.6 t/hm^2；墨西哥、印度和俄罗斯的玉米单产年际变率较低，约为0.2 t/hm^2。随着升温强度的增加，美国、中国、巴西和墨西哥的玉米单产年际变率呈稳定上升趋势；而加拿大、乌克兰和俄罗斯则呈波动上升趋势。例如，在RCP 4.5和RCP 8.5浓度路径下，随着时间的增加，加拿大和俄罗斯的玉米单产年际变率增加，但在RCP 4.5-2050s的玉米单产年际变率略高于RCP 8.5-2030s。相反地，阿根廷、智利和印度的玉米单产年际变率总体呈下降趋势。

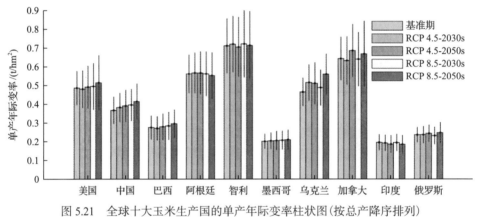

图5.21　全球十大玉米生产国的单产年际变率柱状图（按总产降序排列）
误差条表示21个GCMs和3个代用模拟器的标准差

从2050s全球玉米10年一遇极端低产（图5.22）相对于基准期的变化来看，对于北半球，在中纬度地区中，欧洲、中国东北地区和美国东北地区的玉米极端低产增加；其中，欧洲的地中海地区和美国五大湖地区本身水分较为充足，但由于地处高纬，在基准期玉米生长主要受到温度的限制，升温在一定程度上有利于提高单产。而俄罗斯伏尔加河-顿河流域、中亚、中国的华北地区、美国中部等地区的玉米极端低产将明显减少（幅度超过20%）。北半球低纬度地区的玉米极端低产将进一步下降，特别是撒哈拉以南地区、南亚和东南亚地区。对于南半球，玉米极端低产下降幅度较大（≤-20%）的地区主要为非洲的安哥拉、赞比亚等，增加幅度较大（>40%）的地区主要在非洲东南部；在南美洲玉米极端低产增加和减少的面积交错，具有较大的空间异质性。

从10年一遇极端低产来看（图5.23），美国、智利和加拿大的玉米极端低产较高，各个时期和情景的极端低产值均大于5 t/hm^2。各国之间极端低产的变化与升温的关系存在较大差异，加拿大的玉米极端低产随升温总体呈上升趋势，但是大部分国家（如美国、中国、智利、乌克兰和俄罗斯）的玉米极端低产则是先上升后下降，其中，短期的

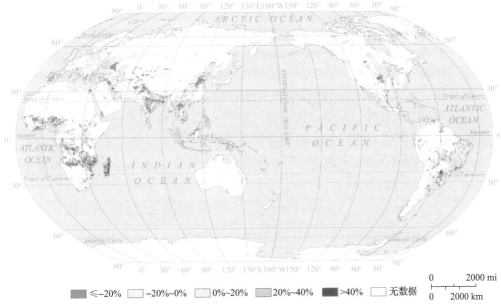

图 5.22 在 RCP 8.5 情景下，2050s 全球玉米 10 年一遇极端低产相对于基准期的变化

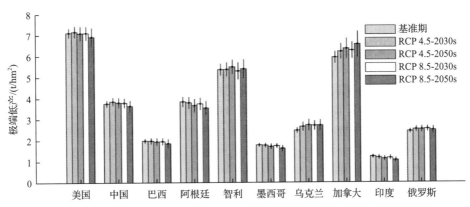

图 5.23 全球十大玉米生产国的 10 年一遇极端低产柱状图（按总产降序排列）

误差条表示 21 个 GCMs 和 3 个代用模拟器的标准差

玉米极端低产上升可能是受降水增加的利好影响，而阿根廷、墨西哥和印度的玉米极端低产则是总体呈下降趋势。

3）水稻

从 RCP 8.5 情景下 2050s 全球水稻单产年际变率相对于基准期的变化来看（图 5.24），对于北半球，中纬度地区出现了较为明显的南北分异；其中，60°N 附近的乌克兰和中国东北地区的水稻单产年际变率减小，30°N 附近的中国华中地区和美国东南部水稻单产年际变率增加。大部分低纬度地区的水稻单产年际变率都将增加，如撒哈拉以南地区、印度、东南亚和中国西南地区等，特别是撒哈拉以南地区，增幅可超 40%。中国东南部和东南亚的水稻单产年际变率减小。对于南半球，非洲和南美洲大部分地区的水稻单产年际变率都将增加，只有零星地区水稻单产年际变率减小，如巴西东南部。

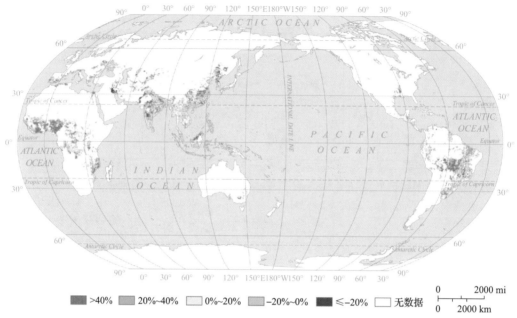

图 5.24　在 RCP 8.5 情景下，2050s 全球水稻单产年际变率相对于基准期的变化

　　从全球十大水稻生产国的单产年际变率来看(图 5.25)，乌克兰的单产年际变率最大(>0.8 t/hm^2)，印度尼西亚次之(>0.6 t/hm^2)。作为产量排名前三的水稻生产国，中国、巴西和印度的水稻单产年际变率相对较小。在多个主产国，水稻单产年际变率的增大与升温幅度有微弱的正向关系，其中，中国、巴西、印度、印度尼西亚、秘鲁、美国和尼日利亚的水稻单产年际变率都将随着升温幅度的增加而增加，但增加幅度不大。而乌克兰的水稻单产年际变率则呈波动上升趋势，高排放情景(RCP 8.5)将高于中排放情景(RCP 4.5)，但是近期未来(2030s)的单产年际变率却高于远期未来(2050s)。西班牙和伊朗的水稻单产年际变率则随着升温幅度的增加而下降，但将在高排放情景(RCP 8.5)的远期未来(2050s)有较为明显的回升。

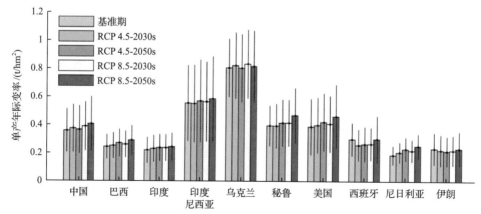

图 5.25　全球十大水稻生产国的单产年际变率柱状图(按总产降序排列)

误差条表示 21 个 GCMs 和 3 个代用模拟器的标准差

从 2050s 全球水稻 10 年一遇极端低产(图 5.26)相对于基准期的变化来看,对于北半球,除了位于中纬度水稻种植区最北部的乌克兰和中国东北部等地区外(增幅可超40%),大部分地区的水稻极端低产都在减少,减幅最大的地区主要是非洲撒哈拉以及30°N 纬线和赤道穿过的地区,如亚洲印度河平原-恒河平原、中国南方地区和印度尼西亚等,减产可超 10%。以中国为例,北方地区平均温度和平均降水量的增幅都将高于南方地区(李鸣钰等,2021),且东北稻区本身土壤肥沃,有效积温的增加和降水量的增大将有利于增产。而在温度大幅增加和降水小幅增加的情况下,南方稻区的植物蒸腾作用将变大,生育期缩短,造成减产。对于南半球,印度尼西亚南部、新几内亚和南美洲中部等地区的水稻极端低产将减少,而非洲南部和巴西东南部的水稻极端低产将增加。

从全球十大水稻生产国的 10 年一遇极端低产来看(图 5.27),中国、美国和西班牙的

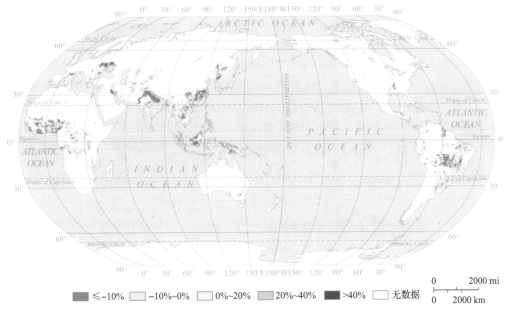

图 5.26　在 RCP 8.5 情景下,2050s 全球水稻 10 年一遇极端低产相对于基准期的变化

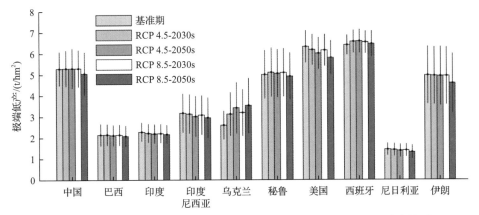

图 5.27　全球十大水稻生产国的 10 年一遇极端低产柱状图(按总产降序排列)

误差条表示 21 个 GCMs 和 3 个代用模拟器的标准差

水稻极端低产较高(>5 t/hm^2)，巴西和印度次之($2\sim3$ t/hm^2)，而尼日利亚的水稻极端低产较低($1\sim2$ t/hm^2)。在十大生产国中，除乌克兰的水稻极端低产伴随升温持续增加外，大部分国家(中国、巴西、秘鲁和西班牙)的极端低产则随着 CO$_2$ 排放浓度和时间的增加先增加后减少。而印度、印度尼西亚、美国、尼日利亚和伊朗的水稻极端低产总体呈减少趋势。

5.2.3　全球洪水 GDP 损失风险定量评估与制图

1. 研究数据

洪水淹没数据：由 AOGCM 模式的径流数据驱动 CaMa-Flood 模型得到全球河道型洪水淹没数据。数据为栅格类型，分辨率为 2.5′×2.5′，栅格内的值代表像元内的年最大淹没深度和淹没比例(淹没面积占像元面积的比例)。淹没数据包括 1986~2005 年(2000s)、2016~2035 年(2030s)和 2046~2065 年(2050s)这三个时间段，RCP 4.5 和 RCP 8.5 这两个情景。

GDP 数据：包括 Kummu 等(2018)发布的 2000 年和 2015 年的 GDP 数据，分辨率为 0.5′。3.1.1 节中的 SSP2 和 SSP3 情景数据，包括 2000s、2030s 和 2050s 这三个时间段的年均 GDP(2005 年不变价)，空间分辨率为 0.5°×0.5°。为了与气候情景模式相对应，考虑到未来发生的可能性，选择两种合理的情景组合，即 RCP 4.5-SSP2 和 RCP 8.5-SSP3。

灾情数据：全球主要洪水事件的直接经济损失，该数据来自 EM-DAT。

2. 评估方法

本书研究主要评估了 RCP 4.5-SSP2 和 RCP 8.5-SSP3 组合情景下，2016~2035 年和 2046~2065 年的河道型洪水 GDP 损失风险，并编制了不同单元尺度下的全球河道型洪水 GDP 损失风险图。将 2016~2035 年每年的风险结果求平均作为 2030s 的风险结果，2046~2065 年每年的风险结果求平均作为 2050s 的风险结果。研究技术路线如图 5.28 所示。

首先需要对洪水淹没数据中的异常值进行校正，校正方法见 5.2.1 节中的数据预处理部分。然后需要将 0.5° 的 GDP 情景数据降尺度到 2.5′，具体方法如下：先将 Kummu 等 (2018)发布的 0.5′ 的 GDP 数据升尺度到 2.5′，然后按照 5.2.1 节中数据预处理部分的方法将 0.5° 的 GDP 情景数据降尺度到 2.5′。

1) 基准期 GDP 损失估计

河道型洪水 GDP 损失脆弱性函数可借鉴如式(5.18)的洪水资产损失脆弱性函数 (Wing et al., 2018)，基于该函数，使用历史基准期的淹没数据和 GDP 数据可以估算出基准期每年的洪水 GDP 损失[式(5.19)和式(5.20)]。

$$V(d) = \begin{cases} -0.0067d^4 + 0.0723d^3 - 0.233d^2 + 0.3953d, & d < 5 \\ 0.0038d + 0.962, & d \geqslant 5 \end{cases} \tag{5.18}$$

式中，d 为淹没水深。

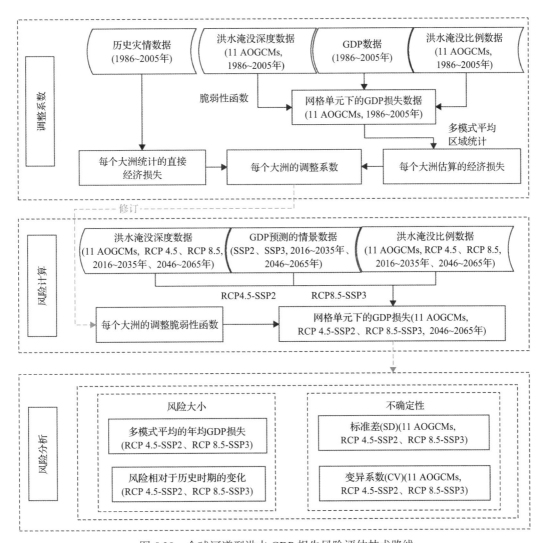

图 5.28　全球河道型洪水 GDP 损失风险评估技术路线

$$L_{\text{his}\_i\_j} = V(d_{\text{his}\_i\_j}) \times E_{\text{his}} \times f_{\text{his}\_i\_j} \tag{5.19}$$

$$L_{\text{his}} = \frac{1}{11 \times 20} \sum_{j=1}^{20} \sum_{i=1}^{11} L_{\text{his}\_i\_j} \tag{5.20}$$

式中，i 为 11 个 AOGCMs 的顺序；j 为 20 年的顺序；his 为基准期(1986～2005 年)；$L_{\text{his}\_i\_j}$、$d_{\text{his}\_i\_j}$ 和 $f_{\text{his}\_i\_j}$ 分别为基准期第 j 年第 i 个 AOGCM 模式的估算经济损失、淹没水深和淹没比例；E_{his} 为基准期的年均 GDP；L_{his} 为基准期多模式平均后的年均经济损失；$V(d)$ 为脆弱性函数。

2)调整系数的计算

式(5.18)中的脆弱性函数与 GDP 数据存在不适配的问题，所以需要对脆弱性函数进行修订。考虑到不同地区的差异性，本书研究在大洲尺度上对各个洲的脆弱性函数进行了修正。调整系数的计算方式如式(5.21)所示，调整后的脆弱性函数如式(5.22)所示。

$$K_c = \frac{1}{20} \times \frac{\sum_{j=1}^{20} \mathrm{SL}_{\mathrm{his}\_c\_j}}{L_{\mathrm{his}\_c}} \tag{5.21}$$

式中，K_c 为大洲 c 的调整系数；L_{his_c} 为基准期大洲 c 的年均死亡人数，$\mathrm{SL}_{\mathrm{his}\_c\_j}$ 为第 j 年大洲 c 的统计死亡人数。

$$\mathrm{Adj}V_c(d) = K_c \times V(d) \tag{5.22}$$

3) 未来洪水 GDP 损失及其相对于基准期的变化

根据调整脆弱性曲线，结合洪水淹没数据和 GDP 数据，未来时期大洲 c 在栅格尺度上的洪水 GDP 损失可以按照式(5.23)进行估算。然后针对每个模式的结果，分别求 20 年的年均损失[式(5.24)]，即将 2016～2035 年这 20 年的结果取平均值作为 2030s 年的年均损失，2046～2065 年这 20 年的结果取平均值作为 2050s 的年均损失，从而用以计算模式间的不确定性。最后对 11 个模式的结果求平均值以减低模式间的不确定性[式(5.25)]。

$$L_{\mathrm{fut}\_i\_j} = \mathrm{Adj}V_c(d_{\mathrm{fut}\_i\_j}) \times S_{\mathrm{fut}} \times f_{\mathrm{fut}\_i\_j} \tag{5.23}$$

$$L_{\mathrm{fut}\_i} = \frac{1}{20} \sum_{j=1}^{20} L_{\mathrm{fut}\_i\_j} \tag{5.24}$$

$$L_{\mathrm{fut}} = \frac{1}{11} \sum_{i=1}^{11} L_{\mathrm{fut}\_i} \tag{5.25}$$

式中，$L_{\mathrm{fut}\_i\_j}$、$d_{\mathrm{fut}\_i\_j}$ 和 $f_{\mathrm{fut}\_i\_j}$ 分别为未来时期(2030s 或 2050s)第 j 年第 i 个 AOGCM 模式的估算 GDP 损失、淹没水深和淹没比例；S_{fut} 为未来的年均 GDP；L_{fut_i} 为未来第 i 个模式的年均 GDP 损失；L_{fut} 为未来的年均 GDP 损失。

未来洪水 GDP 损失相对于基准期的变化用绝对变化[式(5.26)]和相对变化衡量[式(5.27)]。

$$\Delta L = L_{\mathrm{fut}} - L_{\mathrm{his}} \tag{5.26}$$

$$\Delta L = \frac{L_{\mathrm{fut}} - L_{\mathrm{his}}}{L_{\mathrm{his}}} \tag{5.27}$$

4）模式不确定性

本研究选取两个指标用于衡量不同模式结果的不确定性，分别是标准差[式(5.28)]和变异系数[式(5.29)]。标准差反映了数据集的离散程度，而变异系数去除了均值大小对标准差的影响，能够更方便地比较不同地区之间模式的不确定性。

$$SD = \sqrt{\frac{\sum_{i=1}^{11}(L_i - L)^2}{11}} \tag{5.28}$$

式中，L_i 为第 i 个模式的年均洪水 GDP 损失（L_{his_i} 或 L_{fut_i}）；L 为多模式平均的年均 GDP 损失（L_{his} 或 L_{fut}）。

$$CV = \frac{SD}{L} \tag{5.29}$$

3. 评估结果

从全球来看，2030s 时期，RCP 4.5-SSP2 情景下的年均 GDP 损失约为 2 226 亿美元，RCP 8.5-SSP3 情景下的年均 GDP 损失约为 1986 亿美元；相对于基准期分别增加了 4.82 倍和 4.19 倍。2050s 期间，RCP 4.5-SSP2 情景下的年均 GDP 损失约为 4 469 亿美元，RCP 8.5-SSP3 情景下的年均 GDP 损失约为 4 286 亿美元；相对于基准期分别增加了 10.69 倍和 10.21 倍。

1）未来时期洪水 GDP 损失风险

图 5.29 展示了全球河道型洪水 GDP 损失风险的空间分布。不同情景下的空间分布相似，高风险地区主要分布在东亚、南亚和东南亚，风险最大的是中国东部沿海地区、恒河流域附近地区和中南半岛沿海地区。总体而言，2050s 期间的风险高于 2030s。在非洲西部的尼日尔河流域、南部的赞比西河流域和东部的尼罗河流域的风险相对较高；在南美洲，拉普拉塔和奥里诺科平原地区的风险相对较高；欧洲的高风险地区较为分散；在北美洲，风险较高的地区主要分布在大西洋沿岸平原、圣劳伦斯河沿岸和北美洲南部沿海地区；澳大利亚的风险较高的地区主要集中在东南沿海地区。

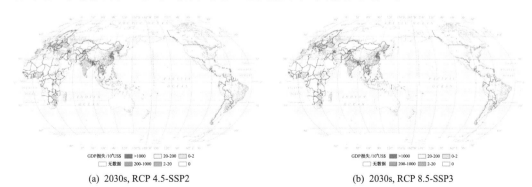

(a) 2030s, RCP 4.5-SSP2　　　　　　　　　　(b) 2030s, RCP 8.5-SSP3

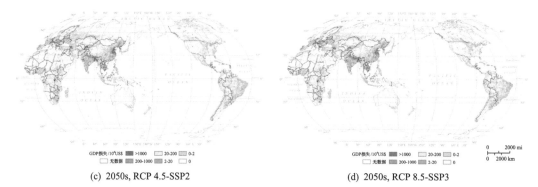

(c) 2050s, RCP 4.5-SSP2　　　　　　　　(d) 2050s, RCP 8.5-SSP3

图 5.29　全球河道型洪水 GDP 损失风险（2005 年不变价）

对 GDP 损失的结果进行国家单元的分区统计后，表 5.9 展示了十大高风险国家的年平均 GDP 损失。中国的 GDP 损失风险较高，基准期年均 GDP 损失为 139.23 亿美元，2030s 时期 RCP 4.5-SSP2 和 RCP 8.5-SSP3 情景下，年均 GDP 损失分别在 1 448.70 亿和 1 256.21 亿美元；2050s 时期两种情景下年均 GDP 损失分别为 2 435.53 亿和 2 297.97 亿美元。剩余国家的年均 GDP 损失较低，基准期年均 GDP 损失在 2.96 亿~37.76 亿美元，2030s 时期 RCP 4.5-SSP2 和 RCP 8.5-SSP3 情景下，年均 GDP 损失分别在 11.67 亿~179.27 亿美元和 11.77 亿~163.60 亿美元；2050s 时期两种情景下年均 GDP 损失分别在 28.00 亿~683.97 亿美元和 22.75 亿~733.12 亿美元。在大多数国家，2050s 时期的风险高于 2030s。不同时期不同国家 RCP 4.5-SSP2 和 RCP 8.5-SSP3 情景下的风险不同。

表 5.9　年平均洪水 GDP 损失风险排前十的国家　　　（单位：亿美元）

国家	基准期	2030s		2050s	
		RCP 4.5-SSP2	RCP 8.5-SSP3	RCP 4.5-SSP2	RCP 8.5-SSP3
中国	139.23	1 448.70	1 256.21	2 435.53	2 297.97
印度	21.37	179.27	163.60	683.97	733.12
孟加拉国	13.15	126.64	119.75	465.33	490.13
朝鲜	20.63	71.47	68.14	150.29	114.27
美国	37.76	53.36	49.24	83.38	65.69
阿根廷	5.89	27.43	22.73	54.66	49.33
伊朗	11.79	22.48	26.41	49.01	48.11
泰国	4.03	11.67	11.77	43.14	53.88
尼泊尔	2.96	13.69	11.90	33.04	27.77
意大利	19.37	21.68	20.93	28.00	22.75

2）未来洪水 GDP 损失相对于基准期的变化

图 5.30 为未来洪水 GDP 损失相对于基准期的变化（绝对变化）。总的来说，相对于基准期，洪水 GDP 损失增加较大的地方主要分布在恒河流域、中南半岛沿海地区和中国

东部沿海地区。风险降低的地区零散分布在各大洲。大部分地区的 GDP 损失的增加量在 100 万美元以下，如南美洲、非洲、北美洲和欧洲，绿色和黄色区域占据了绝大部分面积。2050s 期间洪水 GDP 损失增加大于 2030s。

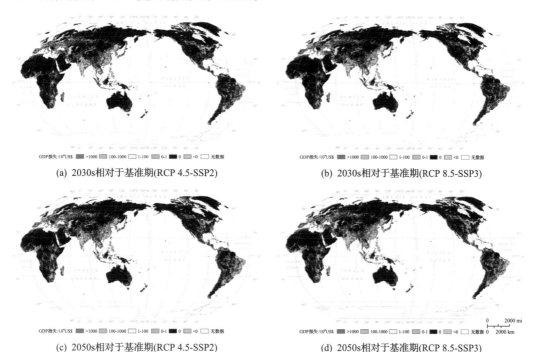

(a) 2030s相对于基准期(RCP 4.5-SSP2)　　　　　　(b) 2030s相对于基准期(RCP 8.5-SSP3)

(c) 2050s相对于基准期(RCP 4.5-SSP2)　　　　　　(d) 2050s相对于基准期(RCP 8.5-SSP3)

图 5.30　全球河道型洪水 GDP 损失风险相对于历史基准期的变化(2005 年不变价)

表 5.10 列出了风险排前十的国家其未来洪水 GDP 损失相对于基准期的变化(相对变化)。其中，印度、孟加拉国和中国相对于基准期的变化较大，意大利变化最小。2030s

表 5.10　风险排前十的国家其未来洪水 GDP 损失相对于基准期的变化(相对变化, 2005 年不变价)

国家	2030s 相对于基准期的变化		2050s 相对于基准期的变化	
	RCP 4.5-SSP2	RCP 8.5-SSP3	RCP 4.5-SSP2	RCP 8.5-SSP3
中国	9.41	8.02	16.49	15.50
印度	7.39	6.65	31.00	33.30
孟加拉国	8.63	8.11	34.38	36.27
朝鲜	2.46	2.30	6.28	4.54
美国	0.41	0.30	1.21	0.74
阿根廷	3.66	2.86	8.28	7.37
伊朗	0.91	1.24	3.16	3.08
泰国	1.89	1.92	9.70	12.36
尼泊尔	3.63	3.02	10.16	8.38
意大利	0.12	0.08	0.45	0.17

时期 RCP 4.5-SSP2 情景下，中国、孟加拉国和印度的变化在 7 倍以上，其他国家的变化均低于 4 倍，其中美国、伊朗和意大利的变化均在 1 倍以下；RCP 8.5-SSP3 情景下，中国、孟加拉国和印度的变化均在 6 倍以上，其他国家均低于 3 倍，其中美国和意大利均低于 1 倍。2050s 时期 RCP 4.5-SSP2 情景下，印度、孟加拉国、中国和尼泊尔的变化最大，均在 10 倍以上，其他国家均在 10 倍以下；RCP 8.5-SSP3 情景下，中国、印度、孟加拉国和泰国的变化最大，均在 10 倍以上，其他国家均在 10 倍以下。在这十个国家中，意大利和美国作为发达国家，2030s 和 2050s 时期 GDP 损失的变化非常小，且 RCP 8.5-SSP3 情景下的增加值小于 RCP 4.5-SSP2 情景。

4. 讨论

本书研究在大洲单元上修订了现有的洪水经济损失脆弱性函数，利用 CaMa-Flood 模型得到未来 RCP 4.5 和 RCP 8.5 情景下的洪水淹没数据、未来 SSP2 和 SSP3 情景下的 GDP 预估数据、基准期的洪水损失数据等，评估了 2030s 和 2050s 时期在 RCP 4.5-SSP2 和 RCP 8.5-SSP3 组合情景下的洪水 GDP 损失风险，并分析了其相对于基准期的变化。下面将对风险结果的不确定性进行分析。

图 5.31 为全球河道型洪水年均 GDP 损失风险结果的模式不确定性，为了去除不同地区 GDP 损失不同的影响，采用了变异系数来衡量不确定性。四种情况下，变异系数的范围均在 0～4。不确定性较高的地区主要集中在北美洲、欧洲和印度半岛，不确定性较低的地区主要分布在非洲南北纬 15°之间，亚洲的中南半岛、尼泊尔、阿富汗和朝鲜，南美洲沿海地区，以及欧洲乌克兰等地区。

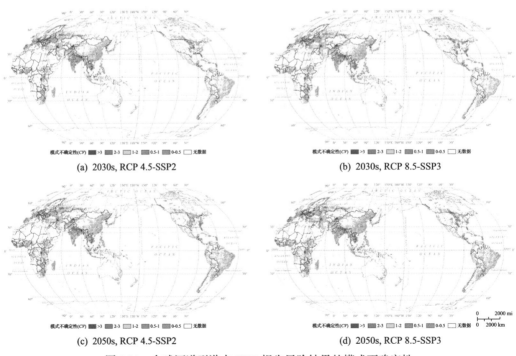

(a) 2030s, RCP 4.5-SSP2　　　　　　　　　　(b) 2030s, RCP 8.5-SSP3

(c) 2050s, RCP 4.5-SSP2　　　　　　　　　　(d) 2050s, RCP 8.5-SSP3

图 5.31　全球河道型洪水 GDP 损失风险结果的模式不确定性

表 5.11 为 GDP 损失风险前十的国家其结果的模式不确定性，为了方便对不同的国家进行比较，采用变异系数来衡量不确定性。2030s 时期，RCP 4.5-SSP2 情景下，不确定最高的是孟加拉国，其次是阿根廷，最低的是意大利；RCP 8.5-SSP3 情景下，不确定最高的是伊朗，其次是孟加拉国，最低的是意大利。2050s 时期，RCP 4.5-SSP2 情景下，不确定最高的是孟加拉国，其次是印度，最低的是意大利；RCP 8.5-SSP3 情景下，不确定最高的是孟加拉国，其次是伊朗，最低的是意大利。美国和意大利作为发达国家，其结果的不确定性在两种情景下都较低，中国作为发展中国家中经济发展最快的国家，其结果的不确定性在两种情景下都中等。

表 5.11　全球洪水 GDP 损失风险前十的国家其结果的模式不确定性(用变异系数衡量)

国家	2030s 的变异系数		2050s 的变异系数	
	RCP 4.5-SSP2	RCP 8.5-SSP3	RCP 4.5-SSP2	RCP 8.5-SSP3
中国	0.41	0.44	0.38	0.40
印度	0.53	0.55	0.86	0.72
孟加拉国	0.94	0.92	1.04	1.12
朝鲜	0.28	0.23	0.35	0.35
美国	0.35	0.38	0.34	0.39
阿根廷	0.71	0.80	0.68	0.61
伊朗	0.64	0.93	0.81	1.07
泰国	0.44	0.61	0.51	0.62
尼泊尔	0.32	0.29	0.27	0.35
意大利	0.17	0.21	0.24	0.30

5.2.4　青藏高原气候变化人口与经济系统风险评估与制图

1. 人口风险定量评估与制图

青藏高原南起喜马拉雅山脉南缘，北抵昆仑山、阿尔金山与祁连山脉北缘，南北范围为 26°00′12″～39°46′50″ N；西部以帕米尔高原和喀喇昆仑山脉为界，东部以横断山脉为界，东西范围为 73°18′52″～104°46′59″ E(图 5.32)，面积约为 257.24×10^4 km^2，占中国陆地总面积的 26.8%(张镱锂等，2002)，平均海拔 4 000 m 以上，是中国气候变化的"启动区"和全球气候变化的"驱动机与放大器"(潘保田和李吉均，1996)。青藏高原为高原大陆性气候，年均气温为–5.75～2.57℃(姚永慧和张百平，2015)，年降水量介于 200～500mm，且从东南向西北递减(赵林和盛煜，2019)；青藏高原中国境内冰储量约 4.56×10^3 km^3(姚檀栋等，2013)，是全球第二大冰川聚集地，孕育了多条大江大河，被称为"亚洲水塔"，对我国西部地区的水资源安全和社会发展起到保障作用，也对缓解亚洲水资源压力意义重大(姚檀栋等，2019；Immerzeel et al.，2010)。

青藏高原分布有 6 个省级行政单位，分别为青海省、西藏自治区、四川省、云南省、新疆维吾尔自治区及甘肃省，涉及 36 个市(地区、州)，215 个县级行政单元，其中 143

个县(区、县级市)位于高原内部,72 个县位于高原边缘地区(张镱锂等,2005),个别县在高原内部的面积较小且数据缺失,故研究区共包括 211 个县级行政单元。

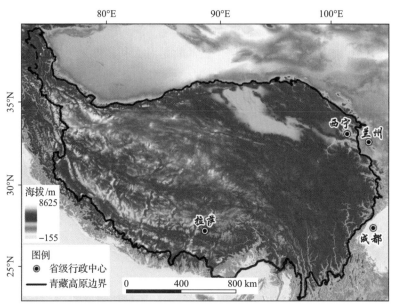

图 5.32 青藏高原位置和概况示意图

历史时期青藏高原人口发展曾长期处于停滞状态。中华人民共和国成立以来,该地区居民生活水平提高,医疗条件改善,人口稳定增长,人口增长率高于全国水平,少数民族人口增速高于总体人口增速。年龄结构方面,0~14 岁人口比重下降,65 岁以上人口比重上升;教育程度方面,文盲率大幅下降,人均受教育年限普遍提高。地区经济发展势头强劲,在培育传统农牧产业的同时,不断引入新兴产业,产业和就业结构持续优化,人民生活持续改善(牛方曲等,2019)。以西藏自治区为例,该地区生产总值长期保持两位数增长,2018 年人均地区生产总值达到 43 397 元,第一、第二、第三产业比重分别为 8.8%、42.5%、48.7%,已成功转变为"三二一"型产业格局。同时,居民收入稳步提高,2018 年农村和城镇居民人均可支配收入分别达到 11 450 元和 33 797 元,年均增幅保持在 9.5%以上。

1) 人口风险的危险性、暴露与脆弱性评估

A. 关键概念与定义

气候风险变化。风险是指气候变化与社会条件相互作用而导致严重变化的可能性与结果,其源于各种危险与暴露、脆弱性的叠加作用(IPCC,2012a,2014a),可导致广泛的人口、经济、社会和环境不利影响。本研究主要聚焦气候变化条件下青藏高原的人口风险。

危险性。气候变化危险性是指气候趋势性、波动性、极端性变化可能造成对人口、经济、社会、自然资源与环境的损失和危害(史培军等,2014,2016;IPCC,2012b)。

暴露。暴露是指人员、生计、环境服务和各种资源、基础设施、资产等处在气候变化不利影响的位置(IPCC,2012a)。

脆弱性。脆弱性是指受到气候变化不利影响的倾向(IPCC, 2012b;吴绍洪等, 2018)。具体而言,人口脆弱性是指人口系统易受气候变化不利影响的程度,即人口抵御气候变化干扰和破坏的能力。

B. 数据来源与处理

气象数据。研究所用的气温、降水量、风速等气象数据来自国家气象科学数据中心。其中,气温数据为站点逐日平均气温、最高气温和最低气温,降水量数据为日降水量,风速数据为日平均风速和最大风速。为保证数据的完整性,本研究选取了 73 个站点的气温资料、72 个站点的降水量资料以及 70 个站点的风速资料,时间序列为 1961~2015 年。

人口数据。研究所用人口总数、农牧业与非农牧业人口数等数据来源于研究区六大省级行政单位统计年鉴、实地搜集的各市州统计年鉴与汇编资料,空间尺度为县级行政单元,时间序列为 1990~2015 年。人口数据以 1990 年为时间起点,其原因有二:①气候变化对人类活动的影响存在较强的时间滞后性;②1990 年以来研究区行政区划基本稳定,保证了研究的真实性与可靠性。

极端事件的划分。青藏高原地势高亢,大气环境特殊,气候特征不同于其他地区,故极端事件划分的标准至关重要。例如,我国通常将高温日定义为日最高气温≥35℃,将降水量≥50 mm 和≥25 mm 定义为暴雨和大雨等,但通过分析资料发现,这些标准并不适用于青藏高原。为全面认识全球极端气候事件的变化特征,加强不同地区极端气候事件变化的对比研究,世界气象组织气候委员会(World Meteorological Organization-Commission for Climatology, WMO-CCI)、世界气候研究计划(world climate research program, WCRP)、气候变化及可预报性计划(climate variablility and predictablility, CLIVAR)先后提出一系列"气候变化检测和指标",这些指标被广泛应用于全球不同地区极端天气和气候事件的研究(Donat et al., 2014; Skansi et al., 2013)。鉴于目前极端事件划分方法的局限性,本书研究基于国际组织推荐的极端天气和气候事件指数,同时结合青藏高原的实际情况,从强度和频数两方面选取指标诊断极端事件变化。

人口数据处理。人口数据以行政区为单元,对于分布在青藏高原边缘地区的县级行政单元,需要假设其人口的空间等密度分布(廖顺宝和李泽辉, 2003),进而将该行政单元在青藏高原范围内的人口数据进行比例换算,其计算模型为[式(5.30)]

$$T_{Xed} = \sum_{i=1}^{n} R_i T_{Xi} \tag{5.30}$$

式中,T_{Xed} 为青藏高原人口统计数据值;R_i 为县级行政单元在青藏高原内面积占该行政单元总面积的比重;T_{Xi} 为该行政单元人口总量。

分析方法。因子分析可在保证数据信息丢失最少的前提下,将众多关系错综复杂的变量归结为少量综合因子,计算出各个公因子的得分和综合得分。文中利用因子分析法得到各个县域的气候变化危险性和承灾体脆弱性得分,其可表示为[式(5.31)]

$$Y = \alpha_1 Y_1 + \alpha_2 Y_2 + \cdots + \alpha_n Y_n \tag{5.31}$$

式中,Y 为综合得分;Y_i 为公因子;α_i 为其对应权重。

将熵权法引入气候变化危险性评价中，根据气温变化、降水量变化、风速变化危险性的信息熵大小来确定其在综合危险性中的客观权重，其结果如下：

$$H = \sum_{i=1}^{n} H_i \cdot w_i \tag{5.32}$$

式中，H 为危险性综合指数；H_i 为子系统危险性指数；w_i 为相应的权重。

C. 青藏高原气候变化危险性评价

气候变化危险性评价指标体系。依据气候变化危险性的定义，以气温、降水量、风速表征气候系统的变化，从趋势变化、波动变化、极端变化三个维度，遴选 14 个指标构建气候变化危险性的评价体系（表 5.12）。其中，趋势变化反映气候要素的持续走向（IPCC，2013），波动变化反映气候要素在长期状态的上下波动（IPCC，2014b），均属于"渐变危险"；极端变化表征气候倾向率高于某一阈值的情况，多引起灾害发生，属于"突变危险"。

气候变化危险性评价模型构建。使用因子分析方法，分别评价气温、降水量和风速子系统变化的危险性。在此基础上，采用熵权法，确定各子系统权重，综合评价青藏高原气候变化的危险性。

气温变化危险性模型构建。通过因子分析提取的特征值和因子得分系数，得到气温变化危险性模型如下 [式 (5.33) ～式 (5.36)]：

$$A_1 = 0.535 \times X_1 - 0.084 \times X_2 + 0.073 \times X_3 + 0.565 \times X_4 + 0.065 \times X_5 + 0.615 \times X_6 \tag{5.33}$$

$$A_2 = 0.353 \times X_1 - 0.114 \times X_2 + 0.862 \times X_3 - 0.235 \times X_4 + 0.064 \times X_5 + 0.246 \times X_6 \tag{5.34}$$

$$A_3 = 0.364 \times X_1 - 0.065 \times X_2 + 0.074 \times X_3 + 0.067 \times X_4 + 0.923 \times X_5 - 0.029 \times X_6 \tag{5.35}$$

$$A_4 = -0.130 \times X_1 + 0.951 \times X_2 - 0.119 \times X_3 - 0.243 \times X_4 - 0.063 \times X_5 + 0.046 \times X_6 \tag{5.36}$$

以各个公因子的特征值所占特征值之和的比例作为权重，得到如下综合模型 [式 (5.37)]：

$$A = 0.333 \times X_1 + 0.111 \times X_2 + 0.209 \times X_3 + 0.133 \times X_4 + 0.220 \times X_5 + 0.292 \times X_6 \tag{5.37}$$

式中，A 为气温变化危险性指数；X 为各指标原始变量标准化之后的值。

表 5.12 青藏高原气候变化危险性评价指标体系

目标层	标准层	指标层	单位
青藏高原气候变化危险性评价	气温变化	趋势变化　年均气温变化 X_1	℃/10a
		波动变化　气温波动特征 X_2	℃/10a
		极端变化　年内日最高气温变化 X_3	℃/10a
		年内日最低气温变化 X_4	℃/10a
		结冰日数变化 X_5	d/10a
		霜冻日数变化 X_6	d/10a

续表

目标层	标准层		指标层	单位
		趋势变化	年降水量变化 X_7	mm/10a
	降水量变化	波动变化	年降水量波动特征 X_8	mm/10a
		极端变化	最大日降水量变化 X_9	mm/10a
			日降水量≥10 mm 天数变化 X_{10}	d/10a
青藏高原气候变化危险性评价		趋势变化	年均风速变化 X_{11}	m/(s·10a)
	风速变化	波动变化	风速波动特征 X_{12}	m/(s·10a)
		极端变化	年最大风速变化 X_{13}	m/(s·10a)
			大风日数变化 X_{14}	d/10a

降水量变化危险性模型构建。降水量变化危险性分析模型如下[式(5.38)～式(5.40)]：

$$B_1 = -0.696 \times X_7 - 0.104 \times X_8 + 0.122 \times X_9 + 0.700 \times X_{10} \tag{5.38}$$

$$B_2 = -0.155 \times X_7 - 0.052 \times X_8 + 0.980 \times X_9 + 0.117 \times X_{10} \tag{5.39}$$

$$B_3 = 0.113 \times X_7 + 0.985 \times X_8 - 0.053 \times X_9 - 0.123 \times X_{10} \tag{5.40}$$

降水量变化危险性综合模型如式(5.41)所示：

$$B = 0.344 \times X_7 + 0.193 \times X_8 + 0.300 \times X_9 + 0.334 \times X_{10} \tag{5.41}$$

式中，B 为降水量变化危险性指数；X 为各指标原始变量标准化后的值。

风速变化危险性模型构建。风速变化危险性分析模型如下[式(5.42)～式(5.44)]：

$$C_1 = 0.705 \times X_{11} + 0.042 \times X_{12} + 0.698 \times X_{13} + 0.118 \times X_{14} \tag{5.42}$$

$$C_2 = 0.253 \times X_{11} + 0.929 \times X_{12} - 0.143 \times X_{13} + 0.231 \times X_{14} \tag{5.43}$$

$$C_3 = 0.021 \times X_{11} + 0.231 \times X_{12} + 0.235 \times X_{13} + 0.944 \times X_{14} \tag{5.44}$$

风速变化危险性综合模型如下[式(5.45)]：

$$C = 0.395 \times X_{11} + 0.342 \times X_{12} + 0.338 \times X_{13} + 0.372 \times X_{14} \tag{5.45}$$

式中，C 为风速变化危险性指数；X 为各指标原始变量标准化之后的值。

气候变化危险性的综合评价模型。将熵权法引入气候变化危险性评价中，得到气温、降水量与风速变化在综合危险性中的权重分别为 0.485、0.212 和 0.302，从而得到气候变化综合危险性评价模型[式(5.46)]：

$$\text{HI} = 0.485 \times A + 0.212 \times B + 0.302 \times C \tag{5.46}$$

气候变化的危险性程度。采用自然间断分类法，将危险性指数分为五个等级：微度危险（Ⅰ级）、轻度危险（Ⅱ级）、中度危险（Ⅲ级）、重度危险（Ⅳ级）和极重度危险（Ⅴ级）。气候变化危险性以重度危险为主，该级别区面积占研究区总面积的43.75%；中度和极重度危险次之，二者面积占比相当，微度和轻度危险区面积占比较小（表5.13）。整体而言，青藏高原气候变化危险性高，重度与极重度危险区面积合计占比达65.70%（表5.13）。

子系统层面，气温变化危险性总体较高，重度和极重度危险区面积占比达72.49%，若将中度危险也计算在内，面积占比达到89.40%。降水量变化以中度危险为主，中度危险区面积占比 47.69%，远高于其他等级。风速变化的重度和极重度危险区面积占比为23.08%，微度和轻度危险面积占比达到54.23%，可见风速变化低危险区面积广阔。

总体而言，青藏高原气候变化危险性高，以重度为主；气温、降水量与风速变化危险性差异较大，其中，气温变化以重度和极重度危险为主，降水量变化以中度危险为主，而风速变化危险性相对较低。

表 5.13　青藏高原县域尺度气候变化危险性分级与比例

层面	类别	危险性水平	分级	土地面积 /10^4km^2	占研究区总面积的比例 /%
综合层面	气候变化	微度危险	Ⅰ	8.55	2.87
		轻度危险	Ⅱ	31.59	10.59
		中度危险	Ⅲ	62.20	20.85
		重度危险	Ⅳ	130.55	43.75
		极重度危险	Ⅴ	65.49	21.95
子系统层面	气温变化	微度危险	Ⅰ	8.34	2.79
		轻度危险	Ⅱ	23.32	7.82
		中度危险	Ⅲ	50.45	16.91
		重度危险	Ⅳ	115.19	38.61
		极重度危险	Ⅴ	101.08	33.88
	降水量变化	微度危险	Ⅰ	13.44	4.50
		轻度危险	Ⅱ	60.91	20.41
		中度危险	Ⅲ	142.31	47.69
		重度危险	Ⅳ	52.09	17.46
		极重度危险	Ⅴ	29.63	9.93
	风速变化	微度危险	Ⅰ	66.35	22.24
		轻度危险	Ⅱ	95.44	31.99
		中度危险	Ⅲ	67.73	22.70
		重度危险	Ⅳ	36.53	12.24
		极重度危险	Ⅴ	32.33	10.84

气候变化危险性的空间格局。青藏高原气候变化危险性空间差异显著，总体呈现青

藏高原西部危险性高于东部、北部危险性高于南部的空间分布特征(图 5.33)。具体来看,极重度危险区主要分布于青海西部、新疆南部和喜马拉雅山地区中部。重度危险区面积广阔,主要分布在西藏阿里高原和那曲高原地区、新疆南部地区、青海三江源地区、川西北地区以及甘肃南部。中度危险区多呈大小不一的斑块状,分布较分散,多位于重度危险区边缘或轻度与重度危险区的过渡地带。轻度和微度危险区分布最为集中,微度危险区主要位于川西高原地区,轻度危险区主要位于四川西部和西藏东部地区。另外,青海东北部西宁及周边地区和黄河上游地区亦有轻度和微度危险区分布(图 5.33)。

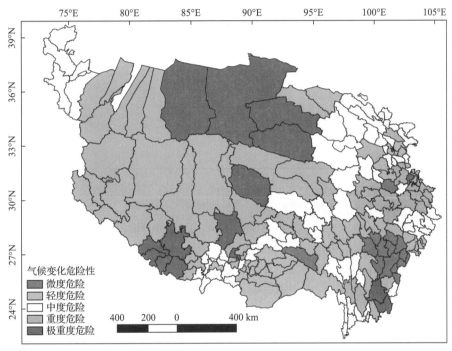

图 5.33　青藏高原气候变化危险性的空间分布

气候变化危险性的主控因子。气温变化对危险性的贡献最大,达到 48.54%,降水量变化的贡献次之,风速变化的贡献相对最小(图 5.34)。可见,气温变化是青藏高原气候变化危险性的主控因素。

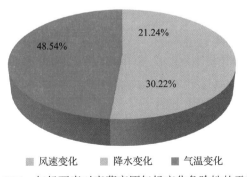

图 5.34　气候要素对青藏高原气候变化危险性的贡献

D. 青藏高原人口暴露度分析

人口的暴露程度。 选用各县域的人口密度作为人口暴露的评估指标(Liao et al.,
2019;尹占娥等,2018;崔鹏等,2015)。为防止数据波动对结果产生较大影响,最大限度
地减小误差,取 1990 年、2000 年、2010 年、2015 年 4 个时间截面的平均值作为研究时
段内的人口密度,对其进行标准化,得到各个县域气候变化的人口暴露指数,同样采用
自然间断分类法将县域划分为微度暴露(Ⅰ级)、轻度暴露(Ⅱ级)、中度暴露(Ⅲ级)、重
度暴露(Ⅳ级)和极重度暴露(Ⅴ级)5 类(表 5.14)。

表 5.14　青藏高原县域尺度人口暴露的分级与比例

暴露程度	分级	土地面积/10^4km^2	占总面积的比例/%
微度暴露	Ⅰ	153.28	51.37
轻度暴露	Ⅱ	97.20	32.57
中度暴露	Ⅲ	40.13	13.45
重度暴露	Ⅳ	7.09	2.38
极重度暴露	Ⅴ	0.68	0.23

青藏高原人口以微度暴露为主,该级别面积占研究区总面积 51.37%。轻度、中度、
重度和极重度暴露区土地面积依次递减,占比分别为 32.57%、13.45%、2.38% 和 0.23%
(表 5.14)。可见,青藏高原人口对气候变化的暴露程度整体较低。微度、轻度暴露区面
积占比达 83.94%;重度、极重度暴露区面积合计占比仅为 2.61%。

不同暴露等级区的人口数量存在很大差异。其中,中度暴露区人口数量最多,轻度
和重度暴露区人口数量相当,极重度和微度暴露区人口数量较少,不同暴露等级的人口
数量呈现"上下窄、中间宽"的特征,"纺锤"形分布明显(表 5.15)。研究时段内所有等
级的暴露区人口数量均呈较大幅度的上升趋势,但不同等级暴露区人口比重发生变化,
微度、轻度和极重度暴露等级区人口占比上升,中度和重度暴露区人口占比下降。

表 5.15　青藏高原人口暴露的数量与比例

暴露程度	1990 年		2000 年		2010 年		2015 年	
	人口数/10^4人	比例/%	人口数/10^4人	比例/%	人口数/10^4人	比例/%	人口数/10^4人	比例/%
微度暴露	42.70	3.77	49.76	3.85	59.51	4.04	64.96	4.14
轻度暴露	268.99	23.73	304.98	23.60	373.50	25.34	407.28	25.94
中度暴露	403.53	35.60	447.97	34.66	504.51	34.22	537.57	34.24
重度暴露	318.75	28.12	358.48	27.74	378.68	25.69	394.74	25.15
极重度暴露	99.54	8.78	131.23	10.15	157.93	10.71	165.24	10.53

人口暴露的空间格局。 青藏高原气候变化的人口暴露整体较低,呈现东部边缘地区
暴露相对较高,高原内部暴露相对较低的分布规律(图 5.35)。就各暴露类型而言,微度
暴露区主要分布于自然环境相对恶劣、社会经济滞后、人口稀少的高原西北部。轻度暴

露区主要分布于微度暴露区的东部和南部，包括西藏南部和东部的大部分地区、青海中部和南部地区、四川西部部分地区，该暴露等级区与微度暴露区相比，自然环境和社会经济条件有所向好，人口密度亦高于微度暴露区。中度暴露区主要分布于青藏高原东部，涉及青海东部、甘肃南部、四川西北部和西南部、云南西北部，以及西藏"一江两河"地区。这些多是青藏高原自然条件较为优越的地区，这些地区经济发展速度较快，第三产业较为发达，人口密度相对较大。重度和极重度暴露区合称为高暴露地区，分布于青藏高原东北部和东部的少数带状区域，这些区域位于青藏高原边缘地区，海拔较低，生态环境适宜人类生存和社会经济发展。

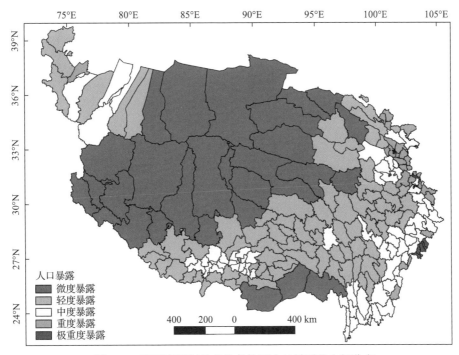

图 5.35　青藏高原气候变化条件下人口暴露的空间分布

E. 青藏高原人口脆弱性评价

人口脆弱性评价指标体系。少年儿童和老年人口是气候变化背景下最为脆弱的群体。气候变化将增加老年人心脑血管等疾病的发病率，带来一系列健康问题，这些老年人又因无劳动能力而经济条件欠佳，难以采取气候变化适应措施(Andrew et al., 2008)。少年儿童的脏器和神经系统发育不成熟，抵御外界变化的能力较弱，加之知识积累欠丰富，行为储备欠充足，对气候变化及灾害缺少应对能力(Wisner et al., 2003)。

平均受教育年限可以反映地区人口受教育水平，直接影响人群对气候变化的关注程度(Tjernström and Tietenberg, 2008)，平均受教育年限长对应对气候变化行为有正向效应。就青藏高原地区而言，该地区人们对气候变化的认识落后于发达地区，加之教育水平较低，导致气候变化适应能力受限，适应决策受阻，农牧民受教育水平的提高和风险认识的提升对于应对气候变化至关重要(常丽博等，2018；赵雪雁和薛冰，2016)。

非农业人口比重既可表征人口城镇化率，亦可反映居民就业和生计情况。农村居民经济来源相对单一，在气候变化背景下，农牧业生产不稳定性增加，农牧业收入存在波动和减少的风险（王亚茹等，2016）。城镇居民收入来源相对丰富且稳定，面对极端天气和气候事件的应急能力和恢复能力更强（史军和穆海振，2016），因此认为农业人口对气候变化的脆弱性要高于非农业人口。

基于上述分析，并参考已有相关研究（田丛珊和方一平，2019；李宁等，2016；Schmidtlein et al., 2008），从人口年龄结构、受教育水平、就业与生计 3 个方面选取少儿系数、老年系数、平均受教育年限和非农业人口比重 4 项指标构建了青藏高原人口对气候变化脆弱性的评价指标体系（表 5.16）。

表 5.16　青藏高原人口对气候变化脆弱性的评价指标体系

指标	代码	指标说明	单位
少儿系数	X_1	少年儿童（<15 周岁）占总人口的比例	%
老年系数	X_2	老年人口（≥65 周岁）占总人口的比例	%
平均受教育年限	X_3	反映人口受教育水平和劳动力素质	年
非农业人口比重	X_4	表征非农业人口占总人口的比重，即人口城镇化率	%

人口对气候变化脆弱性的评价模型构建。采用因子分析法对人口脆弱性进行评价，经过计算，提取以下两个公因子[式(5.47)～式(5.48)]：

$$F_1 = 0.521 \times X_1 - 0.065 \times X_2 + 0.598 \times X_3 + 0.605 \times X_4 \tag{5.47}$$

$$F_2 = -0.421 \times X_1 + 0.894 \times X_2 - 0.151 \times X_3 + 0.033 \times X_4 \tag{5.48}$$

以公因子的特征值所占特征值之和的比例为权重，得到人口脆弱性评价综合模型[式(5.49)]：

$$F = 0.204 \times X_1 + 0.257 \times X_2 + 0.347 \times X_3 + 0.413 \times X_4 \tag{5.49}$$

人口脆弱性程度分级。采用自然间断法将人口脆弱性划分为微度脆弱（Ⅰ级）、轻度脆弱（Ⅱ级）、中度脆弱（Ⅲ级）、重度脆弱（Ⅳ级）和极重度脆弱（Ⅴ级）5 级（表 5.17）。

表 5.17　青藏高原县域尺度人口脆弱性的分级与比例

脆弱程度	分级	土地面积/$10^4 km^2$	占总面积的比例/ %
微度脆弱	Ⅰ	30.69	10.29
轻度脆弱	Ⅱ	87.94	29.49
中度脆弱	Ⅲ	93.65	31.41
重度脆弱	Ⅳ	63.41	21.27
极重度脆弱	Ⅴ	22.48	7.54

在青藏高原，人口中度脆弱区面积占比最大，为 31.41%，其次为轻度脆弱型，面

积占比 29.49%，重度、微度和极重度脆弱型面积占比依次为 21.27%、10.29% 和 7.54%（表 5.17）。可见，青藏高原人口对气候变化的脆弱性以中度脆弱为主，但重度与极重度脆弱型面积占比为 28.81%，表明高原局部地区人口脆弱性高。

不同脆弱等级区的人口数量和比例亦存在差异（表 5.18）。其中，重度脆弱区人口数量最多，其次为中度脆弱和极重度脆弱区，微度和轻度脆弱区人口较少。各脆弱等级区人口数量均呈上升趋势，微度和轻度脆弱区人口占总人口的比重有所升高，重度和极重度脆弱区人口比重有所下降，但均为较小幅度的波动。整体而言，青藏高原至少有 78.51% 的人口分布在中度脆弱及以上等级地区。

表 5.18　青藏高原不同脆弱性等级人口数量与比例

脆弱程度	1990 年		2000 年		2010 年		2015 年	
	人口数/10^4 人	比例/%	人口数/10^4 人	比例/%	人口数/10^4 人	比例/%	人口数/10^4 人	比例/%
微度脆弱	123.32	10.89	162.67	12.60	200.74	13.63	213.14	13.59
轻度脆弱	85.61	7.56	95.19	7.37	112.14	7.62	123.77	7.89
中度脆弱	258.19	22.81	289.99	22.47	334.57	22.72	357.87	22.82
重度脆弱	430.05	37.99	479.89	37.18	539.75	36.66	566.44	36.13
极重度脆弱	234.85	20.75	262.99	20.38	285.17	19.37	306.77	19.56

人口脆弱性的空间分布。 青藏高原人口脆弱性的空间差异显著，总体呈现东部边缘与西北部脆弱性较高、中北部较低的格局（图 5.36）。就各脆弱类型而言，微度脆弱区呈

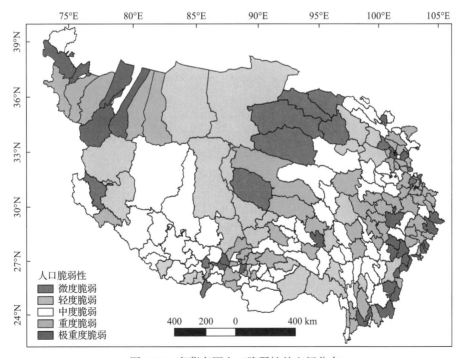

图 5.36　青藏高原人口脆弱性的空间分布

斑块状分布于青海西部和北部、甘肃甘南、西藏拉萨和日喀则的个别区县。轻度脆弱区主要分布于青海中东部的部分地区、西藏北部和新疆南部连片区域、西藏西部和东南部的分散县域。中度脆弱区主要分布于西藏中西部、西藏东部部分地区、四川西部和云南西北部分县域以及青海省玉树、果洛、黄南部分县域。重度脆弱和极重度脆弱区主要分布于新疆西南部、西藏"一江两河"地区、四川西北部—青海东南部—甘肃南部连片区域、四川成德绵地区西部以及云南西北部少数县域。

人口脆弱性的影响因素。图 5.37 显示，非农业人口比重对人口脆弱性的影响最大，占比为 33.82%，其次为平均受教育年限，老年系数和少儿系数分列第三、第四位（图 5.37）。由此可见，非农业人口比重是影响青藏高原地区人口对气候变化脆弱性的关键因素，但其他指标过高或过低亦可在一定程度上影响人口对气候变化的脆弱性。

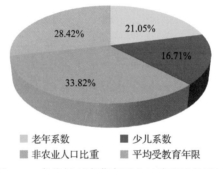

图 5.37　各指标对青藏高原人口脆弱性的贡献

2）人口风险评估与制图

A. 研究方法

风险概念模型。气候变化风险是致险事件危险性、承灾体暴露与脆弱性三要素的综合，可以表示为风险=危险性×暴露×脆弱性（IPCC，2014a）。在前文气候变化危险性、人口暴露与脆弱性评价的基础上，本书研究采用这一概念模型，综合评估青藏高原人口风险，具体含义如下 [式 (5.50)]：

$$R = H \times E \times V \tag{5.50}$$

式中，R 为人口风险综合指数；H 为气候变化危险性；E 为人口暴露；V 为人口对气候变化的脆弱性。

计算得到各个县域的 H、E 和 V 值后，为消除三者间的量纲差异，采用极差标准化方法对其进行处理 [式 (5.51)]：

$$Y_{ij} = \frac{x_{ij} - x_{\min,j}}{x_{\max,j} - x_{\min,j}} \times 100 \tag{5.51}$$

式中，x_{ij} 为各县域 H、E 和 V 的原始值；$x_{\min,j}$ 和 $x_{\max,j}$ 分别为因素 j 的最小值和最大值；Y_{ij} 为处理后的值，介于 0～100。

聚类分析。聚类分析是一种能对指标或者样品进行分类的多元统计分析方法，其最大的优点是能够在没有任何先验知识的情况下完成。文中在综合评估各个县域人口风险的基础上，利用 Q 型聚类法将具有相似状况的县域进行归类，确定各类型县域特征，为总结归纳风险影响因素间的规律提供依据。在此过程中，选择欧式距离来衡量县域间属性的靠近程度，其表达式为[式(5.52)]

$$d_{ij} = \left[\sum_{k=1}^{p} (x_{ik} - x_{jk})^2 \right]^{\frac{1}{2}} \tag{5.52}$$

式中，d_{ij} 为第 i 个县域和第 j 个县域的属性距离。在聚类过程中，系统将不断把距离最近的两类县域合并为一个新类，计算新类与其他类间的距离，直至将所有的县域合并为规定数目种类。本研究使用该方法分析气候变化人口风险的关键影响因素。

B. 青藏高原气候变化的人口风险等级

运用概念模型计算得到气候变化的人口风险指数，采用自然间断分级法，将人口风险依次划分为微度风险（Ⅰ级）、轻度风险（Ⅱ级）、中度风险（Ⅲ级）、重度风险（Ⅳ级）、极重度风险（Ⅴ级）5 级，等级越高，风险越大。

青藏高原气候变化的人口风险等级存在很大差异。其中，微度风险区面积占研究区总面积的一半以上，达到 51.52%；轻度、中度、重度和极重度风险区面积占比依次为23.00%、20.64%、4.20% 和 0.63%（表 5.19）。人口数量的等级分布与土地面积存在较大差异。1990~2015 年期间微度和轻度风险区人口数量占青藏高原多年平均总人口数量的比例分别为 5.82% 和 18.62%，二者合计占比 24.44% 重度和极重度风险区人口数量占比分别为 36.69% 和 4.72%，二者合计占比 41.41%（表 5.20）。

表 5.19　青藏高原气候变化人口风险的分级与比例

风险等级	分级	县域数/个	土地面积/ 10^4 km^2	占总面积的比例/ %
微度风险	Ⅰ	27	153.62	51.52
轻度风险	Ⅱ	62	68.57	23.00
中度风险	Ⅲ	70	61.55	20.64
重度风险	Ⅳ	38	12.53	4.20
极重度风险	Ⅴ	13	1.89	0.63

表 5.20　青藏高原不同风险等级人口数量与比例

风险等级	1990 年		2000 年		2010 年		2015 年	
	人口数/10^4 人	比例/%	人口数/10^4 人	比例/%	人口数/10^4 人	比例/%	人口数/10^4 人	比例/%
微度风险	61.25	5.41	74.31	5.76	91.50	6.21	98.44	6.28
轻度风险	203.24	17.95	234.34	18.16	286.87	19.48	308.08	19.65
中度风险	385.22	34.03	435.25	33.72	503.71	34.21	549.03	35.01
重度风险	425.38	37.58	484.24	37.52	524.52	35.62	545.21	34.77
极重度风险	56.93	5.03	62.60	4.85	65.77	4.47	67.23	4.29

青藏高原气候变化人口风险总体较低，微度和轻度风险区面积占比为74.52%；重度和极重度风险区面积占比更是不到研究区的5%。然而，面积占比达74.52%的轻度和微度风险区只分布着青藏高原24.44%的人口；面积不到5%的重度、极重度风险区却聚集了41.41%的人口，表明在气候变化条件下，尽管青藏高原总体人口风险较低，但局部地区由于人口密集，亦存在一定的高或极高风险，这主要源于青藏高原土地与人口分布的不协调性。

C. 气候变化人口风险的空间格局

青藏高原气候变化的人口风险空间差异显著，总体呈现高原东部边缘地区风险高、内部地区风险低的特点(图5.38)。具体地，微度风险区集中分布于青藏高原中西部地区，主要包括：①西藏西部阿里地区、中北部那曲以及南部日喀则县域；②青海西部海西、甘肃酒泉、青海南部玉树县域；③新疆南部和田地区。该风险等级县域土地面积均较为广阔，人口相对稀少。轻度风险区多分布于微度风险区的外围，主要包括：①西藏南部和东部部分县域；②青海中部和南部地区县域；③四川西部地区。中度风险区在青藏高原东部和南部地区多以片状、斑块状镶嵌于轻度风险区与重度风险区之间，在青藏高原西北部呈现集中连片分布的格局，涉及西藏"一江两河"地区、西藏东部和青海南部区域、新疆西南部地区、青海东南部—四川西部—滇西北带状区域。重度和极重度风险区合称高风险区，主要分布于青藏高原东部边缘，自北向南呈条带状，涵盖青海东部、甘肃南部、四川中西部和云南西北部县域。

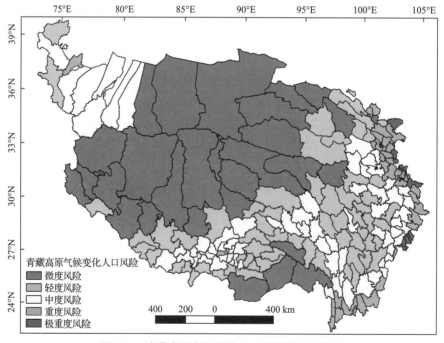

图5.38　青藏高原气候变化人口风险的空间分布

D. 气候变化人口风险的关键影响因素

风险是致险事件的危险性、承灾体暴露与脆弱性综合作用的结果。表5.21显示，危险性与暴露呈显著的负相关关系，表明青藏高原气候变化的危险性与人口暴露呈反位相，气候变化危险性高的县域，通常人口暴露较低，反之亦然。气候变化的危险性与人口的脆弱性之间未发现显著关系。人口暴露与脆弱性间亦呈负相关关系，但相关系数偏低，即青藏高原人口暴露程度高的县域，脆弱性可能较低。这与青藏高原的实际情况较为吻合，多数情况下，自然条件好、社会经济发展水平高的县域人口脆弱性低，但人口密度大，暴露程度高；反之，多数自然条件较差、社会经济发展薄弱的县域人口脆弱性高，但人口稀少，暴露程度低。

表 5.21　青藏高原气候变化人口风险及影响因素间的相关分析结果

因素及指标		致险事件危险性	承灾体		风险
			暴露	脆弱性	
致灾事件	危险性	1			
承灾体	暴露	−0.383**	1		
	脆弱性	−0.111	−0.198**	1	
风险		−0.025	0.355**	0.244**	1

**表示通过了 0.01 水平显著性检验；*表示通过了 0.05 水平显著性检验。

就风险与危险性、暴露、脆弱性三大影响因素的关系来看，气候变化危险性与人口风险之间未发现显著相关性，气候变化人口风险与人口的暴露和脆弱性均呈现显著的正相关关系，表明在青藏高原地区，县域人口风险的水平高低主要取决于人口系统对气候变化的暴露程度和脆弱程度。

为进一步分析各个因素对人口风险的影响方式和程度，采用系统聚类方法对县域进行分类，各类型县域特征、县域数量如表 5.22 所示。第一类县域的共性为"高暴露"，该类型县域中 81.08%为高风险级别，表明较高的人口暴露与较高的人口风险常相伴而生。第二类县域为"高危险性、高暴露、高脆弱性"组合，该类型县域全部为高风险等级。第三类县域和第四类县域绝大多数表现为"高危险性"或"高脆弱性"，这两类型县域的高风险县域比例均不高，分别仅为 28.92%和 7.69%。可见，单独的"高危险性"或"高脆弱性"并不一定能引起气候变化的高风险。

表 5.22　青藏高原县域气候变化人口风险的聚类分析结果

类型	特征			县域数量/个	高风险县域数量/个
第一类	低危险性	高暴露	低脆弱性	37	30
	低危险性	高暴露	高脆弱性		
第二类	高危险性	高暴露	高脆弱性	64	64
第三类	高危险性	低暴露	低脆弱性	83	24
	高危险性	高暴露	低脆弱性		
	高危险性	低暴露	高脆弱性		
第四类	低危险性	低暴露	高脆弱性	26	2
	低危险性	低暴露	低脆弱性		

综上所述，青藏高原气候变化人口风险的最主要影响因素是人口暴露，而气候变化的危险性和人口的脆弱性对风险的影响较小。

2. 畜牧业风险定量评估与制图

1) 牧区雪灾危险性识别及其变化

青藏高原是我国高寒畜牧区。高亢的地势，严寒的气候，冰川、冻土、积雪等共存的生态环境形成了三江源畜牧业经济的本底资源，其是经济体的重要组成部分，其直接暴露于冰冻圈环境之中。青藏高原高寒草地生长季节短，草地生产力与承载力较低，加之牧民世代以放牧为生，受教育水平低，致使畜牧业经济这一承灾体脆弱，适应能力较弱，极易受到积雪灾害影响。该区域内雪灾风险评估成为青藏高原灾害防治中必不可少的一项基础性工作，特别是准确预估未来青藏高原雪灾风险对当地政府和社会科学准确地指定防灾措施、及时开展雪灾紧急援救以及灾害恢复有着重要的指导作用。

A. 数据与方法

数据及其来源。NASA NEX-GDDP 数据集包括基准时段（1986～2005 年）和 2006～2100 年 RCP 4.5 和 RCP 8.5 两种情景的逐日降水、最高气温和最低气温预估数据，空间分辨率为 0.25°×0.25°，数据地址为 https://www.nccs.nasa.gov/。

青藏高原积雪深度反演方法。明晰青藏高原地区降雪的变化对识别未来雪灾危险性至关重要。目前开展的区域积雪深度研究主要是分析历史现状，所用雪深数据主要来源于定点观测与遥感反演，而这两种来源的数据并不能满足对积雪深度预估数据的需要。因此，本研究构建了逐日雪深反演人工神经网络模型，运用历史站点数据，以当日最高气温、当日最低气温、当日降水量和前一日积雪深度数据作为输入层，当日积雪深度数据作为目标层，对神经网络进行训练，并对其精度进行验证，在模型最优的基础上，使用 NEX-GDDP 数据集，对青藏高原未来积雪深度进行反演。

利用 NEX-GDDP 数据集反演的逐日雪深数据中，不同模式的反演结果精度差异较大。本研究对 NEX-GDDP 数据集不同模式反演的雪深数据和遥感反演结果，以及站点观测雪深数据进行比较（表 5.23）。结果显示，在青藏高原地区，CESM1-BGC 模式反演的积雪深度数据更接近于站点观测值，故本研究用该模式反演的雪深数据分析研究区基准期和未来的雪灾危险性。

表 5.23　青藏高原地区 NEX-GDDP 21 个模式积雪深度数据和站点积雪深度的比较

	Remote	ACCESS1-0	BNU-ESM	CCSM4	CESM1-BGC	CNRM-CM5	CSIRO-Mk3-6-0	CanESM2
均方根	159.93	53.08	79.96	59.44	64.10	58.49	65.55	69.52
相关系数	0.60	0.27	−0.51	0.00	0.54	0.21	−0.13	0.10

	GFDL-CM3	GFDL-ESM2G	GFDL-ESM2M	IPSL-CM5A-LR	IPSL-CM5A-MR	MIROC-ESM-CHEM	MIROC-ESM	MIROC5
均方根	53.83	76.05	75.77	68.40	76.81	50.07	60.69	69.02
相关系数	−0.03	−0.05	0.20	0.08	0.23	0.39	−0.09	0.15

续表

	MPI-ESM-LR	MPI-ESM-MR	MPI-CGC-M3	NorES-M1-M	bcc-csm1-1	inmcm4
均方根	79.42	70.92	59.69	41.33	69.71	55.47
相关系数	−0.08	−0.14	−0.27	0.38	−0.11	−0.07

雪灾危险性指数的计算方法。牧区雪灾是多因子综合的自然灾害，其危险性程度既受积雪深度和积雪持续时间影响，也受降雪时段内气温的影响。量化雪灾危险性，不仅要了解不同因子的强弱等级，而且要明晰不同因子的权重。因此，本研究依据牧区雪灾划分等级标准以及专家咨询，对不同因子的重要性进行比较，在此基础上，结合层次分析方法，设定了不同气象因子的权重，从而得到雪灾危险性模型[式(5.53)]：

$$H = 0.4492 \times X_1 + 0.3011 \times X_2 - 0.1002 \times X_3 - 0.1495 \times X_4 \tag{5.53}$$

式中，H 为雪灾危险性指数；X_1 为雪灾期间积雪平均深度；X_2 为雪灾持续时间；X_3 为雪灾期间的日最高气温均值；X_4 为雪灾期间日最低气温均值。H 值越高，雪灾危险性越大。

B. 青藏高原雪灾危险性分析

基准期(1986～2005 年)青藏高原区域平均危险性指数为 8.20，在 IPCC RCPs 中高排放情景下，2030s 雪灾危险性呈降低趋势，RCP 4.5 和 RCP 8.5 情景下的平均危险性指数分别为 8.06 和 7.52；在 RCPs 中等排放情景下，2050s 雪灾危险性增加，平均危险性指数达到 8.95，而在高排放情景下，雪灾危险性明显降低，平均危险性指数仅为 8.05。总体上看，相对于基准期，在 RCPs 中高排放情景下，2030s 青藏高原雪灾危险性最低，2050s 危险性略有增高。雪灾危险性面积占研究区总面积的比例却逐渐减小，基准期为 78%，到 2030s 为 72%，2050s 为 67%(RCP 4.5) 和 64%(RCP 8.5) (表 5.24)。

表 5.24　青藏高原地区雪灾危险性指数统计结果

时间/RCPs 情景	基准期	2030s		2050s	
	1986～2005	RCP 4.5	RCP 8.5	RCP 4.5	RCP 8.5
危险性指数均值	8.20	8.06	7.52	8.95	8.05
占比/%	78	72	72	67	64

在空间上，雪灾危险性指数较高的区域主要分布在藏北高原、冈底斯山脉、昆仑山脉西段、祁连山脉、三江源区和横断山脉地区。就覆盖率而言，相较于基准期，在 RCP 4.5 情景下，雪灾危险性区域呈缩减趋势，缩减趋势最明显的是青藏高原中部；在 RCP 8.5 情景下，雪灾危险性区域进一步缩减，缩减区域位于青藏高原中部和祁连山地区。总体来说，在 RCP 4.5 和 RCP 8.5 情景下，未来青藏高原雪灾危险性发生区域在缩小，但发生区域的雪灾危险强度并未减弱，甚至可能增强。

2）畜牧业暴露度与脆弱性分析

A. 数据与方法

1980 年以来青藏高原草地生产力数据。该数据是将净初级生产力（net primary productivity, NPP）换算为干物质，再根据根冠比估算干草产量，空间分辨率为 1 km，数据来源于国家青藏高原科学数据中心。

统计年鉴数据。甘肃、青海、云南、新疆、四川以及西藏地区市级统计年鉴，时序 1986～2005 年。

气象灾害统计数据。来源于各省的气象灾害大典，主要为 2000 年前发生的气象灾害。

牲畜空间暴露量网格化方法。在以往自然灾害损失评估中，承灾体的空间展布大多以行政区为单元，认为承灾体在行政区内是均匀分布的，忽略了一些因素下承灾体分布的不均匀性。因此，本研究利用网格 GIS 技术，以栅格数据形式展示牲畜的空间分布。为了与危险度网格单元一致，同样选择 0.25°×0.25°网格单元，具体过程如下。

实际的牲畜空间分布［式（5.54）］：

$$AnDs = \frac{GW_{(x)}}{SGW} \times SAnD \tag{5.54}$$

式中，AnDs 为一县域内所包含的某一栅格单元内的牲畜数量；GW 为栅格单元内产草量；SGW 为县域内所有栅格单元总产草量；SAnD 为此县牲畜实际数量。

"以草定畜"牲畜空间分布［式（5.55）～式（5.56）］：

$$TSAnDs = \frac{0.46GW_{(x)}}{365(1.38 + 4.5\text{scale})} \tag{5.55}$$

$$TLAnDs = TSAnDs \times \text{scale} \tag{5.56}$$

式中，TSAnDs 为某一栅格单元内羊的承载数量；GW 为栅格单元内产草量；scale 为此县牛和羊数量的比值；TLAnDs 为大型牲畜数量。其中，羊的食草量为 1.38 kg/d，大型牲畜食草量为 4.5 kg/d，一年总天数为 365 天，草地利用率为 0.46。

B. 草原雪灾牲畜损失率曲线建立

由于雪灾发生年各地牲畜总数量、人口、社会经济发展水平不一，若用绝对牲畜受雪灾损失数量来评估雪灾，其结果必定不符合实际情况。因此，本研究选择相对损失指标"损失率"来构建雪灾的损失曲线，具体过程如下［式（5.57）］：

$$DR = \frac{DsAn}{Aan} \times 100\% \tag{5.57}$$

式中，DR 为牲畜死亡率；DsAn 为草原雪灾牲畜损失数量；Aan 为当年牲畜总数。

在统计基准期不同雪灾发生情况下牲畜死亡率的同时，再根据危险性计算公式，计算出发生雪灾时期的雪灾危险性指数，然后建立雪灾危险性程度和牲畜死亡率的相关曲线［式(5.58)］。

$$DR = f(H) \tag{5.58}$$

式中，DR 为雪灾期间牲畜损失率；H 为发生雪灾期间雪灾危险性指数；f 为相关函数。

C. 牲畜暴露量分析

根据青藏高原草地生产力空间分布的不均匀性，对牲畜数量进行空间网格化展布，其中空间网格化形式分为两种：①根据不同网格草原的产草量比例大小对统计年鉴实际统计牲畜数量进行空间化；②"以草定畜"，根据不同网格草原的产草量多少估算出其网格单元中牲畜数量。1986~2005 年青藏高原实际羊的数量为 4 022.55 万只，大型牲畜为 1 863.19 万只，二者合计为 5 885.73 万只。而草原理论载畜量 2000 年总计为 3 122.06 万只，2017 年为 3 467.61 万只，表明 2000 年后，青藏高原地区实际牲畜保有量远远超出了草原理论载畜量，草原超载。从空间分布来看，超载区域主要分布于以拉萨和西宁为中心的周边地区以及横断山脉地区。2017 年草原理论载畜量高于 2000 年，其主要原因是青藏高原 2017 年牧草产量增加。

D. 牲畜损失率和雪灾危险性指数间关系分析

基于构建的雪灾危险性模型，计算得到雪灾造成的牲畜死亡率，以雪灾危险性指数为自变量、雪灾造成牲畜死亡率为因变量，构建青藏高原牧区牲畜在不同雪灾危险性强度下的损失率曲线(图 5.39)，曲线方程如下［式(5.59)］：

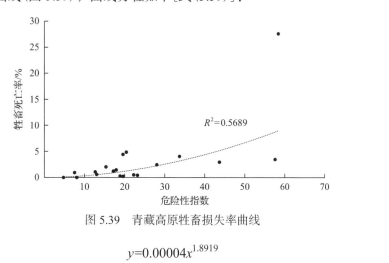

图 5.39　青藏高原牲畜损失率曲线

$$y = 0.00004x^{1.8919} \tag{5.59}$$

该方程相关系数为 0.5689，表明可以用该损失率曲线估算不同雪灾危险性指数下的损失率。

3) 畜牧业风险定量评估

A. 评估方法

基于前述雪灾危险性、暴露度和脆弱性研究结果，采用 2004 年联合国开发计划署 (UNDP) 提出的风险研究方法，对未来不同时期(2016~2035 年和 2046~2065 年)

RCP 4.5 和 8.5 情景下畜牧业雪灾风险进行预估，具体表达如下[式(5.60)]：

$$风险 = 危险性 \times 暴露度 \times 脆弱性 \qquad (5.60)$$

B. 青藏高原畜牧业雪灾风险

1986~2005 年青藏高原因雪灾死亡牲畜 13.52 万只(表 5.25)。相较基准期，在 RCP 4.5 情景下，未来牲畜受雪灾影响年死亡量呈减少趋势，减少量多的地区为青藏高原中部以及三江源区；在 RCP 8.5 情景下，牲畜受雪灾影响死亡量减少更为明显，这些区域主要分布在青藏高原中部、祁连山以及三江源区(图 5.40 和表 5.25)。

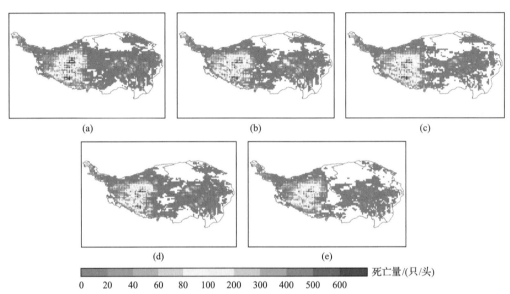

图 5.40　不同时期、不同 RCPs 情景下青藏高原牲畜因雪灾年均死亡量空间分布
(a)1986~2005 年；(b)RCP 4.5，2016~2036 年；(c)RCP 8.5，2016~2035 年；
(d)RCP 4.5，2046~2065 年；(e)RCP 8.5，2046~2065 年

表 5.25　不同时期、不同 RCPs 情景下青藏高原牲畜因雪灾总死亡量　　(单位：万只)

时段与情景	基准期 (1986~2005 年)	2016~2035 年		2046~2065 年	
		RCP 4.5	RCP 8.5	RCP 4.5	RCP 8.5
死亡牲畜量	13.52	12.14	10.05	12.26	8.95

空间分布上，牲畜死亡量较大区域与雪灾危险性指数较高区域相似，主要分布在藏北高原、冈底斯山脉、昆仑山脉西段线、祁连山脉、三江源区和横断山脉地区(图 5.40)。综合而言，与基准期相比，在 RCP 4.5 和 RCP 8.5 情景下，未来青藏高原地区雪灾危险性变化不明显，但雪灾危险性发生区域明显减少，这与牲畜因雪灾死亡量变化呈现出较强的一致性。可见，未来青藏高原牲畜因雪灾死亡量减少主要归因于雪灾危险性面积缩减。

C. 牲畜死亡量与实际发生雪灾对比

为了验证本研究评估结果与实际情况是否相符合，对计算的基准期(1986~2005 年)

牲畜死亡量与实际发生雪灾次数(统计区域为青海和西藏)进行比较。结果显示，在藏北高原地区，评价结果与实际情况差异较大，其主要原因是研究所用的 NEX-GDDP 数据集高估了该区域的降水量，其余地区评估结果基本与实际情况吻合。

5.2.5　全球变化热点区域气候变化人口与经济系统风险比较研究

1. 全球变化三大热点区域的选取

本研究选取了中国京津冀-环渤海、美国东北部和欧洲西南五国作为三大热点区域。这三个区域分布在相近的纬度带，属于温带气候(图 5.41)。中国京津冀-环渤海分布在 34°N～44°N，包含北京市、天津市、河北省以及山东省、辽宁省；美国东北部分布在 36°N～45°N，包含纽约州、康涅狄格州、宾夕法尼亚州、新泽西州、西弗吉尼亚州、弗吉尼亚州、华盛顿哥伦比亚特区、马里兰州和特拉华州；欧洲西南五国分布在 41°N～55°N，包含法国、比利时、荷兰、卢森堡和德国。

在以增暖为主要特征的气候变化背景下，极端气候事件的频率和强度都有所增强。并且，这些区域中包含有几个大都市，人口密度较高，并且也都包含区域的经济和政治

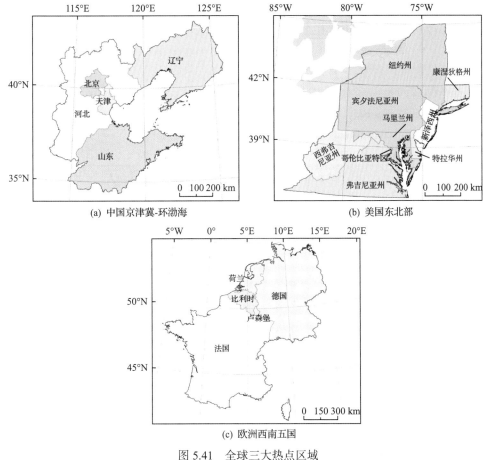

(a) 中国京津冀-环渤海　　(b) 美国东北部

(c) 欧洲西南五国

图 5.41　全球三大热点区域

中心。在基准期，中国京津冀-环渤海地区的人口总量达到 2.2 亿人，GDP 总量达到 7 195 亿美元；美国东北部地区的人口总量达到 6 000 万人，GDP 总量达到 3 005 亿美元；欧洲西南五国的人口总量达到 1.65 亿人，GDP 总量达到 4 494 亿美元。因而，这三个热点区域对极端气候有较高的脆弱性。

2. 热点区域气候变化对比

1）极端高温的变化

在基准期（2000s），中国京津冀-环渤海区域历史平均每年最高气温为 34.54℃，在河北省南部最高，在山东半岛、辽东半岛以及河北省西北部相对较低。2030s 时期的 RCP 2.6 情景下，平均每年最高气温约为 36.27℃，相比于基准期增加了约 5.01%，相比于该时段的其他情景，RCP 2.6 情景下大于 38.50℃的地区范围最广；RCP 4.5 情景下平均每年最高气温约为 35.35℃，相比于基准期增加了约 2.35%；RCP 8.5 情景下平均每年最高气温约为 35.58℃，相比于基准期增加了约 3.01%。2050s 时期的 RCP 2.6 情景下，平均每年最高气温约为 36.85℃，相比于基准期增加了约 6.69%；RCP 4.5 情景下平均每年最高气温约为 36.64℃，相比于基准期增加了约 6.08%；RCP 8.5 情景下平均每年最高气温约为 37.59℃，相比于基准期增加了约 8.83%（表 5.26）。在 2030s 年段，RCP 2.6 情景下的平均年最高气温最高，在 2050s 时期，RCP 8.5 情景下该地区的平均年最高气温最高。2050s 时期的不同情景的最高气温均比 2030s 的要高，较高的极端气温分布范围也要更广。不同时期、不同情景组合，京津冀-环渤海年最高气温分布如图 5.42 所示。

在基准期（2000s），美国东北部区域平均每年最高气温为 34.60℃，自低纬向高纬逐渐减小。2030s 时段的 RCP 2.6 情景下，该地区平均每年最高气温约为 36.27℃，相比于基准期增加了约 4.83%；RCP 4.5 情景下平均每年最高气温约为 35.71℃，相比于基准期增加了约 3.21%；RCP 8.5 情景下平均每年最高气温约为 35.91℃，相比于基准期增加了约 3.79%。2050s 时期的 RCP 2.6 情景下，该地区平均每年最高气温约为 36.60℃，相比于基准期增加了约 5.78%；RCP 4.5 情景下平均每年最高气温约为 37.03℃，相比于基准期增加了约 7.02%；RCP 8.5 情景下美国东北部平均每年最高气温约为 38.01℃，相比于基准期增加了约 9.86%。在 2030s 年段，RCP 2.6 情景下的平均年最高气温最高，在 2050s 年段，RCP 8.5 情景下该地区的平均年最高气温最高。2050s 时期的不同情景的最高气温均比 2030s 的要高，较高的极端气温分布范围也要更广。不同时期、不同情景组合，美国东北部年最高气温分布如图 5.43 所示。

表 5.26　全球三大热点区不同时期和情景下年最高气温相对变化

热点区	基准期均值/℃	2030s 比基准期变化/%			2050s 比基准期变化/%		
		RCP 2.6	RCP 4.5	RCP 8.5	RCP 2.6	RCP 4.5	RCP 8.5
中国京津冀-环渤海	34.54	5.03	2.35	3.01	6.69	6.08	8.83
美国东北部	34.60	4.83	3.21	3.79	5.78	7.02	9.86
欧洲西南五国	30.15	5.80	5.11	5.41	7.13	8.76	13.07

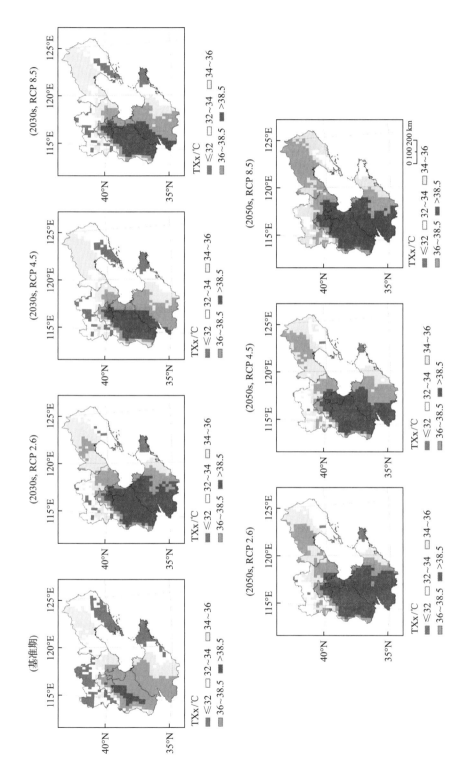

图5.42　不同时期、不同情景组合下中国京津冀-环渤海年最高气温分布图

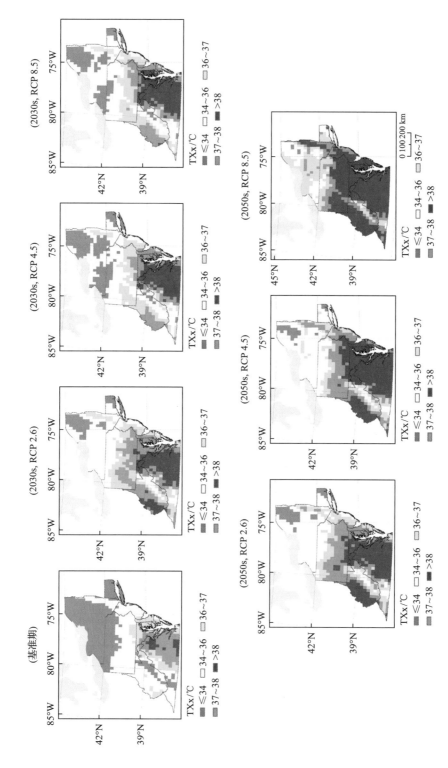

图5.43　不同时期、不同情景组合下美国东北部年最高气温分布图

在基准期(2000s)，欧洲西南五国区域平均每年最高气温为 30.15℃，自低纬向高纬、自中部向四周逐渐减小。2030s 时期的 RCP 2.6 情景下，该地区平均每年最高气温约为 31.90℃，相比于基准期增加了约 5.80%；RCP 4.5 情景下平均每年最高气温约为 31.69℃，相比于基准期增加了约 5.11%；RCP 8.5 情景下平均每年最高气温约为 31.78℃，相比于基准期增加了约 5.41%。2050s 时段的 RCP 2.6 情景下，该地区平均每年最高气温约为 32.30℃，相比于基准期增加了约 7.13%；RCP 4.5 情景下平均每年最高气温约为 32.79℃，相比于基准期增加了约 8.76%；RCP 8.5 情景下平均每年最高气温约为 34.09℃，相比于基准期增加了约 13.07%。在 2030s 时期，RCP 2.6 情景下的平均年最高气温最高，在 2050s 时期，RCP 8.5 情景下该地区平均年最高气温最高。2050s 时期不同情景的最高气温均比 2030s 的要高，较高的极端气温分布范围也要更广。不同时期、不同情景组合，欧洲西南五国年最高气温分布如图 5.44 所示。

2) 极端降雨的变化

中国京津冀–环渤海区域基准期(2000s)平均年日最大降水量约为 41.28 mm，最大日降水量呈现由西北向东南、内陆向沿海增加的趋势。2030s 时期，RCP 2.6 情景下平均每日最大降水量约为 51.31 mm，相比于基准期增加了约 24.30%；RCP 4.5 情景下平均每日最大降水量约为 44.70 mm，相比于基准期增加了约 8.28%；RCP 8.5 情景下平均每日最

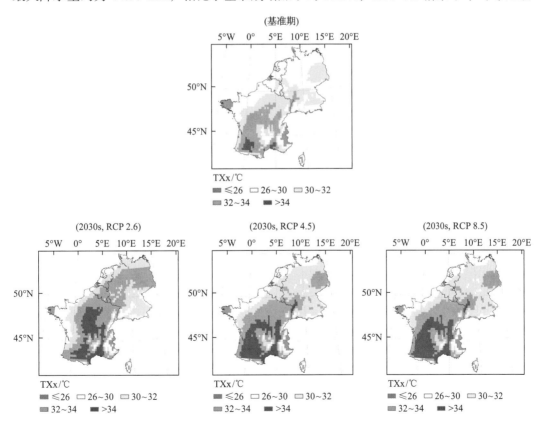

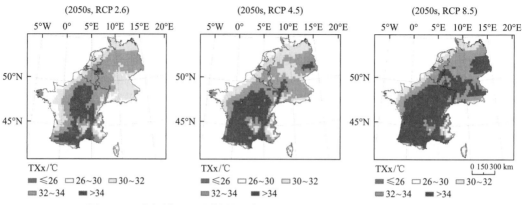

图 5.44　不同时期、不同情景组合下欧洲西南五国年最高气温分布图

大降水量约为 49.89 mm，相比于基准期增加了约 20.86%。2050s 时期，RCP 2.6 情景下平均每日最大降水量约为 52.21 mm，相比于基准期增加了约 26.48%；RCP 4.5 情景下平均每日最大降水量约为 54.74 mm，相比于基准期增加了约为 32.61%；RCP 8.5 情境下的平均年日最大降水量约为 54.54 mm，相比于基准期增加了约为 32.12%。在 2030s 时期，RCP 2.6 情景下平均年日最大降水量最多，在 2050s 时期，RCP 4.5 情景下该地区平均年日最大降水量最多（表 5.27）。2050s 时段不同情景的平均年日最大降水量均比 2030s 的要多，辽东半岛和山东半岛的年日最大降水量明显增加。不同时期、不同情景组合，京津冀-环渤海年最大日降水量分布如图 5.45 所示。

表 5.27　全球三大热点区不同时期和情景下年最大日降水量相对变化

热点区	基准期均值/mm	2030s 比基准期变化/%			2050s 比基准期变化/%		
		RCP 2.6	RCP 4.5	RCP 8.5	RCP 2.6	RCP 4.5	RCP 8.5
中国京津冀-环渤海	41.28	24.30	8.28	20.86	26.48	32.61	32.12
美国东北部	51.92	−5.18	3.60	13.14	−1.50	19.01	18.61
欧洲西南五国	49.51	−37.10	5.49	19.49	−34.07	29.55	27.83

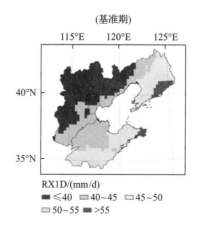

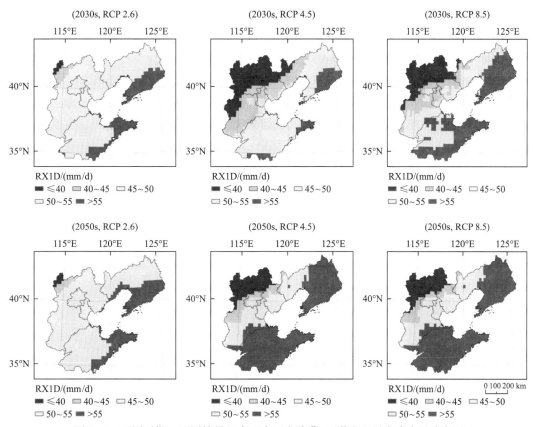

图 5.45　不同时期、不同情景组合下中国京津冀-环渤海日最大降水量分布图

美国东北部区域基准期平均每日最大降水量约为 51.92 mm，最大日降水量呈现由北向南增加的趋势。2030s 时期，RCP 2.6 情景下平均每日最大降水量约为 49.23 mm，相比于基准期减少了约 5.18%；RCP 4.5 情景下平均每日最大降水量约为 53.79 mm，相比于基准期增加了约 3.60%；RCP 8.5 情景下平均每日最大降水量约为 58.74 mm，相比于基准期增加了约 13.14%。2050s 时期，RCP 2.6 情景下平均每日最大降水量约为 51.14 mm，相比于基准期减少了约 1.50%；RCP 4.5 情景下平均每日最大降水量约为 61.79 mm，相比于基准期增加了约为 19.01%；RCP 8.5 情景下平均每日降水量约为 61.58 mm，相比于基准期增加了约为 18.61%。在 2030s 时期，RCP 8.5 情景下平均年日最大降水量最多，在 2050s 时期，RCP 4.5 情景下该地区平均年日最大降水量最多。2050s 时期不同情景的平均年日最大降水量均比 2030s 的要多，体现在该地区南部年日最大降水量增加。不同时期、不同情景组合，美国东北部年最大日降水量分布如图 5.46 所示。

欧洲西南五国基准期平均每日最大降水量约为 49.51 mm，最大日降水量呈现自东北向西南方向递增的趋势。2030s 时期，RCP 2.6 情景下平均每日最大降水量约为 31.14 mm，相比于基准期减少了约 37.10%；RCP 4.5 情景下平均每日最大降水量约为 52.23 mm，相

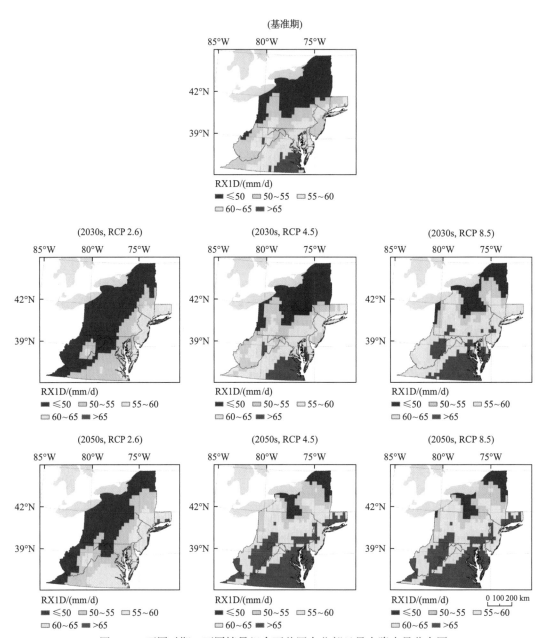

图 5.46　不同时期、不同情景组合下美国东北部日最大降水量分布图

比于基准期增加了约 5.49%；RCP 8.5 情景下平均每日最大降水量约为 59.16 mm，相比于基准期增加了约 19.49%。2050s 时期，RCP 2.6 情景下平均每日最大降水量约为 32.64 mm，相比于基准期减少了约 34.07%；RCP 4.5 情景下平均每日最大降水量约为 64.14 mm，相比于基准期增加了约为 29.55%；RCP 8.5 情景下平均每日降水量约为 63.29 mm，相比于

基准期增加了约为 27.83%。在 2030s 年段，RCP 8.5 情景下平均年日最大降水量最多，在 2050s 时期，RCP 4.5 情景下该地区的平均年日最大降水量最多。RCP 2.6 情景下平均年日最大降水量相对于基准期均有减少。不同时期、不同情景组合，欧洲西南五国日最大降水量分布如图 5.47 所示。

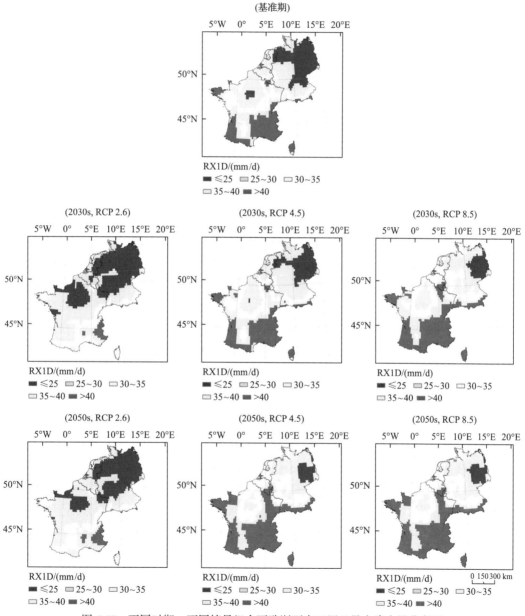

图 5.47　不同时期、不同情景组合下欧洲西南五国日最大降水量分布图

3. 热点区域人口与经济系统变化对比

1) 预估的人口变化

中国京津冀-环渤海区域基准期的总人口为 22 373.20 万人，是三个热点区中人口最多的区域。在空间上(图 5.48)，不同时期及不同情景下，人口的空间分布基本一致，呈现由北向南递增的趋势，人口密集区域主要集中在北京市、天津市、河北省南部、山东省西部的大部分区域以及辽宁省的中心区域。随着时间发展(表 5.28)，中国京津冀-环渤海区域的总人口呈现先增加后减少的趋势，近期(2030s)相对基准期均呈现正变化，中期(2050s)相对于基准期均呈现负变化，2030s 时期内，SSP1 情景下，总人口为 22 677.50 万人，相对于基准期增加 1.36%；SSP2 情景下，总人口为 23 030.42 万人，相对于基准期增加 2.94%；SSP3 情景下，总人口为 23 334.64 万人，相对于基准期增加 4.30%，SSP3 情景下增幅最大。2050s 时期内，SSP1 情景下，总人口为 20 427.41 万人，相对于基准期减少 8.70%；SSP2 情景下，总人口为 21 072.40 万人，相对于基准期减少 5.81%；SSP3 情景下，总人口为 21 812.36 万人，相对于基准期减少 2.51%，SSP1 情景下减幅最大。

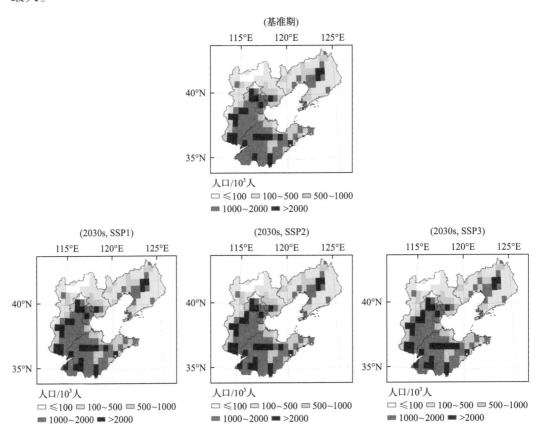

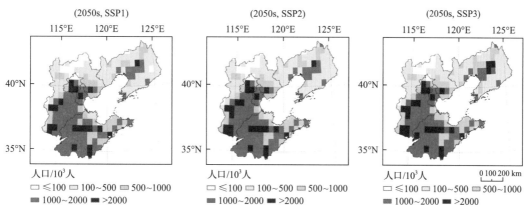

图 5.48　不同时期、不同情景组合下中国京津冀-环渤海人口分布图

表 5.28　全球三大热点区域不同时期和情景下人口总数变化对比

热点区	基准期总数/万人	2030s 比基准期变化/%			2050s 比基准期变化/%		
		SSP1	SSP2	SSP3	SSP1	SSP2	SSP3
中国京津冀-环渤海	22 373.20	1.36	2.94	4.30	−8.70	−5.81	−2.51
美国东北部	6 119.61	17.18	16.32	8.69	32.44	29.62	7.68
欧洲西南五国	16 519.64	6.54	5.23	−0.55	12.11	8.33	−8.25

美国东北部区域基准期的总人口为 6 119.61 万人，是三个热点区中人口最少的区域。在空间上 (图 5.49)，不同时期及不同变化情景下，人口的空间分布基本一致，人口高值区主要在区域的东部沿海地区以及中部部分区域。随着时间发展 (表 5.28)，SSP1 和 SSP2 情景下美国东北部地区的总人口呈现不断增加的趋势，SSP3 情景下先增加后略有减少，近期 (2030s) 和中期 (2050s) 相对于基准期均呈现正变化，2030s 时期内，SSP1 情景下，总人口为 7170.68 万人，相对于基准期增加 17.18%；SSP2 情景下，总人口为 7 118.29 万人，相对于基准期增加 16.32%；SSP3 情景下，总人口为 6 651.29 万人，相对于基准期增加 8.69%。2050s 时期内，SSP1 情景下，总人口为 8 104.83 万人，相对于基准期增加

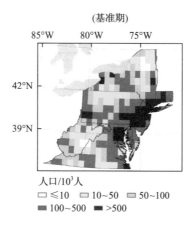

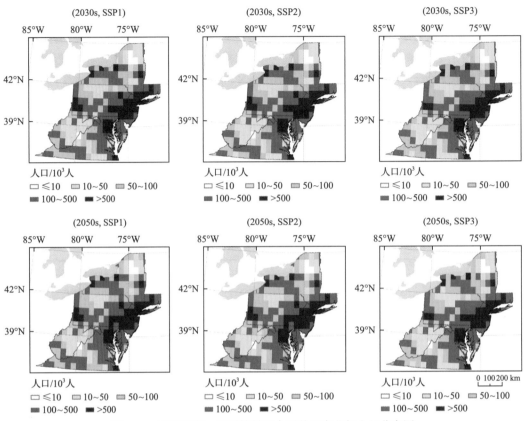

图 5.49 不同时期、不同情景组合下美国东北部人口分布图

32.44%；SSP2 情景下，总人口为 7 932.22 万人，相对于基准期增加 29.62%；SSP3 情景下，总人口为 6 589.87 万人，相对于基准期增加 7.68%，两个时期均为 SSP1 情景下增幅最大，SSP3 情景下增幅最小。

欧洲西南五国地区基准期的总人口为 16 519.64 万人。在空间上（图 5.50），不同时期及不同变化情景下，人口的空间分布基本一致，人口高值区域主要出现在区域东北部的部分国家，主要是比利时、荷兰南部和德国部分区域。随着时间发展（表 5.28），除 SSP3 情景外，欧洲西南五国地区的总人口呈现不断增加的趋势，近期（2030s）和中期（2050s）相对于基准期均呈现正变化，SSP3 情景下不断减少，均呈负变化，2030s 时期内，SSP1 情景下，总人口为 17 600.83 万人，相对于基准期增加 6.54%；SSP2 情景下，总人口为 17 383.86 万人，相对于基准期增加 5.23%；SSP3 情景下，总人口为 16429.12 万人，相对于基准期减少 0.55%。2050s 时期内，SSP1 情景下，总人口为 18 519.80 万人，相对于基准期增加 12.11%；SSP2 情景下，总人口为 17 895.19 万人，相对于基准期增加 8.33%；SSP3 情景下，总人口为 15 156.54 万人，相对于基准期减少 8.25%，均为 SSP1 情景下增幅最大，SSP3 情景下出现减幅。

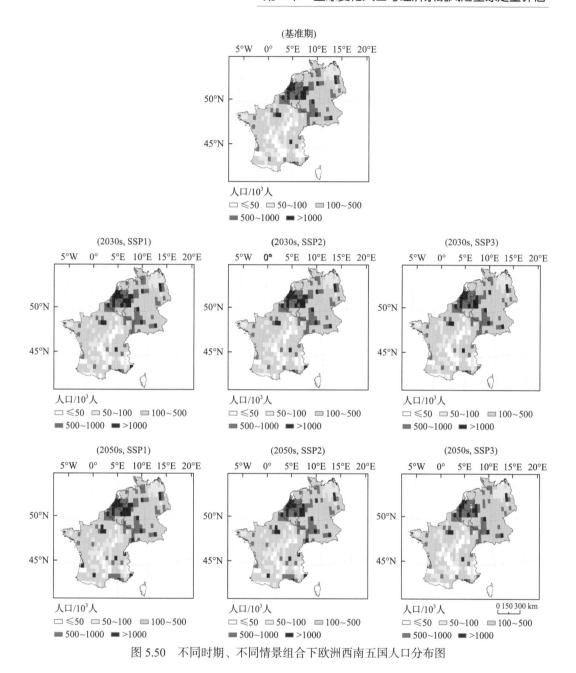

图 5.50　不同时期、不同情景组合下欧洲西南五国人口分布图

2) 预估的 GDP 变化

　　中国京津冀-环渤海区域基准期的 GDP 总值为 7 194.99 亿美元，是三个热点区中总值最高的区域。在空间上 (图 5.51)，不同时期及不同变化情景下，GDP 总值的空间分布大体相似，高值集中在北京市、天津市以及山东省的大部分区域，随着时间发展，高值区范围扩大至山东省全省、河北省南部以及辽宁省的大部分区域。随着时间发展

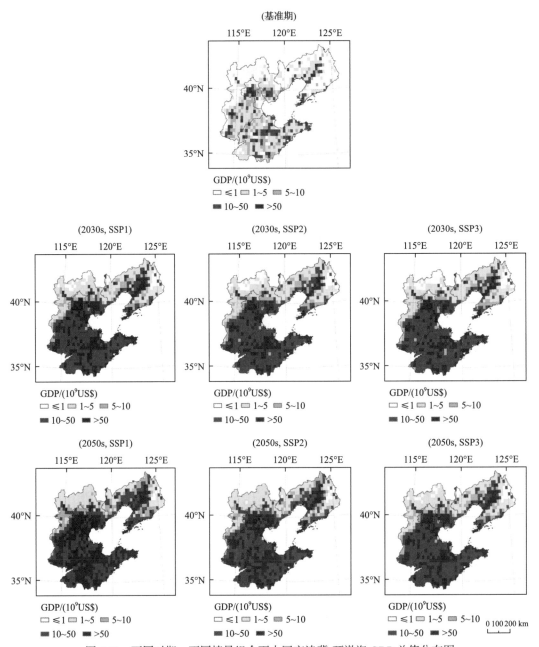

图 5.51 不同时期、不同情景组合下中国京津冀-环渤海 GDP 总值分布图

（表 5.29），中国京津冀-环渤海地区的 GDP 总值呈现大幅增加的趋势，未来时期相对于基准期均呈现正变化，且变化幅度很大，2030s 时期内，SSP1 情景下，GDP 总值为 54 942.91 亿美元，相对于基准期增加 663.63%；SSP2 情景下，GDP 总值为 48 197.57 亿美元，相对于基准期增加 569.88%；SSP3 情景下，GDP 总值为 44 672.42 亿美元，相对于基准期增加 520.88%。2050s 时期内，SSP1 情景下，GDP 总值为 98 143.37 亿美元，相对

于基准期增加 1 264.05%；SSP2 情景下，GDP 总值为 73 105.95 亿美元，相对于基准期增加 916.07%；SSP3 情景下，GDP 总值为 55 164.71 亿美元，相对于基准期增加 666.71%，均为 SSP1 情景下增幅最大，SSP3 情景下增幅最小。其增幅远远大于另外两个热点区，且在未来时期总值远大于美国东北部和欧洲西南五国。

表 5.29　全球三大热点区域不同时期和情景下 GDP 总值变化对比

热点区	基准期总值/亿美元	2030s 比基准期变化/%			2050s 比基准期变化/%		
		SSP1	SSP2	SSP3	SSP1	SSP2	SSP3
中国京津冀-环渤海	7 194.99	663.63	569.88	520.88	1 264.05	916.07	666.71
美国东北部	3 004.45	73.39	65.40	53.63	144.59	115.21	77.22
欧洲西南五国	4 493.82	45.65	41.30	32.00	105.97	89.37	46.89

美国东北部区域基准期的 GDP 总值为 3 004.45 亿美元，是三个热点区中总值最低的区域。在空间上(图 5.52)，不同时期及不同变化情景下，GDP 总值的空间分布大体相似，高值集中在热点区的东部沿海地区，到未来时期，高值区范围扩大至中部及中部偏北的大部分区域。随着时间发展(表 5.29)，美国东北部地区的 GDP 总值呈现增加的趋势，未来时期相对于基准期均呈现正变化，且变化幅度较大，2030s 时期内，SSP1

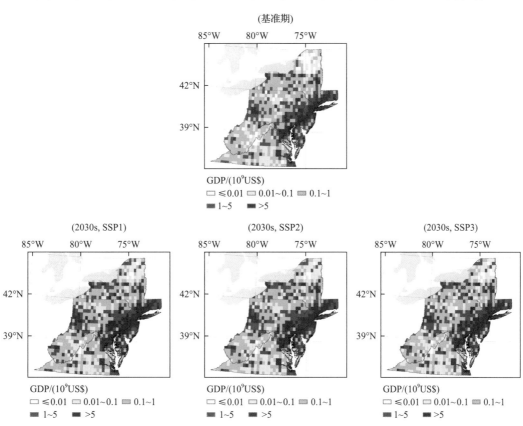

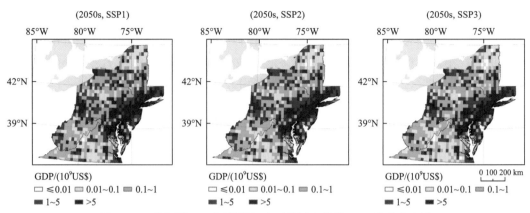

图 5.52 不同时期、不同情景组合下美国东北部 GDP 总值分布图

情景下，GDP 总值为 5 209.49 亿美元，相对于基准期增加 73.39%；SSP2 情景下，GDP 总值为 4 969.25 亿美元，相对于基准期增加 65.40%；SSP3 情景下，GDP 总值为 4 615.75 亿美元，相对于基准期增加 53.63%。2050s 时期内，SSP1 情景下，GDP 总值为 7 348.69 亿美元，相对于基准期增加 144.59%；SSP2 情景下，GDP 总值为 6 465.94 亿美元，相对于基准期增加 115.21%；SSP3 情景下，GDP 总值为 5 324.46 亿美元，相对于基准期增加 77.22%，均为 SSP1 情景下增幅最大，SSP3 情景下增幅最小。

欧洲西南五国地区基准期的 GDP 总值为 4 493.82 亿美元。在空间上（图 5.53），不同时期及不同变化情景下，GDP 总值的空间分布大体相似，呈现由东北向西南递减的趋势，高值集中在该热点区的东北部地区，包括比利时、荷兰、卢森堡和德国除东北角外的所有区域，到未来时期，高值区范围扩大至西南部即法国的部分区域。随着时间发展（表 5.29），欧洲西南五国的 GDP 总值呈现不断增加的趋势，未来时期相对于基准期均呈现正变化，2030s 时期内，SSP1 情景下，GDP 总值为 6 545.27 亿美元，相对于基准期增加 45.65%；SSP2 情景下，GDP 总值为 6 349.89 亿美元，相对于基准期增加 41.30%；SSP3 情景下，GDP 总值为 5 931.64 亿美元，相对于基准期增加 32.00%。2050s 时期内，SSP1 情景下，GDP 总值为 9 256.14 亿美元，相对于基准期增加 105.97%；SSP2 情景下，GDP 总值为 8 509.78 亿美元，相对于基准期增加 89.37%；SSP3 情景下，GDP 总值为 6 601.02 亿美元，相对于基准期增加 46.89%，均为 SSP1 情景下增幅最大，SSP3 情景下增幅最小。

4. 热点区域气候变化人口和经济系统风险变化对比

1）热浪死亡人口风险

中国京津冀-环渤海区域基准期的热浪死亡人口总数为 84.28 人，是三个热点区中死亡人口总数最少的区域。在空间上（图 5.54），不同时期及不同变化情景下，热浪死亡人口的空间分布基本一致，死亡人口较多的区域主要集中在北京市、天津市、河北省南部和山东省西部。随着时间发展（表 5.30），除 RCP 2.6-SSP1 情景外，其他情景下中国京

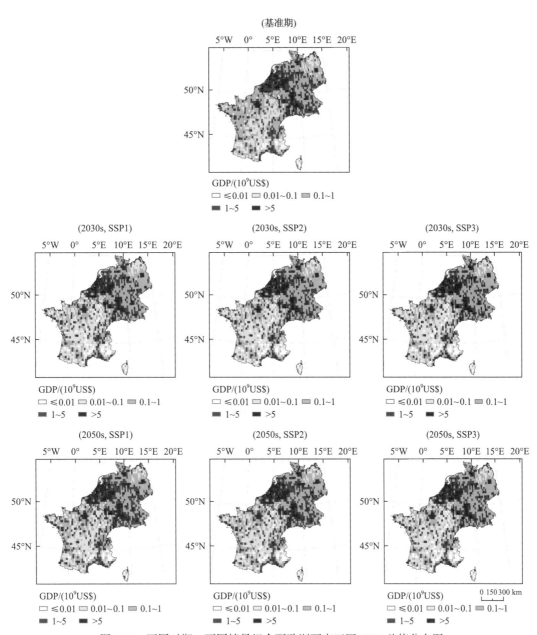

图 5.53　不同时期、不同情景组合下欧洲西南五国 GDP 总值分布图

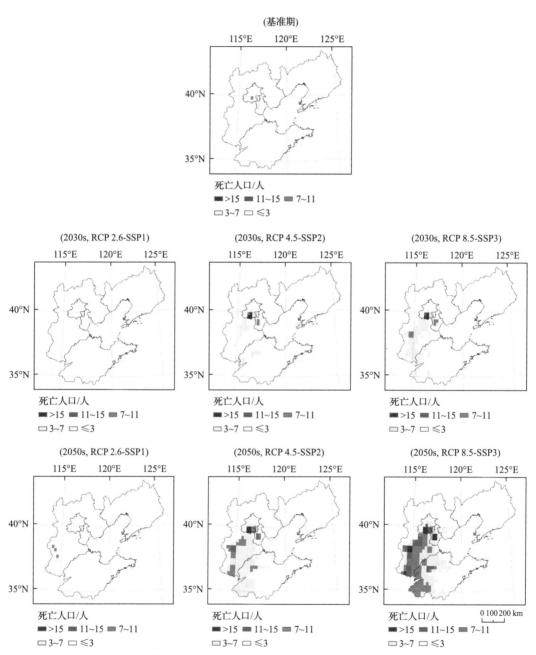

图 5.54　不同时期、不同情景组合下中国京津冀–环渤海热浪死亡人口分布图

津冀–环渤海地区的热浪死亡人口总数呈现增加趋势，近期(2030s)和中期(2050s)相对于基准期均呈现正变化。2030s 时期内，RCP 2.6-SSP1 情景下，热浪死亡人口总数为0.45 人，相对于基准期减少 99.47%；RCP 4.5-SSP2 情景下，死亡人口总数为 596.65 人，相对于基准期增加 607.94%；RCP 8.5-SSP3 情景下，死亡人口总数为 768.95 人，相对于基准期增加 812.38%；RCP 8.5-SSP3 情景下增幅最大。2050s 时期内，RCP 2.6-SSP1情景下，死亡人口总数为 49.96 人，相对于基准期减少 40.72%；RCP 4.5-SSP2 情景下，死亡人口总数为 1 402.48 人，相对于基准期增加 1 564.07%；RCP 8.5-SSP3 情景下，死亡人口总数为 2 316.82 人，相对于基准期增加 2 648.96%，RCP 8.5-SSP3 情景下增幅最大。

表 5.30　全球三大热点区域不同时期和情景下热浪死亡人口总数变化对比

热点区	基准期总数/人	2030s 比基准期变化/%			2050s 比基准期变化/%		
		RCP 2.6-SSP1	RCP 4.5-SSP2	RCP 8.5-SSP3	RCP 2.6-SSP1	RCP 4.5-SSP2	RCP 8.5-SSP3
中国京津冀–环渤海	84.28	−99.47	607.94	812.38	−40.72	1 564.07	2 648.96
美国东北部	2 153.91	−100.00	222.32	226.06	−99.37	569.65	708.46
欧洲西南五国	731.13	−35.31	357.86	332.71	80.96	938.45	1 389.65

美国东北部区域基准期的热浪死亡人口总数为 2 153.91 人，是三个热点区中死亡人口总数最多的区域。在空间上(图 5.55)，不同时期及不同变化情景下，热浪死亡人口的空间分布基本一致，死亡人口数高值主要在区域的东部沿海地区以及西部部分区域。随着时间发展(表 5.30)，除 RCP 2.6-SSP1 情景外，其余情景下美国东北部地区的热浪死亡人口总数呈现增加趋势，近期(2030s)和中期(2050s)相对于基准期均呈现正变化。2030s 时期内，RCP 2.6-SSP1 情景下，热浪死亡人口总数为 0.00 人，相对于基准期减少 100.00%；RCP 4.5-SSP2 情景下，死亡人口总数为 6 942.51 人，相对于基准期增加222.32%；RCP 8.5-SSP3 情景下，死亡人口总数为 7 023.08 人，相对于基准期增加226.06%，RCP 8.5-SSP3 情景下增幅最大。2050s 时期内，RCP 2.6-SSP1 情景下，死亡人

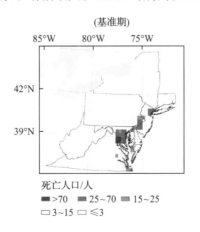

(基准期)

死亡人口/人
■ >70　■ 25~70　■ 15~25
□ 3~15　□ ≤3

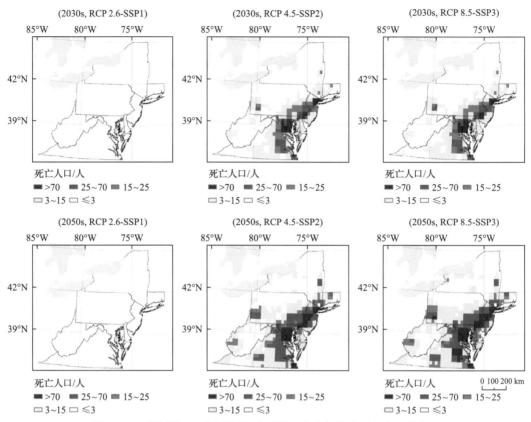

图 5.55　不同时期、不同情景组合下美国东北部热浪死亡人口分布图

口总数为 13.59 人，相对于基准期减少 99.37%；RCP 4.5-SSP2 情景下，死亡人口总数为 14 423.70 人，相对于基准期增加 569.65%；RCP 8.5-SSP3 情景下，死亡人口总数为 17 413.54 人，相对于基准期增加 708.46%；RCP 8.5-SSP3 情景下增幅最大。

　　欧洲西南五国地区基准期的热浪死亡人口总数为 731.13 人。在空间上（图 5.56），不同时期及不同变化情景下，热浪死亡人口的空间分布基本一致，死亡人口数高值主要在德国的西南部和法国的东南部。随着时间发展（表 5.30），除 RCP 2.6-SSP1 情景外，其余情景下欧洲西南五国地区的热浪死亡人口总数呈现增加趋势，近期（2030s）和中期（2050s）相对于基准期均呈现正变化。2030s 时期内，RCP 2.6-SSP1 情景下，热浪死亡人口总数为 473.00 人，相对于基准期减少 35.31%；RCP 4.5-SSP2 情景下，死亡人口总数为 3 347.53 人，相对于基准期增加 357.86%；RCP 8.5-SSP3 情景下，死亡人口总数为 3 163.68 人，相对于基准期增加 332.71%，RCP 4.5-SSP2 情景下增幅最大。2050s 时期内，RCP 2.6-SSP1 情景下，死亡人口总数为 1 323.05 人，相对于基准期增加 80.96%；RCP 4.5-SSP2 情景下，死亡人口总数为 7 592.44 人，相对于基准期增加 938.45%；RCP 8.5-SSP3 情景下，死亡人口总数为 10 891.27 人，相对于基准期增加 1 389.65%，RCP 8.5-SSP3 情景下增幅最大。

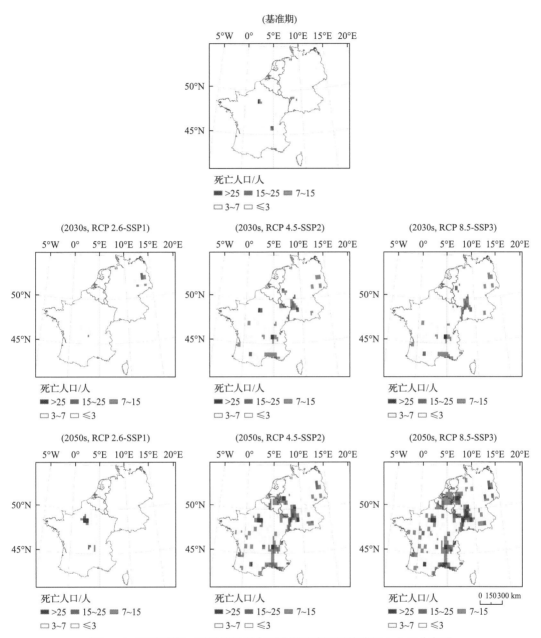

图 5.56 不同时期、不同情景组合下欧洲西南五国热浪死亡人口分布图

2) 洪水死亡人口风险

中国京津冀-环渤海区域基准期的洪水死亡人口总数为 382.48 人，是三个热点区中死亡人口总数最多的区域。在空间上(图 5.57)，不同时期及不同变化情景下，洪水死亡人口的空间分布基本一致，呈现由北向南递增的趋势，死亡人口较多的区域主要集中在北京市、天津市、河北省南部和山东省西部。随着时间发展(表 5.31)，中国京津冀-环渤

海区域的洪水死亡人口总数呈现增加趋势，未来近期(2030s)和未来中期(2050s)相对于基准期均呈现正变化。2030s 时期内，RCP 4.5-SSP2 情景下，死亡人口总数为 514.03 人，相对于基准期增加 34.39%；RCP 8.5-SSP3 情景下，死亡人口总数为 505.06 人，相对于基准期增加 32.05%，RCP 4.5-SSP2 情景下增幅最大。2050s 时期内，RCP 4.5-SSP2 情景下，死亡人口总数为 593.74 人，相对于基准期增加 55.23%；RCP 8.5-SSP3 情景下，死亡人口总数为 714.42 人，相对于基准期增加 86.79%，RCP 8.5-SSP3 情景下增幅最大。

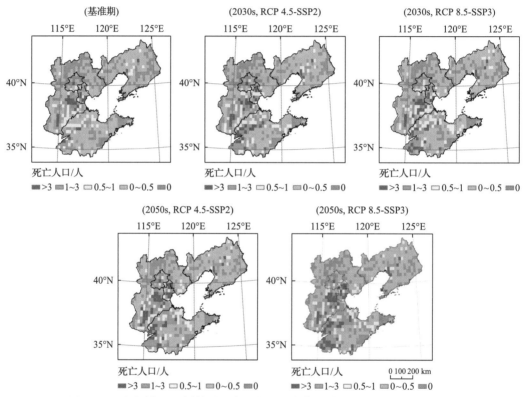

图 5.57　不同时期、不同情景组合下中国京津冀-环渤海洪水死亡人口分布图

表 5.31　全球三大热点区域不同时期和情景下洪水死亡人口总数变化对比

热点区	基准期总数/人	2030s 比基准期变化/%		2050s 比基准期变化/%	
		RCP 4.5-SSP2	RCP 8.5-SSP3	RCP 4.5-SSP2	RCP 8.5-SSP3
中国京津冀-环渤海	382.48	34.39	32.05	55.23	86.79
美国东北部	2.40	182.08	360.42	189.58	202.08
欧洲西南五国	17.18	16.59	37.95	43.19	34.58

美国东北部区域基准期的洪水死亡人口总数为 2.40 人，是三个热点区中死亡人口总数最少的区域。在空间上(图 5.58)，不同时期及不同变化情景下，洪水死亡人口的空间分布基本一致，死亡人口数高值主要在区域的东部沿海地区。随着时间发展(表 5.31)，

美国东北部地区的洪水死亡人口总数呈现增加趋势，近期(2030s)和中期(2050s)相对于基准期均呈现正变化。2030s 时期内，RCP 4.5-SSP2 情景下，死亡人口总数为 6.77 人，相对于基准期增加 182.08%；RCP 8.5-SSP3 情景下，死亡人口总数为 11.05 人，相对于基准期增加 360.42%，RCP 8.5-SSP3 情景下增幅最大。2050s 时期内，RCP 4.5-SSP2 情景下，死亡人口总数为 6.95 人，相对于基准期增加 189.58%；RCP 8.5-SSP3 情景下，死亡人口总数为 7.25 人，相对于基准期增加 202.08%，RCP 8.5-SSP3 情景下增幅最大。

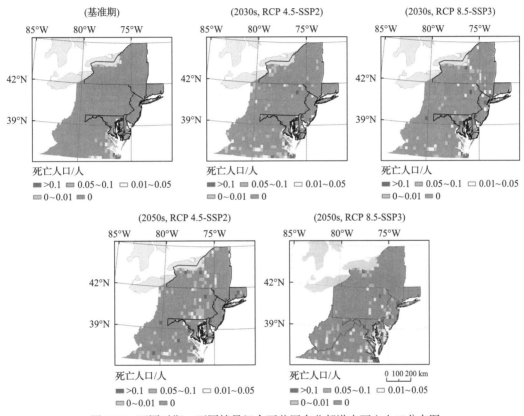

图 5.58　不同时期、不同情景组合下美国东北部洪水死亡人口分布图

欧洲西南五国地区基准期的洪水死亡人口总数为 17.18 人。在空间上(图 5.59)，不同时期及不同变化情景下，洪水死亡人口的空间分布基本一致，死亡人口数高值主要在区域的中部和东北部。随着时间发展(表 5.31)，欧洲西南五国地区的洪水死亡人口总数呈现增加趋势，近期(2030s)和中期(2050s)相对于基准期均呈现正变化。2030s 时期内，RCP 4.5-SSP2 情景下，死亡人口总数为 20.03 人，相对于基准期增加 16.59%；RCP 8.5-SSP3 情景下，死亡人口总数为 23.70 人，相对于基准期增加 37.95%；RCP 8.5-SSP3 情景下增幅最大。2050s 时期内，RCP 4.5-SSP2 情景下，死亡人口总数为 24.60 人，相对于基

准期增加 43.19%；RCP 8.5-SSP3 情景下，死亡人口总数为 23.12 人，相对于基准期增加 34.58%，RCP 4.5-SSP2 情景下增幅最大。

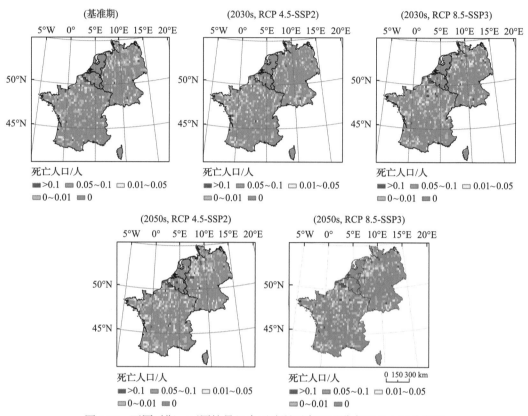

图 5.59　不同时期、不同情景组合下欧洲西南五国洪水死亡人口分布图

3）洪水 GDP 损失风险

中国京津冀-环渤海地区基准期的洪水 GDP 损失总量为 421.94×10^7 美元，是三个热点区中洪水 GDP 损失总量最多的区域。在空间上（图 5.60），不同时期及不同变情景下，洪水 GDP 损失的空间分布基本一致，呈现由北向南递增的趋势，GDP 损失较多的区域主要集中在北京市、天津市、河北省南部和山东省西部。随着时间发展（表 5.32），中国京津冀-环渤海地区的洪水 GDP 损失总量呈现增加趋势，近期（2030s）和中期（2050s）相对于基准期均呈现正变化。2030s 时期内，RCP 4.5-SSP2 情景下，GDP 损失总量为 $2\,739.52 \times 10^7$ 美元，相对于基准期增加 549.27%；RCP 8.5-SSP3 情景下，GDP 损失总量为 $2\,343.24 \times 10^7$ 美元，相对于基准期增加 455.35%，RCP 4.5-SSP2 情景下增幅最大。2050s 时期内，RCP 4.5-SSP2 情景下，GDP 损失总量为 $6\,075.33 \times 10^7$ 美元，相对于基准期增加 $1\,339.86\%$；RCP 8.5-SSP3 情景下，GDP 损失总量为 $5\,677.90 \times 10^7$ 美元，相对于基准期增加 $1\,245.67\%$，RCP 4.5-SSP2 情景下增幅最大。

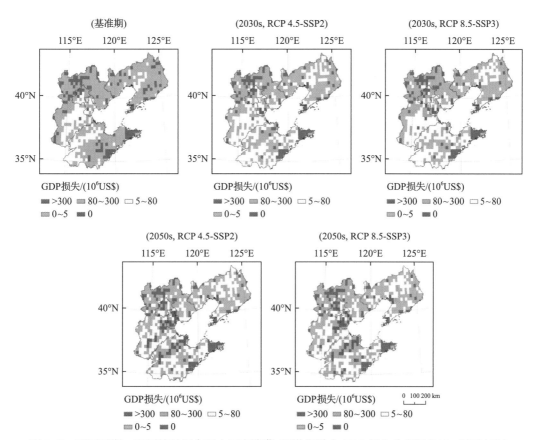

图 5.60　不同时期、不同情景组合下中国京津冀–环渤海洪水 GDP 损失分布图（2005 年不变价）

表 5.32　全球三大热点区域不同时期和情景下洪水 GDP 损失总量变化对比（2005 年不变价）

热点区	基准期总量 /10⁷美元	2030s 比基准期变化/%		2050s 比基准期变化/%	
		RCP 4.5-SSP2	RCP 8.5-SSP3	RCP 4.5-SSP2	RCP 8.5-SSP3
中国京津冀–环渤海	421.94	549.27	455.35	1339.86	1245.67
美国东北部	0.92	213.04	430.43	859.78	463.04
欧洲西南五国	93.24	35.65	86.96	178.16	89.23

美国东北部地区基准期的洪水 GDP 损失总量为 0.92×10^7 美元，是三个热点区中 GDP 损失总量最少的区域。在空间上（图 5.61），不同时期及不同变化情景下，洪水 GDP 损失的空间分布基本一致，GDP 损失高值主要在区域的东部沿海地区。随着时间发展（表 5.32），美国东北部地区的洪水 GDP 损失总量呈现增加趋势，近期（2030s）和中期（2050s）相对于基准期均呈现正变化。2030s 时期内，RCP 4.5-SSP2 情景下，GDP 损失总量为 2.88×10^7 美元，相对于基准期增加 213.04%；RCP 8.5-SSP3 情景下，GDP 损失总量为 4.88×10^7 美元，相对于基准期增加 430.43%，RCP 8.5-SSP3 情景下增幅最大。2050s

时期内,RCP 4.5-SSP2 情景下,GDP 损失总量为 8.83×10^{7} 美元,相对于基准期增加
859.78%;RCP 8.5-SSP3 情景下,GDP 损失总量为 5.18×10^{7} 美元,相对于基准期增加
463.04%,RCP 4.5-SSP2 情景下增幅最大。

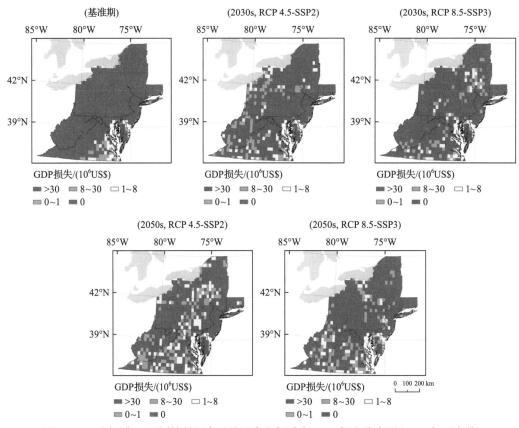

图 5.61　不同时期、不同情景组合下美国东北部洪水 GDP 损失分布图(2005 年不变价)

欧洲西南五国地区基准期的洪水 GDP 损失总量为 93.24×10^{7} 美元。在空间上
(图 5.62),不同时期及不同变化情景下,洪水 GDP 损失的空间分布基本一致,GDP 损
失高值主要在区域的西北部。随着时间发展(表 5.32),欧洲西南五国地区的洪水 GDP 损
失总量呈现增加的趋势,近期(2030s)和中期(2050s)相对于基准期均呈现正变化。2030s
时期内,RCP 4.5-SSP2 情景下,GDP 损失总量为 126.48×10^{7} 美元,相对于基准期增加
35.65%;RCP 8.5-SSP3 情景下,GDP 损失总量为 174.32×10^{7} 美元,相对于基准期增
加 86.96%,RCP 8.5-SSP3 情景下增幅最大。2050s 时期内,RCP 4.5-SSP2 情景下,GDP
损失总量为 259.36×10^{7} 美元,相对于基准期增加 178.16%;RCP 8.5-SSP3 情景下,GDP
损失总量为 176.44×10^{7} 美元,相对于基准期增加 89.23%,RCP 4.5-SSP2 情景下增幅
最大。

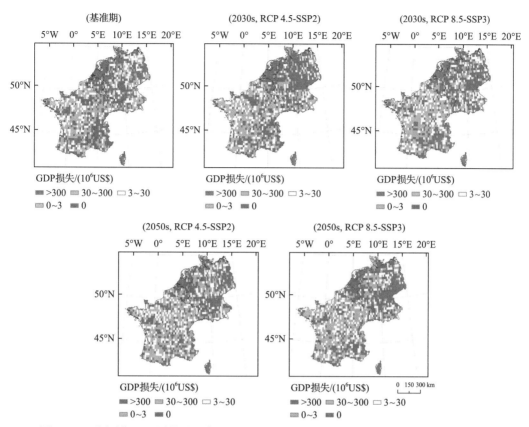

图 5.62　不同时期、不同情景组合下欧洲西南五国洪水 GDP 损失分布图（2005 年不变价）

5.3　气候变化和人口与经济系统变化对全球变化风险的相对贡献率

5.3.1　气候变化和人口与经济系统变化对全球变化风险的贡献率

1. 量化方法

风险变化被分解成三部分的影响，利用下式计算每个部分的相对影响程度（Jones et al., 2015）。三部分的影响定义如下，即：①气候变化影响：控制人口/GDP 不变，数量固定在基准期，仅允许气候根据模型预测发生变化。②人口/GDP 变化影响：控制气候不变，保持在基准期的水平，仅允许人口/GDP 根据模型发生变化。③气候和人口/GDP 联合变化影响：总的风险的变化减去气候和人口/GDP 两种影响的剩余部分，即气候和人口/GDP 同时变化的结果［式（5.61）］。

$$\Delta R = P_j \times C_j - P_0 \times C_0 = P_0 \times \Delta C + \Delta P \times C_0 + \Delta P \times \Delta C \tag{5.61}$$

式中，ΔR 为总风险变化量；P_0 和 C_0 分别为基准期下人口/GDP 和气候特征值（如高温天数等）；P_j 和 C_j 分别为 j 时期下人口/GDP 和气候特征值；ΔP 和 ΔC 分别为 j 时期与基准期相比人口/GDP 和气候特征的变化量。$P_0 \times \Delta C$ 为气候变化影响，$\Delta P \times C_0$ 为人口/ GDP 变化影响，$\Delta P \times \Delta C$ 为两者联合变化影响。

因此，各部分的贡献率可以根据式(5.62)～式(5.64)得到。

$$CR_c = \frac{|P_i \times \Delta C|}{|P_i \times \Delta C| + |\Delta P \times C_i| + |\Delta P \times \Delta C|} \times 100\% \tag{5.62}$$

$$CR_p = \frac{|C_i \times \Delta P|}{|P_i \times \Delta C| + |\Delta P \times C_i| + |\Delta P \times \Delta C|} \times 100\% \tag{5.63}$$

$$CR_{c\text{-}p} = \frac{|\Delta P \times \Delta C|}{|P_i \times \Delta C| + |\Delta P \times C_i| + |\Delta P \times \Delta C|} \times 100\% \tag{5.64}$$

式中，CR_c 为气候变化影响的贡献率；CR_p 为人口/GDP 变化影响的贡献率；$CR_{c\text{-}p}$ 为联合影响的贡献率。

2. 热浪死亡人口各因子贡献率

全球和大洲尺度的热浪死亡人口各因子贡献率如表 5.33 所示。在全球尺度，各因素的贡献率为 5%～85%。从全球以及各大洲热浪死亡人口风险变化的组成来看，气候变化的贡献率远大于人口变化和联合变化，气候因子是造成热浪死亡风险变化的主要原因。在大洲尺度，气候变化是大洲风变化的主要原因，气候变化的贡献率均在 65%以上，在欧洲高达 99%，其次是联合变化，最后是人口变化。从时间变化角度来说，在全球尺度，相对于 2030s 时期，2050s 时期气候变化的贡献率减少而联合变化的贡献率在增加，在大洲尺度上略有差异，其中亚洲、非洲和南美洲气候变化的贡献率减少而欧洲、北美洲和大洋洲气候变化的贡献率增加。从情景组合角度来说，不同时期，北美洲在不同情景组合下，气候变化均为主要贡献因子，其中在 RCP 8.5-SSP3 情景下，气候变化贡献率最高，2030s 和 2050s 时期分别为 96%和 97%。欧洲和大洋洲也是在高排放情景下气候变化的贡献率相对较高，其中在 RCP 8.5-SSP3 情景下，欧洲的气候变化贡献率在 2030s 和 2050s 时期均为 99%，大洋洲的气候变化贡献率在 2030s 和 2050s 时期分别为 88%和 87%。不同时期不同情景组合下，亚洲、非洲和南美洲风险变化的主要贡献因子同为气候变化，但与上述三个大洲不同，亚洲、非洲和南美洲的气候变化贡献率在低排放情景组合下相对较高，在 RCP 2.6-SSP1 组合下，亚洲气候变化的贡献率在 2030s 和 2050s 时期分别为 88%和 83%，非洲气候变化的贡献率分别为 75%和 68%，南美洲气候变化的贡献率均为 96%。

表 5.33　全球和大洲尺度热浪死亡人口各因子贡献率

地区	要素	2030s 时期的贡献率/%			2050s 时期的贡献率/%		
		RCP 2.6-SSP1	RCP 4.5-SSP2	RCP 8.5-SSP3	RCP 2.6-SSP1	RCP 4.5-SSP2	RCP 8.5-SSP3
全球	CR_c	85	77	73	80	72	67
	CR_p	5	9	10	6	7	6
	$CR_{c\text{-}p}$	10	14	17	14	21	27

地区	要素	2030s 时期的贡献率/%			2050s 时期的贡献率/%		
		RCP 2.6-SSP1	RCP 4.5-SSP2	RCP 8.5-SSP3	RCP 2.6-SSP1	RCP 4.5-SSP2	RCP 8.5-SSP3
亚洲	CR_c	88	74	66	83	70	65
	CR_p	3	8	10	4	6	5
	CR_{c-p}	9	18	24	13	24	30
北美洲	CR_c	82	93	96	78	90	97
	CR_p	10	4	2	11	3	1
	CR_{c-p}	8	3	2	11	7	2
欧洲	CR_c	94	99	99	94	98	99
	CR_p	2	1	0	2	1	0
	CR_{c-p}	4	0	1	4	1	1
非洲	CR_c	75	75	74	68	68	62
	CR_p	11	13	13	13	10	8
	CR_{c-p}	14	12	13	19	22	30
南美洲	CR_c	96	96	95	96	96	94
	CR_p	1	2	3	1	2	2
	CR_{c-p}	3	2	2	3	2	4
大洋洲	CR_c	77	81	88	67	75	87
	CR_p	8	13	8	13	13	5
	CR_{c-p}	15	6	4	20	12	8

表 5.34 展示了热浪死亡人口风险排名前十的国家的各因子贡献率。从国家角度来说，气候变化影响在大多数国家中占主导地位，其次是联合变化影响，最后是人口变化影响。印度、阿尔及利亚、美国、巴基斯坦、伊拉克、摩洛哥和沙特阿拉伯热浪死亡人口风险变化的主要贡献因子为气候变化，而土耳其和苏丹在 RCP 2.6-SSP1 情景组合下 2030s 时期主要贡献因子为人口变化(其余情景组合下，气候变化为主要贡献因子)。从情景组合角度来说，2030s 时期，印度、巴基斯坦、伊拉克、埃及、摩洛哥的气候变化贡献率在 RCP 2.6-SSP1 情景组合下最高，分别为 91%、84%、80%、77%、90%，而阿尔及利亚、土耳其和苏丹的气候变化贡献率在 RCP 4.5-SSP2 情景组合下最高，分别为 79%、82%、80%、68%，美国则是在 RCP 8.5-SSP3 情景组合下气候变化的贡献率最高，为 96%。2050s 时期，印度、巴基斯坦、土耳其、伊拉克和埃及在 RCP 2.6-SSP1 情景组合下气候变化贡献率最高，而阿尔及利亚(74%)、摩洛哥(94%)、苏丹(59%)、沙特阿拉伯(71%)在 RCP 4.5-SSP2 气候变化的贡献率最高，美国则是在 RCP 8.5-SSP3 情景组合下气候变化的贡献率最高，为 97%。特别地，在 RCP 2.6-SSP1 情景组合下，苏丹的人口变化成为风险变化的主要贡献因子，占比分别为 93%(2030s) 和 90%(2050s)。从时间变化角度来说，多数国家，相比于 2030s 时期，2050s 时期其气候变化的贡献率在减少，联

合变化的贡献率在增加，印度和巴基斯坦的气候变化贡献率在 RCP 4.5-SSP2 和 RCP 8.5-SSP3 呈增加趋势，土耳其、摩洛哥和苏丹的气候变化贡献率在 RCP 2.6-SSP1 呈增加趋势，而苏丹和叙利亚的气候变化的贡献率在 RCP 2.6-SSP1 情景组合下增加，而在 RCP 4.5-SSP2 和 RCP 8.5-SSP3 情景组合下减少。

表 5.34　国家尺度(主要国家)热浪死亡人口各因子贡献率

国家	要素	2030s 时期的贡献率/%			2050s 时期的贡献率/%		
		RCP 2.6-SSP1	RCP 4.5-SSP2	RCP 8.5-SSP3	RCP 2.6-SSP1	RCP 4.5-SSP2	RCP 8.5-SSP3
印度	CR_c	91	78	69	88	81	76
	CR_p	2	14	21	3	7	7
	CR_{c-p}	7	8	10	9	12	17
阿尔及利亚	CR_c	60	79	76	59	74	68
	CR_p	36	11	10	36	7	5
	CR_{c-p}	4	10	14	5	19	27
美国	CR_c	81	93	96	76	90	97
	CR_p	11	4	2	12	3	1
	CR_{c-p}	8	3	2	12	7	2
巴基斯坦	CR_c	84	67	48	76	72	65
	CR_p	3	18	31	5	10	10
	CR_{c-p}	13	15	21	19	18	25
土耳其	CR_c	11	82	69	73	69	64
	CR_p	88	2	3	27	2	2
	CR_{c-p}	1	16	28	0	29	34
伊拉克	CR_c	80	67	62	70	55	46
	CR_p	15	14	16	22	12	10
	CR_{c-p}	5	19	22	8	33	44
埃及	CR_c	77	66	63	70	59	53
	CR_p	3	11	12	3	7	5
	CR_{c-p}	20	23	25	27	34	42
摩洛哥	CR_c	90	85	87	93	94	84
	CR_p	3	11	10	2	4	5
	CR_{c-p}	7	4	3	5	2	11
沙特阿拉伯	CR_c	70	80	80	60	71	71
	CR_p	6	7	7	8	6	4
	CR_{c-p}	24	13	13	32	23	25
苏丹	CR_c	7	68	66	9	59	54
	CR_p	93	21	21	90	17	14
	CR_{c-p}	1	11	13	1	24	32

3. 洪水 GDP 暴露各因子贡献率

影响洪水 GDP 暴露变化的主要因素有洪水淹没范围和 GDP 的发展情况。根据 5.3.1 节中贡献率分解的方法，洪水 GDP 暴露的变化可以分解为气候变化影响（洪水淹没范围）、GDP 变化影响和两者联合变化影响。

表 5.35 列出了全球及各大洲洪水 GDP 暴露各因子贡献率。就全球整体而言，洪水 GDP 暴露的变化主要受 GDP 变化影响较大，贡献率在 24%~75%，其次是联合变化的贡献率偏高，在 20%~32%，气候变化的贡献率最小，在 3%~6%。2050s 时期 RCP 8.5-SSP3 情景下，GDP 变化的贡献率相比其他时段情景下是最低的，而联合变化的贡献率相比其他时段情景下是最高的。就大洲尺度而言，GDP 变化是影响洪水 GDP 暴露变化的主要因素。对于亚洲、非洲和南美洲而言，联合变化的贡献率稍高于气候变化，而在北美洲、欧洲和大洋洲，气候变化和联合变化的贡献率相差不大。在欧洲、非洲和大洋洲，GDP 变化的贡献率非常高，几乎都保持在 80%以上。受气候变化影响最小的是非洲和欧洲，受联合变化影响最小的为欧洲。

表 5.35　全球及各大洲洪水 GDP 暴露各因子贡献率

地区	要素	2030s 时期的贡献率/%		2050s 时期的贡献率/%	
		RCP 4.5-SSP2	RCP 8.5-SSP3	RCP 4.5-SSP2	RCP 8.5-SSP3
全球	CR_c	5	5	3	6
	CR_p	74	75	72	24
	CR_{c-p}	22	20	24	32
亚洲	CR_c	4	5	4	7
	CR_p	71	73	68	57
	CR_{c-p}	24	22	28	36
北美洲	CR_c	10	11	9	9
	CR_p	84	81	78	79
	CR_{c-p}	6	8	14	12
欧洲	CR_c	2	8	0	2
	CR_p	95	87	99	95
	CR_{c-p}	2	5	1	3
非洲	CR_c	3	2	1	2
	CR_p	87	90	86	82
	CR_{c-p}	10	8	13	16
南美洲	CR_c	9	11	7	11
	CR_p	77	72	69	60
	CR_{c-p}	15	17	24	29
大洋洲	CR_c	7	9	8	5
	CR_p	87	89	75	93
	CR_{c-p}	5	2	16	2

图 5.63 为全球河道型洪水 GDP 暴露排前十的国家的贡献水平分解结果。整体来看，这十个国家 GDP 暴露量的变化主要受 GDP 变化的影响较大。在中国，GDP 变化贡献率最大，为 57%～70%，其次是联合变化贡献率，为 25%～38%，气候变化影响较小。在日本，GDP 变化的贡献率较大，其次是气候变化，但是在 2050s 时期 RCP 8.5-SSP3 情景下是气候变化的贡献率最大。越南的情况和中国相似，只是从 2030s 时期的 RCP 4.5-SSP2 情景到 2050s 时期的 RCP 8.5-SSP3 情景，GDP 变化的贡献率一直在较低，联合贡献率在升高。埃及主要受 GDP 变化影响较大，其贡献率为 81%～98%。美国也是受 GDP 变化影响较大，贡献率为 81%～88%，气候变化和联合变化的贡献率相差不大。尼日利亚、巴西和印度尼西亚同中国的情况相似，印度和越南的情况相同。巴基斯坦主要受 GDP 变化影响较大，但是在 RCP 4.5-SSP2 情况下，气候变化和联合变化的贡献率接近 0，而 RCP 8.5-SSP3 情景下，气候变化和联合变化的贡献率相对较高。

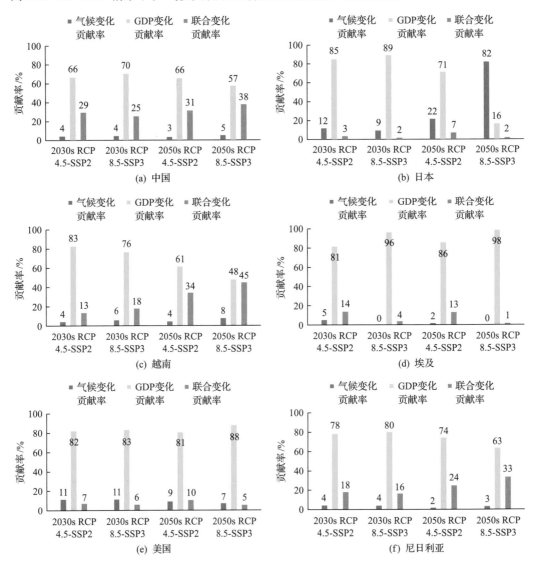

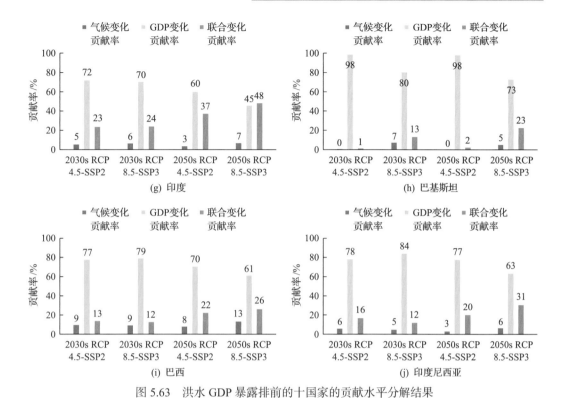

图 5.63　洪水 GDP 暴露排前的十国家的贡献水平分解结果

5.3.2　气候平均值、波动与极端值对农作物风险的贡献率

气候变化从本质上包含平均值、波动与极端值三个部分的共同变化。长期趋势变化或平均状态变化只能描述部分气候变化的内涵，围绕平均状态的波动特征，尤其是极端天气气候事件，代表了气候变化的剩余内涵 (Dinse, 2009)。不同的气候变化组成部分以不同的方式影响不同地区的人口与经济系统。因此，同时研究以上各组成部分 (气候趋势、波动和极端事件) 对承灾体的定量影响，并量化相对贡献水平，对于系统了解气候变化，适应、设防和减轻气候变化可能带来的不利影响具有重要的指导意义 (Shi et al., 2014)。

气候平均值、波动与极端值变化的影响与相对贡献水平的量化研究最典型的对象是农作物单产。当前气候变化对作物单产的影响研究大部分集中在长时间尺度上 (年尺度以上) 气候因子趋势变化的影响方面，还有一部分集中在相对较短时间尺度的气候因子的波动或极端天气气候事件的影响方面。使用到的研究方法主要包括数理统计和模型模拟方法，数理统计方法简单易行，能够有效分离不同气候要素、不同气候变化组成部分的变化影响；而模型模拟方法能体现各因子作用的机理过程。

现有研究在综合探讨气候平均值、波动以及极端事件对作物单产的影响及相对贡献时，多采用"情景+模拟"的研究思路，基于对气候变化及其构成的理解，设计控制实验，构建能够表达特定气候变化组分对作物单产影响的对比情景，通过模型模拟得到不同实验情景下的单产序列，序列的单产差可视作气候平均值、波动和极端事件三个部分对作物单产的独立定量影响。在了解各气候变化组分直接影响的基础上，可根据模拟情景的组合结果，进一步得到不同组分对作物产量的交互影响，并以此量化相对贡献水平。

1. 气候平均值、波动与极端值变化对基准期湖南省水稻单产的相对贡献率

本书研究以湖南省水稻生产为例，提出了一套系统研究方法用于剥离气候趋势、波动和极端事件对作物单产的定量影响，即采用"情景+模拟"的研究思路，构建能够表征气候因子趋势、波动和极端事件影响的气候对比情景，利用湖南省农业气象站观测数据，结合本地化的作物生长模型（CERES-Rice），将模拟得到的不同气候情景下的作物单产差来表征气温、降水和辐射的趋势、波动和相关极端事件（包括高温事件、低温事件、暴雨事件和干旱事件）对湖南省早稻历史单产的影响。

本研究提出了一种剥离气候平均值、波动与极端值对作物产量定量影响的方法，并进一步探究控制作物产量变化的关键气候变量；相比同类研究，更为突出地强调了气候波动与极端值对作物单产影响的相对贡献。研究结果显示，极端值和气候波动造成的影响比气候平均值变化造成的影响更严重；其中，极端高温事件对湖南省早稻产量的负面影响最大。此外，气候平均值对水稻产量的影响表现出"得失不定"的特征，气候波动的负面影响主要来自日照时数和降水的波动变化，但二者的负面影响均未超过极端事件。最后，与本书研究中考虑的其他气候要素相比，气温是控制湖南省早稻产量的关键影响因素。

1）数据

研究数据主要包括：基准期气象数据、土壤数据和田间实验数据。土壤数据来自世界土壤数据库（HWSD）。为简化作物模型，同时考虑水稻品种变化对单产的影响，研究时期被分为三个子时段：1981～1989 年、1990～1999 年和 2000～2012 年，在每一个子时段中选取一个具有代表性的水稻种植品种。

2）量化区分方法

本书研究通过"情景+模拟"相结合的方法，构建去除某类非气候因子影响的情景，然后将该情景输入作物生长模型当中，将得到的模拟产量与含有该类非气候因子影响的原始情景下模拟的产量进行比较，得到各非气候因子对作物单产的影响。剥离平均值、波动和极端值变化对农作物产量影响的思路如图 5.64 所示。

其中，气候因子平均值变化的影响通过趋势值情景和均值情景下模拟得到的产量差进行表示，情景构建的方式为调整对应水稻生育期各气候因子的日值数据使得该对应生育期的气候因子与对应生育期的趋势值或均值一致，最后分别将趋势值情景和均值情景放入作物模型的气候模块当中，得到的两组作物单产序列差即气候因子趋势变化对水稻单产的影响部分。

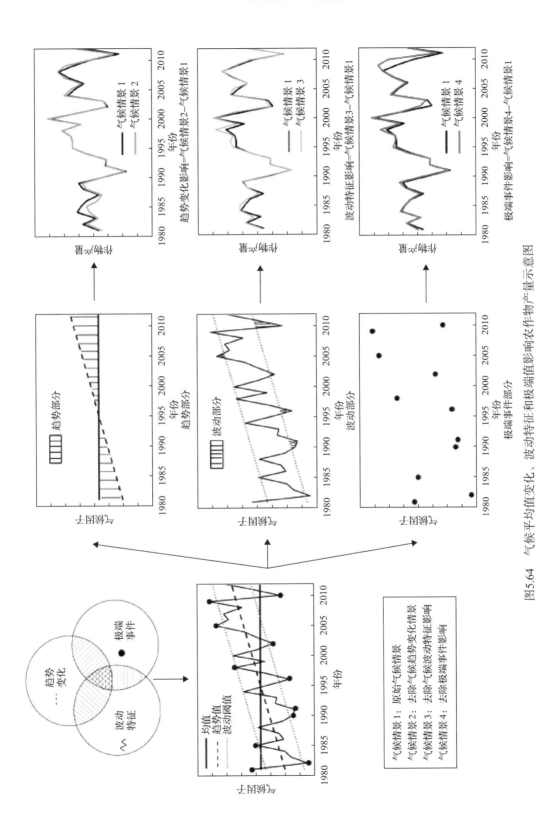

图5.64　气候平均值变化、波动特征和极端值影响农作物产量示意图

　　研究气候因子波动影响的关键是找到"波动阈值"。本书研究中"波动阈值"是通过计算原始气候因子序列和趋势值序列的残差的"一倍标准差"(1 SD)获得的。需要注意的是,气候因子超过"波动阈值"部分的影响很可能还包含一部分极端事件的影响,为此,需要从中剔除掉对应极端事件的影响。构建情景的方法同样为调整对应水稻生育期各气候因子的日值数据,使得该对应生育期的气候因子与对应年份的"波动阈值"一致,并去除对应年份极端事件影响的气候情景,通过将去除极端事件前后的情景输入作物模型当中,并对比获得的两组作物单产的序列差,即可获得气候因子波动影响的定量结果。

　　本书研究主要考虑四类与水稻减产密切相关的极端事件:高温事件、低温事件、暴雨事件和干旱事件(Tao et al., 2013),考虑水稻的生理特性,认为采用"绝对阈值"划分影响水稻产量的极端事件更合理。通过调整极端事件发生对应的日值气候因子到对应年份的"波动阈值"才认为去除了极端事件的影响("波动阈值"的确定方法参考上述部分),最终通过对比去除各极端事件的气候情景与原始情景下的水稻模拟产量差得到各极端事件对水稻单产的影响。

　　3)量化区分结果

　　气候趋势、波动和极端事件对早稻产量的影响是根据各部分不同气候要素(温度、降水、日照时数)的影响求和得到的(表5.36)。结果表明,极端事件相对于气候变化的其他两个部分对湖南省早稻单产的影响更大,其年均影响百分比整体上达到-8.07%;其次是超过"波动阈值"部分的减产影响,其年均影响百分比整体上达到-3.68%;然而,气候因子趋势变化对湖南省早稻单产的影响相对较小,其年均影响百分比整体上为-0.47%。从各个农气站的计算结果可知,武陵站受极端事件的影响最大,极端事件求和的多年平均影响百分比达到-15.89%;对于气候波动变化带来的减产影响,长沙站的总影响最大达到-4.46%;而气候趋势变化对武陵站的影响最大,影响百分比为-4.91%。

表 5.36　气候趋势、波动和极端事件对湖南省 1981～2012 年早稻单产的影响

站点名称	气候趋势影响/%	波动影响/%	极端事件影响/%	多年平均模拟单产/(kg/hm²)
南县	0.49	-3.62	-5.32	4560
武陵	-4.91	-3.64	-15.89	4443
长沙	-0.43	-4.46	-7.77	4885
武冈	-1.47	-4.17	-2.59	5514
衡南	2.12	-3.60	-12.14	5520
资兴	1.27	-2.60	-4.69	6038

　　气候趋势变化导致的"利弊共存"同样体现在对不同农气站早稻单产的影响上,其中南县、衡南和资兴站气候趋势变化对早稻单产是增产作用,而其余三个站以减产影响为主。综上所述,以往气候变化研究重点关注的趋势影响仅仅是气候变化影响的"冰山一角",气候变化对作物单产的减产影响主要来自极端事件和超过"波动阈值"部分波动的影响。

表 5.37 展示了主要气候趋势和波动变化对早稻单产的影响。对于气候趋势变化，从整体上看，温度趋势变化对湖南省各农业气象站早稻单产的影响以减产为主，仅衡南和资兴站温度趋势有正向影响；降水和辐射趋势变化对各农业气象站早稻单产的影响以增产为主，其中辐射趋势变化的正向影响超过降水。进一步分析可知，武陵站早稻单产受温度和降水趋势的影响最大，分别达到平均每年减产–5.00%和–0.80%；对于辐射趋势变化的影响，衡南站的早稻单产受辐射趋势变化的有利影响最大，平均每年增产达到1.33%。

表 5.37　1981～2012 年不同气候要素趋势及波动对早稻单产的影响　　（单位：%）

气候变化组成部分	站点名称	温度影响	降水影响	辐射影响
趋势	南县	–0.02	0.06	0.45
	武陵	–5.00	–0.80	0.89
	长沙	–0.04	0.27	–0.66
	武冈	–1.22	–0.30	0.05
	衡南	0.24	0.55	1.33
	资兴	0.83	0.30	0.14
波动	南县	–1.12	–0.61	–1.89
	武陵	–1.47	–1.09	–1.08
	长沙	–0.50	–2.63	–1.33
	武冈	–1.13	–0.64	–2.40
	衡南	–1.35	–1.17	–1.08
	资兴	–0.85	–0.99	–0.76

在波动影响方面，从整体上看，辐射对水稻单产的减产影响最大，其次是降水和温度的波动影响。温度是影响早稻单产的关键气候因素。此外，不同的农业气象站受到波动带来的减产影响主导气候因子不同。其中，受辐射波动带来的减产影响最大的是武冈站，多年损失百分比达–2.40%；对于温度而言，武陵站受其波动影响带来的减产影响最大，达–1.47%；而受降水波动影响最大的站点是长沙站，减产百分比达到 –2.63%。

2. 气候平均值、波动及二者交互作用对未来华北平原小麦单产风险的相对贡献率

本书研究以华北平原的小麦生产为例，抓住气候变化中所包含的平均值与波动变化信号，评估了二者在未来时期对小麦单产的平均值、年际波动和极端低产造成的影响。通过经验模态分解的方法对气候预估数据进行了趋势、波动分解和重构，形成了"仅均值变化""仅波动变化""二者共同变化"的控制强迫试验。在此基础上，利用华北平原区农业气象站观测记录的小麦生长发育数据，校正了 DSSAT-Wheat 模型。以小麦模型为媒介，开展了控制模拟试验，成功分离了未来气候平均值变化(趋势)、波动变化以及二者交互作用对小麦单产风险的相对贡献。

与同类研究相比，本研究一方面关注了气候趋势、波动的变化，特别是二者的交互作用；另一方面，在同类研究关注的平均单产的基础上，增加了气候变化对单产年际波动和极端低产的影响。研究结果显示，在 RCP 4.5 和 RCP 8.5 情景下，平均单产将降低大约 15% 和 17%，单产年际变化将增加 5% 和 11%，单产极端低值将分别降低 31% 和 34%。经分析，气候平均值的变化是影响平均单产变化的主要因素，相对贡献达 62%～71%，其次是气候平均值和波动的交互作用（26%～33%）。对于单产年际变化的影响，气候平均值和波动的交互作用是主要影响因素（48%～54%），其次是气候平均值的变化（33%～41%），而气候波动变化对单产的整体影响较小。

1）数据

研究数据主要包括：基准期小麦田间实验数据（包括观测生育期、施肥、灌溉、产量等情况）、土壤表层和剖面数据以及 1981～2099 年气候数据。田间实验数据主要记录小麦播期、开花期、成熟期、收获期、施肥、灌溉和产量等信息。土壤剖面分为 0～30 cm 和 30～100 cm 两层。每一层都提供土壤有机碳、pH、含水量和黏土、沙子和石头的比例等信息（Nachtergaele et al., 2008）。气候数据来自多领域间影响模型比较计划（ISI-MIP）中最常用的五种全球气候模式（GCMs），空间分辨率为 0.5°，在使用前进行偏差校正，以提高基准期观测数据和预测数据之间的一致性（Hempel et al., 2013）。

2）量化区分方法

本书研究以华北平原（包括河北、河南、山东和山西）为研究区，小麦为主要研究对象，以未来气候变化为背景，利用 ISI-MIP 气候预测数据建立不同气候情景以剥离气候平均值及波动，基于校正后的 DSSAT-CERES 小麦模型设计控制实验模拟单产变化，以实现评估气候平均值和波动变化对华北平原小麦单产的相对贡献及交互作用，具体流程图见图 5.65。

DSSAT-CERES 作物模型校正。本书研究基于田间实验数据、气候观测数据和对应的土壤数据完成作物模型的校正和验证，但受频繁的品种变化的影响，仅使用相同种植品种的多年观测数据校正模型。验证结果由 R^2、预测偏差（PD）和观察与模拟单产、开花期、成熟期之间的相对均方根误差（RRMSE）表达。一般来说，PD 在 15% 以内表明校正结果能较好地还原历史观测数据（Timsina and Humphreys, 2006）。如果 RRMSE 小于 10%，则模型性能被认为是完美的（Rinaldi et al., 2003）。

气候变化情景设置。本书研究通过经验模态分解与重构设置不同气候变化情景，并剥离气候平均值和波动的影响。本书研究设置了一个基准情景和三个气候变化情景。基准情景（S0）中使用基准期（1981～2005 年）的气候数据；S1 为仅气候平均值变化的情景，使用未来情况的气候平均值和基准期的气候波动数据；S2 为仅气候波动变化的情景，使用基准期的气候平均值和未来情况的气候波动数据；S3 为未来气候平均值和波动均发生变化的情景。而未来时期被进一步划分为 3 个子时期：2030s（2011～2035 年）、2050s（2041～2065 年）和 2080s（2071～2095 年）。通过对最高温度（T_{max}）、最低温度（T_{min}）、太阳辐射（SR）和降水（Pr）四个气候要素进行经验模态分解（EMD），可以得到若干周期固定的固有模态函数（IMFs）和一个周期无限的残差项。本书研究中使用残差项

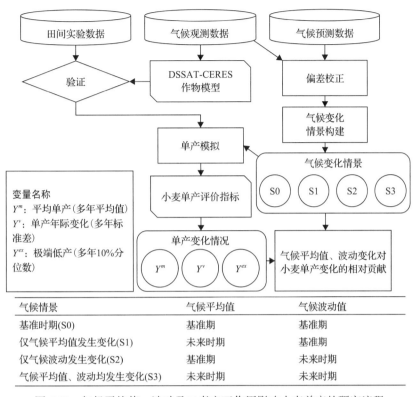

气候情景	气候平均值	气候波动值
基准时期(S0)	基准期	基准期
仅气候平均值发生变化(S1)	未来时期	基准期
仅气候波动发生变化(S2)	基准期	未来时期
气候平均值、波动均发生变化(S3)	未来时期	未来时期

图 5.65　气候平均值、波动及二者交互作用影响小麦单产的研究流程

表示气候平均值的变化，而 IMFs 表示气候的波动变化。至此，分离出四个气候要素的不同气候变化组成部分(平均值和波动变化)，完成控制实验的气候数据准备工作。

小麦单产模拟与单产变化指标。本书研究考虑 RCP 4.5 和 RCP 8.5 情景，在五个 GCMs 驱动下使用校正后的作物模型模拟小麦单产，并使用子时期(25 年)内平均单产(多年平均值)、单产年际变率(标准差)和极端低产(10%分位数)作为指标来表达单产的变化情况。考虑到气候输入数据的不确定性，除独立计算每个气候模型得出的模拟单产外，还计算了多模式集合的结果。相对于基准期，单产变化的表达方式如下[式(5.65)]：

$$\Delta_{i,t}^c = \frac{Y_{i,t}^c - Y_0^c}{Y_0^c} \times 100\% \tag{5.65}$$

式中，$c = m, v, ex$，分别代表平均单产、单产年际变率和极端低产；$i = 1, 2, 3$，代表气候变化的不同情景；t 代表 2030s、2050s 和 2080s；下标 0 代表基准期(S0)。

相对贡献分析。气候平均值和波动对单产的影响通过对应情景模拟得到的单产差($\Delta_{i,t}^c$)表示，其中 $i = 1$ 代表气候平均值变化，$i = 2$ 代表气候波动变化。交互作用的影响通过二者共同变化模拟得到的单产减去仅气候均值或波动变化得到的单产变化的总和而得到[式(5.66)]。

$$\Delta_{\text{int},t}^{c} = \Delta_{3,t}^{c} - (\Delta_{1,t}^{c} + \Delta_{2,t}^{c}) \tag{5.66}$$

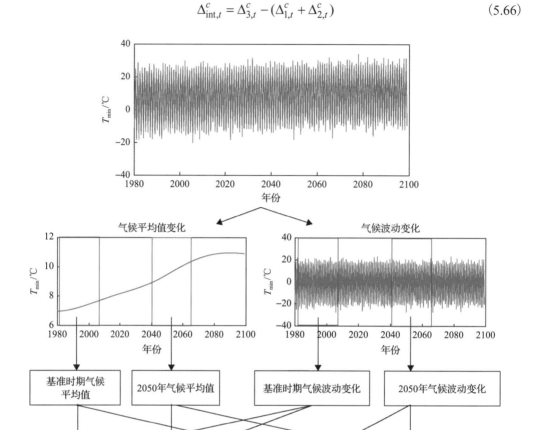

图 5.66　气候变化情景设置示意图

基于不同气候变化组分对单产的独立影响，各组分 k 对不同单产变化衡量指标 c 的相对贡献如下 (Hu et al., 2017; Zhu et al., 2019)：

$$R_{k,t}^{c} = \frac{\Delta_{k,t}^{c}}{\left|\Delta_{m,t}^{c}\right| + \left|\Delta_{v,t}^{c}\right| + \left|\Delta_{int,t}^{c}\right|} \tag{5.67}$$

式中，$k = m, v, int$，代表气候平均值、年际变率以及二者的交互作用。

3）量化区分结果

结果表明，相比于基准期，平均单产将下降 5.7%～29.4%，且随着时间推移，减产幅度增大；除 RCP 4.5 情景下 2050s 年际变率有所下降 (−4.6%) 以外，其余年际变率增加 0.4%～21%；而极端低产现象更加严重，下降 25.9%～39.8%。一般来说，在气候增暖幅度更大、更远的时期或 RCP 8.5 情景下，单产变化将更明显 (图 5.67)。

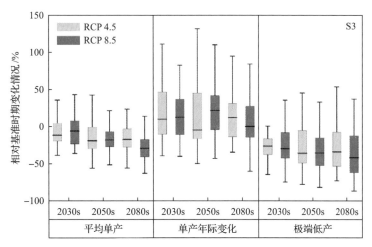

图 5.67　RCP 4.5 与 RCP 8.5 情景下小麦相对于基准期单产变化

当仅有气候平均值发生变化时(图 5.68),平均单产在 2030s、2050s 和 2080s 分别下降 5.3%~6.3%、12.8%~17.3% 和 16.4%~26.5%,RCP 8.5 情景下的产量下降幅度大于 RCP 4.5。气候平均值的变化也导致单产年际变率减少了 1.7%~6.1%。相对于基准期,极端低产水平的中位数变化为负,从–46.3%到–6.2%,说明气候平均值变化进一步加剧极端低产的严重程度。因为本书研究中对极端低产的界定(10%分位数)可能位于平均值的左边若干倍标准差之处,所以极端低产水平的增加可以通过平均单产和年际变率的变化情况解释。

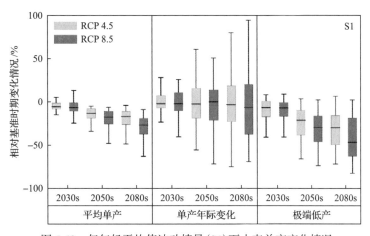

图 5.68　仅气候平均值波动情景(S1)下小麦单产变化情况

仅气候发生波动而平均值不变的情况下(S2 情景),平均单产的整体变化不大(图 5.69)。除 RCP 4.5 情景下的 2030s 外,气候波动变化增大了单产年际变率(0.5%~2.5%)。由于单产平均值和年际变率(标准差)发生改变,极端低产的减产幅度有所下降。总体来看,气候波动变化对小麦单产的影响在中间值上体现不明显;然而,不同气候模式下,各站单产年际变率的差异仍然大于平均单产。

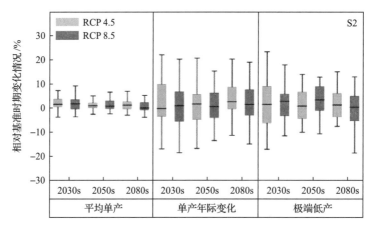

图 5.69　仅气候波动情景(S2)下小麦单产变化情况

当考虑气候平均值和波动变化对小麦单产的相对贡献时(图 5.70)，本书研究发现气候平均值的变化对小麦单产影响较大，对小麦平均单产变化的相对贡献占 62%~71%，对单产年际变率的相对贡献占 33%~41%。气候平均值与波动变化的交互效应是造成平均单产变化的第二大影响因素(26%~33%)，也是单产年际变率的最大影响因素(48%~54%)。而气候波动变化对平均单产和单产年际变率的相对贡献最小，两者均不到 15%。

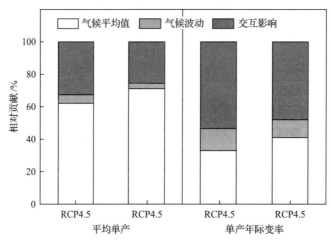

图 5.70　气候平均值及波动对小麦单产的相对贡献

参 考 文 献

常丽博, 骆耀峰, 刘金龙. 2018. 哈尼族社会-生态系统对气候变化的脆弱性评估——以云南省红河州哈尼族农村社区为例. 资源科学, 40(9): 1787-1799.

崔鹏, 苏凤环, 邹强, 等. 2015. 青藏高原山地灾害和气象灾害风险评估与减灾对策. 科学通报, 60(32): 3067-3077.

李鸣钰, 高西宁, 潘婕, 等. 2021. 未来升温 1.5 ℃与 2.0 ℃背景下中国水稻产量可能变化趋势. 自然资源学报, 36(3): 567-581.

李宁, 张正涛, 郝晓琳. 2016. 社会-生态脆弱性相互关系的计量推断方法. 地理科学进展, 35(2): 214-222.

廖顺宝, 李泽辉. 2003. 基于人口分布与土地利用关系的人口数据空间化研究——以西藏自治区为例. 自然资源学报, 18(6): 659-665.

牛方曲, 封志明, 刘慧. 2019. 资源环境承载力综合评价方法在西藏产业结构调整中的应用. 地理学报, 74(8): 1563-1575.

潘保田, 李吉均. 1996. 青藏高原: 全球气候变化的驱动机与放大器: III. 青藏高原隆起对气候变化的影响. 兰州大学学报(自然科学版), 32(1): 108-115.

彭俊杰. 2017. 气候变化对全球粮食产量的影响综述. 世界农业, (5): 19-24, 64.

史军, 穆海振. 2016. 大城市应对气候变化的可持续发展研究——以上海为例. 长江流域资源与环境, 25(1): 1-8.

史培军, 孙劭, 汪明, 等. 2014. 中国气候变化区划(1961－2010 年). 中国科学: 地球科学, 44(10): 2294-2306.

史培军, 王爱慧, 孙福宝, 等. 2016. 全球变化人口与经济系统风险形成机制及评估研究. 地球科学进展, 31(8): 775-781.

田丛珊, 方一平. 2019. 地质灾害胁迫下的社会经济恢复力评估及其提升策略——以都江堰市为例. 自然灾害学报, 28(6): 127-136.

王澄海, 李燕, 王艺. 2015. 北半球大气环流及其冬季风的年代际变化对青藏高原冬季降雪的影响. 气候与环境研究, 20(4): 421-432.

王亚茹, 赵雪雁, 张钦, 等. 2016. 高寒生态脆弱区农户的气候变化适应策略——以甘南高原为例. 地理研究, 35(7): 1273-1287.

吴佳, 高学杰. 2013. 一套格点化的中国区域逐日观测资料及与其它资料的对比. 地球物理学报, 56(4): 1102-1111.

吴绍洪, 高江波, 邓浩宇, 等. 2018. 气候变化风险及其定量评估方法. 地理科学进展, 37(1): 28-35.

姚檀栋, 秦大河, 沈永平, 等. 2013. 青藏高原冰冻圈变化及其对区域水循环和生态条件的影响. 自然杂志, 35(3): 179-186.

姚檀栋, 余武生, 邬光剑, 等. 2019. 青藏高原及周边地区近期冰川状态失常与灾变风险. 科学通报, 64(27): 2770-2782.

姚永慧, 张百平. 2015. 青藏高原气温空间分布规律及其生态意义. 地理研究, 34(11): 2084-2094.

尹占娥, 田鹏飞, 迟潇潇. 2018. 基于情景的 1951-2011 年中国极端降水风险评估. 地理学报, 73(3): 405-413.

张继权, 李宁. 2007. 主要气象灾害风险评价与管理的数量化方法及其应用. 北京: 北京师范大学出版社.

张学珍, 李侠祥, 张丽娟, 等. 2019. RCP 8.5 气候变化情景下 21 世纪印度粮食单产变化的多模式集合模拟. 地理学报, 74(11): 2314-2328.

张镱锂, 李炳元, 郑度. 2002. 论青藏高原范围与面积. 地理研究, 21(1): 1-8.

张镱锂, 张玮, 摆万奇, 等. 2005. 青藏高原统计数据分析——以人口为例. 地理科学进展, 24(1): 11-20, 137.

赵林, 盛煜. 2019. 青藏高原多年冻土及变化. 北京: 科学出版社.

赵雪雁, 薛冰. 2016. 高寒生态脆弱区农户对气候变化的感知与适应意向——以甘南高原为例. 应用生态学报, 27(7): 2329-2339.

Andrew M K, Mitnitski A B, Rockwood K. 2008. Social vulnerability, frailty and mortality in elderly people. PLoS ONE, 3(5): 22-32.

Asseng S, Ewert F, Martre P, et al. 2015. Rising temperatures reduce global wheat production. Nature Climate Change, 5(2): 143-147.

Basang D, Barthel K, Olseth J. 2017. Satellite and ground observations of snow cover in Tibet during 2001-2015. Remote Sensing, 9(12): 1201.

Cao J, Li M, Deo R C, et al. 2018. Comparison of social-ecological resilience between two grassland management patterns driven by grassland land contract policy in the Maqu, Qinghai-Tibetan Plateau. Land Use Policy, 74: 88-96.

Chen S, Liu W H, Ye T. 2020. Dataset of trend-preserving bias-corrected daily temperature, precipitation and wind from NEX-GDDP and CMIP5 over the Qinghai-Tibet Plateau. Data in Brief, 31: 105733.

Coble K H, Knight T O, Goodwin B K, et al. 2010. A Comprehensive Review of the RMA APH and COMBO Rating Methodology. Washington, DC.

Dinse K (2009) Climate variability and climate change: what is the difference. Michigan Sea Grant. http://www.miseagrant.umich.edu/climate.

Donat M G, Peterson T C, Brunet M, et al. 2014. Changes in extreme temperature and precipitation the Arab region: long-term trends and variability related to ENSO and NAO. International Journal of Climatology, 34(3): 581-592.

Folberth C, Baklanov A, Balkovič J, et al. 2019. Spatio-temporal downscaling of gridded crop model yield estimates based on machine learning. Agricultural and Forest Meteorology, 264: 1-15.

Frieler K, Schauberger B, Arneth A, et al. 2017. Understanding the weather signal in national crop-yield variability. Earth's Future, 5(6): 605-616.

Fu G, Shen Z X, Sun W, et al. 2015. A meta-analysis of the effects of experimental warming on plant physiology and growth on the tibetan plateau. Journal of Plant Growth Regulation, 34(1): 57-65.

Gao Q Z, Guo Y Q, Xu H M, et al. 2016. Climate change and its impacts on vegetation distribution and net primary productivity of the alpine ecosystem in the Qinghai-Tibetan Plateau. Science of the Total Environment, 554-555(12): 34-41.

Gaupp F, Hall J, Hochrainer-Stigler S, et al. 2020. Changing risks of simultaneous global breadbasket failure. Nature Climate Change, 10(1): 54-57.

Gongbuzeren, Li Y B, Li W J. 2015. China's rangeland management policy debates: what have we learned? Rangeland Ecology and Management, 68(4): 305-314.

Gosling S N, McGregor G R, Paldy A. 2007. Climate change and heat-related mortality in six cities Part 1: model construction and validation. International Journal of Biometeorology, 51(6): 525-540.

Hempel S, Frieler K, Warszawski L, et al. 2013. A trend-preserving bias correction – The ISI-MIP approach. Earth System Dynamics, 4(2): 219-236.

Hu X Y, Huang Y, Sun W J, et al. 2017. Shifts in cultivar and planting date have regulated rice growth duration under climate warming in China since the early 1980s. Agricultural and Forest Meteorology, 247: 34-41.

Huang J L, Qin D H, Jiang T, et al. 2019. Effect of fertility policy changes on the population structure and economy of china: from the perspective of the shared socioeconomic pathways. Earth's Future, 7(3): 250-265.

Immerzeel W W, van Beek L P H, Bierkens M F P. 2010. Climate change will affect the Asian water towers. Science, 328(5984): 1382-1385.

Intergovernmental Panel on Climate Change (IPCC). 2012a. Managing the Risks of Extreme Events and Disasters to Advance Climate Change Adaptation. A Special Report of Working Groups I and II of the Intergovernmental Panel on Climate Change. Cambridge and New York: Cambridge University Press.

Intergovernmental Panel on Climate Change (IPCC). 2013. Climate Change 2013: The Physical Science Basis. Contribution of Working Group I to the Fifth Assessment Report of the Intergovernmental Panel on Climate Change. Cambridge, United Kingdom and New York, NY, USA: Cambridge University Press.

Intergovernmental Panel on Climate Change (IPCC). 2014a. Climate Change 2014. Working Group II contribution to the Fifth Assessment Report of the Intergovernmental Panel on Climate Change. Cambridge, UK and New York, USA: Cambridge University Press.

Intergovernmental Panel on Climate Change (IPCC). 2014b. Climate Change 2014: Synthesis Report. Geneva: Contribution of Working Groups I, II and III to the Fifth Assessment Report of the Intergovernmental Panel on Climate Change.

IPCC. 2012b. Climate change 2012: Managing the Risks of Extreme Events and Disasters to Advance Climate Change Adaptation (SREX). Cambridge: Cambridge University Press.

IPCC. 2018. Global Warming of 1.5°C. An IPCC Special Report on the Impacts of Global Warming of 1.5°C Above Pre-Industrial Levels and Related Global Greenhouse Gas Emission Pathways, in the Context of Strengthening the Global Response to the Threat of Climate Change, Sustainable Development, and Efforts to Eradicate Poverty.

IPCC. 2019. Climate Change and Land: An IPCC Special Report on Climate Change, Desertification, Land Degradation, Sustainable Land Management, Food Security, and Greenhouse Gas Fluxes in Terrestrial Ecosystems. Research Handbook on Climate Change and Agricultural Law.

Jones B, O'Neill B C, McDaniel L, et al. 2015. Future population exposure to US heat extremes. Nature Climate Change, 5(7): 652-655.

Jonkman S N, Vrijling J K, Vrouwenvelder A C W M. 2008. Methods for the estimation of loss of life due to floods: a literature review and a proposal for a new method. Natural Hazards, 46(3): 353-389.

Kinoshita Y, Tanoue M, Watanabe S, et al. 2018. Quantifying the effect of autonomous adaptation to global river flood projections: application to future flood risk assessments. Environmental Research Letters, 13(1): 014006.

Kummu M, Taka M, Guillaume J. 2018. Gridded global dataset for Gross Domestic Product and Human Develepment Index over 1990-2015. Scientific data, 5: 180004.

Liao X L, Xu W, Zhang J L, et al. 2019. Global exposure to rainstorms and the contribution rates of climate change and population change. Science of the Total Environment, 663: 644-653.

Lim W H, Yamazaki D, Koirala S, et al. 2018. Long-Term changes in global socioeconomic benefits of flood defenses and residual risk based on CMIP5 climate models. Earths Future, 6(7): 938-954.

Martre P, Wallach D, Hatfield J L, et al. 2015. Multimodel ensembles of wheat growth: many models are better than one. Global Change Biology, 21(2): 911-925.

Michel-Kerjan E, Hochrainer-Stigler S, Kunreuther H, et al. 2013. Catastrophe risk models for evaluating disaster risk reduction investments in developing countries. Risk Analysis, 33(6):984-999.

Müller C, Elliott J, Kelly D, et al. 2019. The Global Gridded Crop Model Intercomparison phase 1 simulation dataset. Scientific Data, 6(1): 1-22.

Nachtergaele F F, van Velthuizen H H, Verelst L L, 2008. Harmonized World Soil Database. Food and Agriculture Organization of the United Nations, Rome, Italy.

Nandintsetseg B, Shinoda M, Du C, et al. 2018. Cold-season disasters on the Eurasian steppes: climate-driven or man-made. Scientific Reports, 8(1): 14769.

O'Neill B C, Oppenheimer M, Warren R, et al. 2017. IPCC reasons for concern regarding climate change risks. Nature Climate Change, 7: 28-37.

O'Neill B C, Tebaldi C, Van Vuuren D P, et al. 2016. The Scenario Model Intercomparison Project (ScenarioMIP) for CMIP6. Geoscientific Model Development, 9: 3461-3482.

Porter J R, Xie L Y, Challinor A J, et al. 2015. Food security and food production systems//Climate Change 2014 Impacts, Adaptation and Vulnerability: Part A: Global and Sectoral Aspects. Contribution of Working Group Ⅱ to the fifth Assessment Report of the Intergovernmental Panel on Climate Change. Cambridge, United Kingdom and New York, NY, USA: Cambridge University Press: 485-533.

Rinaldi M, Losavio N, Flagella Z. 2003. Evaluation and application of the OILCROP-SUN model for sunflower in southern Italy. Agricultural Systems, 78(1): 17-30.

Schauberger B, Archontoulis S, Arneth A, et al. 2017. Consistent negative response of US crops to high temperatures in observations and crop models. Nature Communications, 8(1): 13931.

Schmidtlein M C, Deutsch R C, Piegorsch W W, et al. 2008. A sensitivity analysis of the social vulnerability index. Risk Analysis, 28(4): 1099-1114.

Shi P J, Sun S, Wang M, et al. 2014. Climate change regionalization in China (1961-2010). Science China Earth Sciences, 57(11): 2676-2689.

Skansi M M, Brunet M, Sigró J, et al. 2013. Warming and wetting signals emerging from analysis of changes in climate extreme indices over South America. Global and Planetary Change, 100: 295-307.

Tan X J, Wu Z N, Mu X M, et al. 2019. Spatiotemporal changes in snow cover over China during 1960-2013. Atmospheric Research, 218: 183-194.

Tao F L, Zhang Z, Shi W J, et al. 2013. Single rice growth period was prolonged by cultivars shifts, but yield was damaged by climate change during 1981-2009 in China, and late rice was just opposite. Global Change Biology, 19(10): 3200-3209.

Thrasher B, Maurer E P, Mckellar C, et al. 2012. Technical Note: bias correcting climate model simulated daily temperature extremes with quantile mapping. Hydrology and Earth System Sciences, 16(9): 3309-3314.

Timsina J, Humphreys E. 2006. Performance of CERES-Rice and CERES-Wheat models in rice-wheat systems: A review. Agricultural Systems, 89(1-3): 5-31.

Tjernström E, Tietenberg T. 2008. Do differences in attitudes explain differences in national climate change policies?. Ecological Economics, 65(2): 315-324.

UNDRR. 2019. Global Assessment Report on Disaster Risk Reduction 2019. Geneva, Switzerland: United Nations Office for Disaster Risk Reduction.

Wang J, Brown D G, Agrawal A. 2013. Climate adaptation, local institutions, and rural livelihoods: a comparative study of herder communities in Mongolia and Inner Mongolia, China. Global Environmental Change, 23(6): 1673-1683.

Wang J, Wang Y, Wang S. 2016. Biophysical and socioeconomic drivers of the dynamics in snow hazard impacts across scales and over heterogeneous landscape in Northern Tibet. Natural Hazards, 81(3): 1499-1514.

Wang S R, Guo L L, He B, et al. 2020. The stability of Qinghai-Tibet Plateau ecosystem to climate change. Physics and Chemistry of the Earth, 115: 102827.

Wing O E J, Bates P D, Smith A M, et al. 2018. Estimates of present and future flood risk in the conterminous United States. Environmental Research Letters, 13(034023).

Wisner B, Blaikie P, Cannon T, et al. 2003. At Risk: Natural Hazard, People's Vulnerability and Disasters. New York: Routledge.

Xiao F J, Song L C. 2011. Analysis of extreme low-temperature events during the warm season in Northeast China. Natural Hazards, 58(3): 1333-1344.

Xiong Q L, Xiao Y, Halmy M W A, et al. 2019. Monitoring the impact of climate change and human activities on grassland vegetation dynamics in the northeastern Qinghai-Tibet Plateau of China during 2000-2015. Journal of Arid Land, 11(5): 637-651.

Xu W X, Liu X D. 2007. Response of vegetation in the Qinghai-Tibet Plateau to global warming. Chinese Geographical Science, 17(2): 151-159.

Ye T, Liu W H, Wu J D, et al. 2019. Event-based probabilistic risk assessment of livestock snow disasters in the Qinghai-Tibetan Plateau. Natural Hazards and Earth System Sciences, 19(3): 697-713.

Ye T, Nie J L, Wang J, et al. 2015. Performance of Detrending models for crop yield risk assessment: evaluation with real and hypothetical yield data. Stochastic Environmental Research and Risk Assessment, 29(1): 109-117.

Ye T, Wu J D, Li Y J, et al. 2018. Designing Index-Based Livestock Insurance for Managing Snow Disaster Risk in the Central Qinghai-Tibetan Plateau. Research report funded by the International Center for Collaborative Research on Disaster Risk Reduction (ICCR-DRR).

Yeh E T, Nyima Y, Hopping K A, et al. 2014. Tibetan pastoralists' vulnerability to climate change: a political ecology analysis of snowstorm coping capacity. Human Ecology, 42(1): 61-74.

You L Z, Wood S. 2006. An entropy approach to spatial disaggregation of agricultural production. Agricultural Systems, 90: 329-347.

Yue Y J, Zhang P Y, Shang Y R. 2019. The potential global distribution and dynamics of wheat under multiple climate change scenarios. Science of The Total Environment, 688: 1308-1318.

Zhou B T, Wang Z Y, Shi Ying, et al. 2018. Historical and future changes of snowfall events in china under a warming background. Journal of Climate, 31（15）: 5873-5889.

Zhu W, Jia S, Lall U, et al. 2019. Relative contribution of climate variability and human activities on the water loss of the Chari/Logone River discharge into Lake Chad: a conceptual and statistical approach. Journal of Hydrology, 569: 519-531.

Zhu X F, Wu T H, Li R, et al. 2017. Characteristics of the ratios of snow, rain and sleet to precipitation on the Qinghai-Tibet Plateau during 1961-2014. Quaternary International, 444: 137-150.

附录一 项目发表第一标注学术论文目录

1. 全球气候变化人口与经济系统危险机理

李金洁, 王爱慧. 2019. 基于西南地区台站降雨资料空间插值方法的比较. 气候与环境研究, 24: 50-60.

李金洁, 王爱慧, 郭东林, 等. 2019. 高分辨率统计降尺度数据集 NEX-GDDP 对中国极端温度指数模拟能力的评估. 气象学报, 77(3): 579-593.

王丹, 王爱慧. 2017. 1901～2013 年 GPCC 和 CRU 降水资料在中国大陆的适用性评估. 气候与环境研究, 22(4): 226-462.

王晓欣, 姜大膀, 郎咸梅. 2019. CMIP5 多模式预估的 1.5 ℃升温背景下中国气温和降水变化. 大气科学, 43: 1158-1170.

王一格, 姜大膀, 华维. 2020. 西北太平洋地区台风环境场的预估研究. 大气科学, 44: 552-564.

Chen H, Sun J, Li H. 2017. Future changes in precipitation extremes over China using the NEX-GDDP high-resolution daily downscaled data-set. Atmospheric and Oceanic Science Letters, 10: 403-410.

Chen H, Sun J. 2017a. Anthropogenic warming has caused hot droughts more frequently in China. Journal of Hydrology, 544: 306-318.

Chen H, Sun J. 2017b. Contribution of human influence to increased daily precipitation extremes over China. Geophysical Research Letters, 44: 2436-2444.

Chen H, Sun J. 2018. Projected changes in climate extremes in China in a 1.5℃ warmer world. International Journal of Climatology, 38: 3607-3617.

Chen H, Sun J. 2019. Increased population exposure to extreme droughts in China due to 0.5℃ of additional warming. Environmental Research Letters, 14: 064011.

Cheng X, Lan T, Mao R, et al. 2020. Reducing air pollution increases local diurnal temperature range: a case study of Lanzhou, China. Meteorological Applications, 27: e1939.

Feng X, Mao R, Gong D, et al. 2020. Increased dust aerosols in the high troposphere over the Tibetan Plateau from 1990s to 2000s. Journal of Geophysical Research: Atmosphere, 125: e2020JD032807.

Gao M, Wang B, Yang J, et al. 2018. Are peak summer sultry heat wave days over the Yangtze-Huaihe River basin predictable? Journal of Climate, 31(6): 2185-2196.

Gao M, Yang J, Gong D, et al. 2019. Footprints of Atlantic Multidecadal Oscillation in the low-frequency variation of extreme high temperature in the Northern Hemisphere. Journal of Climate, 32(3): 791-802.

Gao M, Yang J, Wang B, et al. 2017. How are heat waves over Yangtze River valley associated with atmospheric quasi-biweekly oscillation? Climate Dynamics, 51: 4421-4437.

He S, Yang J, Bao Q, et al. 2019. Fidelity of the Observational/Reanalysis datasets and global climate models in representation of extreme precipitation in East China. Journal of Climate, 32: 195-212.

Kong X, Wang A, Bi X, et al. 2018. Assessment of temperature extremes in China using RegCM4 and WRF. Advnaces in Atmospheric Sciences, 36: 363-377.

Kong X, Wang A, Bi X, et al. 2020. Daily precipitation characteristics of RegCM4 and WRF in China and their interannual variations. Climate Research, 82: 97-115.

Li H, Chen H, Wang H. 2017. Effects of anthropogenic activity emerging as intensified extreme precipitation over China. Journal of Geophysical Research, 122: 6899-6914.

Luo Z, Yang J, Gao M, et al. 2020. Extreme hot days over three global mega-regions: historical fidelity and future projection. Atmospheric and Oceanic Science Letters, 21: e1003.

Mao R, Hu Z, Zhao C, et al. 2019. The source contributions to the dust over the Tibetan Plateau: a modelling analysis. Atmospheric Environment, 214: 16859.

Miao Y, Wang A. 2020. Evaluation of routed-runoff from land surface models and reanalyses using observed streamflow in Chinese river basins. Journal of Meteorological Research, 34: 73-87.

Sui Y, Lang X, Jiang D. 2018. Projected signals in climate extremes over China associated with a 2℃ global warming under two RCP scenarios. International Journal of Climatology, 38: e678-e697.

Wang A, Kong X. 2020. Regional climate model simulation of soil moisture and its application in drought reconstruction across China from 1911 to 2010. International Journal of Climatology, 41: e1028-e1044.

Wang A, Shi X. 2019. A multilayer soil moisture dataset based on the gravimetric method in China and its characteristics. Journal of Hydrometeorology, 20: 1721-1736.

Wang A, Xu L, Kong X. 2018. Assessments of the Northern Hemisphere snow cover response to 1.5 and 2.0°C warming. Earth System Dynamics, 9: 865-877.

Wang A, Zeng X. 2018. Impacts of internal climate variability on meteorological drought changes in China. Atmospheric and Oceanic Science Letters, 11: 78-85.

Wang D, Wang A, Xu L, et al. 2020. The linkage between two types of El Niño events and summer streamflow over the Yellow and Yangtze River Basins. Advances in Atmospheric Sciences, 37: 160-172.

Wang X, Jiang D, Lang X. 2017. Future extreme climate changes linked to global warming intensity. Science Bulletin, 62: 1673-1680.

Wang X, Jiang D, Lang X. 2018. Climate change of 4°C global warming above pre-industrial levels. Advances in Atmospheric Sciences, 35: 757-770.

Wang X, Jiang D, Lang X. 2019. Extreme temperature and precipitation changes associated with four degree of global warming above pre-industrial levels. International Journal of Climatology, 39: 1822-1838.

Wang X, Jiang D, Lang X. 2020. Future changes in Aridity Index at two and four degrees of global warming above preindustrial levels. International Journal of Climatology, 41: 278-294.

Xu L, Wang A. 2019. Application of the bias correction and spatial downscaling algorithm on the temperature extremes from CMIP5 multi-model ensembles in China. Earth and Space Science, 6: 2508-2524.

Xu L, Wang A, Wang H. 2019. Hot spots of climate extremes in the future. Journal of Geophysical Research: Atmosphere, 124: 3035-3049.

Zhang F, Wang J, Zou X, et al. 2021. Changes in wind erosion climatic erosivity in northern China from 1981-2016: a comparison of two climate/weather factors of wind erosion models. Climate Research（In Press）.

Zhou S, Yang J, Wang W C, et al. 2018. Shift of daily rainfall peaks over the Beijing-Tianjin-Hebei region: an indication of pollutant effects? International Journal of Climatology, 38: 5010-5019.

Zhou S, Yang J, Wang W C, et al. 2020. An observational study of the effects of aerosols on diurnal variation of heavy rainfall and associated clouds over Beijing-Tianjin-Hebei. Atmospheric Chemistry and Physics, 20: 5211-5229.

Zong Q, Mao R, Gong D, et al. 2021. Changes in dust activity in spring over East Asia under a global warming scenario. Asia-Pacific Journal of Atmospheric Sciences, 57: 839-850.

2. 全球气候变化人口与经济系统成害过程

陈洁, 刘玉洁, 潘韬, 等. 2019. 1961~2010年中国降水时空变化特征及对地表干湿状况影响. 自然资源学报, 34(11): 2440-2453.

薛倩, 宋伟, 朱会义. 2018. 中国工业产值公里网格数据集. 中国科学数据.

王婷婷, 孙福宝, 章杰, 等. 2018. 基于析因数值实验方法的蒸发皿蒸发归因研究. 地理学报, 73(11): 2064-2074.

薛倩,宋伟, 朱会义. 2018. 全球工业增加值公里网格数据集（GlobeIndusAddV1km）. 全球变化科学研究数据出版系统, 2(1): 9-17.

Chen J, Liu Y, Pan T, et al. 2018. Population exposure to droughts in China under the 1.5°C global warming target. Earth System Dynamics, 9(3): 1097-1106.

Chen J, Liu Y, Pan T, et al. 2020. Global socioeconomic exposure of heat extremes under climate change. Journal of Cleaner Production, 277: 123275.

Du M, Kleidon A, Sun F, et al. 2020. Stronger global warming on non-rainy days in observations from China. Journal of Geophysical Research Atmospheres, 125(10): e2019JD031792.

Guo Y, Wu W, Du M, et al. 2019. Modeling climate change impacts on rice growth and yield under global warming of 1.5 and 2.0℃ in the pearl river delta, China. Atmosphere, 10: 567.

Jiang Q, Yue Y, Gao L. 2019. The Spatial-temporal patterns of heatwave hazard impacts on wheat in northern china under extreme climate scenarios. Geomatics Natural Hazards and Risk, 10(1): 2346-2367.

Lim W H, Yamazaki D, Koirala S, et al. 2018. Long-term changes in global socioeconomic benefits of flood defenses and residual risk based on CMIP5 climate models. Earth's Future, 6: 1-17.

Lin D G, Yu H, Lian F, et al. 2016. Quantifying the hazardous impacts of human-induced land degradation on terrestrial ecosystems: a case study of karst areas of south China. Environmental Earth Sciences, 75(15): 1-18.

Liu W, Sun F. 2019. Increased adversely-affected population from water shortage below normal conditions in China with anthropogenic warming. Science Bulletin, 64(9): 567-569.

Liu W, Lim W H, Sun F, et al. 2018a. Global freshwater availability below normal conditions and population impact under 1.5 and 2℃ stabilization scenarios. Geophysical Research Letters, 45(18): 9803-9813.

Liu W, Sun F, Lim W H, et al. 2018b. Global drought and severe drought-affected populations in 1.5 and 2℃ warmer worlds. Earth System Dynamics, 9(1): 267-283.

Liu Y, Chen J. 2020a. Future global socioeconomic risk to droughts based on estimates of hazard, exposure, and vulnerability in a changing climate. Science of The Total Environment, 751: 142159.

Liu Y, Chen J. 2020b. Socioeconomic risk of droughts under a 2.0℃ warmer climate: assessment of population and GDP exposures to droughts in China. International Journal of Climatology, 41(S1): E380-E391.

Liu Y, Chen J, Pan T, et al. 2020a. Global socioeconomic risk of precipitation extremes under climate change. Earth's Future, 8(9).

Liu Y, Song W, Zhao D, Gao J. 2020b. Progress in research on the influences of climatic changes on the industrial economy in China. Journal of Resources and Ecology, 11(1).

Liu Y, Song W. 2019. Influences of extreme precipitation on China's mining industry. Sustainability, 11: 6719.

Sun F, Roderick M L, Farquhar G D. 2018. Rainfall statistics, stationarity, and climate change. Proceedings of the National Academy of Sciences of the United States of America, 115(30): 2305-2310.

Wang H, Sun F, Liu W. 2018a. Spatial and temporal patterns as well as major influencing factors of global and diffuse Horizontal Irradiance over China: 1960-2014. Solar Energy, 159: 601-615.

Wang H, Sun F, Liu W. 2018b. The dependence of daily and hourly precipitation extremes on temperature and atmospheric humidity over China. J Climate, 31(21): 8931-8944.

Wang H, Sun F, Wang T, et al. 2018c. Estimation of daily and monthly diffuse radiation from measurements of global solar radiation a case study across China. Renewable Energy, 126: 226-241.

Wang H, Sun F, Xia J, et al. 2017. Impact of LUCC on streamflow based on the SWAT model over the Wei River basin on the Loess Plateau in China. Hydrology & Earth System Sciences, 21(4): 1-30.

Wang R, Jiang Y, Su P, et al. 2019. Global spatial distributions of and trends in rice exposure to high temperature. Sustainability, 11(22): 6271.

Wang R, Zhu L, Yu H, et al. 2016. Automatic type recognition and mapping of global tropical cyclone disaster chains (TDC). Sustainability, 8(10): 1066.

Wang T, Sun F S, Ge Q, et al. 2018. The effect of elevation bias in interpolated air temperature datasets on surface warming in China during 1951-2015. Journal of Geophysical Research: Atmospheres, 123(4): 2141-2151.

Wang T, Zhang J, Sun F, et al. 2017. Pan evaporation paradox and evaporative demand from the past to the future over China: a review. Wiley Interdisciplinary Reviews Water, 4(3): 1-13.

Xu C, Wu W, Ge Q. 2018. Impact assessment of climate change on rice yields using the ORYZA model in the Sichuan Basin, China. International Journal of Climatology: A Journal of the Royal Meteorological Society, 38(7): 2922-2939.

Xue Q, Song W. 2020. Spatial distribution of China's industrial output values under global warming scenarios RCP4. 5 and RCP8. 5. ISPRS International Journal of Geo-Information, 9(12): 724.

Yang T, Sun F, Liu W, et al. 2019. Using Geo-detector to attribute spatio-temporal variation of pan evaporation across China in 1961-2001. International Journal of Climatology, 39: 2833-2840.

Yue Y, Dong K, Zhao X, et al. 2019a. Assessing wild fire risk in the united states using social media data. Journal of Risk Research, 1-15.

Yue Y, Li M, Wang L, et al. 2019b. A data-mining based approach for aeolian desertification susceptibility assessment: a case-study from northern China. Land Degradation & Development, 30(16): 1968-1983.

Yue Y, Wang L, Li L, et al. 2018. An EPIC model based wheat-drought-risk assessment using new climate scenarios in China. Climatic Change, 147(3-4): 539-553.

Yue Y, Zhang P, Shang Y. 2019c. The potential distribution and dynamic of global wheat under multiple climate change scenarios. Science of the Total Environment, 688: 1308-1318.

Yue Y, Zhou Y, Wang J, et al. 2016. Assessing wheat frost risk with the support of GIS: an approach coupling a growing season meteorological index and a hybrid fuzzy neural network model. Sustainability, 8(12): 1308.

Zhang J, Sun F, Lai W, et al. 2019. Attributing changes in future extreme droughts based on PDSI in China, Journal of Hydrology, 573: 607-615.

Zhang X, Guo H, Wang R, et al. 2017. Identification of the most sensitive parameters of winter wheat on a global scale for use in the epic model. Agronomy Journal, 109(1): 58-70.

Zhuge W, Yue Y, Shang Y. 2019. Spatial-temporal pattern of human-induced land degradation in Northern China in Past 3 decades-RESTREND approach. International Journal of Environmental Research and Public Health, 16(13): 2258.

3. 全球变化人口与经济系统风险评估模型与模式

陈曦，李宁，张正涛，等. 2020. 全球热浪人口暴露度预估——基于热应力指数. 气候变化研究进展, 16(4): 424-432.

冯介玲，李宁，刘丽，等. 2019. 基于混合 Coupla 模型的灾害相关结构分析——以内蒙古中部强沙尘暴为例. 灾害学, 34(3): 216-220.

黄承芳，李宁，刘丽，等. 2019. 气候变化下农业领域的国际文献 特征与热点演变:基于 CiteSpace V 的文献计量分析. 中国农业气象, 40(8): 477-488.

李海宏，吴吉东. 2018. 2007—2016 年上海市暴雨特征及其与内涝灾情关系分析. 自然资源学报, 33(12): 2136-2148.

李双双，杨赛霓，刘宪锋. 2017. 面向非过程的多灾种时空网络建模. 地理研究, (36)8: 1415-1427.

刘丽，李宁，张正涛，等. 2019. 中国省域尺度 17 部门资本存量的时空特征分析. 地理科学进展, 38(4): 546-555.

刘伊萌，杨赛霓，倪维，等. 2020. 生态斑块重要性综合评价方法研究——以四川省为例. 生态学报, 40(11): 3602-3611.

刘远，李宁，张正涛，等. 2019. 台风"艾云尼"动态间接经济损失评估. 灾害学, 34(3): 178-183.

张新龙，杨赛霓，贾梁. 2020. 中国极端高温未来情景下的公路暴露度分析. 灾害学, 35(2): 224-229.

Chen X, Li N, Liu J, et al. 2019. Global heat wave hazard considering humidity effects during the 21st century. Climate Change and Health, 16(9): 1513-1524.

Chen X, Li N, Liu J, et al. 2020. Changes in global and regional characteristics of heat stress waves in the 21st century. Earth's Future, 8(1): e2020EF001636.

Feng J, Li N, Zhang Z, et al. 2017. The dual effect of vegetation green-up date and strong wind on the return period of spring dust storms. Science of the Total Environment, 592: 729-737.

Hu F, Yang S, Thompson R G. 2020. Resilience-driven road network retrofit optimization subject to tropical cyclones induced roadside tree blowdown. International Journal of Disaster Risk Science, 12: 72-89.

Huang C, Li N, Zhang Z, et al. 2020. Assessment of the economic cascading effect on future climate change in China: Evidence from agricultural direct damage. Journal of Cleaner Production, 276: 123951.

Li N, Bai K, Zhang Z, et al. 2019. The nonlinear relationship between temperature changes and economic development for individual provinces in China, Theoretical and Applied Climatology, 137(3-4): 2477-2486.

Lin L, Lin Q, Wang Y. 2017. Landslide susceptibility mapping on a global scale using the method of logistic regression. Natural Hazards and Earth System Sciences, 17(8): 1411-1424.

Lin Q, Wang Y. 2018. Spatial and temporal analysis of a fatal landslide inventory in China from 1950 to 2016. Landslides, 15(12): 2357-2372.

Lin Q, Wang Y, Glade T, et al. 2020. Assessing the spatiotemporal impact of climate change on event rainfall characteristics influencing landslide occurrences based on multiple GCM projections in China. Climatic Chang, 162(2): 761-779.

Liu W, Wu J, Tang R, et al. 2020. Daily precipitation threshold for rainstorm and flood disaster in the mainland of China: an Economic Loss Perspective. Sustainability, 12: 407.

Liu Y, Li N, Zhang Z, et al. 2020a. The central trend in crop yields under climate change in China: a systematic review. Science of the Total Environment, 704: 135355.

Liu Y, Yang S, Han C, et al. 2020b. Variability in regional ecological vulnerability: a case study of Sichuan Province, China. International Journal of Disaster Risk Science, 11: 696-708.

Tang R, Wu J, Ye M, et al. 2019. Impact of economic development levels and disaster types on the short-term macroeconomic consequences of natural hazard-induced disasters in China. International Journal of Disaster Risk Science, 10: 371-385.

Wang C, Wu J, Wang X, et al. 2018. Application of the Hidden Markov model in a dynamic risk assessment of rainstorms in Dalian, China. Stochastic Environmental Research and Risk Assessment, 32: 2045-2056.

Wang C, Wu J, Wang X, et al. 2019. Non-linear trends and fluctuations in temperature during different growth stages of summer maize in the North China Plain from 1960 to 2014. Theoretical and Applied Climatology, 135(1): 61-70.

Wang W, Yang S, Gao J, et al. 2020. An integrated approach for impact assessment of large-scale future floods on the road transport system. Risk Analysis, 40(9): 1780-1794.

Wang W, Yang S, Hu F, et al. 2018. An approach for cascading effects within critical infrastructure systems. Physica A, 510: 164-177.

Wang W, Yang S, Stanley H E, et al. 2019. Local floods induce large-scale abrupt failures of road networks. Nature Communications, 10（1）: 2114.

Wu J, Han G, Zhou H, et al. 2018a. Economic development and declining vulnerability to climate-related disasters in China. Environmental Research Letters, 13: 034013.

Wu J, Li Y, Li N, et al. 2018b. Development of an asset value map for disaster risk assessment in China by spatial disaggregation using ancillary remote sensing data. Risk Analysis, 38（1）: 17-30.

Wu Y, Wang X, Wu J, et al. 2020. Performance of heat-health warning systems in Shanghai evaluated by using local heat-related illness data. Science of the Total Environment, 715: 136883.

Ye M, Wu J, Liu W, et al. 2020. Dependence of tropical cyclone damage on maximum wind speed and socioeconomic factors. Environmental Research Letters, 15: 094061.

Ye M, Wu J, Wang C, et al. 2019. Historical and future changes in asset value and GDP in areas exposed to tropical cyclones in China. Weather, Climate, and Society, 11（2）: 307-319.

Zhang Y, Wang Y, Chen Y, et al. 2021. Projection of changes in flash flood occurrence under climate change at tourist attractions. Journal of Hydrology, 595: 126039.

Zhang Z, Li N, Cui P, et al. 2019a. How to integrate labor disruption into an economic impactevaluation model for postdisaster recovery periods. Risk Analysis, 39（11）: 2443-2456.

Zhang Z, Li N, Xu H, et al. 2018. Analysis of the economic ripple effect of the United States on the world due to future climate change. Earth's Future, 6（6）: 828-840.

Zhang Z, Li N, Xu H, et al. 2019b. Allocating assistance after a catastrophe based on the dynamic assessment of indirect economic losses. Natural Hazards, 99（1）: 17-37.

Zhu Y, Wang Y, Liu T, et al. 2018. Assessing macroeconomic recovery after a natural hazard based on ARIMA—a case study of the 2008 Wenchuan earthquake in China. Natural Hazards, 91（3）: 1025-1038.

Zhu Y, Yang S. 2020. Evaluation of CMIP6 for historical temperature and precipitation over the Tibetan Plateau and its comparison with CMIP5. Advances in Climate Change Research, 11（3）: 239-251.

Zhu Y, Yang S. 2021. Interdecadal and interannual evolution characteristics of the global surface precipitation anomaly shown by CMIP5 and CMIP6 models. International Journal of Climatology, 41（S1）: E1100-E1118.

4. 全球变化人口与经济系统风险全球定量评估

陈虹举, 杨建平, 丁永建, 等. 2021. 多模式产品对青藏高原极端气候模拟能力评估. 高原气象, 40（5）: 977-990.

陈说, 叶涛, 刘莘航, 等. 2021. NEX-GDDP 和 CMIP5 对青藏高原地区近地面气象场历史和未来模拟的评估与偏差校正. 高原气象, 40（2）: 257-271.

方佳毅, 史培军. 2019. 全球气候变化背景下海岸洪水灾害风险评估研究进展与展望. 地理科学进展, 38（5）: 625-636.

韩钦梅, 吕建军, 史培军. 2018. 湖北省暴雨人口暴露时空特征与贡献率研究. 灾害学, 33（4）: 191-196.

何研, 方建, 史培军. 2018. 湖北省暴雨经济暴露时空变化及贡献率研究. 自然灾害学报, 27(3): 110-118.

冀钦, 杨建平, 陈虹举, 等. 2020. 基于综合视角的近55a青藏高原气温变化分析. 兰州大学学报(自然科学版), 56(6): 755-764.

冀钦, 杨建平, 陈虹举. 2018. 1961-2015年青藏高原降水量变化综合分析. 冰川冻土, 40(6): 1090-1099.

刘婧宇, 杜鹃, 徐伟, 等. 2018. 济南市公众对气候变化风险的感知及响应行为研究. 国土与自然资源研究(2): 45-50.

刘甜, 方建, 马恒, 等. 2019. 全球陆地气候气象及水文灾害死亡人口时空格局及影响因素分析(1965-2016年). 自然灾害学报, 28(3): 8-16.

栾一博, 曹桂英, 史培军. 2019. 中非农产品贸易强度及其国际地位演变分析. 世界地理研究, 28(4): 35-43.

史培军, 陈彦强, 张安宇, 等. 2019. 青藏高原大气氧含量影响因素及其贡献率分析. 科学通报, 64(7): 715-724.

王然, 江耀, 张安宇, 等. 2019. 农作物自然灾害暴露研究进展. 灾害学, 34(2): 215-221.

王旖旎, 杜鹃, 徐伟. 2019. 辽宁省农业气象干旱灾情时空特征分析. 国土与自然资源研究, (2): 85-91.

Chen B, Shi F Y, Lin T T, et al. 2020. Intensive versus extensive events? Insights from cumulative flood-induced mortality over the globe, 1976-2016. International Journal of Disaster Risk Science, 11(4): 441-451.

Chen S, Liu W H, Ye T. 2020. Dataset of trend-preserving bias-corrected daily temperature, precipitation and wind from NEX-GDDP and CMIP5 over the Qinghai-Tibet Plateau. Data in Brief, 31: 105733.

Fang J Y, Liu W, Yang S N, et al. 2017. Spatial-temporal changes of coastal and marine disasters risks and impacts in Mainland China. Ocean & Coastal Management, 139: 125-140.

Gao Y, Su P, Zhang A, et al. 2021b. Dynamic assessment of global maize exposure to extremely high temperatures. International Journal of Disaster Risk Science, 1-18.

Gao Y, Zhang A, Yue Y, et al. 2021a. Predicting shifts in land suitability for maize cultivation worldwide due to climate change: a modeling approach. Land, 10(3): 295.

He Q, Yang J, Chen H, et al. 2021. Evaluation of extreme precipitation based on three long-term gridded products over the Qinghai-Tibet Plateau. Remote Sensing, 13: 3010.

Hu P, Zhang Q, Shi P J, et al. 2018. Flood-induced mortality across the globe: spatiotemporal pattern and influencing factors. Science of The Total Environment, 643: 171-182.

Hu X B, Shi P J, Wang M, et al. 2017. Towards quantitatively understanding the complexity of social-ecological systems-from connection to consilience. International Journal of Disaster Risk Science, 8(4): 343-356.

Hu X B, Shi P J, Wang M, et al. 2018. Adaptive behaviors can improve the system consilience of a network system. Adaptive Behavior, 26(1): 3-19.

Ji Q, Yang J P, Wang C, et al. 2021. The risk of the population in a changing climate over the Tibetan Plateau, China: integrating hazard, population exposure and vulnerability. Sustainability, 13(7): 3633.

Li Y J, Ye T, Liu W H, et al. 2018. Linking livestock snow disaster mortality and environmental stressors in the Qinghai-Tibetan Plateau: quantification based on generalized additive models. Science of The Total Environment, 625: 87-95.

Liang P J, Xu W, Ma Y J, et al. 2017. Increase of elderly population in the rainstorm hazard areas of China. International Journal of Environmental Research and Public Health, 14(9): 963.

Liao X L, Xu W, Zhang J L, et al. 2019. Global exposure to rainstorms and the contribution rates of climate change and population change. Science of The Total Environment, 663: 644-653.

Liu W H, Ye T, Shi P J. 2021. Decreasing wheat yield stability on the North China Plain: relative contributions from climate change in mean and variability. International Journal of Climatology, 41(S1): E2820-E2833.

Liu W, Ye T, Jägermeyr J, et al. 2021. Future climate change significantly alters interannual wheat yield variability over half of harvested areas. Environmental Research Letters, 16(9): 094045.

Liu Z, Anderson B, Yan K, et al. 2017. Global and regional changes in exposure to extreme heat and the relative contributions of climate and population change. Scientific Reports, 7(1): 43909.

Luan Y B, Fischer G, Wada Y, et al. 2018. Quantifying the impact of diet quality on hunger and undernutrition. Journal of Cleaner Production, 205: 432-446.

Shi P J, Ye T, Wang Y, et al. 2020. Disaster risk science: a geographical perspective and a research framework. International Journal of Disaster Risk Science, 11: 426-440.

Su P, Zhang A, Wang R, et al. 2021. Prediction of future natural suitable areas for rice under representative concentration pathways(RCPs). Sustainability, 13(3): 1580.

Sun S, Shi P, Zhang, Q, et al. 2021. Evolution of future precipitation extremes: viewpoint of climate change classification. International Journal of Climatology.

Wu Y, Guo H, Zhang A, et al. 2019. Establishment and characteristics analysis of a crop-drought vulnerability curve: a case study of European winter wheat. Natural Hazards and Earth System Sciences Discussions, 21: 1209-1228.

Ye T, Liu W H, Wu J D, et al. 2019a. Event-based probabilistic risk assessment of livestock snow disasters in the Qinghai-Tibetan Plateau. Natural Hazards and Earth System Sciences, 19(3): 697-713.

Ye T, Zong S, Kleidon A, et al. 2019b. Impacts of climate warming, cultivar shifts, and phenological dates on rice growth period length in China after correction for seasonal shift effects. Climatic Change, 155(1): 127-143.

Zhang J, Xu W, Liao X, et al. 2021. Global mortality risk assessment from river flooding under climate change. Environmental Research Letters, 16(6): 064036.

Zhuge W Y, Yue Y J, Shang Y R. 2019. Spatial-temporal pattern of human-induced land degradation in Northern China in past 3 decades RESTREND approach. International Journal of Environmental Research and Public Health, 16(13): 2258.

附录二　项目主要学术骨干成员

1. 全球气候变化人口与经济系统危险机理

王爱慧　中国科学院大气物理研究所　研究员
杨　静　北京师范大学　教授
陈活泼　中国科学院大气物理研究所　研究员
毛　睿　北京师范大学　副教授
郎咸梅　中国科学院大气物理研究所　副研究员
孔祥慧　中国科学院大气物理研究所　博士后
高妙妮　北京师范大学　博士后
王晓欣　中国科学院大气物理研究所　博士后
徐连连　中国科学院大气物理研究所　博士研究生
王　丹　中国科学院大气物理研究所　博士研究生
缪　月　中国科学院大气物理研究所　博士研究生
周思媛　北京师范大学　博士研究生
陈　玥　兰州大学　博士研究生
黄　菊　中国科学院大气物理研究所　硕士研究生
李金洁　中国科学院大气物理研究所　硕士研究生
谢睿恒　成都信息工程大学　硕士研究生

2. 全球气候变化人口与经济系统成害过程

孙福宝　中国科学院地理科学与资源研究所　研究员
王静爱　北京师范大学　教授
刘玉洁　中国科学院地理科学与资源研究所　研究员
吴文祥　中国科学院地理科学与资源研究所　研究员
岳耀杰　北京师范大学　副教授
宋　伟　中国科学院地理科学与资源研究所　副研究员
朱会义　中国科学院地理科学与资源研究所　副研究员
王　红　中国科学院地理科学与资源研究所　副研究员
王婷婷　中国科学院地理科学与资源研究所　博士后
陈　洁　中国科学院地理科学与资源研究所　博士研究生
李　寒　中国科学院地理科学与资源研究所　硕士研究生

侯凌云　　中国科学院地理科学与资源研究所　硕士研究生
薛　倩　　重庆交通大学　硕士研究生
刘远哲　　山东师范大学　硕士研究生
张　化　　北京师范大学　高级工程师
王　然　　北京师范大学　博士研究生(已毕业)
林德根　　北京师范大学　博士研究生(已毕业)
郭　浩　　北京师范大学　博士研究生(已毕业)
张安宇　　北京师范大学　硕士研究生(已毕业)
王　林　　北京师范大学　硕士研究生(已毕业)
董克翠　　北京师范大学　硕士研究生(已毕业)
吴彦燊　　北京师范大学　硕士研究生(已毕业)
张瀑颖　　北京师范大学　硕士研究生(已毕业)
江清华　　北京师范大学　硕士研究生(已毕业)
李雪敏　　北京师范大学　硕士研究生(已毕业)
高　原　　北京师范大学　博士研究生
江　耀　　北京师范大学　博士研究生
苏　鹏　　青海师范大学　硕士研究生

3. 全球变化人口与经济系统风险评估模型与模式

李　宁　　北京师范大学　教授
杨赛霓　　北京师范大学　教授
王　瑛　　北京师范大学　教授
吴吉东　　北京师范大学　教授
周洪建　　应急管理部国家减灾中心　副研究员
张正涛　　北京师范大学　讲师
汪伟平　　北京师范大学　博士研究生(已毕业)
冯介玲　　北京师范大学　博士研究生(已毕业)
王菜林　　北京师范大学　博士研究生(已毕业)
林齐根　　北京师范大学　博士研究生(已毕业)
叶梦琪　　北京师范大学　硕士研究生(已毕业)
何　鑫　　北京师范大学　硕士研究生(已毕业)
王　旭　　北京师范大学　硕士研究生(已毕业)
李海宏　　北京师范大学　硕士研究生(已毕业)
倪　维　　北京师范大学　硕士研究生(已毕业)
张新龙　　北京师范大学　硕士研究生(已毕业)
王　烨　　北京师范大学　硕士研究生(已毕业)
刘　丽　　北京师范大学　硕士研究生(已毕业)

白　扣　北京师范大学　硕士研究生(已毕业)
刘　远　北京师范大学　博士研究生
陈　曦　北京师范大学　博士研究生
黄承芳　北京师范大学　博士研究生
刘伊萌　北京师范大学　博士研究生
王　霞　北京师范大学　博士研究生
丁　薇　北京师范大学　博士研究生
唐茹玫　北京师范大学　硕士研究生
刘文辉　北京师范大学　硕士研究生
邬柯杰　北京师范大学　硕士研究生
李　悦　北京师范大学　硕士研究生
李　丽　北京师范大学　硕士研究生
贾　梁　北京师范大学　硕士研究生
马庆媛　北京师范大学　硕士研究生
王　芳　北京师范大学　硕士研究生

4. 全球变化人口与经济系统风险全球定量评估

史培军　北京师范大学　教授
徐　伟　北京师范大学　教授
叶　涛　北京师范大学　教授
杨建平　中国科学院西北生态环境资源研究院　研究员
陈　波　北京师范大学　副教授
胡小兵　北京师范大学　副教授
王　铸　北京师范大学　博士研究生(已毕业)
刘　钊　北京师范大学　博士研究生(已毕业)
方佳毅　北京师范大学　博士研究生(已毕业)
李孟阳　北京师范大学　硕士研究生(已毕业)
王　尧　北京师范大学　硕士研究生(已毕业)
刘　凡　北京师范大学　硕士研究生(已毕业)
梁浦君　北京师范大学　硕士研究生(已毕业)
李懿珈　北京师范大学　硕士研究生(已毕业)
应卓蓉　北京师范大学　硕士研究生(已毕业)
张　杰　北京师范大学　硕士研究生(已毕业)
胡　畔　北京师范大学　硕士研究生(已毕业)
宗　铄　北京师范大学　硕士研究生(已毕业)
牟青详　北京师范大学　硕士研究生(已毕业)
秦德贤　北京师范大学　硕士研究生(已毕业)

冀　钦　中国科学院西北生态环境资源研究院　硕士研究生(已毕业)

陈　说　北京师范大学　硕士研究生

韩钦梅　北京师范大学　博士研究生

陈彦强　北京师范大学　博士研究生

何　研　北京师范大学　博士研究生

马　恒　北京师范大学　博士研究生

李翊尘　北京师范大学　博士研究生

刘　甜　北京师范大学　博士研究生

孙烨琳　北京师范大学　博士研究生

杨雯倩　北京师范大学　博士研究生

刘苇航　北京师范大学　博士研究生

廖新利　北京师范大学　博士研究生

张峻琳　北京师范大学　博士研究生

井源源　北京师范大学　硕士研究生

师凡雅　北京师范大学　硕士研究生

陈虹举　中国科学院西北生态环境资源研究院　博士研究生

贺青山　中国科学院西北生态环境资源研究院　博士研究生